de-Jahrbuch 2009

Elektrotechnik für Handwerk und Industrie

Herausgegeben von
Hans-Günter Boy

Hüthig & Pflaum Verlag · München/Heidelberg

!

Möchten Sie Ihre Meinung zu diesem Buch abgeben?
Dann schicken Sie eine E-Mail an das Lektorat
im Hüthig & Pflaum Verlag:
buch@de-online.info
Herausgeber, Autoren und Verlag freuen sich über Ihre Rückmeldung.

ISSN 1434-3541
ISBN 978-3-8101-0269-0

München/Heidelberg
Printed in Germany
Gesamtgestaltung: galeo:design, schwesinger
Druck: Offizin Andersen Nexö Leipzig GmbH

Liebe Leser,
die letzten Jahre waren wirtschaftlich gesehen sicher gute Jahre. Die Auftragsbücher waren so voll, dass die Arbeitsmenge teilweise schon fast erdrückend wirkte.

Im Jahrbuch 2008 stellte ich die Fragen: „Was passiert, wenn der Auftragsboom abflacht? Müssen bis zu diesem Zeitpunkt die Mitarbeiter nicht so fit sein, dass auch Aufgaben mit anspruchsvollem Niveau geleistet werden können? Müssen nicht schon neue Geschäftsfelder aufgebaut werden?" Jetzt ist der Zeitpunkt gekommen; das Wirtschaftswachstum flacht etwas ab. Noch gibt es sicher keinen Grund zur Klage, aber es muss die Frage gestellt werden: „Wie geht es weiter? Sind Sie und Ihre Mitarbeiter fit?"

Erschwerend kommt eine Flut von neuen gesetzlichen Regelungen auf uns zu, die schon fast niemand mehr überblicken kann. Neben ständigen notwendigen Änderungen im VDE-Bestimmungswerk – meist nur Anpassungen an die Zeit und die neuen Techniken – müssen wir uns als Fachkräfte zunehmend mit staatlichen Arbeitsschutzgesetzen, -verordnungen und Regeln befassen, z.B. der Betriebssicherheitsverordnung und vielen dazugehörigen technischen Regeln (TRBS ...). Ob dies alles notwendig ist, haben wir leider heute nicht mehr zu entscheiden. Mit den neuen gesetzlichen Regelungen sollte eine Vereinfachung entstehen, was sicher auch wünschenswert wäre, aber **wir fühlen anders!**

Die Verordnungstexte lassen vieles unbeantwortet, so dass dann ergänzende Regeln geschaffen werden müssen, die auch nicht alles regeln können. Der Unternehmer hat im Ernstfall vermehrt schlechte Karten, Richter haben Gesetze oder Verordnungen.

Deshalb wird es immer wichtiger, am Ball zu bleiben. Dabei möchten wir Sie mit der neuen de-Jahrbuch-Ausgabe 2009 unterstützen (auch wenn die gesamte Palette an neuen Regelungen nur begrenzt untergebracht werden kann).

In letzter Zeit wird dieses Jahrbuch vermehrt von der Industrie und den Großhandelshäusern erworben, um eigene Mitarbeiter, aber auch Kunden zu beschenken. Wir sind der Meinung, dass dieses Buch auch besonders in kleinen und mittleren Elektrobetrieben als Geschenk immer eine besondere Anerkennung des Mitarbeiters erfährt.

Hans-Günter Boy
Herausgeber

Herausgeber

Dipl.-Ing. (FH) Hans-Günter Boy war bis zu seiner Pensionierung Stellvertretender Direktor des bfe in Oldenburg und leitete die Abteilung „Meisterlehrgänge Energietechnik“. Für den ZVEH ist er in verschiedenen Normengremien tätig. An dem neuen Meisterprüfungsberufsbild und dem dazugehörenden Rahmenlehrplan hat er maßgeblich mitgearbeitet. Des Weiteren ist er der Branche durch seine Mitwirkung an zahlreichen Fachbüchern für die Meisterausbildung und an Ausbildungsmitteln für Lehrlinge bekannt.

Inhaltsverzeichnis

Inhaltsübersicht de-Jahrbuch Gebäudetechnik 2009

Wichtige Vorschriften, Regeln, Normen und Gesetze
Energieeffizienz
Regenerative Energien
Gebäudeautomation
Gebäudekommunikationssysteme
Systemintegration
Betriebs- und Projektmanagement
Aus- und Weiterbildung

Herausgegeben von
J. Veit, P. Schmidt
2009. 384 Seiten
zahlr. Abb. und Tab.,
Taschenbuchformat.
19,80 €, Abopreis 16,80 €
ISBN 978-3-8101-0270-6

Inhaltsübersicht de-Jahrbuch Elektromaschinen und Antriebe 2009

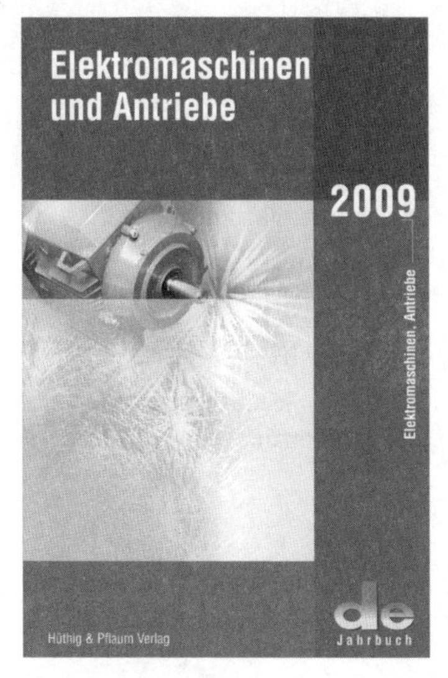

Wichtige Vorschriften, Regeln, Normen und Gesetze

Elektrische Maschinen

Explosionsschutz

Antriebstechnik

Schaltanlagen und Verteiler

Steuerungs- und Automatisierungstechnik

Prüf- und Messpraxis

Formeln und Gleichungen

Schaltzeichen

Herausgegeben von
P. Behrends
2009. 408 Seiten,
zahlr. Abb. und Tab.
Taschenbuchformat.
19,80 €, Abopreis 16,80 €
ISBN 978-3-8101-0271-3

Inhaltsübersicht de-Jahrbuch Informations- und Kommunikationstechnik 2009

Neue und wichtige Normen
PC-Technik
Netzwerktechnik
IT-Security
Telekommunikationstechnik
xDSL-Technik
Kabellose Netze
Voice over IP
Triple Play/Multimedia/
Heimvernetzung

Herausgegeben von
R. Holtz
2009. 416 Seiten,
zahlr. Abb. und Tab.,
Taschenbuchformat.
19,80 €, Abopreis 16,80 €
ISBN 978-3-8101-0272-0-1

1 Relevante Vorschriften, Regeln, Normen und Gesetze

Technische Regeln „Elektrische Gefährdungen“ (TRBS 2131)

Dieter Seibel

Einleitung

Ziel der staatlichen Neuregelung zur Betriebssicherheit war und ist es, die vielfältigen arbeitsbedingten Gefährdungen in jeweils **einer** eigenen Regel kompakt darzulegen und konkrete beispielhafte Maßnahmen zur betrieblichen Umsetzung aufzuzeigen. Hierzu wurden bei der Erarbeitung des technischen Regelwerks schwerpunktmäßig die Erkenntnisse und Erfahrungen berufsgenossenschaftlicher Vorschriften und Regeln sowie begleitende nationale und internationale Festlegungen und Normen zum Arbeitsschutz zusammengeführt. Dies gilt insbesondere für die Technischen Regeln zur Betriebssicherheit (TRBS) TPBS 2131 „Elektrische Gefährdungen“. Dem Regelsetzer war bewusst, dass eine umfassende und/oder vollständige Zusammenführung aller möglichen elektrotechnischen Schutzmaßnahmen innerhalb einer Regel nicht möglich ist. In den abschließenden Beratungen zur TRBS 2131 wurde deshalb einer offenen Beispielsammlung der Vorzug gegeben, um dem Praktiker individuelle Lösungswege zur technischen und/oder organisatorischen Umsetzung aufzuzeigen, um somit eine betriebliche Umsetzung zu ermöglichen. Das bedeutet auch für den elektrotechnischen Praktiker, dass nicht für alle betrieblichen Abläufe (elektrische Gefährdungen) oder Arbeitsprozesse Lösungen (beispielhafte Maßnahmen) oder Auswahlparameter aufgezeigt werden. Für solche Anwendungsfälle sind weiterhin die Schutzziele der BetrSichV zielführend und praxisgerecht umzusetzen, z. B. durch die Berücksichtigung der UVV – BGV A3 „Elektrische Anlagen und Betriebsmittel“.

Der Aufbau aller Technischen Regeln folgt einem einheitlichen Konzept. Im Anwendungsbereich der vorliegenden TRBS 2131 werden die Gefährdungen elektrischer Schlag, Störlichtbogen, elektrische, magnetische und elektromagnetische Felder und statische Elektrizität gefährdungsbezogen aufgeführt und definiert. Beachtet werden muss, dass mögliche Wechselwirkungen durch den Einsatz einzelner Arbeitsmittel/Werkzeuge oder durch das Zusammenwirken verschiedenartiger elektrischer Arbeitsmittel oder Schutzmaßnahmen auftreten können. Die zu erwartenden Gefährdungen sind durch den Arbeitgeber zu ermitteln und zu bewerten. Durch Ableitung von praktikablen Maßnahmen bzw. beispielhaften Lösungen sollen die speziellen Gefährdungen in der

Praxis vermieden oder beseitigt werden. Das Gesamtpaket Technischer Regeln soll helfen, den notwendigen Arbeitsschutz verständlich und reproduzierbar umzusetzen.

Zuordnung und Zusammenwirken unterschiedlicher Regeln

Die in der TRBS 2131 aufgeführten Begriffsbestimmungen erläutern ausschließlich die Begrifflichkeiten, ohne die es zu Missverständnissen bei der Anwendung der Technischen Regeln kommen kann. Beispielhaft seien hier die Begriffe „elektrische Betriebsmittel" und „elektrische Anlagen" genannt. Durch die Erläuterungen dieser Begriffe soll verdeutlicht werden, dass Arbeitsmittel im Sinne des § 2 der Betriebssicherheitsverordnung (BetrSichV) sich **nicht** nur unmittelbar auf das bereitgestellte und gerade verwendete Produkt/Betriebsmittel beziehen, sondern bei der Umsetzung und Anwendung der TRBS 2131 komplexer zu sehen sind. Die **einzelnen** elektrotechnischen Betriebsmittel (z. B. Fehlerstrom-Schutzschalter, Schaltgerätekombinationen, Schütze, Kabel und Leitungen) sind im Sinne der BetrSichV sowie der TRBS 2131 keine Arbeitsmittel. Dies ist insbesondere bei der Auswahl und Zuordnung der Schutzeinrichtung zum Schalten im Fehlerfall durch die Elektrofachkräfte zwingend zu beachten. Die Sicherstellung der Abschaltbedingungen (Abschaltzeit, maximal zulässige Berührungsspannung, Erderwiderstand) wird also nicht über die TRBS 2131 geregelt. Schon heute kann und muss festgestellt werden, dass für die Praxis eine klare und unmissverständliche Abgrenzung der elektrotechnischen Fachbegriffe innerhalb der Technischen Regeln notwendig ist.

Die bekannteste elektrische Gefährdung ist die *Körperdurchströmung*. Diese Gefährdung entsteht/besteht nicht nur, wenn Elektrofachkräfte oder elektrotechnisch unterwiesene Personen in speziellen elektrotechnischen Bereichen tätig werden (arbeiten), sondern auch fachfremde Mitarbeiter (Schweißer, Bauarbeiter, Instandsetzer, Mechaniker, medizintechnisches Personal), die elektrische Energie bei der Arbeit nutzen, können elektrischen Gefährdungen ausgesetzt sein (**Bilder 1** und **2**).

Spezielle elektrische Gefährdungen treten bei *Arbeiten unter Spannung* (AuS) auf. Im Ausschuss für Betriebssicherheit (ABS) bestand Einvernehmen darüber, diese **besonderen** Gefährdungen (**Bild 3**) in der TRBS 2131 nur grundsätzlich anzusprechen und hierzu die bereits bestehende, fachlich gut abgerundete berufsgenossenschaftliche Regel „Arbeiten unter Span-

Bild 1
Einsatz handgeführter elektrischer Arbeitsmittel auf Bau- und Montagestellen

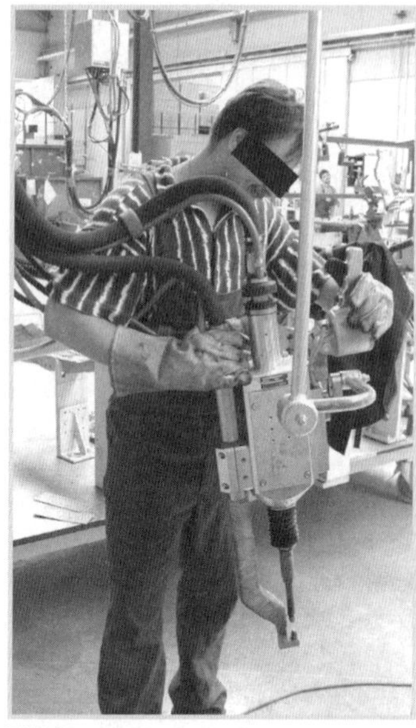

Bild 2
Festangeschlossene Punktschweißeinrichtung – Einsatz im Metallmontagebereich

Bild 3
Arbeiten unter Spannung (z. B. Arbeiten an einer Freileitungsanlage) werden vom Regelungsinhalt der TRBS 2131 „Elektrische Gefährdungen" nicht erfasst.

nung an elektrischen Anlagen und Betriebsmitteln" (BGR A3) auf dem Wege des Kooperationsmodells in eine **zusätzliche** (eigenständige) Technische Regel zur Betriebssicherheit zu überführen.

Anwendungsbereich der technischen Regel

Der für die Ausarbeitung der TRBS 2131 „Elektrische Gefährdungen" zuständige Unterausschuss 2 zur BetrSichV „Werkzeuge und Geräte" hat unter Berücksichtigung des notwendigen und vom Verordnungsgeber (BetrSichV) vorgegebenen Regelumfangs bewusst die vier möglichen elektrischen Gefährdungen in den Fokus des Anwendungsbereichs gestellt. Vom Geltungsbereich der TRBS werden somit die Gefährdungen

- elektrischer Schlag,
- Störlichtbogen,
- elektrische, magnetische und elektromagnetische Felder und
- statische Elektrizität

erfasst und gefährdungsbezogen bei der Bereitstellung der Arbeitsmittel sowie bei der Benutzung der Arbeitsmittel durch beschäftigte/versicherte Personen beschrieben und definiert.

Im Zuge der Bewertung der ermittelten Gefährdungen (Gefährdungsbeurteilung siehe auch TRBS 1111 „Gefährdungsbeurteilung und sicherheitstechnische Bewertung") durch elektrische Körperströme, Störlichtbogenbildung, elektrische, magnetische und elektromagnetische Felder und statische Elektrizität werden branchenübergreifende beispielhafte Maßnahmen (Schutzmaßnahmen) vorgeschlagen. Um die Vermutung (Vermutungswirkung bei Anwendung der beispielhaften Maßnahmen) der Einhaltung der BetrSichV nachweisen zu können, sind die möglichen Schutzmaßnahmen in den Bewertungsprozess einzubinden und die Wirksamkeit der Maßnahmen ist (z. B. Festlegung der maximal zulässigen Berührungsspannung im medizintechnischen Bereich) zu überprüfen. Für einen zielgerichteten Ansatz und einen praxisbezogenen Ablauf der Gefährdungsbeurteilung ist der iterative Prozess der zitierten TRBS 1111 zu beachten. Mithilfe dieser Verfahrensregel ist auch die Wirksamkeit der betrieblich gewählten Schutzmaßnahmen zu prüfen, die nicht beispielhaft in der TRBS 2131 aufgeführt sind (**Bild 4**).

Einbindung elektrotechnischer Normen

Eine direkte Inbezugnahme oder ein mandatierter bzw. gleitender Verweis auf sicherheitstechnische Normen privater Normsetzer, z. B. „Verband der Elektrotechnik Elektronik und Informationstechnik e.V." (VDE), wurde aus Grün-

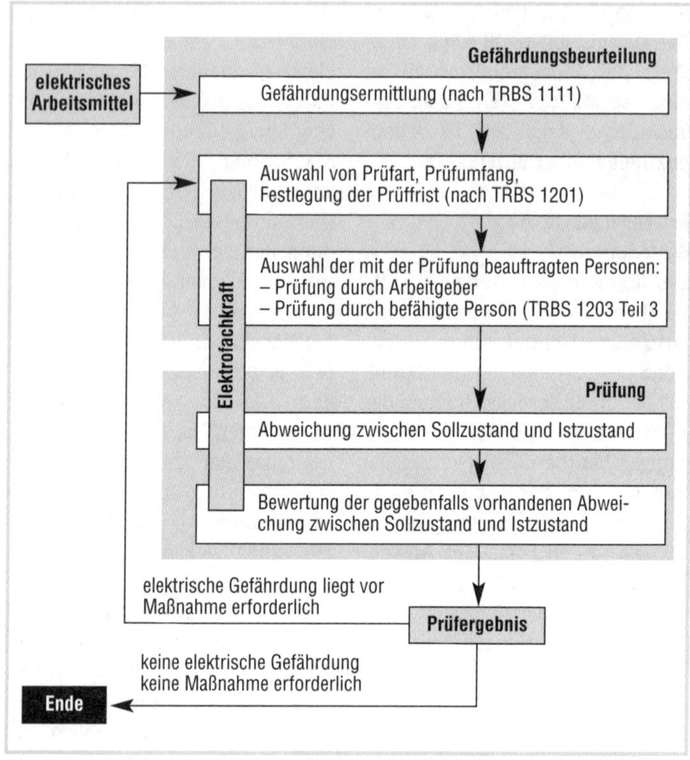

Bild 4
Gefährdungsbeurteilung gemäß TRBS 1111 am Beispiel eines elektrischen Arbeitsmittels

den einer einheitlichen Rechtsetzung im Arbeitschutz ausgeschlossen. Damit fehlt im Ansatz und in der betrieblichen Alltagsumsetzung die derzeit von allen Elektrofachkräften praktizierte elektrotechnische Einzelumsetzung bzw. gezielte Inbezugnahme „elektrotechnischer Regeln“; z. B. der DIN VDE 0105-100.

Selbstverständlich stehen den elektrotechnischen Praktikern die Auswahl und Regelungsmöglichkeiten aus dem „Erfahrungskatalog“ der VDE 0105-100 auch weiterhin zur Verfügung. Jedoch ist im Rahmen der Gefährdungsbeurteilung immer zu prüfen, ob mit der gewählten Lösung (Einzellösung) die Schutzforderung der

BetrSichV auch sicher erfüllt wird, dies gilt auch für bereits eingeführte und praktizierte Schutzmaßnahmen oder Arbeitsabläufe – und zwar auch dann, wenn die gewählte Lösung eine sicherere Arbeitsweise ermöglicht! Ob im Zuge der künftigen Strukturierung zur BetrSichV die VDE 0105-100, die zugleich die nationale Umsetzung der Europanorm EN 50110-1 „Betrieb von elektrischen Anlagen" ist, eine Änderung erfährt oder eine Angleichung vorgesehen ist, bleibt abzuwarten. Nach dem derzeitigen Diskussionsstand ist jedoch davon auszugehen, dass auch künftig eine gleichberechtigte Bezugnahme oder der Verweis auf elektrotechnische Regeln (VDE-Bestimmungen) mit der Maßgabe der Vermutungswirkung zur BetrSichV vom Verordnungsgeber **nicht** vorgesehen ist.

Begriffe

Grundsätzlich gelten für alle technischen Regeln unterhalb der BetrSichV die Begriffsbestimmungen der TRBS 1002 „Begriffe". Um eine einheitliche Interpretation der TRBS 2131 zu ermöglichen und zu gewährleisten, sind in der TRBS 2131 für den Bereich der Elektrotechnik nur die Begriffe und Definitionen zusätzlich aufgeführt, die notwendig sind, um die TRBS zielsicher umzusetzen. Im Folgenden werden beispielhaft einige Begriffe genannt. (Die vollständige Ausführung der TRBS 2131 erhalten Sie unter www.baua.de: Technische Regeln für Betriebssicherheit).

Elektrische Betriebsmittel sind alle Produkte, die zum Zwecke der Erzeugung, Umwandlung, Übertragung, Verteilung oder Anwendung von elektrischer Energie sowie zum Übertragen, Verteilen und Verarbeiten von Informationen benutzt werden. Den elektrischen Betriebsmitteln werden Schutz- und Hilfsmittel gleichgesetzt, soweit an diese Anforderungen hinsichtlich der elektrischen Sicherheit gestellt werden. Elektrische Betriebsmittel können auch Arbeitsmittel sein.

Elektrische Anlagen sind die Gesamtheit der zugeordneten elektrischen Betriebsmittel mit abgestimmten Kenngrößen zur Erfüllung bestimmter Zwecke. Dies schließt Energiequellen ein, z. B. Batterien, Kondensatoren und alle anderen Quellen gespeicherter elektrischer Energie.

Elektrische Gefährdung ist die Möglichkeit eines Schadens oder ... durch das Vorhandensein elektrischer Energie in einer Anlage oder einem Betriebsmittel.

Gefährdung durch das elektrische oder magnetische Feld bezeichnet die Möglichkeit einer gesundheitlichen Beeinträchtigung ...

Gefährdung durch statische Elektrizität bezeichnet die Möglichkeit eines Schadens oder einer gesundheitlichen Beeinträchtigung …

Elektrischer Gefährdungsbereich ist der räumliche Bereich innerhalb oder im Umkreis einer elektrischen Anlage oder eines Betriebsmittels, in dem eine elektrische Gefährdung durch Eindringen in die Annäherungszone nicht ausgeschlossen ist (**Bild 5**).

Aktive Teile sind elektrisch leitfähige Teile, die im **ungestörten Betrieb** unter Spannung stehen können.

Gefahrenzone ist ein Bereich um unter Spannung stehende Teile, in dem beim Eindringen ohne Schutzmaßnahmen der zur Vermeidung einer elektrischen Gefahr erforderliche Isolationspegel nicht sichergestellt ist (**Bild 6**).

Annäherungszone ist ein begrenzter Bereich, der sich an die Gefahrenzone anschließt und außen durch den Abstand D_V begrenzt wird.

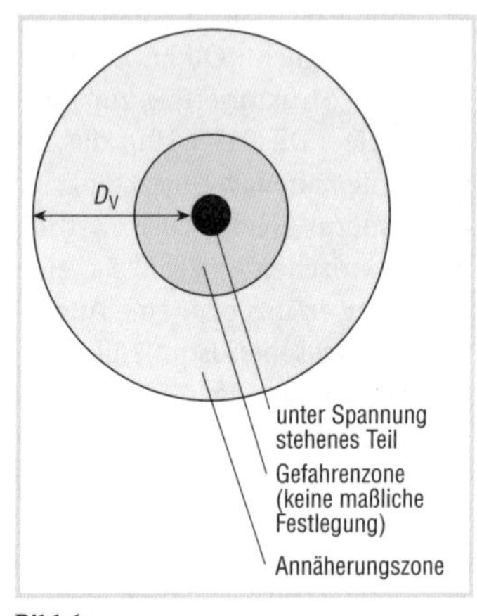

Bild 6
Annäherungszone, Gefährdungszone, aktives Teil

Bild 5
Elektrischer Gefährdungsbereich gemäß TRBS 2131
Quelle: Vattenfall

Allgemeines zur Ermittlung und Bewertung von Gefährdungen sowie Festlegung von Maßnahmen

Der Regelsetzer hat bewusst über den Hauptabschnitt 3 die Verpflichtung zur Durchführung einer umfassenden Gefährdungsbeurteilung für den Unternehmer/Arbeitgeber gemäß § 4 des ArbSchG hervorgehoben. Der Anwender muss jedoch beachten, dass die Inhalte der TRBS und die beispielhaften Maßnahmen nicht vollständig und abschließend für alle auftretenden elektrischen Gefährdungen aufgezeigt und/oder definiert sind. Spezielle Anwendungsfälle oder Einzelgefährdungen (z. B. hochfrequente Körperströme, hohe Kurzschlussströme) müssen gefährdungsbezogen und vollständig vom Arbeitgeber ermittelt bzw. bewertet werden. Zentrales Element ist und bleibt die durchzuführende prozessbezogene Gefährdungsbeurteilung.

Gefährdungen durch elektrischen Schlag oder Störlichtbogen

Ermittlung der vorliegenden Gefährdungen

Mit einer Gefährdung durch elektrischen Schlag oder Störlichtbogeneinwirkung ist grundsätzlich zu rechnen,

- wenn aktive Teile berührt oder
- unterschiedliche Potentiale überbrückt werden können oder
- bei einer Annäherung an aktive Teile die Isolierfestigkeit (der Anlage/Anlagenteile) überschritten werden kann.

Die Ermittlung der elektrischen Gefährdung ist fundamentaler Auftrag des Arbeitgebers und muss vor jeder Arbeitsaufnahme erfolgen, damit die zu treffenden Schutzmaßnahmen ausgewählt und vorgesehen werden können. Gleichartige Gefährdungen können zentral ermittelt, und einheitliche Schutzmaßnahmen müssen aufgabenorientiert zugeordnet werden. Hinsichtlich der Grenzwerte der anliegenden Spannung, des möglichen Kurzschlussstromes oder des vorliegenden Energiegehaltes sowie einzuhaltender Schutzabstände folgt die TRBS 2131 dem vereinbarten gefährdungsbezogenen Ansatz.

Aus Abs. 4.3 der Technischen Regeln lassen sich für die oben genannten Gefährdungen beispielhafte Maßnahmen derzeit nur für folgende Tätigkeiten/Arbeitsbereiche ableiten:

- Arbeiten an aktiven Teilen (außer AuS),
- Arbeiten in der Nähe von aktiven Teilen,
- Benutzen von elektrischen Arbeitsmitteln auf Bau- und Montagestellen und
- Benutzen von Elektroschweißgeräten.

Bewertung der Gefährdungen

Eine elektrische Gefährdung liegt vor, wenn durch das Arbeitsmittel oder durch die vorgesehenen Arbeiten aktive Teile direkt berührt oder unterschiedliche Potentiale überbrückt werden können und dabei

- die Spannung zwischen einem aktiven Teil und Erde oder die Spannung zwischen aktiven Teilen höher als 25 V Wechselspannung (Effektivwert) oder 60 V Gleichspannung (oberschwingungsfrei) ist und
- der Kurzschlussstrom an der Arbeitsstelle größer als 3 mA Wechselstrom (Effektivwert) oder 12 mA Gleichstrom ist oder *(bitte redaktionellen Druckfehler in der offiziellen Fassung der TRBS 2131 beachten).*
- die Energie mehr als 350 mJ beträgt.

Ferner liegt eine elektrische Gefährdung auch immer dann vor, wenn bei Annäherung an direkt berührbare aktive Teile die in der **Tabelle 1** angegebenen Schutzabstände D_V unterschritten werden (**Bild 7**).

Tabelle 1
Annäherungszone D_V in Abhängigkeit von der Nennspannung

Nennspannung U_N (Effektivwert) in kV	Äußere Grenze der Annäherungszone D_V (Schutzabstand in Luft) in m
bis 1	1,0
1 bis 110	3,0
110 bis 220	4,0
220 bis 380	5,0

Bild 7
Äußere Grenze der Annäherungszone; Abgrenzung und Kennzeichnung durch Ketten und Hinweisschilder
Quelle: OMICRON electronica

Lösungen/beispielhafte Maßnahmen

Es erfolgt grundsätzlich die Aussage, dass zum Gefährdungsbereich elektrischer Anlagen (z. B. Freiluftschaltanlage, Schaltraum, Umspannstation) nur Personen Zugang haben dürfen, die aufgrund der fachlichen Ausbildung, Kenntnis und Erfahrung die auftretenden elektrischen Gefährdungen zweifelsfrei erkennen und die erforderlichen Maßnahmen des Arbeitsschutzes auch treffen können; also Elektrofachkräfte oder elektrotechnisch unterwiesene Personen – eine Regelung, die bisher schon für jede abgeschlossene elektrische Betriebsstätte galt und somit keine zusätzliche Anforderung an die elektrotechnische Praxis stellt.

Es gilt ferner, dass nur solche elektrischen Anlagen und Betriebsmittel benutzt werden, die für die Beanspruchung durch die Betriebs- und Umgebungsbedingungen an der Arbeitstelle geeignet sind. Auch hat der Arbeitgeber besondere Maßnahmen zum Schutz gegen elektrischen Schlag zu veranlassen, wenn durch die Umgebungs- und Arbeitsbedingungen eine erhöhte elektrische Gefährdung auftreten kann bzw. besteht. Dazu werden beispielhafte Maßnahmen für die Bereitstellung und Benutzung elektrischer Arbeitsmittel auf Bau- und Montagestellen oder in engen leitfähigen Bereichen aufgezeigt (**Bild**er 7 und **8**). Diese Maßnahmen wurden aus den vorliegenden berufsgenossenschaftlichen Festlegungen (z. B. BGI 608 „Auswahl und Betrieb elektrischer Anlagen und Betriebsmittel auf Bau- und Montagestellen“) abgeleitet und stellen somit auch **keine** neuen oder zusätzlichen Anforderungen auf. Hinsichtlich der erforderlichen sicherheitstechnischen Ausführungen einer ortsfesten elektrischen Anlage muss hier auf die Zusatzfestlegungen der Normenreihe DIN VDE 0100 Teile 700 ff. verwiesen werden.

Inhaltlich der bekannten Unfallverhütungsvorschrift „Elektrische Anlagen und Betriebsmittel“ (BGV A3) folgend, zeigt die TRBS 2131 zwei Arbeitsverfahren auf:

- das Arbeiten im spannungsfreien Zustand und
- das Arbeiten in der Nähe aktiver Teile.

Bild 8
Speisepunkt für Bau- und Montagestellen

Zentraler Sicherheitsaspekt der TRBS ist der zweifelsfreie Ausschluss einer elektrischen Gefährdung. Dazu wird als elementare Sicherheitsmaßnahme ausführlich das Arbeiten im *spannungsfreien Zustand* erläutert. Über die Sicherstellung der „5 Sicherheitsregeln" (**Bild 9**) wird für den ermittelten Gefährdungsumfang die Möglichkeit der sicheren Arbeitsaufnahme herbeigeführt und somit die Vermutungswirkung zur BetrSichV erfüllt. Die einzelnen Arbeitsschritte und Einzelfestlegungen wurden in die TRBS inhaltsgleich aus der BGV A3 bzw. VDE 0105-100 übernommen. Dazu wurden die Einzelabschnitte der 5 Sicherheitsregeln ausführlich und anwendungsbezogen erläutert bzw. zitiert (vgl. VDE 1005-100 Abs. 6.2). Selbstverständlich ist beim Arbeiten an Hochspannungsbetriebsmitteln

Bild 9
Feststellen der Spannungsfreiheit

(U_N > 1 kV) auch weiterhin die 4. Sicherheitsregel zwingend anzuwenden, auch wenn im Text der TRBS 2131 das Erden und Kurzschließen nur bei Spannungen < 1000 V gefordert wird (redaktioneller Druckfehler in der TRBS).

Allgemein hätte hier der elektrotechnische Praktiker sicherlich gern auf die vollständige Einbindung der DIN VDE 0105-100 zurückgegriffen, um ebenfalls die direkte Vermutungswirkung zur BetrSichV herbeiführen zu können. Es muss jedoch ausdrücklich darauf hingewiesen werden, dass diese Möglichkeit über die TRBS 2131 nicht gegeben ist. Werden die beispielhaft genannten Schutzmaßnahmen nicht gewählt, so muss im Rahmen der Gefährdungsbeurteilung die Bewertung der gewählten Maßnahmen **schriftlich** dokumentiert werden, auch wenn die gewählte Lösung voraussichtlich einen höheren Sicherheitsaspekt widerspiegelt.

Die vorliegenden Technischen Regeln „Elektrische Gefährdungen" gehen generell von einer Gefährdung aus, wenn die Schutzabstände D_V nach Tabelle 1 unterschritten werden. Diese Abstände gelten erst einmal für alle Arbeiten und alle Mitarbeiter. Unter bestimmten Voraussetzungen können in Abhängigkeit von der Mitarbeiterqualifikation (z. B. Elektrofachkraft) auch geringere Schutzabstände zur Anwendung kommen. Diese Lösung hat bereits bei der maßlichen Festlegung der Schutzabstände für „elektrotechnische Arbeiten" Anwendung gefunden (**Bild 10**). Soll künftig eine solche Reduzierung der Schutzabstände nach Tabelle 102 der VDE 0105-100 erfolgen, so muss diese Maßnahme im Rahmen der Gefährdungsermittlung bzw. der Maßnahmen-Dokumentation erfasst und schriftlich fixiert werden.

Die Thematik *Arbeiten unter Spannung* (AuS) wird in der TRBS 2131 nur durch einen Einführungsabschnitt „Grundanforderungen" behandelt und beispielgebend und auch abschließend nur das Arbeiten an Oberleitungsanlagen von Nahverkehrsschienenbahnen bis 1 kV AC und 1,5 kV DC erfasst und erläutert.

Bild 10
Maschinelle Rasenmäharbeiten in einer Freiluftanlage entsprechend VDE 0105-100 Abs. 4.3.6

Es war ausdrücklicher Wunsch des BMAS und des Ausschusses für Betriebssicherheit, für alle weiteren AuS-Tätigkeiten eine eigenständige Technische Regel vorzusehen. Die notwendige ergänzende TRBS soll über das Kooperationsmodell auf der Grundlage der vorliegenden berufsgenossenschaftlichen Regel „Arbeiten unter Spannung an elektrischen Anlagen und Betriebsmitteln" (BGR A3) erarbeitet und veröffentlicht werden.

Gefährdungen durch elektrische, magnetische oder elektromagnetische Felder

In der Technischen Regel TRBS 2131 „Elektrische Gefährdungen" wird hinsichtlich der Gefährdungen durch elektromagnetische Felder auf die EU-Richtlinie 2004/40/EG über Mindestvorschriften zum Schutz von Sicherheit und Gesundheit der Arbeitnehmer vor der Gefährdung durch physikalische Einwirkungen (elektromagnetische Felder) verwiesen. Außerdem wird auf die anerkannte berufsgenossenschaftliche Regel BGR B11 „Elektromagnetische Felder" für die Ermittlung und Bewertung Bezug genommen.

Mit einer Gefährdung durch elektrische, magnetische oder elektromagnetische Felder im Frequenzbereich von 0 Hz bis 300 GHz ist zu rechnen, wenn die von einem Arbeitsmittel erzeugten elektrischen, magnetischen oder elektromagnetischen Felder zu einer Überschreitung von zulässigen Werten führen.

Ermittlung der Gefährdung durch elektrische, magnetische oder elektromagnetische Felder

Nach EU-Richtlinie 2004/40/EG sowie auch nach Unfallverhütungsvorschrift BGV B11 und der dazugehörigen berufsgenossenschaftlichen Regel BGR B11 „Elektromagnetische Felder" muss der Arbeitgeber die auftretenden Feldstärken ermitteln. Diese Ermittlung kann entsprechend der TRBS 2131 mittels Messung, Berechnung oder Vergleich mit gleichartigen Arbeitsmitteln erfolgen. Nach der Ermittlung ist eine Bewertung der Gefährdungen vorzunehmen. Werden von Anlagen und Geräten zulässige Werte überschritten, so sind umgehend Maßnahmen einzuleiten, die verhindern, dass unzulässige Expositionen auftreten (**Bild 11**).

In der TRBS 2131 „Elektrische Gefährdungen" werden für ausgewählte elektrische Anlagen beispielhaft Maßnahmen genannt, die zum Schutz vor unzulässiger Exposition getroffen werden können.

Statische Elektrizität

Eine Gefährdung durch statische Elektrizität kann auftreten, wenn ein elektrischer Schlag infolge einer Entladung statischer Elektrizität auftritt. Statische Elektrizität entsteht durch Berühren und anschließendes Trennen verschiedener Materialien, wodurch es zu einer Ladungstrennung mit entsprechender Potentialdifferenz kommt. Dieser Effekt ist auch als Reibungselektrizität bekannt. Findet nun eine Entladung über den menschlichen Körper statt, so ist diese spürbar. Bei entsprechender Ladungsmenge bzw. Energiehöhe kann es zu einer Gefährdung kommen.

Nach TRBS 2131 muss eine Ermittlung der Gefährdung durch statische Elektrizität und eine Bewertung der Gefährdungen vorgenommen werden.

Bild 11
Ermittlung der magnetischen Flussdichte an einem Generator mittels Messung

Zusammenfassung

Die vorliegende Technische Regel „Elektrische Gefährdungen" TRBS 2131 kann und soll auch nicht alle auftretenden und vorliegenden Gefährdungspotentiale im Tätigkeitsfeld der Elektrotechnik aufzeigen bzw. zutreffende Arbeitsschutzregelungen vorgeben. Der Ausschuss für Betriebssicherheit wählte für die TRBS 2131 bewusst diese straffen Struktur- und Regelungsinhalte, um dem elektrotechnischen Praktiker ein kompaktes und schlankes Regelwerk zur Verfügung zu stellen. Schlank heißt in diesem Fall: Der Unternehmer/ Arbeitgeber soll verschiedene und somit auch gefährdungsbezogene Lösungen auswählen und zur Einhaltung der BetrSichV auch umsetzen können. Für viele praktische Anwendungsfälle werden natürlich die bekannten und bewährten Regelungen, die sicherheitstechnischen Maßnahmen der Unfallverhütungsvorschrift „Elektrische Anlagen und Betriebsmittel" (BGV A3) sowie der mitgeltenden „elektrotechnischen Regeln" (z. B. DIN VDE 0105-100, DIN VDE 0104) Anwendung finden.

Festzuhalten bleibt:

- Allgemein wird der Begriff „Elektrofachkraft" in der TRBS nicht verwendet. Es ist zu klären, welche elektrotechnischen Arbeiten von den einzelnen Mitarbeitern in Abhängigkeit von der Mitarbeiterqualifikation ausgeführt werden dürfen. Dies betrifft insbesondere die Festlegungen zum Arbeiten in der Nähe unter Spannung stehender Teile. Ebenso wird an keiner Stelle der Ausbildungs- oder Qualifikationsumfang der „elektrotechnisch unterwiesenen Person" beschrieben.
- Die Abgrenzung einer elektrotechnischen Anlage zum Begriff „Arbeitsmittel" ist unter Berücksichtigung der BetrSichV nicht eindeutig. Insbesondere ist zu klären, wann und welche Anlagenteile als Arbeitsmittel einzustufen sind und welche technischen Regeln für die allgemeine ortsfeste elektrische Anlage in einem Gebäude gültig sind.
- Schutzabstände werden nur in Abhängigkeit von der Nennbetriebsspannung definiert. Eine Berücksichtigung der Mitarbeiterqualifikation bzw. der gewählten elektrotechnischen Arbeitsmethode erfolgt nicht. Damit wird eine Einzelprüfung für die bisher bewährten Arbeitsverfahren „Schutz durch Abstand und Aufsichtsführung" gemäß Abs. 6.4.3 der DIN VDE 0105-100 notwendig. Hervorzuheben ist aber auch, dass unter Umständen kleinere Schutzabstände möglich sind als in den derzeit vorliegenden elektrotechnischen Regeln aufgezeigt (vgl. Bild 10).

- Das Arbeiten unter Spannung ist gezielt und bewusst nur grundsätzlich erwähnt und muss über eine „Sonder-TRBS“ ähnlich der TRBS 1203 Teil 3 behandelt werden.
- Ebenso sind die netzseitigen Schutzmaßnahmen zur Abschaltung bzw. Fehlermeldung beim Auftreten einer unzulässigen Berührungsspannung nicht erfasst bzw. nicht erwähnt. In Verbindung mit TRBS 1201 „Prüfungen ...“ ist auch hier eine Klärung notwendig, welche Regelungen für den gestörten Betrieb künftig gelten sollen.
- Hervorragend geregelt sind die Maßnahmen zur Durchführung der Prüfungen an elektrotechnischen Arbeitsmitteln durch „befähigte Personen“ (TRBS 1203 Teil 3). Hier liegt eine vollständige klare und moderne Arbeitsschutzregelung vor. Dies betrifft sowohl die Prüfung vor der ersten Inbetriebnahme als auch die durch mögliche schädigende Einwirkung notwendig werdende Wiederholungsprüfung.

Die Anwendung dieser Technischen Regel durch die elektrotechnischen Praktiker muss zeigen, ob die elektrotechnischen Arbeitsschutzbestimmungen ausreichend beschrieben sind und auch folgerichtig umgesetzt werden können. Derzeit bleiben einige betriebliche Fragen offen. Die Berufsgenossenschaft Elektro Textil Feinmechanik wird in Zusammenarbeit mit dem Deutschen Elektrohandwerk die dazu notwendigen Informationsschriften und Handlungsanweisungen erarbeiten, um praxisbezogene Lösungen für den elektrotechnischen Praktiker zu ermöglichen.

Der Weg von der TAB 2000 zur TAB 2007 – neue Vorgaben der NAV

Hartwig Roth

2007 wurde ein neuer Musterwortlaut der „Technischen Anschlussbedingungen (TAB 2007)“ verabschiedet. Im Folgenden werden die wesentlichen Neuerungen und Unterschiede zur TAB 2000 dargelegt. Da die TAB auf den Vorgaben der Niederspannungsanschlussverordnung (NAV) beruht, werden zum Verständnis der TAB auch die relevanten Vorgaben der NAV beleuchtet.

Grundlage der TAB (§ 20 NAV)

Die Technischen Anschlussbedingungen sind keine technischen Vorgaben, die der Netzbetreiber in eigener Machtvollkommenheit und nach Gutdünken erlässt, sondern ziehen ihre Berechtigung aus der Niederspannungsanschlussverordnung (NAV) und damit letztlich aus dem Energiewirtschaftsgesetz (§ 18 Abs. 3). In § 20 NAV heißt es:

„Der Netzbetreiber ist berechtigt, in Form von Technischen Anschlussbedingungen weitere technische Anforderungen an den Netzanschluss und andere Anlagenteile sowie an den Betrieb der Anlage einschließlich der Eigenanlage (gemeint sind Erzeugungsanlagen) festzulegen, so wie dies aus Gründen der sicheren und störungsfreien Versorgung, insbesondere im Hinblick auf die Erfordernisse des Verteilungsnetzes, notwendig ist.

Der Anschluss bestimmter Verbrauchsgeräte kann in den Technischen Anschlussbedingungen von der vorherigen Zustimmung des Netzbetreibers abhängig gemacht werden.“

Dabei hat sich der Text der TAB zwangsweise im Laufe der Jahre geändert und wurde in Abstimmung zwischen Netzbetreibern, Handwerkern und Herstellern kontinuierlich an die technischen Möglichkeiten und die jeweiligen Gegebenheiten angepasst.

Notwendigkeit einer TAB

Zunächst sollte aber am Anfang der Ausführungen – unabhängig von den Vorgaben des Verordnungsgebers – untersucht werden, ob die Techniker des Elektrohandwerks und die Netzbetreiber denn überhaupt eine TAB brauchen. Im Zuge der Liberalisierung der Märkte ist diese Frage ja durchaus legitim. Und ein Blick über die Grenzen Deutschlands hinaus – je weiter, desto deutlicher – zeigt, dass man sehr wohl auch unter Verhältnissen, die weit unter dem deutschen (Sicherheits-)Standard liegen, Strom zum Kunden bringen und Geräte betreiben kann (**Bild 1**).

Bild 1
Ein funktionsfähiger „Hausanschluss“

Die Antwort auf diese Frage gibt die TAB letztlich selbst, wenn man einmal die Abkürzung mit einem anderen Inhalt füllt:

Technik: innovativ, sicher, wirtschaftlich, kundenfreundlich,

Anlagensicherheit: normgerecht errichtet, rückwirkungsfrei,

Betriebstauglichkeit: optimiert durch lange Erfahrung und Zusammenarbeit von Netzbetreibern, Handwerkern und Herstellern.

Gründe für die Überarbeitung der TAB 2000

Die Erarbeitung der TAB 2007 erfolgte in einem zur TAB 2000 vergleichsweise kurzen zeitlichen Abstand. Was war ausschlaggebend, die TAB 2000 in die TAB 2007 zu überführen? Hierfür lassen sich vier Gründe anführen:

- Durch die Inkraftsetzung der Niederspannungsanschlussverordnung (NAV) im November 2006 musste eine formale Anpassung erfolgen, da sich die TAB 2000 auf die AVBEltV abstützte, die mit dem Inkrafttreten der NAV ihre Gültigkeit verloren hatte.
- Infolge geänderter Normen und der Einführung des elektronischen Haushaltszählers (eHZ), was wiederum eine Modifikation der Zählerplätze und Zählerschränke nach sich zog, musste die TAB 2007 in ihren Aussagen neuen Techniken Rechnung tragen.
- Ein Gerichtsurteil zur Textfassung in der TAB 2000 hinsichtlich des Einsatzes des SH-Schalters machte eine Umformulierung und textliche Anpassung erforderlich.
- Im Rahmen der Neufassung wurden textliche Änderungen vorgenommen, um den Wortlaut verständlicher zu machen und Missverständnisse zu vermeiden.

Gültigkeit der TAB

Da es immer wieder Missverständnisse gibt, wird ausdrücklich darauf hingewiesen, dass bei Errichtung, Änderung und Erweiterung einer elektrischen Anlage stets die *aktuellen TAB* gelten. Dabei gelten Übergangsfristen, sodass geplante und genehmigte Anschlüsse nach der alten TAB errichtet werden dürfen. Für bestehende Anlagen gilt Bestandsschutz. Dabei gibt es einen gewissen Ermessensspielraum, wenn in einer bestehenden Anlage Änderungen vorgenommen werden müssen. Hierbei sollte die Verhältnismäßigkeit von Aufwand und Nutzen berücksichtigt werden.

Bei der Neufassung der TAB sind – bedingt durch die Vorgaben der NAV – neue Begriffe aufgenommen worden (siehe Anhang B der TAB), die ggf. ungewohnt sind, grundsätzlich aber keine technische Änderung darstellen.

Mitteilung an die Energieaufsicht

Auch gemäß NAV sind die Technischen Anschlussbedingungen ergänzende technische Vorgaben des Netzbetreibers, die der Energieaufsicht mitzuteilen sind. Dies stellt nach wie vor sicher, dass in die TAB keine überzogenen Forderungen aufgenommen werden. Allerdings stellt die Zusammenarbeit der Netzbetreiber und der Vertreter des ZVEH ohnehin sicher, dass sich die Vorgaben der TAB auf technisch notwendige Vorgaben beschränken, die eine weitgehende Standardisierung des Hausanschlusses und die erforderliche Sicherheit der Anlagen gewährleisten und dabei die Interessen der Kunden berücksichtigen.

Auf die gegenüber früher geänderte Vorgehensweise bei der Mitteilung an die Bundesnetzagentur bzw. die Landesregulierungsbehörden soll hier nicht näher eingegangen werden.

Vermeidung von Netzrückwirkungen

In § 13 NAV wird ausdrücklich darauf hingewiesen, dass unzulässige Rückwirkungen der Anlagen auszuschließen sind, um Störung des Netzes und anderer Kundenanlagen zu vermeiden.

Um dies zu gewährleisten, darf die Anlage nur nach

- den Vorschriften der NAV,
- anderen anzuwendenden Rechtsvorschriften und behördlichen Bestimmungen und
- den allgemein anerkannten Regeln der Technik

errichtet, erweitert, geändert und instand gehalten werden.

Eintragung in das Installateurverzeichnis

Gerade im Hinblick auf die Vermeidung unzulässiger Netzrückwirkungen, aber auch zur Einhaltung der erforderlichen Sicherheit erfüllen die Technischen Anschlussbedingungen der Netzbetreiber eine wichtige Funktion. Ihre Vorgaben sind keine technischen Angaben, deren Einhaltung in das Belieben des jeweiligen Technikers des Elektrohandwerks gestellt ist. Entsprechend werden an ihn auch hohe qualitative Anforderungen gestellt.

Aus diesem Grunde dürfen die o. g. Arbeiten auch nur durch ein in das Installateurverzeichnis eines Netzbetreibers eingetragenes Installateurunternehmen durchgeführt werden. Dadurch werden

- eine qualitätsgerechte und sichere Ausführung von Arbeiten an den Anlagen,
- der Schutz der Kunden und des Netzbetreibers vor Schäden und
- der Ausschluss der Gefährdung des sicheren Netzbetriebs

sichergestellt.

Die Eintragungspraxis, die durch die NAV eindeutig vorgegeben ist, gewährleistet, dass der Techniker des Elektrohandwerks („Elektroinstallateur") durch den Netzbetreiber stets über alle wesentlichen Punkte informiert wird, die es im Zusammenhang mit den Technischen Anschlussbedingungen zu beachten gilt.

Im Interesse des Anschlussnehmers darf der Netzbetreiber eine Eintragung in das Installateurverzeichnis nur von dem Nachweis einer ausreichenden fachlichen Qualifikation für die Durchführung der jeweiligen Arbeiten abhängig machen. Neben den einschlägigen Ausbildungsmöglichkeiten bietet der in der NAV ausdrücklich genannte „TREI-Lehrgang" eine diskriminierungsfreie Möglichkeit, die notwendigen Kenntnisse nachzuweisen.

Folgen der Liberalisierung

Die NAV trägt allerdings auch dem Liberalisierungsgedanken Rechnung, weswegen mit Ausnahme des Abschnitts zwischen Hausanschlusssicherung und Messeinrichtung einschließlich der Messeinrichtung in der Anlage selbst Instandhaltungsarbeiten auch von nicht eingetragenen Fachkräften durchgeführt werden dürfen. Dabei sollte der Begriff „Instandhaltungsarbeiten" restriktiv ausgelegt werden, um Missbrauch auszuschließen.

Zum Gedanken der Liberalisierung gehört auch, dass der Netzbetreiber bezüglich der Installation von seinem Kontrollrecht kaum Gebrauch macht und der Anschlussnehmer dem Netzbetreiber gegenüber für die ordnungsgemäße Errichtung, Erweiterung, Änderung und Instandhaltung der elektrischen Anlage hinter der Hausanschlusssicherung verantwortlich ist. Die größere Freiheit bürdet somit dem Anschlussnehmer auch eine größere Verantwortung auf. Es liegt daher in seinem eigenen Interesse, mit allen relevanten Arbeiten einen eingetragenen Installateur zu betrauen, der ihm die entsprechende Verantwortung abnehmen kann.

Neue Grenze für den Verschiebungsfaktor

Bei der Auslegung der Betriebsmittel ist darauf zu achten, dass im Gegensatz zur TAB 2000 die Anschlussnutzung jetzt zur Voraussetzung hat, dass der Gebrauch der Elektrizität mit einem Verschiebungsfaktor zwischen cos φ = 0,9 kapazitiv und cos φ = 0,9 induktiv (bisher cos φ = 0,8) zu erfolgen hat. Inwieweit der Netzbetreiber bei einem abweichenden Verschiebungsfaktor den Einbau von Kompensationseinrichtungen fordert, hängt von den Gegebenheiten des Netzes ab.

Der früher übliche Begriff „Leistungsfaktor“ sollte nicht mehr benutzt werden, da er nur dann betraglich den gleichen Wert wie der Verschiebungsfaktor hat, wenn es sich um einen rein sinusförmigen Strom ohne Oberschwingungen handelt, d. h. wenn nur die reine Grundschwingung von 50 Hz vorhanden ist. In früheren Zeiten konnte man in erster Näherung davon ausgehen. Heute jedoch sind die Netze durch nichtlineare Verbraucher und elektronische Betriebsmittel stark oberschwingungsbelastet.

Netzanschluss (Hausanschluss)

Gemäß § 6 NAV werden Netzanschlüsse (Hausanschlüsse) (TAB Abschnitt 5) durch den Netzbetreiber hergestellt. Die baulichen Voraussetzungen und den Platz für den Hausanschluss nach DIN 18012 hat der Anschlussnehmer zu schaffen. Dabei bringt der Bezug auf DIN 18012 klare Verhältnisse, und unnötige Diskussionen werden dadurch vermieden.

Im Gegensatz zur bisherigen TAB werden jetzt auch die möglichen Anschlusseinrichtungen außerhalb der Gebäude gemäß DIN 18012 eindeutig genannt:

- in Hausanschlusssäulen,
- an Gebäudeaußenwänden,
- in Zähleranschlusssäulen und
- in ortsfesten Schalt- und Steuerschränken.

Damit wird einer in vielen Gegenden gebräuchlichen Praxis Rechnung getragen.

Inbetriebsetzung und Vordrucke

Für die Inbetriebsetzung der elektrischen Anlage des Kunden wendet der Errichter das beim Netzbetreiber übliche Verfahren an. Genauere Vorgaben lassen sich durch den Musterwortlaut der TAB nicht machen, da – je nach den örtlichen Gegebenheiten – im Detail beim jeweiligen Netzbetreiber unterschiedliche Verfahren erforderlich sind.

Die Anlage hinter dem Netzanschluss bis zu der in Abschnitt 7.4 Abs. 2 TAB definierten *Trennvorrichtung* für die Inbetriebsetzung der Kundenanlage bzw. bis zu den Haupt- oder Verteilungssicherungen darf nur durch den Netzbetreiber oder mit seiner Zustimmung durch ein in ein Installateurverzeichnis eingetragenes Installationsunternehmen in Betrieb genommen werden. Die Anlage hinter dieser Trennvorrichtung darf nur durch ein in ein Installateurverzeichnis eingetragenes Installationsunternehmen in Betrieb genommen werden.

Zur Abwicklung der Formalitäten stellt der Netzbetreiber Vordrucke zur Verfügung. Sinnvollerweise sind dabei die im Verband erarbeiteten Vordrucke zu verwenden.

Hauptstromversorgung

Bei der Dimensionierung der Hauptstromversorgung wird in bewährter Weise auf DIN 18015-1 zurückgegriffen. Auch dadurch werden unnötige Diskussionen vermieden. Allerdings gibt der Netzbetreiber dann die Größe der Hausanschlusssicherung vor.

Der *zulässige Spannungsfall* ergibt sich wiederum aus den Vorgaben der NAV (§ 13). Er darf bis 100 kVA zwischen dem Ende des Hausanschlusses und dem Zähler unter Zugrundelegung der Nennstromstärke der vorgeschalteten Sicherung nicht mehr als 0,5 % betragen.

Anbringung des Hausanschlusskastens (HAK)

Ergänzungen gibt es in der neuen TAB bei der Anbringung des HAK. Seine Oberkante soll nicht höher als 1,5 m über dem Erdboden sein. In Ausnahmefällen kann jedoch in Absprache mit dem Netzbetreiber auch eine Höhe bis 1,8 m zugelassen werden. Damit kann bestimmten baulichen Gegebenheiten Rechnung getragen werden.

Die freizuhaltende Arbeits- und Bedienfläche vor dem HAK ist eindeutig definiert und dient dem sicheren Arbeiten. Sie kann daher auch nicht nach Belieben modifiziert werden (**Bild 2**).

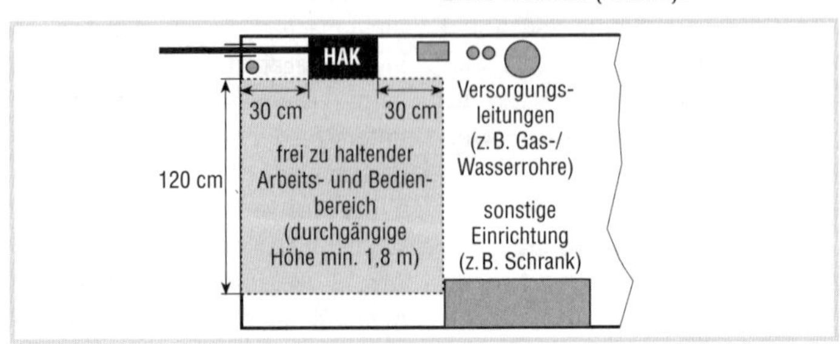

Bild 2
Arbeits- und Bedienbereich vor dem HAK

Elektroanlagen richtig und fristgemäß checken

Bödeker/Kindermann/Matz/Uhlig

Wiederholungsprüfungen nach DIN VDE 0105

Elektrische Gebäudeinstallationen und ihre Betriebsmittel.

2. Auflage 2007, 424 Seiten, € 39,80 (D)
ISBN 978-3-8101-0224-9

Dieser praxisbezogene Leitfaden begleitet Sie Schritt für Schritt bei der organisatorischen Vorbereitung, der technischen Durchführung sowie der Auswertung und gerichtsfesten Protokollierung von Wiederholungsprüfungen.
Sie erhalten konkrete Aussagen zu den zu beachtenden gesetzlichen Vorgaben und Normen, zu den Anpassungsforderungen, Prüffristen, Prüfberechtigungen, zur Auswahl von Mess- und Prüfgeräten sowie zu Fragen des Arbeitsschutzes.

Das Buch beschreibt im Einzelnen die Wiederholungsprüfung
● in Wohngebäuden ● in Gewerbebetrieben (Bäckereien bis Verkaufsstätten) ● in besonderen Bauten (Altersheime bis Versammlungsstätten) ● an/in besonderen Orten/Räumen (Badezimmer bis Unterrichtsräume) ● von besonderen Anlagen und Betriebsmitteln (Antennenanlagen bis Zählerplätze) ● von medizinischen Einrichtungen ● von elektrischen Geräten / Betriebsmitteln ● von Maschinenausrüstungen

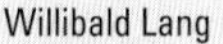

Willibald Lang

Fristgemäßes Prüfen und Warten von elektrischen Anlagen und Betriebsmitteln

2006. 208 Seiten, Kartoniert, mit CD-ROM,
32,– € (D) ISBN 978-3-8101-0242-3

Mit diesem Buch erhalten elektrotechnische Fachkräfte und Betriebspersonal **zwei Werkzeuge,** mit denen **rasch und unkompliziert Prüf- und Wartungsfristen** für ortsfeste und ortsveränderliche elektrische Anlagen und Betriebsmittel festgestellt werden können:

1. **Die Arbeitshilfe für Elektrofachkräfte,** aus der sich folgendes ermitteln lässt: Prüffristen, zugehörige Prüfmaßnahmen, notwendige Qualifikation des Prüfers und Fundstellen für die angegebenen Fristen. Des Weiteren ist zu ersehen, wer wen und wann zu unterweisen hat.

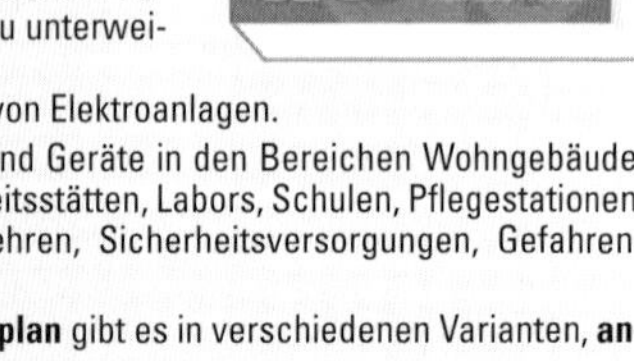

2. **Der editierbare Prüf- und Wartungsplan** für Betreiber von Elektroanlagen.

Berücksichtigt werden in beiden Fällen Elektroanlagen und Geräte in den Bereichen Wohngebäude, vermietete Gewerberäume, Landwirtschaft, Medizin, Arbeitsstätten, Labors, Schulen, Pflegestationen, Bäder, Baustellen, fliegende Bauten, Küchen, Feuerwehren, Sicherheitsversorgungen, Gefahrenmeldung für Brand, Einbruch und Überfall u.v.m.

Sowohl die **Arbeitshilfe** als auch den **Prüf- und Wartungsplan** gibt es in verschiedenen Varianten, **angepasst an die jeweiligen Bundesländer.**

Telefon 0 62 21/4 89-5 55
Telefax 0 62 21/4 89-4 43
E-Mail: de-buchservice@de-online.info
http://www.de-online.info

Fünfleiterinstallation

Für die Hauptstromversorgung wurde im Musterwortlaut der TAB bisher keine Vorgabe hinsichtlich eines Fünfleitersystems gemacht. Man wollte dem Kunden nicht unnötige Kosten aufbürden. Es blieb daher dem jeweiligen Kunden überlassen, sich selbst dafür zu entscheiden, falls er sich im Hinblick auf die Störbeeinflussung seiner Geräte eine größere Sicherheit versprach. Inzwischen ist aber der Einsatz von elektronischen Geräten praktisch in jedem Haushalt so weit verbreitet, dass man sich bei der Abfassung des Textes der TAB 2007 entschlossen hat, zumindest einen Hinweis auf die Vorteile eines TN-S-Systems ab dem Hausanschluss aus Gründen einer besseren EMV in den Text aufzunehmen. Bei einigen Netzbetreibern ist das Fünfleitersystem schon länger Pflicht.

Selektivität und SH-Schalter

Ganz wesentlich ist eine richtige Koordinierung der Schutzeinrichtungen, um die Selektivität aller in der Kundenanlage eingesetzten Schutzeinrichtungen bei allen Fehlerfällen sicherstellen zu können. Diesbezügliche Betrachtungen werden durch den Einsatz von SH-Schaltern im Vorzählerbereich erheblich vereinfacht.

Zum Einsatz des SH-Schalters heißt es in der TAB 2007 jetzt, dass im unteren Anschlussraum des Zählerplatzes vor jedem Zähler eine *selektive Überstromschutzeinrichtung* (z. B. SH-Schalter) vorzusehen ist. Diese selektive Überstromschutzeinrichtung muss sperr- und plombierbar sein und folgende Funktionen für jeden Zählerplatz aufweisen:

- Trennvorrichtung für die Inbetriebsetzung der Kundenanlage,
- Freischalteinrichtung für die Mess- und Steuereinrichtungen,
- zentrale Überstromschutzeinrichtung für die Kundenanlage,
- Überstromschutzeinrichtung für die Messeinrichtungen und die Leitungen zu den Stromkreisverteilern.

Die sicherste und – auch für den Kunden – komfortabelste Lösung ist der SH-Schalter, der problemlos und ohne weitere Berechnungen in allen Fällen eingesetzt werden kann und alle geforderten Eigenschaften automatisch aufweist.

Zählerplatz und Zählerfeld

Je Kundenanlage ist ein eigenes Zählerfeld vorzusehen. Werden weitere Messeinrichtungen benötigt (z. B. für Wärmepumpe oder Photovoltaikanlage), so werden zusätzliche Zählerplätze erforderlich.

Einen breiten Raum nehmen in der TAB 2007 die Angaben zu den neuen Zählerplätzen ein, die aufgrund der Einführung der elektronischen Haushaltszähler (eHZ) erforderlich geworden sind. Da derzeit Ferrariszähler und eHZ parallel im Einsatz sind, berücksichtigt die TAB zwangsweise sowohl das klassische Zählerfeld mit Drei-Punkt-Befestigung als auch den modernen Zählerschrank, der speziell für den Einsatz von eHZs ausgelegt ist.

Aus Gründen der Praktikabilität hat man auch für bestehende Zählerschränke eine technische Lösung gefunden, um ohne Tausch des Zählerschrankes eHZ einsetzen zu können. Bei Einsatz einer *Befestigungs- und Kontaktiereinrichtung in Adapterausführung* (BKE-A) ist auch in konventionellen Schränken der Einsatz eines eHZ möglich. In diesem Fall kann jedoch verständlicherweise der Vorteil der Platzeinsparung des eHZ nicht zum Zuge kommen.

Einsatz des elektronischen Haushaltszählers

Viele Diskussionen wird es sicherlich hinsichtlich des Einsatzes der Zählerschränke mit Zählerplatzflächen mit *integrierter Befestigungs- und Kontaktiereinrichtung* (BKE-I) geben, die für den direkten Einsatz von eHZ ohne Adapter gedacht sind.

Zunächst ist zu beachten, dass diese Zählerplatzflächen nur nach Rücksprache mit dem Netzbetreiber eingesetzt werden können, da der eHZ noch nicht überall zugelassen ist.

Außerdem kann die Platzeinsparung bei Einsatz des eHZ, die durch dessen Bauform grundsätzlich möglich ist, aus Gründen der Wärmebelastung nicht uneingeschränkt genutzt werden. Im Einzelnen gelten folgende Vorgaben: Bei Ein- und Zwei-Kundenanlagen ist – unabhängig von der Bauhöhe des Zählerplatzes – pro Zählerfeld nur ein eHZ zulässig. Ausnahmen sind bei Anlagen kleiner Leistung, z. B. Wärmepumpen oder Photovoltaikanlagen, möglich. Hier kann bis zu einer Anlagenleistung von 4,6 kVA ein zweiter eHZ auf dem gleichen Zählerfeld eingesetzt werden (**Bild 3**).

Der Vorteil der Platzeinsparung in der Breite setzt erst ab drei Kundenanlagen ein. Voraussetzung hierfür ist jedoch, dass Zählerschränke mit einer Zählerplatzhöhe von 1050 mm eingesetzt werden, da die geringere Bauhöhe von 900 mm nicht die erforderliche Wärmeabfuhr sicherstellt.

Das bedeutet, dass auch bei der großen Bauhöhe für zwei Kundenanlagen zwei Zählerplätze vorzusehen sind, die jeweils nur mit einem eHZ bestückt werden. Die Zähler für die dritte und vierte Kundenanlage können dann aber in diesen Zählerschrank integriert werden. Erst für die fünfte Anlage würde ein neuer Zählerplatz erforderlich, der dann auch für eine sechste Anlage genutzt werden kann.

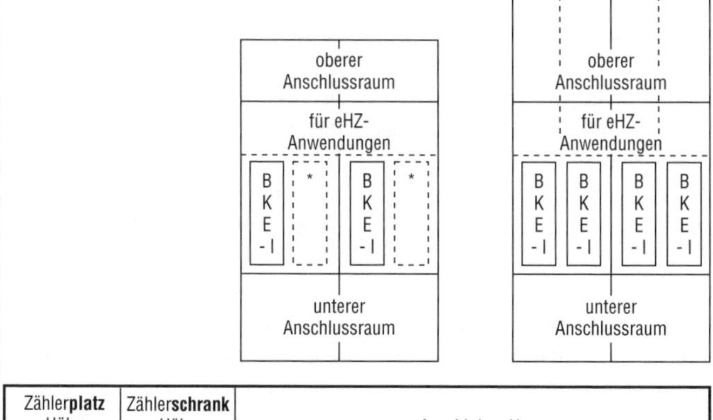

Zähler**platz** Höhe	Zähler**schrank** Höhe	Anzahl der eHz									
		1	2	3	4	5	6	7	8	9	10
		Anzahl der Zählerfelder									
900 mm	950 mm	1	2	3	4	5	6	7	8	9	10
1050 mm	1100 mm	1	2	2	2	3	3	4	4	5	5

* Die Belegung des Zählerplatzes mit der kleinen Bauhöhe mit zwei eHZ ist unter Berücksichtigung von DIN 18015-1 und E DIN 43870-1/A1:2006-1 wegen der Wärmebelastung nicht möglich.

Bild 3
Zuordnung der eHZ zu den Zählerplätzen

Normung der Zählerplätze für elektronische Haushaltszähler

Die einschlägigen Normen für die konventionellen Zählerplätze dürften als bekannt vorausgesetzt werden. Für die eHZ sind folgende Normen heranzuziehen:

- Funktionsflächen
  E DIN 43870-1/A1
- Zählerfelder
  E DIN 43870-2/A1
- Verdrahtung
  E DIN 43870-3/A1
- Zählerplätze für eHZs
  DIN V VDE V 0603-102
- BKE für eHZs in Zählerplätzen
  DIN V VDE V 0603-5

Anschluss von Wärmepumpen

Im Zuge staatlicher Verordnungen zur Energieeinsparung kommt der Wärmepumpe eine zunehmende Bedeutung zu. Die TAB 2007 macht daher für die Einschalthäufigkeit konkrete Vorgaben. So gelten bei Wechselstromanschluss bei

Anlaufströmen

- ≤ 18 A maximal
  6 Einschaltungen/h,
- ≤ 24 A maximal
  3 Einschaltungen/h

und bei Drehstromanschluss bei Anlaufströmen

- ≤ 30 A maximal
  6 Einschaltungen/h,
- ≤ 40 A maximal
  3 Einschaltungen/h.

Durch diese Beschränkung werden störende Netzrückwirkungen vermieden.

Nachträgliche Erweiterung und Änderung

Generell gilt, dass bei Erweiterungen und Änderungen von Anlagen sowie bei Verwendung – im Gegensatz zur Erstinbetriebnahme – *zusätzlicher* Verbrauchsgeräte dem Netzbetreiber Mitteilung zu machen ist, soweit sich dadurch die vorzuhaltende Leistung erhöht oder mit Netzrückwirkungen zu rechnen ist. Dies dürfte in der Regel nur Gewerbebetriebe betreffen. Hierzu zählen aber z. B. auch Arztpraxen, die nachträglich Diagnosegeräte mit einer hohen Pulsleistung einbauen lassen. Dadurch können ggf. – sofern der Netzverknüpfungspunkt eine zu geringe Kurzschlussleistung aufweist – unzulässige Netzrückwirkungen auftreten, die andere Kundenanlagen stören.

Mess- und Steuereinrichtungen

Einen neuen Aspekt gilt es bei den Mess- und Steuereinrichtungen zu beachten. Hier hat der Gesetzgeber weitreichende Änderungen im Rahmen der Liberalisierung vorgesehen, die allerdings noch nicht alle umgesetzt sind. Unabhängig davon sieht die TAB aber inzwischen die Möglichkeit einer Fernauslesung der Messdaten vor. Dies sollte auf jeden Fall berücksichtigt werden, da davon ausgegangen werden muss, dass im Rahmen neuer Verordnungen zukünftig der Kunde größere Wahlmöglichkeiten haben wird, weswegen ihm auch der Zugriff auf die Daten des Zählers möglich sein muss.

Anhänge

Im Anhang der TAB 2007 sind neben den schon beschriebenen Ausführungen zum Freiraum vor dem HAK und zu den verschiedenen Varianten des Zählerplatzes weitere wichtige Informationen aufgeführt. Im Anhang A1 werden die Querverweise auf die NAV genannt, sodass der juristisch interessierte Fachmann die entsprechenden Grundlagen der TAB nachvollziehen kann. Im Anhang A4 werden die in der TAB 2007 genannten elektrischen Grenzwerte übersichtlich aufgelistet, sodass dem Leser ein langes Suchen im Text erspart bleibt. Der Anhang B schließlich bietet eine umfangreiche Sammlung aller relevanten Fachbegriffe, weil sich in der fachlichen Diskussion immer wieder das Problem ergibt, dass über die gleiche Sache mit unterschiedlichen Begriffen geredet wird, sodass es zwangsweise zu Missverständnissen kommen muss. Diese Begriffssammlung ist umso wichtiger, als es in der NAV einige begriffliche Änderungen gegeben hat, die leicht zu Verwirrung führen können, weil der Fachmann an die hergebrachten Begriffe gewöhnt ist.

Die Niederspannungsanschlussverordnung (NAV)

Bernd Dechert

Die auf der Grundlage des Energiewirtschaftsgesetzes (EnWG vom 7. Juli 2005) erlassene und in Kraft getretene „Verordnung über Allgemeine Bedingungen für den Netzanschluss und dessen Nutzung für die Elektrizitätsversorgung in Niederspannung“ (Niederspannungsanschlussverordnung **(NAV)** vom 1. November 2006) ist **neue Rechtsgrundlage für das vom Versorgungsnetzbetreiber (VNB) zu führende Installateurverzeichnis.**

Die NAV ersetzt im Zusammenhang mit dem Installateurverzeichnis die bisherigen Vorschriften nach der Verordnung über Allgemeine Bedingungen für die Elektrizitätsversorgung von Tarifkunden (AVBEltV vom 21. Juni 1979).

Weiterhin regelt die NAV die allgemeinen Bedingungen, zu denen die VNB jedermann an ihr Niederspannungsnetz anzuschließen und den Anschluss zur Entnahme von Elektrizität zur Verfügung zu stellen haben.

Energieanlagen, dazu gehören elektrische Anlagen zum Anschluss an das Niederspannungsnetz, sind nach EnWG so zu errichten und zu betreiben, dass die technische Sicherheit gewährleistet ist. Vorbehaltlich sonstiger Rechtsvorschriften sind dabei die allgemein anerkannten Regeln der Technik zu beachten. Die Einhaltung der allgemein anerkannten Regeln der Technik wird nach § 49 EnWG vermutet, wenn bei elektrischen Anlagen die technischen Regeln des Verbandes der Elektrotechnik Elektronik Informationstechnik e. V. (VDE) eingehalten worden sind.

Sicherheitsanforderungen der NAV

Die NAV konkretisiert mit den §§ 13 und 14 Sicherheitsanforderungen an die elektrische Anlage des Kunden:

- Für die ordnungsgemäße Errichtung, Erweiterung, Änderung und Instandhaltung der elektrischen Anlage hinter der Hausanschlusssicherung ist der Anschlussnehmer nach § 13 (1) NAV gegenüber dem VNB verantwortlich.
- Unzulässige Rückwirkungen der Kundenanlage in das Netz sind gemäß § 13 (2) NAV auszuschließen. Um dies zu gewährleisten, darf die Kundenanlage nur nach den Vorschriften der NAV, nach anderen anzuwendenden Rechtsvorschriften und behördlichen Bestimmungen sowie nach den allgemein anerkannten Regeln der Technik errichtet, erweitert, geändert und instand gehalten werden.

- Die Arbeiten an der Kundenanlage dürfen nach § 13 (2) NAV außer durch den VNB nur durch ein in ein Installateurverzeichnis eines VNB eingetragenes Installationsunternehmen durchgeführt werden.
- Im Interesse des Anschlussnehmers darf der VNB nach § 13 (2) NAV eine Eintragung in das Installateurverzeichnis nur von dem Nachweis einer ausreichenden fachlichen Qualifikation für die Durchführung der jeweiligen Arbeiten abhängig machen.
- Nach § 14 (1) NAV darf die Anlage hinter dem Netzanschluss nur durch den VNB oder mit seiner Zustimmung durch das eingetragene Installationsunternehmen in Betrieb genommen werden. Die Anlage hinter der Trennvorrichtung darf nur durch das Installationsunternehmen in Betrieb gesetzt werden.
- Jede Inbetriebsetzung gemäß § 14 (2) NAV ist dem VNB über das eingetragene Installationsunternehmen, das die Arbeiten an der elektrischen Anlage ausgeführt hat, in Auftrag zu geben.

Nachweis einer ausreichenden fachlichen Qualifikation

Im Interesse des Anschlussnehmers macht der VNB nach der NAV die Aufnahme in das Installateurverzeichnis von dem Nachweis einer ausreichenden fachlichen Qualifikation abhängig. Gefährdungen des Netzbetriebs sollen durch dieses Verfahren ausgeschlossen werden. Das im Installateurverzeichnis einzutragende Installationsunternehmen hat daher zumindest eine „Verantwortliche Elektrofachkraft für den Anschluss elektrischer Anlagen an das Niederspannungsnetz“ zu beschäftigen.

In der amtlichen Begründung zur NAV ist festgehalten, dass das der Eintragung in das Installateurverzeichnis zugrunde liegende Verfahren auf der Vereinbarung zwischen dem Verband der Netzbetreiber – VDN – e. V. beim Verband der Elektrizitätswirtschaft – VDN – e. V.* und dem Zentralverband der Deutschen Elektro- und Informationstechnischen Handwerke (ZVEH) beruht. Vom Bundesinstallateurausschuss wurden die „Technischen Regeln Elektroinstallation“ (TREI) aufgestellt und in die Verfahrensordnung „Sachkundenachweis für den Anschluss elektrischer Anlagen an das Niederspannungsnetz“ aufgenommen. Die TREI sind die fachlichen Inhalte des Sachkundenachweises.

* *heute: Bundesverband der Energie- und Wasserwirtschaft – BDEW*

Verfahren zum Sachkundenachweis

Das Verfahren zum Sachkundenachweis bestimmt den Nachweis der für jedermann definierten Fachkunde einer „Verantwortlichen Elektrofachkraft für den Anschluss elektrischer Anlagen an das Niederspannungsnetz". Damit ist nach den allgemeinen rechtlichen Rahmenbedingungen ein diskriminierungsfreier Zugang zum Installateurverzeichnis gewährleistet.

„Verantwortliche Elektrofachkraft für den Anschluss elektrischer Anlagen an das Niederspannungsnetz" ist, wer die Anforderungen für die Eintragung in die Handwerksrolle mit dem Elektrotechniker-Handwerk erfüllt und den Sachkundenachweis nach vorgenannter Verfahrensordnung erfolgreich abgelegt hat (siehe **Bild** folgende Seite).

Elektrotechnikermeister, die eine Meisterprüfung nach der Verordnung über das Meisterprüfungsberufsbild und über die Prüfungsanforderungen in den Teilen I und II der Meisterprüfung im Elektrotechniker-Handwerk (ElektroTechMstrV) abgelegt haben, gelten als „Verantwortliche Elektrofachkraft für den Anschluss elektrischer Anlagen an das Niederspannungsnetz", wenn sie das Prüfungsfach „Elektro- und Sicherheitstechnik" nach § 7 Abs. 2 ElektroTechMstrV mit zumindest 50 v. H. der erreichbaren Punkte abgeschlossen haben. Über das Ergebnis der Prüfung im vorgenannten Prüfungsfach stellt der Meisterprüfungsausschuss eine gesonderte Bescheinigung nach § 7 Abs. 6 ElektroTechMstrV aus, die so genannte „Sicherheitsbescheinigung".

Nachweise für die Eintragung in das Installateurverzeichnis

Grundsätzlich sind für die Eintragung in das Installateurverzeichnis folgende Nachweise gegenüber dem VNB zu erbringen:

- Eintragung des Installationsunternehmens in die Handwerksrolle mit dem Elektrotechniker-Handwerk,
- Sachkundenachweis der „Verantwortlichen Elektrofachkraft für den Anschluss elektrischer Anlagen an das Niederspannungsnetz",
- Anzeige (Gewerbeanmeldung) nach § 14 Gewerbeordnung,
- Werkstattausrüstung für Arbeiten im Anschluss an das Niederspannungsnetz.

Zuständig für die Eintragung in das Installateurverzeichnis ist der VNB, in dessen Gebiet sich die gewerbliche Niederlassung des einzutragenden Installationsunternehmens befindet.

Bundeseinheitliche Umsetzung

Eine bundeseinheitliche Umsetzung gewährleistet die Verfahrensordnung zum Sachkundenachweis für den Anschluss elektrischer Anlagen an das Niederspannungsnetz, welche von ZVEH und VDN erarbeitet wurde.

Zur Vorbereitung auf den Sachkundenachweis können auf freiwilliger Basis Seminare besucht werden, die an folgenden Bildungseinrichtungen angeboten werden:

Bundesinstallateurausschuss

Zertifikat

Herr/Frau

geb. am

hat den Sachkundenachweis für den Anschluss elektrischer Anlagen und Geräte an das Niederspannungsnetz (Technische Regeln Elektro-Installation, TREI)

mit von 100 Punkten

bestanden.

Er/Sie hat damit das erforderliche Qualifikationsprofil im Bereich "sicherheits- und gesundheitsrelevante Vorsorgemaßnahmen" erworben.

(Entspricht den Mindestanforderungen für die ordnungsgemäße Errichtung, Änderung und Unterhaltung elektrischer Anlagen, bzw. deren Verbindung mit dem Verteilungsnetz der Netzbetreiber)

Der Sachkundenachweis wurde durchgeführt am:

bei:

Vorsitzender des Ausschusses zur Abnahme des Sachkundenachweises

Vorsitzender des Bundesinstallateurausschusses

Autorisierte Schulungsstätten für Vorbereitungslehrgänge

Akademie für Elektro- und Informationstechnik Bildungs- und Technologiezentrum (BTZ)
Berlin
www.hwk-berlin.de
Ansprechpartner:
Uwe-Jens Merbeth

Berufsbildungsstätte des Fachverbandes Elektro- und Informationstechnische Handwerke Nordrhein-Westfalen
Dortmund
www.feh-nrw.de
Ansprechpartner:
Dieter Wiermann

Berufsbildungszentrum/ Akademie der Handwerkskammer Magdeburg
Magdeburg
www.hwk-magdeburg.de
Ansprechpartner:
Tilo Jänsch

Bildungs- und Technologiezentrum für Elektro- und Informationstechnik e.V.
Lauterbach
www.bzl-lauterbach.de
Ansprechpartner:
Gerhard Schreiner

Bildungs- und Technologiezentrum gGmbH btz Heide
Heide
www.btz-heide.de
Ansprechpartner:
Volker Stelling

Bundestechnologiezentrum für Elektro- und Informationstechnik e.V.
Oldenburg
www.bfe.de
Ansprechpartner:
Reinhard Soboll

BZ Bildungszentrum Kassel GmbH
Kassel
www.bz-kassel.de
Ansprechpartner:
Jürgen Gintschel

BZE Bildungszentrum Elektrotechnik Hamburg
Hamburg
www.nfe.de
Ansprechpartner:
Bernd Haase

Elektrobildungs- und Technologiezentrum e.V.
Dresden
www.ebz.de
Ansprechpartner:
Klaus Franke

Elektro-Innung Düsseldorf Überbetriebliches Ausbildungszentrum
Düsseldorf
www.elektro-duesseldorf.de
Ansprechpartner:
Georg Burgers

Elektroinnung Regensburg
Regensburg
www.elektroinnung-regensburg.de
Ansprechpartner:
Günter Birner

Elektro Technologie Zentrum (etz)
Stuttgart
www.etz-stuttgart.de
Ansprechpartner:
Jörg Veit

Fortbildungszentrum Köhlstraße der Handwerkskammer zu Köln
Köln
www.hwk-koeln.de
Ansprechpartner:
Maria Geilen

GET-Gesellschaft zur Förderung des gebäudetechnischen Handwerks in Thüringen mbH
Erfurt-Waltersleben
www.elektro-thueringen.de
Ansprechpartner:
Ines Danzer

Handwerkskammer Dresden Berufsbildungs- und Technologiezentrum Großenhain
Großenhain
www.hwk-dresden.de
Ansprechpartner:
Bernd Müller

Handwerkskammer Hildesheim-Südniedersachsen Berufsbildungszentrum
Hildesheim
www.hwk-hildesheim.de
Ansprechpartner:
Frank Wilder

Handwerkskammer Koblenz Berufsbildungszentrum
Koblenz
www.hwk-koblenz.de
Ansprechpartner:
Sieglinde Straeten

Handwerkskammer Bildungszentrum Münster
Münster
www.hbz-bildung.de
Ansprechpartner:
Frau Petra Fasselt

Handwerkskammer Ostmecklenburg-Vorpommern HBZ Handwerkerbildungszentrum Neubrandenburg
Neubrandenburg
Ansprechpartner:
Gerhard Kunze

Handwerkskammer Ostmecklenburg-Vorpommern HBZ Handwerkerbildungszentrum Rostock
Rostock
Ansprechpartner:
Raik Richter

Handwerkskammer Osnabrück-Emsland
Osnabrück
www.hwk-os-el.de
Ansprechpartner:
Rainer Klostermann

Handwerkskammer Ostwestfalen-Lippe zu Bielefeld HBZ Bielefeld
Bielefeld
www.handwerk-owl.de
Ansprechpartner:
Herrn Günter Kellermeier

Handwerkskammer der Pfalz Berufsbildungs- und Technologiezentrum Kaiserslautern
Kaiserslautern
www.hwk-pfalz.de
Ansprechpartner:
Andreas Dietz

Handwerkskammer Rhein-Main Berufsbildungs- und Technologiezentrum Frankfurt
Frankfurt am Main
www.hwk-rhein-main.de
Ansprechpartner:
Klaus Grünert

Handwerkskammer Schwerin Berufsbildungs- und Technologiezentrum
Schwerin
www.hwk-schwerin.de
Ansprechpartner:
Dirk Schoppenhauer

Handwerkskammer Südthüringen BTZ Rohr-Kloster
Rohr
www.btz-rohr.de
Ansprechpartner:
Alfred Zscheppang

Heinrich-Hertz-Schule Bundesfachschule für die Elektrohandwerke
Karlsruhe
www.hhs-karlsruhe.de
Ansprechpartner:
Detlef Röpke

Innung für Elektro- und Informationstechnik Bayreuth
Bayreuth
Telefon: 09 21 / 91 02 74
Ansprechpartner:
Manuela Pellert

Innung für Elektro- und Informationstechnik Nürnberg-Fürth
Nürnberg
www.elektroinnung-nuernberg.de
Ansprechpartner:
Richard Pfeiffer

Innung für Elektro- und Informationstechnik Würzburg
Würzburg
www.elektro-innung-wuerzburg.de
Ansprechpartner:
Rainer Scherg

Elektro-Innung München Innungsschule München
München
www.elektroinnung-muenchen.de
Ansprechpartner:
Horst G. Seischab

Landesinnung Saarland der Elektrohandwerke Gewerbe-Technologie-Zentrale der Handwerkskammer
Saarbrücken
www.elektrohandwerk-saar.de
Ansprechpartner:
Karl-Heinz Scherschel

Verbandsnahe Schulungsstätten des Landesinnungsverbandes in Bayern
München
www.elektroverband-bayern.de
Ansprechpartner:
Hans W. Baumgärtler

Verbandsnahe Schulungsstätte der Innung für Elektro- und Informationstechnik Augsburg
Augsburg
www.innung-augsburg.de
Ansprechpartner:
Ilse Schlautmann

Weitere Informationen unter:
www.zveh.de

Die Energieeinsparverordnung (EnEV) 2007 und ihre Novelle 2009

Jörg Veit

In der „Euro am Sonntag“ vom 13. Juli 2008 wurde begründet, warum die Erschließung des Effizienzpotentials deutscher Gebäude und die Novellierung der Energieeinsparverordnung (EnEV) mehr als notwendig sind. Dort war zu lesen, dass der russische Konzern Gazprom (Platz 3 der bestverdienenden Konzerne der Welt – 22,6 Mrd. $ vor Steuern) aufgrund der Ölpreissteigerung seine Prognosen für Gasgroßhandelspreise in der Vergangenheit mehrfach nach oben korrigiert hat. Ende 2007 prognostizierte Gazprom noch einen mittleren Großhandelspreis von 310 $ für 1000 m^3 Erdgas. Im März 2008 wurde die Prognose auf 400 $ korrigiert. Jetzt geht das Unternehmen sogar von 500 $ Ende 2008 aus. Und das Jahr 2009 verheißt wenig Gutes: „Gazprom-Chef Alexej Miller schließt einen Großhandelspreis von 1000 $ pro 1000 m^3 nicht mehr aus, wenn der Ölpreis auf 250 $ je Barrel steigt.“ Zwei Wochen später kündigten deutsche Gasversorger bereits Preiserhöhungen von bis zu 30 % an. Energie wird immer teurer, und langsam setzt sich in der Bevölkerung die Erkenntnis durch: „Energiesparen und der Ausbau der erneuerbaren Energien sind die Gebote der Stunde!“

Die Bundesregierung setzt weitere Akzente im Bereich Energieeffizienz

Bei der Verbesserung der Energieeffizienz kommt dem Gebäudebereich eine erhebliche Bedeutung zu, weil dort mehr als 40 % der gesamten Energie in Deutschland verbraucht werden. Mit der Novellierung der EnEV 2009 knüpft die Bundesregierung an das umfangreiche Konzept der Europäischen Kommission für mehr Energieeffizienz und Klimaschutz an. Mit dem gestarteten Aktionsplan wird eine 20 %ige Verringerung des Energieverbrauchs bis 2020 angestrebt.

Nach der am 18. Juni 2008 im Bundeskabinett verabschiedeten Novelle der EnEV werden die energetischen Anforderungen an den Jahres-Primärenergiebedarf und an die Wärmedämmung um jeweils rund 30 % erhöht. Die Verschärfungen betreffen den Wohn- und Nichtwohnungsbau und dort sowohl den Neubau als auch den Gebäudebestand bei größeren Änderungen. Damit möchte die Bundesregierung die Energieeffizienz im Gebäudebereich merklich erhöhen.

Für welche Gebäude ist die EnEV anzuwenden?

Die EnEV gilt für *Gebäude,* soweit sie unter Einsatz von Energie beheizt oder gekühlt werden, und für *Anlagen* und *Einrichtungen* der Heizungs-, Kühl-, Raumluft- und Beleuchtungstechnik sowie der Warmwasserversorgung dieser Gebäude.

Ausnahmen sind Ställe zur Aufzucht oder Haltung von Tieren, offene Lagerhallen, unterirdische Bauten, Gewächshäuser, Traglufthallen und Zelte, fliegende Bauten, Kirchen, Ferienhäuser und sonstige Sonderregelungen für Gebäude, die nicht regelmäßig geheizt, gekühlt oder genutzt werden.

Welche Anforderungen werden an den Wohn-Neubau gestellt?

Neue Wohngebäude müssen so gebaut werden, dass der *Jahres-Primärenergiebedarf* Q_P für Heizung, Warmwasserbereitung, Lüftung und Kühlung den Wert des Jahres-Primärenergiebedarfs eines *Referenzgebäudes* gleicher Geometrie, Gebäudenutzfläche und Ausrichtung mit der in **Tabelle 1** angegebenen technischen Referenzausführung nicht überschreitet. Damit werden gleich 2 Änderungen deutlich:

- Die Anforderungen an die Gebäudehülle werden nicht mehr – wie früher – ausschließlich über den *spezifischen Transmissionswärmeverlust* H'_T definiert, sondern zusätzlich über einen Einzelbauteilnachweis, d. h., jedes Bauteil der thermischen Hülle hat den maximal zulässigen *U*-Wert des Referenzgebäudes einzuhalten.
- Die Festlegung des maximal zulässigen Jahres-Primärenergiebedarfs Q_P" in Abhängigkeit vom A/V_e-Verhältnis wird nicht mehr wie in der EnEV 2007 praktiziert. Stattdessen wird der berechnete Q_P des vergleichbaren Referenzgebäudes als Q_P" herangezogen. Bei Wohngebäuden mit elektrischer Warmwasserbereitung ist Q_P" um 11,3 kWh/(m² · a) zu verringern. Die Einführung eines Referenzgebäudes ist nicht neu, wurde es doch bereits in der EnEV 2007 im Nichtwohnungsbau etabliert. Die Gebäudetechniker müssen sich jetzt also auch im Wohnungsbau auf diese Berechnungsgrundlagen einstellen.

Die Referenzvorgaben entsprechen einer durchschnittlichen Verschärfung der primärenergetischen Anforderungen um 30 %. Diese Verschärfung erfolgt in der Gebäudehülle durch Reduzierung der *U*-Werte und in der Anlagentechnik durch eine Kombination aus Effizienzsteigerung (Brennwerttechnik) und dem Einsatz erneuerbarer Energien (thermische Solaranlage).

Tabelle 1
Ausführung des Referenzgebäudes nach EnEV 2009 (Auszug aus EnEV, Anlage 1)

Referenzbauteil/ -system	Referenzausführung/ Wert (Maßeinheit)
Außenwand, Geschossdecke gegen Außenluft	$U = 0{,}28\ \mathrm{W/(m^2 \cdot K)}$
Außenwand gegen Erdreich, Bodenplatte, Wände und Decken zu unbeheizten Räumen	$U = 0{,}35\ \mathrm{W/(m^2 \cdot K)}$
Dach, oberste Geschossdecke, Wände zu Abseiten	$U = 0{,}20\ \mathrm{W/(m^2 \cdot K)}$
Fenster, Fenstertüren	$U_w = 1{,}30\ \mathrm{W/(m^2 \cdot K)}$ und $g^{\perp} = 0{,}60$
Wärmebrückenzuschlag für Bauteile wie vor	$\Delta U_{wB} = 0{,}05\ \mathrm{W/(m^2 \cdot K)}$
Außentüren	$U = 1{,}80\ \mathrm{W/(m^2 \cdot K)}$
Luftdichtheit der Gebäudehülle	– Bei Berechnung nach DIN V 4108-6 mit Dichtheitsprüfung – DIN V 18599-2:2007-02 nach Kategorie I – Bemessungswert n_{50}
Sonnenschutzvorrichtung	keine Sonnenschutzvorrichtung
Heizungsanlage	• Wärmeerzeugung durch Brennwertkessel (verbessert), Heizöl EL, Aufstellung: – für Gebäude bis zu 2 Wohneinheiten innerhalb der thermischen Hülle, – für Gebäude mit mehr als 2 Wohneinheiten außerhalb der thermischen Hülle • Auslegungstemperatur 55/45 °C, zentrales Verteilsystem innerhalb der wärmeübertragenden Umfassungsfläche, innenliegende Stränge und Anbindeleitungen, Pumpe auf Bedarf ausgelegt (geregelt, Δp konstant), Rohrnetz hydraulisch abgeglichen, Wärmedämmung der Rohrleitungen nach EnEV Anlage 5 • Wärmeübergabe mit freien statischen Heizflächen, Anordnung an normaler Außenwand, Thermostatventile mit Proportionalbereich 1 K
Anlage zur Warmwasserbereitung	• zentrale Warmwasserbereitung • gemeinsame Wärmebereitung mit Heizungsanlage • Solaranlage (Kombisystem mit Flachkollektor) entsprechend den Vorgaben in DIN V 4701-10 oder DIN V 18599-5 • Speicher, indirekt beheizt (stehend), gleiche Aufstellung wie Wärmeerzeuger, Auslegung nach DIN V 4701-10 oder DIN V 18599-5 als – kleine Solaranlage bei $A_N < 500\ \mathrm{m^2}$ (bivalenter Solarspeicher) – große Solaranlage bei $A_N \geq 500\ \mathrm{m^2}$ • Verteilsystem innerhalb der wärmeübertragenden Umfassungsfläche, innenliegende Stränge, gemeinsame Installationswand • Wärmedämmung der Rohrleitungen nach EnEV Anlage 5 • mit Zirkulation, Pumpe auf Bedarf ausgelegt (geregelt, Δp konstant)
Kühlung	keine Kühlung
Lüftung	zentrale Abluftanlage, bedarfsgeführt mit geregeltem DC-Ventilator

Gemäß EnEV, Anlage 1 (**Tabelle 2**) müssen neue Wohngebäude die Höchstwerte des spezifischen, auf die wärmeübertragende Umfassungsfläche bezogenen Transmissionswärmeverlusts H'_T einhalten. Zudem wurden durch die 30 %ige Reduzierung der Sonneneintragskennwerte die Anforderungen an den sommerlichen Wärmeschutz weiter erhöht; DIN 4108-2 ist anzuwenden.

Neue Rechenverfahren im Wohnungsbau

Für das zu errichtende Wohngebäude und das Referenzgebäude ist der Jahres-Primärenergiebedarf Q_P nach DIN V 18599 zu berechnen. Alternativ kann Q_P nach DIN EN 832 in Verbindung mit DIN V 4108-6 und DIN V 4701-10 nach dem Monatsbilanzverfahren ermittelt werden. Das vereinfachte Heizperiodenverfahren entfällt damit!

Mit der vorübergehenden Koexistenz alter Verfahren berücksichtigt die Bundesregierung den Umstand, dass die bisherigen Rechenverfahren noch in jüngster Zeit vermittelt wurden und vielen Fachleuten geläufig sind. Andererseits ist bekannt, dass es, da die bisherigen Normen auf die Anforderungen der EnEV 2007 kalibriert sind, bei deutlich besserem Wärmeschutzstandard erhebliche Abweichungen zwischen berechnetem und realem Primärenergiebedarf geben kann. Dadurch können Fehlentscheidungen in der Optimierung der Gebäudehülle oder Anlagentechnik getroffen werden.

Was ändert sich im Nichtwohnungsbau?

Auch hier kam es zu einer 30 %igen Verschärfung beim Jahres-Primärenergiebedarf, einer 30 %igen Senkung der Höchstwer-

Tabelle 2
Höchstwerte des spezifischen, auf die wärmeübertragende Umfassungsfläche bezogenen Transmissionswärmeverlusts (Auszug aus EnEV, Anlage 1)

Gebäudetyp	Höchstwert des spezifischen Transmissionswärmeverlusts H'_T in W/(m² · K)
Freistehendes Wohngebäude mit $A_N \leq 350$ m²	0,40
mit $A_N > 350$ m²	0,50
Einseitig angebautes Wohngebäude	0,45
Alle anderen Wohngebäude	0,65
Erweiterungen und Ausbauten von Wohngebäuden gemäß § 9 Abs. 5	0,65

te der mittleren Wärmedurchgangskoeffizienten der wärmeübertragenden Umfassungsflächen und einer 30 %igen Senkung der Anforderungen im sommerlichen Wärmeschutz. Das Rechenverfahren nach DIN 18599 bleibt weiterhin gültig.

Die EnEV mit Parallelen zum EEWärmeG

Bauherren, die Gebäude mit mehr als 50 m² Nutzfläche bauen, müssen vor Baubeginn die technische, ökologische und wirtschaftliche Einsetzbarkeit alternativer Systeme prüfen. Damit gibt es bereits heute Parallelen zum EEWärmeG. Dort wurden jedoch Anforderungen verbindlich definiert und festgelegt (siehe Beitrag „Gesetz zur Förderung Erneuerbarer Energien im Wärmebereich" im de-Jahrbuch Gebäudetechnik 2009).

Materiell-rechtlich korrekt formuliert – die Luftdichtheit

Die EnEV schreibt vor, dass zu errichtende Gebäude so auszuführen sind, dass die wärmeübertragende Umfassungsfläche einschließlich der Fugen entsprechend den anerkannten Regeln der Technik dauerhaft luftundurchlässig abgedichtet ist. Wird die Dichtheit nach DIN EN 13829 überprüft, kann der Nachweis der Luftdichtheit bei der nach EnEV erforderlichen Berechnung berücksichtigt werden, wenn die dort gestellten Anforderungen eingehalten wurden. Mit dieser Formulierung stellt der Gesetzgeber klar, dass bei der Einhaltung bestimmter Voraussetzungen eine Vergünstigung gewährt werden kann, die Vergünstigung aber nicht – wie in der EnEV 2007 formuliert – eine materiell-rechtliche Anforderung an das Gebäude begründet. Wird eine *Blower-Door-Messung* bei einer Druckdifferenz von 50 Pa zwischen innen und außen durchgeführt, so darf der gemessene Volumenstrom – bezogen auf das beheizte oder gekühlte Luftvolumen – bei Gebäuden

- ohne raumlufttechnische Anlagen 3,0 h^{-1} und
- mit raumlufttechnischen Anlagen 1,5 h^{-1}

nicht überschreiten.

Mindestwärmeschutz

Die Anforderungen an den Mindestwärmeschutz sind auch mit der Novelle nach den anerkannten Regeln der Technik einzuhalten. Ist bei Neubauvorhaben die Nachbarbebauung bei aneinandergereihter Bebauung nicht gesichert, so müssen die Gebäudetrennwände den Mindestwärmeschutz einhalten. Konstruktive *Wärmebrücken,* die Einfluss auf Q_P haben können, sind so gering wie möglich zu halten. Bei der Ermittlung des Jahres-Primärenergiebedarf ist der Einfluss von Wärmebrücken entsprechend zu berücksichtigen.

Änderung, Erweiterung und Ausbau von Gebäuden

Bei Änderung, Erweiterung und Ausbau von Gebäuden sind die in **Tabelle 3** festgelegten *U*-Werte einzuhalten. Für den Wohnungs- und Nichtwohnungsbau gilt gleichermaßen, dass der Jahres-Primärenergiebedarf des Referenzgebäudes um maximal 40 % überschritten werden darf. Die bereits aufgeführten 2 Rechenverfahren sind anzuwenden.

Bei fehlenden Angaben zur Gebäudegeometrie kann ein vereinfachtes Aufmaß gemacht werden. Sollten keine gesicherten Kenntnisse über bestehende Bauteile und Anlagenkomponenten vorliegen, so können auch vergleichbare und plausible Erfahrungswerte angenommen werden.

Sollte ein Hauseigentümer Änderungen an Außenbauteilen mit einer Fläche von mehr als 10 % vornehmen, müssen die Bedingungen aus **Tabelle 3** eingehalten werden. Hier hat der Gesetzgeber die Anforderungen von 20 % auf 10 % verschärft.

Bei Erweiterung und Ausbau eines Gebäudes mit zusammenhängend mindestens 15 und höchstens 50 m² Nutzfläche sind die betroffenen Außenbauteile so auszuführen, dass die in Tabelle 3 festgelegten Wärmedurchgangskoeffizienten nicht überschritten werden. Bei Erweiterung und Ausbau von mehr als 50 m² Nutzfläche sind bereits Neubauanforderungen einzuhalten!

Nachrüstverpflichtungen

Die Bundesregierung weitet die Nachrüstverpflichtungen jetzt auch auf das vom Eigentümer selbst bewohnte Ein- und Zweifamilienhaus aus. Konkret heißt es: „Heizkessel, die mit flüssigen oder gasförmigen

Tabelle 3
Höchstwerte der Wärmedurchgangskoeffizienten bei erstmaligem Einbau, Ersatz und Erneuerung von Bauteilen (Auszug EnEV Anlage 3)

Bauteil	Max. Wärmedurchgangskoeffizient U_{max} in W/(m² · K)	
	Wohngebäude	Nichtwohngebäude
Außenwand	0,24	0,35
Wände und Decken zu unbeheizten Räumen oder Erdreich	0,30	–
Decken, Dächer, Dachschrägen	0,24	0,35
Fenster, Fenstertüren	1,30	1,90
Fußbodenaufbauten	0,50	–
Decken nach unten an Außenluft	0,24	0,35

Brennstoffen beschickt werden und vor dem 1. Oktober 1978 eingebaut oder aufgestellt worden sind, dürfen nicht mehr betrieben werden!" Ausnahme: Es sind bereits Niedertemperatur- oder Brennwertkessel eingebaut, oder die Kessel arbeiten in einem Nennleistungsbereich < 4 kW oder > 400 kW.

Zusätzliche Aufträge beschert die Forderung, zugängliche Wärmeverteilungs- und Warmwasserleitungen sowie Armaturen, die sich nicht in beheizten Räumen befinden, zu dämmen.

Zwei Forderungen wurden bei Wohn- und Nichtwohngebäuden erweitert bzw. ergänzt:

- bisher ungedämmte, nicht begehbare, aber zugängliche oberste Geschossdecken beheizter Räume sind so zu dämmen, dass der Wärmedurchgangskoeffizient der Geschossdecke 0,24 W/(m^2 · K) nicht überschreitet.
- Diese Pflicht gilt ab dem 31. Dezember 2011 auch für begehbare, bisher ungedämmte oberste Geschossdecken beheizter Räume, wenn keine besonderen Umstände vorliegen, die zu einem unangemessenen Aufwand führen und nicht durch die eintretenden Einsparungen erwirtschaftet werden können.

Eigentümer können dieser Pflicht auch nachkommen, wenn anstelle der Geschossdecke das darüber liegende, bisher ungedämmte Dach entsprechend gedämmt ist.

Die bisherige Schutzklausel für Eigentümer von Ein- und Zweifamilienhäusern, die am 1. Februar 2002 eine Wohnung selbst bewohnt haben, bleibt erhalten. Das bedeutet, dass die vorgenannten Verpflichtungen für diesen Personenkreis erst im Fall eines Eigentümerwechsels eintreten. Die neuen Eigentümer müssen diesen Verpflichtungen aber erst nach 2 Jahren nachkommen.

Bundesregierung besiegelt das „Aus" von elektrischen Speicherheizsystemen

Nach dem Beschluss der Bundesregierung sollen *Nachtstromspeicherheizungen* mit einem Alter von mindestens 30 Jahren langfristig und stufenweise unter Beachtung des Wirtschaftlichkeitsgebotes außer Betrieb genommen werden. Das Betriebsverbot ist einer der Bausteine des Integrierten Energie- und Klimaprogramms vom August 2007. Daher dürfen in Wohngebäuden mit mehr als fünf Wohneinheiten zukünftig keine elektrischen Speicherheizsysteme mehr betrieben werden, wenn die Raumwärme ausschließlich durch diese erzeugt wird. Das gilt auch bei Nichtwohngebäuden, die jährlich mindestens vier Monate auf Innentemperaturen von mindestens

19 °C beheizt werden, wenn es sich um mehr als 500 m^2 Nutzfläche mit elektrischen Speicherheizsystemen handelt.

Beide Forderungen gelten nicht bei Systemen mit einer Heizleistung von weniger als 20 W/m^2 Nutzfläche einer Wohnungs-, Betriebs- oder sonstigen Nutzungseinheit. Diese Bagatellklausel knüpft an landesrechtliche Vorbilder an, wo Passiv- oder Niedrigstenergiehäuser sowie kleine Neben- und Einzelräume elektrisch beheizt werden.

Der Stufenplan sieht vor, dass elektrische Speicherheizsysteme, die vor dem 1. Januar 1990 eingebaut oder aufgestellt wurden, ab dem 31. Dezember 2019 nicht mehr betrieben werden. Nach dem 31. Dezember 1989 eingebaute oder aufgestellte Systeme dürfen nach Ablauf von 30 Jahren nach dem Einbau oder der Aufstellung nicht mehr betrieben werden.

Hatte der Eigentümer bereits Reparaturen durchführen lassen und wurden dabei wesentliche Bauteile erneuert, dürfen sie nach Ablauf von 30 Jahren nach der Erneuerung nicht mehr betrieben werden. Werden mehrere Heizaggregate in einem Gebäude betrieben, so ist insgesamt auf das zweitälteste Heizaggregat abzustellen.

Doch auch hier gibt es Ausnahmen:

- Es stehen andere öffentlich-rechtliche Pflichten entgegen.
- Eine Modernisierung ist wirtschaftlich – selbst mit Förderung – nicht vertretbar (Wirtschaftlichkeitsklausel).
- Das Gebäude hält das Anforderungsniveau der WSVO ’95 ein oder wurde durch spätere Änderungen auf mindestens das Anforderungsniveau der WSVO ’95 gebracht. In diesem Fall geht der Gesetzgeber davon aus, dass dieses Gebäude bereits so gut gedämmt ist, dass bei einer Modernisierung die Schwelle der Wirtschaftlichkeit im Allgemeinen nicht erreicht werden kann.

Aufrechterhaltung der energetischen Qualität

Es versteht sich fast von selbst, dass Außenbauteile und Heizungsanlagen nicht in einer Weise verändert werden dürfen, dass die energetische Qualität verschlechtert wird. Der Gebäudebetreiber muss energiebedarfssenkende Einrichtungen in Anlagen betriebsbereit halten, sachgerecht bedienen und bestimmungsgemäß nutzen. Komponenten mit wesentlichem Einfluss auf den Wirkungsgrad solcher Anlagen sind vom Betreiber regelmäßig zu warten und instand zu halten. Für die Wartung und Instandhaltung ist Fachkunde erforderlich. Fachkundig ist, wer über die zur Wartung und Instandhaltung notwendigen Fachkenntnisse und Fertigkeiten verfügt.

Energetische Inspektion von Klimaanlagen

Klimaanlagen mit mehr als 12 kW müssen alle 10 Jahre ab Inbetriebnahme oder bei Erneuerung wesentlicher Bauteile (z. B. Wärmeübertrager, Ventilator oder Kältemaschine) inspiziert werden. Anlagen, die am 1. Oktober 2007 mehr als vier und bis zu zwölf Jahre alt waren, müssen innerhalb von sechs Jahren untersucht werden. Anlagen, die schon über zwölf Jahre ihren Dienst tun, müssen innerhalb von vier Jahren und die über 20 Jahre alten Anlagen innerhalb von zwei Jahren nach dem 1. Oktober 2007 erstmals einer Inspektion unterzogen werden.

Der Fachmann überprüft dabei Komponenten, die den Wirkungsgrad der Anlage beeinflussen, sowie ob die Anlagendimensionierung im Verhältnis zum Kühlbedarf des Gebäudes steht. Die Inspektion bezieht sich insbesondere auf

- die Überprüfung und Bewertung der Einflüsse, die für die Auslegung der Anlage verantwortlich sind, insbesondere Veränderungen der Raumnutzung und -belegung, der Nutzungszeiten, der inneren Wärmequellen sowie der relevanten bauphysikalischen Eigenschaften des Gebäudes und der vom Betreiber geforderten Sollwerte hinsichtlich Luftmengen, Temperatur, Feuchte, Betriebszeit sowie Toleranzen und
- die Feststellung der Effizienz der wesentlichen Komponenten.

Der Inspekteur hat dem Betreiber Ratschläge zur kostengünstigen Verbesserung der energetischen Eigenschaften der Anlage, für deren Austausch oder für Alternativlösungen zu geben. Die Inspektion wird schriftlich dokumentiert, und die Ergebnisse werden festgehalten. Inspektionen dürfen nur von fachkundigen Personen durchgeführt werden. Der Gesetzgeber verschärft diesen Paragrafen dadurch, dass der Betreiber zukünftig die Bescheinigung über die Durchführung der Inspektion der nach Landesrecht zuständigen Behörde auf Verlangen vorzulegen hat.

Inbetriebnahme von Heizkesseln und Wärmeerzeugern

Neben der Forderung nach einer CE-Kennzeichnung und der Einhaltung bestimmter Wirkungsgrade sind in die vorliegende Verordnung erstmals Mindestanforderungen an neue Heizungsanlagen eingeflossen. Zukünftig dürfen Systeme nur noch eingebaut werden, wenn sichergestellt ist, dass das Produkt aus *Erzeugeraufwandszahl* e_g und *Primärenergiefaktor* f_p, nicht größer als 1,30 ist. Die Erzeugeraufwandszahl e_g und der Primärenergiefaktor f_p sind nach DIN V 4701-10 zu bestimmen. Werden Niedertemperatur-Heizkessel oder Brennwertkessel als Wärmeerzeuger in Systemen der Nahwärmeversorgung eingesetzt, so gilt die Anforderung als erfüllt. Die Gebäudetechniker kommen nicht umhin, künftig bei der Anlagenplanung DIN V 4701-10 zu berücksichtigen.

Ausnahmen betreffen

- einzeln produzierte Heizkessel,
- Heizkessel, die für den Betrieb mit Brennstoffen ausgelegt sind, deren Eigenschaften von den marktüblichen flüssigen und gasförmigen Brennstoffen erheblich abweichen,
- Anlagen zur ausschließlichen Warmwasserbereitung,
- Küchenherde und Geräte, die hauptsächlich zur Beheizung des Raumes, in dem sie eingebaut oder aufgestellt sind, ausgelegt sind, daneben aber auch Warmwasser für die Zentralheizung und für sonstige Gebrauchszwecke liefern,
- Geräte mit einer Nennleistung von weniger als 6 kW zur Versorgung eines Warmwasserspeichersystems mit Schwerkraftumlauf.

Verteilungseinrichtungen und Warmwasseranlagen

Hier hat sich nichts geändert, im Wesentlichen gilt immer noch:

- Zentralheizungen benötigen zentrale, selbsttätig wirkende Einrichtungen zur Verringerung und Abschaltung der Wärmezufuhr sowie zur Ein- und Ausschaltung elektrischer Antriebe in Abhängigkeit von
  – der Außentemperatur oder einer anderen geeigneten Führungsgröße und
  – der Zeit.

Bei Nah- und Fernwärmeheizungen gibt es Sonderregelungen.

- Warmwasserpumpenheizungen müssen selbsttätig wirkende Einrichtungen zur raumweisen Regelung der Raumtemperatur aufweisen. Das gilt nicht für Einzelheizgeräte, die zum Betrieb mit festen oder flüssigen Brennstoffen eingerichtet sind. Im Nichtwohnungsbau ist für Räume gleicher Art und Nutzung eine Gruppenregelung zulässig. Fußbodenheizungen in Gebäuden, die vor dem 1. Februar 2002 errichtet worden sind, dürfen mit Einrichtungen zur raumweisen Anpassung der Wärmeleistung an die Heizlast ausgestattet werden. Bei allen Forderungen gilt: Sollten keine Einrichtungen vorhanden sein, muss der Eigentümer diese nachrüsten!

Ferner sind in Zentralheizungen mit mehr als 25 kW Nennleistung die Umwälzpumpen der Heizkreise so auszustatten, dass die elektrische Leistungsaufnahme dem betriebsbedingten Förderbedarf selbsttätig in mindestens drei Stufen angepasst wird. Zirkulationspumpen müssen beim Einbau in Warmwasseranlagen mit selbsttätig wirkenden Einrichtungen zur Ein- und Ausschaltung ausgestattet werden. Speicher, in denen Heiz- oder Warmwasser gespeichert wird, Wärmeverteilungs- und Warmwasserleitungen sowie Armaturen sind gemäß EnEV, Anlage 5 (Tabelle1), zu dämmen.

Neuerungen bei Klima- und RLT-Anlagen

Klima- und RLT-Anlagen sind gemäß DIN EN 13779 so einzubauen, dass die auf das Fördervolumen bezogene elektrische Leistung der Einzelventilatoren oder der gewichtete Mittelwert der auf das jeweilige Fördervolumen bezogenen elektrischen Leistungen aller Zuluft- und Abluftventilatoren bei Auslegungsvolumenstrom den Grenzwert der Kategorie SFP 4 nicht überschreitet. Ferner besteht bei Bestandsanlagen eine Nachrüstverpflichtung für selbsttätig wirkende Regeleinrichtungen, bei denen getrennte Sollwerte für die Be- und Entfeuchtung eingestellt werden können. Kälteverteilungs- und Kaltwasserleitungen und Armaturen sind zukünftig zu dämmen (EnEV, Anlage 5, Tabelle 1). Anhaltspunkte für die Dämmstoffdicke liefert DIN 1988-2. Sie fordert für kalte Trinkwasserleitungen, frei verlegt in warmen Räumen, eine Mindestdämmschichtdicke von 9 mm bei einer Wärmeleitfähigkeit von 0,040 W/(m · K) [EnEV: 6 mm bei WLG 0,035 W/(m · K)]).Werden neue Anlagen eingebaut oder Zentralgeräte erneuert, so muss eine Wärmerückgewinnung nach DIN EN 13053 eingebaut werden.

Ausstellung und Verwendung von Energieausweisen

Es bleibt dabei: Die energetische Qualität des Gebäudes ist in einem Energieausweis zu dokumentieren, vor allem dann, wenn Gebäude oder Wohnungen (Nutzeinheiten) neu gebaut, verkauft, verpachtet, vermietet oder geleast werden. Wird das Gebäude saniert (Außenwände, Fenster, Fenstertüren und Dachflächenfenster, Außentüren, Decken, Dächer und Dachschrägen, Wände und Decken gegen unbeheizte Räume und gegen Erdreich, Vorhangfassaden) oder die Nutzfläche der beheizten oder gekühlten Räume um mehr als die Hälfte erweitert, ist ebenfalls ein Energieausweis auszustellen. Das gilt auch für öffentliche Gebäude mit mehr als 1000 m^2 Nutzfläche (zur Erläuterung s. **Bild 1**).

Hinweise zu Energieausweis-Typ:

- §18 EnEV – Energieausweis auf Basis des Bedarfs[1]: Wohngebäude wahlweise gemäß DIN V 18599 oder DIN EN 832/DIN V 4108-6/ DIN V 4701-10 nach dem Monatsbilanzverfahren
- §18 EnEV – Energieausweis auf Basis des Bedarfs[2]: Nichtwohngebäude ausschließlich gemäß DIN V 18599
- §19 EnEV – Energieausweis auf Basis Verbrauch[3]: witterungsbereinigt, nach zusammenhängenden Abrechnungen der letzten 36 Monate
- §17 EnEV : Ab dem 1.8.2008 sind für Wohngebäude bis max. 4 Wohneinheiten mit Baujahr vor 1977 und unter Anforderung WSchV 77, nur noch Energieausweise auf Grundlage des Bedarfs auszustellen.
- Wohngebäude vor Bj. 1965: Frist bis 1.7.08
- Wohngebäude nach Bj. 1965: Frist bis 1.1.09
- Nichtwohngebäude: Frist bis 1.1.09

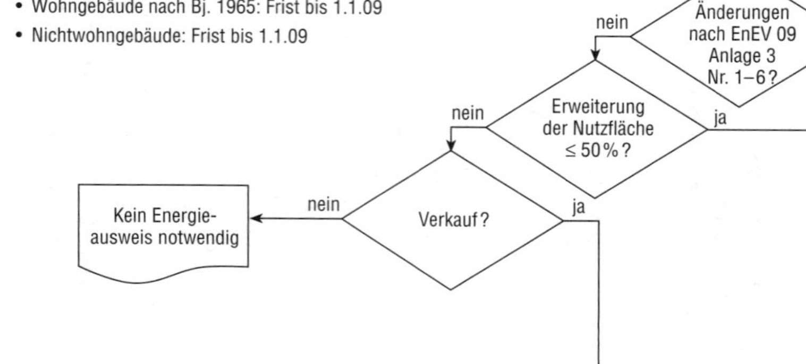

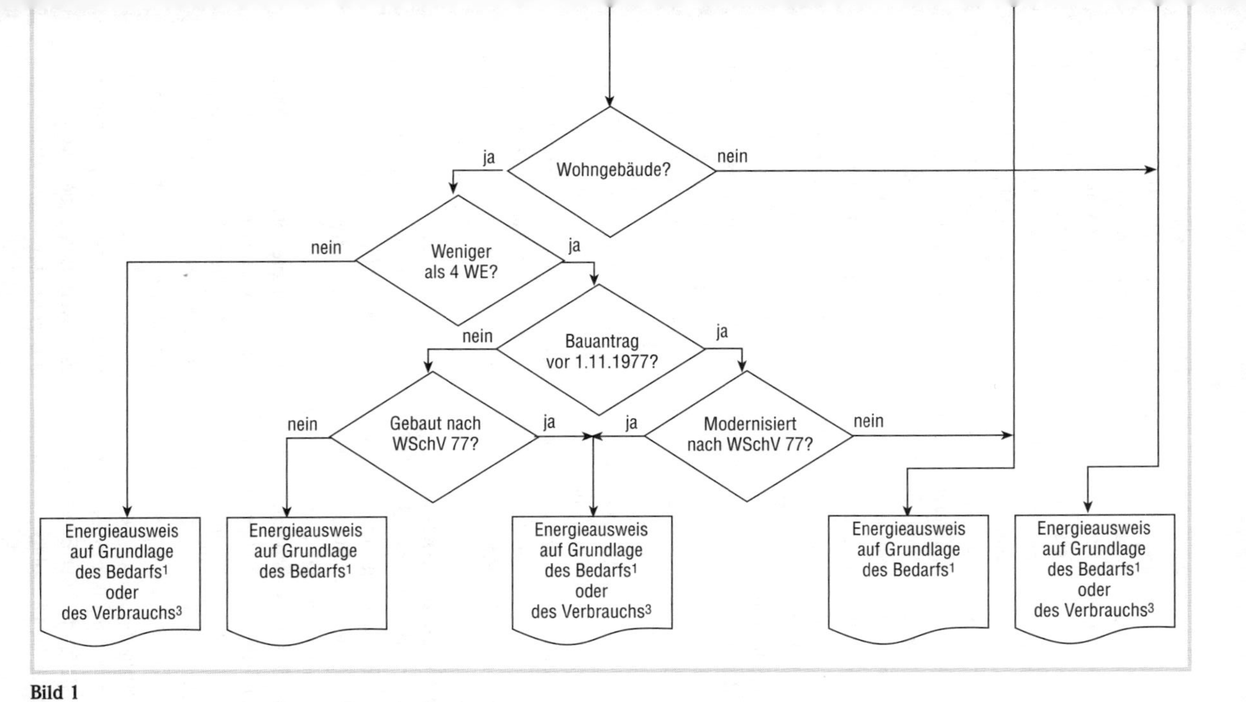

Bild 1
Vorgehensweise beim Ausstellen der Energieausweise

Der Energieausweis ist 10 Jahre gültig, wenn er nach den Anforderungen der Verordnung erstellt wurde. Das gilt auch für bereits ausgestellte Ausweise. Das Recht, freiwillig einen Energieausweis in Auftrag zu geben, bleibt unberührt. Sollten potenzielle Käufer oder Mieter nach dem Energieausweis fragen, muss er vom Gebäudeeigentümer vorgelegt werden. Der Energieausweis wird jedoch in der Regel für ein Gebäude erstellt und nicht für eine Wohnung! Ausnahmen gibt es nur für Wohngebäude, bei denen ein nicht unerheblicher Teil z. B. für gewerbliche oder wohnähnliche Zwecke genutzt wird. In diesen Fällen ist je ein Energieausweis für den Wohngebäudeteil und für den Nichtwohngebäudeteil zu erstellen. Baudenkmäler sind von der Ausweis- und Aushangpflicht befreit.

Energieausweis auf Basis des „Verbrauchs" oder des „Bedarfs"?

Grundsätzlich besteht noch immer Wahlfreiheit zwischen dem Energieausweis auf der Grundlage des Energiebedarfs und dem auf der Grundlage des Energie*verbrauchs.* Achtung Ausnahmen: Bei Neubauten, Änderungen gemäß EnEV Anlage 3 Nr. 1 bis 6 sowie bei der Erweiterung der beheizten/gekühlten Nutzfläche von mehr als der Hälfte darf der Energieausweis nur auf der Grundlage des Energiebedarfs ausgestellt werden. Auch für Gebäude, die verkauft, verpachtet, vermietet oder geleast werden, sind Energieausweise für Wohngebäude, die weniger als fünf Wohnungen haben und für die der Bauantrag vor dem 1. November 1977 gestellt wurde, auf der Grundlage des Energiebedarfs auszustellen. Ab dem 1. August 2008 sind für Wohngebäude mit maximal 4 Wohneinheiten mit Baujahr vor 1977 nur noch Energieausweise auf Grundlage des Bedarfs auszustellen. Der Gesetzgeber gibt hier jedoch eine Übergangsfrist ab dem 1. Oktober 2008. Davon ausgenommen sind Gebäude, die bei Baufertigstellung das Anforderungsniveau der WSchV '77 erfüllten (zur Erläuterung s. Bild 1). Die bereits erwähnten Rechenverfahren sind einzuhalten. Bei der Ausstellung auf Basis des Verbrauchs müssen witterungsbereinigte Werte berechnet werden. Nähere Angaben zu den Ausweisen und Berechnungen sind den §§ 16 bis 19 zu entnehmen.

Was empfehlen Sie Ihrem Kunden?

Als Energieausweis-Aussteller sind sie verpflichtet, entsprechende Empfehlungen in Form von kurzgefassten fachlichen Hinweisen zu geben (Modernisierungsempfehlungen). Dabei kann ergänzend auf weiterführende Veröffentlichungen (z. B. dena-Druckschriften) hingewiesen werden. Sind Modernisierungsempfehlungen nicht möglich, so muss dies dem Eigentümer anlässlich der Ausstellung des Energieausweises auch mitgeteilt werden.

Wer darf Energieausweise ausstellen?

Mit der Novelle wurden kleine Änderungen vorgenommen. So wurde die Gruppe 1 der Ausbildungsabschlüsse auf das Staatsexamen ausgedehnt, Hochschulabsolventen genügt zukünftig eine Fortbildung im Wohnungsbau als Mindestqualifikation für die Ausstellung von Energieausweisen für Wohngebäude, und erstmals hat eine Landesbehörde die Möglichkeit, auf Antrag die Gleichwertigkeit eines absolvierten Ausbildungsganges festzustellen.

Für Neubauten bleiben die bestehenden landesrechtlichen Regelungen für Energiebedarfsausweise weiterhin gültig. Danach sind in der Regel die sog. Bauvorlageberechtigten (z. B. Architekten ...), z. T. auch bestimmte Sachverständige ausstellungsberechtigt. Für Energieausweise in Bestandsgebäuden gibt es eine bundeseinheitliche Regelung. Zur Ausstellung von Energieausweisen sind jetzt berechtigt:

1. Absolventen des Staatsexamens, von Diplom-, Bachelor- oder Masterstudiengängen an Universitäten, Hochschulen oder Fachhochschulen in
   a) den Fachrichtungen Architektur, Hochbau, Bauingenieurwesen, Technische Gebäudeausrüstung, Bauphysik, Maschinenbau oder Elektrotechnik oder
   b) einer anderen technischen oder naturwissenschaftlichen Fachrichtung mit einem Ausbildungsschwerpunkt auf einem unter Buchstabe a genannten Gebiet,
2. Absolventen im Sinne der Nummer 1 Buchstabe a im Bereich Architektur der Fachrichtung Innenarchitektur,
3. Personen, die für ein zulassungspflichtiges Bau-, Ausbau- oder anlagentechnisches Gewerbe oder für das Schornsteinfegerwesen die Voraussetzungen zur Eintragung in die Handwerksrolle erfüllen, sowie Handwerksmeister der zulassungsfreien Handwerke dieser Bereiche und Personen, die aufgrund ihrer Ausbildung berechtigt sind, ein solches Handwerk ohne Meistertitel selbstständig auszuüben,
4. staatlich anerkannte oder geprüfte Techniker, deren Ausbildungsschwerpunkt auch die Beurteilung der Gebäudehülle, die Beurteilung von Heizungs- und Warmwasserbereitungsanlagen oder die Beurteilung von Lüftungs- und Klimaanlagen umfasst.

Zusätzlich zur Eingangsqualifikation müssen diese Aussteller eine der folgenden Voraussetzungen erfüllen:

- Studienschwerpunkt im energiesparenden Bauen oder einschlägige zweijährige Berufserfahrung,
- eine absolvierte Fortbildung nach den Vorgaben der EnEV, z. B. Gebäudeenergieberater (HWK)(geregelt in Anlage 11),
- öffentliche Bestellung als vereidigter Sachverständiger im Bereich energiesparendes Bauen oder in einschlägigen Bereichen,
- eine nicht auf bestimmte Gewerke beschränkte Bauvorlageberechtigung nach Landesrecht.

Liegen Einschränkungen der Bauvorlageberechtigung vor, so gelten diese auch bei der Ausstellung von Energieausweisen. Für Verbrauchs- und Bedarfsausweise gelten jeweils dieselben Qualifikationsanforderungen.

Wer zeichnet für die Einhaltung der Verordnung eigentlich verantwortlich?

In diesem Bereich gibt es Neuerungen. Für die Einhaltung der EnEV ist in erster Linie der Bauherr verantwortlich, soweit die EnEV nicht ausdrücklich einen anderen Verantwortlichen nennt. Verantwortlich sind aber auch – das ist neu hinzugekommen – Personen, die nach den bauordnungsrechtlichen Vorschriften der Länder als Entwurfsverfasser, Unternehmer, Bauleiter oder als deren Vertreter verantwortlich tätig werden.

Wenn Sie als Gebäudetechniker zukünftig anzeigepflichtige Änderungen und Arbeiten an Außenbauteilen, den obersten Geschossdecken, beim Einbau oder der Ersetzung von Heizkesseln und sonstigen Wärmeerzeugersystemen, Verteilungseinrichtungen oder Warmwasseranlagen, Klimaanlagen oder sonstigen Anlagen der Raumlufttechnik durchführen, haben Sie dem Bauherrn oder dem Eigentümer unverzüglich nach Abschluss der Arbeiten schriftlich zu bestätigen, dass die von Ihnen geänderten oder eingebauten Bau- oder Anlagenteile den Anforderungen der EnEV entsprechen. Der Gesetzgeber spricht hier von der sogenannten *Unternehmererklärung*. Inhaltlich soll die Erklärung die getätigten Arbeiten beschreiben und deren Konformität mit den in der EnEV genannten Anforderungen bestätigen; dies kann auch auf der Rechnung geschehen, die aus steuerrechtlichen Gründen ohnehin auszustellen ist. Der Bauherr/Eigentümer muss die Unternehmererklärung mindestens fünf Jahre aufbewahren. Weisen Sie Ihre Privatkunden bereits auf der Rechnung darauf hin.

Werden Arbeiten in Eigenleistung erbracht, so hat der Eigentümer die Art und den Zeitpunkt des Abschlusses der durchgeführten Arbeiten anzugeben *(Eigentümererklärung)*, wenn die nach Landesrecht zuständige Behörde die Vorlage einer solchen Erklärung verlangt.

Die nach Landesrecht zuständigen Behörden sind mit dem neuen § 26a verpflichtet, stichprobenweise die Vorlage der Unternehmererklärungen und der Eigentümererklärungen zu verlangen.

Der Bezirkschornsteinfegermeister erhält neue Aufgaben

Die neue EnEV erhält Verstärkung im Vollzug. Zukünftig sollen die Bezirksschornsteinfegermeister gesetzlich mit der Aufgabe betraut werden, bestimmte Prüfungen vorzunehmen, Fristen zur Nacherfüllung zu setzen und im Fall der Nichterfüllung die zuständige Behörde zu unterrichten. Aus Sicht des kontrollierten Eigentümers oder Bauherrn genügt zum Nachweis der Pflichterfüllung die Vorlage einer Unternehmererklärung oder Eigenerklärung. Die Prüfung ist eine Sichtprüfung, die nur erforderlich ist, wenn kein Nachweis durch den Eigentümer erbracht wird. Geprüft wird im Rahmen der Feuerstättenschau z. B.

- ob ein Heizkessel nach dem Zeitpunkt der vorgeschriebenen Außerbetriebnahme noch betrieben wird,
- ob Wärmeverteilungs- und Warmwasserleitungen sowie Armaturen gedämmt werden müssen,
- ob Zentralheizungen mit einer zentralen selbsttätig wirkenden Einrichtung zur Verringerung und Abschaltung der Wärmezufuhr sowie zur Ein- und Ausschaltung elektrischer Antriebe ausgestattet sind,
- ob Umwälzpumpen in Zentralheizungen mit Vorrichtungen zur selbsttätigen Anpassung der elektrischen Leistungsaufnahme ausgestattet sind,
- ob Wärmeverteilungs- und Warmwasserleitungen sowie Armaturen gedämmt sind.

Es kann teuer werden – die Ordnungswidrigkeiten

Die Liste der möglichen Verstöße wurde erneut erweitert und in der Formulierung des Motivs ergänzt. Wer vorsätzlich oder leichtfertig (leichtfertiges Handeln bedeutet gedankenloses, fahrlässiges Verhalten) handelt, begeht eine Ordnungswidrigkeit, wenn er z. B.

- ein Wohngebäude nicht richtig errichtet,
- ein Nichtwohngebäude nicht richtig errichtet,
- Änderungen nicht richtig ausgeführt,
- eine Inspektion nicht oder nicht rechtzeitig durchführt,
- einen falschen Heizkessel einbaut oder aufstellt,

- eine Zentralheizung, eine heizungstechnische Anlage oder eine Umwälzpumpe nicht oder nicht rechtzeitig ausstattet,
- die Wärmeabgabe von Wärmeverteilungs- oder Warmwasserleitungen oder Armaturen nicht oder nicht rechtzeitig begrenzt,
- einen Energieausweis nicht, nicht vollständig oder nicht rechtzeitig zugänglich macht,
- nicht dafür Sorge trägt, dass die Daten des Energieausweises den dort genannten Anforderungen entsprechen.

Übergangsvorschriften für Energieausweise und Aussteller

Für Wohngebäude der Baufertigstellungsjahre bis 1965 müssen ab dem 1. Juli 2008, für später errichtete Wohngebäude erst ab dem 1. Januar 2009, Energieausweise erstellt werden. Energieausweise für Nichtwohngebäude müssen erst ab dem 1. Juli 2009 erstellt werden.

Wann tritt die neue EnEV 2009 in Kraft?

Leider konnte die Novelle nicht vor der Sommerpause 2008 im Bundestag und Bundesrat behandelt werden. Dadurch rückt die geplante Inkraftsetzung im Januar 2009 in weite Ferne. Experten gehen davon aus, dass die Novelle nicht vor Frühjahr 2009 in Kraft tritt.

Wo kann ich die EnEV 2007 einsehen?

Dieser Beitrag fasst die EnEV 2009 in der Fassung vom 18. Juni 2008 in Auszügen zusammen, um Ihnen einen schnellen Überblick über die geplanten Neuregelungen zu ermöglichen. Die Zusammenfassung erfolgte sorgfältig und nach bestem Wissen. Maßgebend für die Anwendung ist aber die im Bundesanzeiger veröffentlichte EnEV ’09.

Überblick über wesentliche, geänderte bzw. neu erschienene Regelwerke der gewerblichen Berufsgenossenschaften und öffentlichen Unfallversicherungsträger

Bezeichnung	Titel	Ausgabedatum
BGI 509	Erste Hilfe im Betrieb	2007-10
BGI 522	Gefahrstoffe	2007-03
BGI 523	Mensch und Arbeitsplatz	2007-00
BGI 560	Arbeitssicherheit durch vorbeugenden Brandschutz	2007-00
BGI 578	Sicherheit durch Betriebsanweisungen	2007-00
BGI 590	Sichere Beförderung von Flüssiggasflaschen und Druckgaspackungen mit Fahrzeugen auf der Straße	2007-10
BGI 593	Schadstoffe beim Schweißen und bei verwandten Verfahren	2007-00
BGI 650	Bildschirm- und Büroarbeitsplätze; Leitfaden für die Gestaltung	2007-09
BGI 861-2	Sicherer Umgang mit Türen	2007-09
BGR 104	Explosionsschutzregeln; Regeln für das Vermeiden der Gefahren durch explosionsfähige Atmosphäre mit Beispielsammlung	2007-01
BGR 189	Einsatz von Schutzkleidungen	2007-10
BGR 195	Benutzung von Schutzhandschuhen	2007-10
BGR 500	Betreiben von Arbeitsmitteln	2007-03
BGV B2	Laserstrahlung	2007-04
GUV-I 503	Anleitung zur ersten Hilfe	2007-02
GUV-I 8524	Prüfung ortsveränderlicher elektrischer Betriebsmittel	2007-05

Neue berufsgenossenschaftliche Regeln und Informationen (Kurzfassungen)*

Hinweis: Die folgenden Kurzfassungen der wesentlichen Anforderungen sind kein Ersatz für die jeweilige Regel und Information.

NBGR 189:2007-10

Einsatz von Schutzkleidung

[Ersatz für BGR 189:2004-10]

Die BG-Regel findet Anwendung auf die Auswahl und die Benutzung von Schutzkleidung zum Schutz gegen mechanische Einwirkungen, das Erfassen durch bewegte Teile, thermische Einwirkungen, Nässe, Wind, elektrische Energie, Funken und Ähnlichem.

Bei der Auswahl der Schutzkleidung sind die Forderungen nach einem bestmöglichen Schutz einerseits und dem Tragekomfort andererseits abzuwägen. Für den Einsatz von Schutzkleidung hat der Unternehmer eine Betriebsanweisung zu erstellen. Die Versicherten haben die Schutzkleidung vor jeder Benutzung durch eine Sichtprüfung auf ihren ordnungsgemäßen Zustand zu prüfen. Zusätzlich sind in regelmäßigen Abständen wiederkehrende Prüfungen durch den Unternehmer durchzuführen bzw. durchführen zu lassen. Die Abstände orientieren sich an den Einsatzbedingungen und den betrieblichen Verhältnissen sowie an den Herstellerangaben.

Schutzkleidung zum Schutz gegen Körperdurchströmung und zum teilweisen Schutz gegen die Einwirkung von Störlichtbögen muss DIN VDE 0680-1 „Körperschutzmittel – Schutzvorrichtungen und Geräte zum Arbeiten an unter Spannung stehenden Teilen bis 1000 V – Isolierende Körperschutzmittel und isolierende Schutzvorrichtungen“ entsprechen. Für **Schutzanzüge** ist der Anwendungsbereich auf Anlagen bis 500 V Wechselspannung oder 750 V Gleichspannung begrenzt.

BGR 195:2007-10

Benutzung von Schutzhandschuhen

[Ersatz für BGR 195:2004-10]

Die BG-Regel findet Anwendung auf die Auswahl und die Benutzung von Schutzhandschuhen zum Schutz gegen schädigende Einwirkungen mechanischer, thermischer und chemischer Art sowie gegen Mikroorganismen und ionisierende Strahlen.

Bei der Auswahl von Schutzhandschuhen sind die Forderungen nach bestmöglichem Schutz einerseits und dem Tragekomfort, Tast-

*Alle Kurzfassungen wurden vom Normen- und Vorschriftendienst des bfe-Oldenburg erstellt.

gefühl und Greifvermögen andererseits abzuwägen.

Für den Einsatz von Schutzhandschuhen hat der Unternehmer eine Betriebsanweisung zu erstellen. Bei bestimmten Arbeiten kann die Verwendung von Schutzhandschuhen das Risiko für Verletzungen erhöhen. So ist z. B. beim Arbeiten an Bohrmaschinen das Tragen von Schutzhandschuhen nicht zulässig.

Die Anforderungen an die Beschaffenheit von isolierenden Handschuhen zum Arbeiten an unter Spannung stehenden Teilen sind in DIN EN 60903 (VDE 0682-311) „Arbeiten unter Spannung – Handschuhe aus isolierendem Material" festgelegt.

BGI 509:2007-10
Erste Hilfe im Betrieb
[Ersatz für BGI 509:2004-10]

Die Informationsschrift wendet sich an alle Personen die darum bemüht sind, bei Unfällen im Betrieb oder an anderen Orten sachkundige Erste Hilfe zu leisten.

Bekanntlich ist jedermann verpflichtet, bei Unglücksfällen oder in anderen Notsituationen zu helfen, soweit es erforderlich und ihm den Umständen nach ohne erhebliche eigene Gefahr zuzumuten ist. Im Falle einer unterlassenen Hilfeleistung droht nach dem Strafgesetzbuch demjenigen eine Strafe, der bei einem Unglücksfall vorsätzlich keine Erste Hilfe leistet.

Unter der Ersten Hilfe sind alle Leistungen zu verstehen, durch die Verletzte, Vergiftete und Erkrankte zur Abwendung von akuten Gesundheits- oder Lebensgefahren durch dazu ausgebildete Helfer vorläufig medizinisch versorgt und der weiteren Heilbehandlung zugeleitet werden.

Der Unternehmer ist verpflichtet, an geeigneten Stellen im Betrieb Aushänge zur Ersten Hilfe anzubringen. Daraus müssen neben den Hinweisen zur Durchführung der Ersten Hilfe mindestens folgende Angaben hervorgehen:

- die Notruf-Nummer,
- die Aufbewahrungsorte für das Erste-Hilfe-Material und die Lage des Erste-Hilfe-Raumes,
- die Namen der Ersthelfer und Betriebssanitäter,
- die Anschrift des nächst erreichbaren Arztes und Krankenhauses.

Der Unternehmer muss im Betrieb eine ausreichende Anzahl aus- und fortgebildeter Ersthelfer zur Verfügung stellen. Damit jederzeit geholfen werden kann, muss dazu in jedem Unternehmen mit 2 bis 20 anwesenden Versicherten stets mindestens ein Ersthelfer anwesend sein. Dieses gilt für alle betrieblichen Bereiche, auf allen Bau- und Montagestellen und bei sonstigen außerbetrieblichen Arbeiten.

BGI 578:2007-00
Sicherheit durch Betriebsanweisungen
[Ersatz für BGI 578:2005-00]
Die Informationsschrift soll den Unternehmern helfen ihrer Pflicht zur Erstellung von Betriebsanweisungen nachzukommen.

Betriebsanweisungen sind Anweisungen und Angaben des Unternehmers zu Einrichtungen, technischen Erzeugnissen, Arbeitsverfahren verwendeten Stoffen usw. an die Mitarbeiter mit dem Ziel, Unfälle und Gesundheitsrisiken sowie Schäden an Sachen und an der Umwelt zu vermeiden.

Bei der Erstellung von Betriebsanweisungen sind neben den in den einschlägigen Arbeitsschutz- und Unfallverhütungsvorschriften geforderten Verhaltensweisen auch sicherheitstechnische und arbeitsmedizinische Regeln sowie die speziellen Angaben des Herstellers in Betriebsanleitungen und Sicherheitsdatenblättern zu berücksichtigen.

Die Betriebsanweisungen sind in verständlicher Form und in der Sprache der Beschäftigten schriftlich abzufassen. Das heißt, dass sie dem Sprachniveau der Beschäftigten anzupassen sind und unnötige Fremdwörter und Umschreibungen vermieden werden müssen. Mündliche Einzelanweisungen erfüllen die Anforderungen an eine Betriebsanweisung nicht.

BGI 650:2007-09
Bildschirm- und Büroarbeitsplätze
Leitfaden für die Gestaltung
[Ersatz für BGI 650:2006-01]
Die Informationsschrift ist als Leitfaden für die Gestaltung von Bildschirm- und Büroarbeitsplätzen anzusehen. Sie konkretisiert insbesondere die sicherheitstechnischen, arbeitsmedizinischen, ergonomischen und arbeitspsychologischen Anforderungen an die Gestaltung und den Betrieb von Arbeitsplätzen mit Bildschirmgeräten.

Bildschirme und Darstellung der Zeichen

Die auf dem Bildschirm dargestellten Zeichen müssen scharf, deutlich und ausreichend groß sein. Nicht vermeidbare Reflexionen und Spiegelungen auf der Bildschirmoberfläche wirken sich bei der Positivdarstellung durch die höhere Leuchtdichte des Bildschirms weniger störend aus, als bei der Negativdarstellung.

Die *Zeichengröße* muss sich am Sehabstand orientieren: Für eine Bildschirmdiagonale von 19 Zoll, entsprechend 48 cm, wird bei einem empfohlenen Sehabstand von ca. 700 mm eine Zeichenhöhe von 4,5 bis 6,0 mm gefordert. Bei LCD-Anzeigen ist dieses wegen der größeren sichtbaren Bildschirmfläche bereits bei kleineren Bildschirmdiagonalen erreichbar.

Entspiegelung von Bildschirmen
Bildschirme werden bezüglich ihrer Entspiegelung in drei Reflexionsklassen eingeteilt. Für normale Büroumgebungen sollten möglichst nur Bildschirme ausgewählt und eingesetzt werden, die der Klasse I entsprechen.

Tabelle 1
Einsatz von Bildschirmen in Abhängigkeit von ihrer Reflexionsklasse

Reflexionsklasse	Umgebung
I	Für alle Anwendungen im Büro geeignet
II	Für die meisten, aber nicht alle Büroumgebungen geeignet
III	Benötigt kontrollierte Beleuchtungsumgebungen

Beleuchtung und Blendung
Die Beleuchtung kann als Allgemeinbeleuchtung oder als arbeitsplatzorientierte Allgemeinbeleuchtung sowohl mit festmontierten als auch mit ortsveränderlichen Leuchten erfolgen. Dabei sind die lichttechnischen Gütemerkmale nach DIN EN 12464-1 „Beleuchtung von Arbeitsstätten“ und DIN 5035-7 „Beleuchtung von Räumen mit Bildschirmarbeitsplätzen“ einzuhalten.

Beleuchtungsniveau und Leuchtdichteverteilung
Für eine ausreichende Beleuchtung ist im Arbeitsbereich an Büro- und Bildschirmarbeitsplätzen in 0,75 m Höhe mindestens eine mittlere Beleuchtungsstärke von 500 lx erforderlich, in Großraumbüros mindestens 750 lx. Im Umgebungsbereich der Arbeitsplätze sind bei einer teilflächenbezogenen Beleuchtung 300 lx als ausreichend anzusehen. Die zylindrische Beleuchtungsstärke in 1,2 m Höhe sowie die vertikale Beleuchtungsstärke an Schrank- und Regalflächen sollte Eindrittel der horizontalen Beleuchtungsstärke, mindestens jedoch 175 lx, betragen.

BGI 861-2:2007-09

Sicherer Umgang mit Türen
Die berufsgenossenschaftliche Information enthält Angaben zur sicherheitstechnischen Beurteilung von kraft- oder handbetätigten Türen durch den Betreiber. Weiter werden technische und organisatorische Lösungen zur Sicherung von Gefahrstellen beschrieben, soweit diese für den Betreiber solcher Türen von Interesse sind.

Manuelle Bedienung von kraftbetätigten Türen
Die manuelle Bedienung kann durch Taster, Schlüsselschalter, Magnetkarten oder ähnlichem erfolgen. Die Bedienungs- und Auslöseeinrichtung muss so montiert sein, dass der Benutzer beim Betätigen die Tür im Blick hat und nicht

von ihr getroffen oder behindert werden kann. Bei kraftbetätigten Drehflügeltüren ist eine korrekte Einstellung der Mindestöffnungs- und Mindestschließzeiten zu beachten.

Automatische Auslösung von kraftbetätigten Türen

Zur automatischen Auslösung können z. B. Bewegungsmelder, Anwesenheitsdetektoren oder Schaltmatten verwendet werden.

Bewegungsmelder und Anwesenheitssensoren müssen so ausgelegt und angebracht sein, dass sie in allen in Betracht kommenden Annäherungsrichtungen und Positionen des Nutzers sicher ansprechen. Bei Drehflügeltüren, die in Richtung des Benutzers öffnen, sollte der Wirkungsbereich der Sensoren mindestens 1,5 m vor dem Schwenkbereich des Türflügels beginnen.

Sicherung der Hauptschließkante Schaltleiste

Durch die Anwendung einer Schaltleiste wird bei der Berührung mit einer Person oder einem Gegenstand die Bewegung der Tür gestoppt.

Kraftbegrenzung

Die maximal zulässigen Kräfte, die nach dem Auftreffen des Türflügels auf ein Hindernis auftreten dürfen, können in Abhängigkeit von den möglichen Abständen der vorliegenden BGI entnommen werden. Innerhalb von 0,75 s muss die auftretende Kraft in jedem Fall auf nicht mehr als 150 N, nach weiteren 4,75 s auf nicht mehr als 80 N abfallen.

Berührungslos wirkende Schutzeinrichtungen

Durch berührungslos wirkende Schutzeinrichtungen, wie z. B. Lichtgitter oder Infrarotsensoren, kann die Anwesenheit von Personen, auch von solchen die sich nicht bewegen, erkannt und eine Berührung mit dem Türflügel vermieden werden.

Auswahl für das Elektrotechniker-Handwerk
(ehemals Auswahl für das Elektroinstallateur-Handwerk)

Diese Auswahl wurde in Zusammenarbeit mit dem Zentralverband der Deutschen Elektro- und Informationstechnischen Handwerke (ZVEH) gestaltet und der Titel nach der Novelle zur Handwerksordnung angepasst. Sie enthält die Satzung für das VDE-Vorschriftenwerk und die Anforderungen an die im Bereich der Elektrotechnik tätigen Personen; ferner die VDE-Bestimmungen für Errichtung und Betrieb von Starkstromanlagen bis 1000 V, für solche in Krankenhäusern und anderen medizinisch genutzten Räumen, von baulichen Anlagen für Menschenansammlungen und explosionsgefährdeten Bereichen. Ferner sind enthalten die Bestimmungen für die Strombelastbarkeit von Kabeln und Leitungen und für die elektrische Ausrüstung von Maschinen. Außerdem gehören zu dieser Auswahl die Allgemeinen Anforderungen zur Instandhaltung, Änderung, Prüfung und Wiederholungsprüfung elektrischer Geräte, für Errichtung und Betrieb von Fernmeldeanlagen und Kabelverteilsystemen für Fernseh-, Ton- und interaktive Multimedia-Signale.

Zusammen mit den einschlägigen DIN-Normen ist diese Auswahl Bestandteil der bundeseinheitlichen Werkstattausrüstung von Elektroinstallationsbetrieben nach den Richtlinien des Bundes-Installateurausschusses.

Wichtiger Hinweis zur Berechtigung zum Arbeiten an elektrischen Anlagen:
Nach der „Verordnung über Allgemeine Bedingungen für die Elektrizitätsversorgung von Tarifkunden (AVBEltV)“ des Bundesministers für Wirtschaft und Arbeit dürfen elektrische Anlagen hinter der Hausanschlusssicherung nur von Elektrotechnikern, die in das Installateurverzeichnis eines Elektrizitätsversorgungsunternehmens eingetragen sind, errichtet, erweitert, geändert und instand gehalten werden. Diese müssen die anerkannten Regeln der Technik (hierzu zählt auch das VDE-Vorschriftenwerk) sowie die einschlägigen gesetzlichen und behördlichen Bestimmungen einhalten. Dies erfordert, über die gültigen VDE-Bestimmungen einschließlich eines Ergänzungsabonnements zu verfügen.

Eine Übersicht über die enthaltenen Normen finden Sie unter www.vde-verlag.de/normen/auswahlen.html
Dort gibt es auch die Möglichkeit der Bestellung.

Bezugspreise

Grundwerk	
Papierversion	1.290,00 EUR
DVD-Version	1.537,00 EUR
Online-Abonnement	1.537,00 EUR
Ergänzungsabonnement	
Papierversion / Richtwert	jährlich ca. 132,00 EUR
DVD-Version / Richtwert	jährlich ca. 161,00 EUR
Online-Abonnement / Richtwert	jährlich ca. 161,00 EUR

Stand: August 2008

Neue VDE-Bestimmungen (Kurzfassungen)*

Hinweis: Die folgenden Kurzfassungen der wesentlichen Anforderungen sind kein Ersatz für die jeweilige Norm.

DIN VDE 0105-112 (VDE 0105-112):2008-06

Betrieb elektrischer Anlagen
Teil 112: Besondere Festlegungen für das Experimentieren mit elektrischer Energie in Unterrichtsräumen oder in dafür vorgesehenen Bereichen

[Ersatz für DIN 57105-12 (VDE 0105-12):1983-07]

Die Norm gilt für das Experimentieren mit elektrischer Energie in Unterrichtsräumen oder in dafür vorgesehenen Bereichen, soweit dabei Gefährdungen durch die Berührung berührungsgefährlicher Teile oder durch die Einwirkung von Lichtbögen auftreten können.

Die Norm ist nur anzuwenden für Spannungen bis 1000 V. Bei höheren Experimentierspannungen müssen zusätzlich die Anforderungen nach DIN EN 50191 (VDE 0104) erfüllt werden.

Lehrkräfte und Ausbilder, die Experimente mit elektrischer Energie leiten oder ausführen, müssen diese aufgrund ihrer Ausbildung, Kenntnisse und Erfahrungen beurteilen und mögliche Gefahren erkennen können. Andere Personen, die zur Aufsicht eingesetzt werden, müssen über die Aufgaben und Gefahren, insbesondere bei unsachgemäßem Verhalten, unterrichtet werden. Für alle Schüler und Auszubildenden ist vor Aufnahme der Experimentierarbeiten eine erstmalige Unterweisung durch die Lehrkraft oder den Ausbilder über die Sicherheitseinrichtungen und möglichen Gefährdungen durchzuführen. Die Unterweisungen müssen in regelmäßigen Abständen wiederholt werden. Alle Unterweisungen sind zu dokumentieren.

Die verwendeten Betriebsmittel, wie z. B. Leitungen, Isoliermatten, Messeinrichtungen, sind vor jeder Benutzung durch Inaugenscheinnahme auf offensichtliche Mängel zu prüfen. Bei schadhaften Experimentiereinrichtungen, die eine Gefahr darstellen, sind unverzüglich Maßnahmen zur Beseitigung der Mängel zu treffen.

Sicherheitseinrichtungen, wie Not-Aus- oder Fehlerstrom-Schutzeinrichtungen müssen vor jedem Experimentieren, mindestens jedoch einmal täglich, auf ihre einwandfreie Funktion geprüft werden.

Die elektrische Energie zum Experimentieren darf nur Speisepunkten entnommen werden, die nach DIN VDE 0100-723 (VDE

*Alle Kurzfassungen wurden vom Normen- und Vorschriftendienst des bfe-Oldenburg erstellt.

0100-723) „Unterrichtsräume mit Experimentiereinrichtungen" errichtet wurden.

DIN EN 61800-5-1 (VDE 0160-105-1):2008-04

Elektrische Leistungsantriebssysteme mit einstellbarer Drehzahl
Teil 5-1: Anforderungen an die Sicherheit – Elektrische, thermische und energetische Anforderungen

[Ersatz für DIN EN 61800-5-1 (VDE 0160-105):2003-09 und DIN EN 61800-5-1 Berichtigung 1 (VDE 0160-105 Berichtigung 1):2006-01]

Die Norm legt Anforderungen an Leistungsantriebssysteme mit einstellbarer Drehzahl in Bezug auf Überlegungen zur elektrischen, thermischen und energetischen Sicherheit fest. Sie gilt für elektrische Leistungsantriebssysteme (PDS = power drive system), die den Motor, die Energiewandlung und Antriebssteuerung einschließen.

Schutz gegen gefährliche Körperströme, Brand und Energieausfälle

Um die notwendigen Schutzmaßnahmen gegen gefährliche Körperströme festzulegen, werden die Systeme auf Grundlage der maßgeblichen Spannungen in die Klassen A, B, C und D eingeteilt.

Während für die Klasse A, bis 30 V Wechsel- oder 60 V Gleichspannung, kein Schutz gegen direktes Berühren freiliegender elektrischer Teile und kein Schutzanschluss notwendig ist, sind mit zunehmender Klasse der Schutz gegen direktes Berühren, ein Schutzanschluss und/oder die Anwendung weiterer Maßnahmen erforderlich.

Besondere Anforderungen werden an den Schutzleiteranschluss gestellt, wenn der Ableitstrom bei Wechselstrom 3,5 mA und bei Gleichstrom 10 mA übersteigt. Bei solchen Systemen muss der Querschnitt des Schutzleiters mindestens 10 mm^2 Cu oder 16 mm^2 Al betragen oder es muss eine automatische Abschaltung bei Unterbrechung des Schutzleiters erfolgen. Ersatzweise muss ein Anschluss für einen zusätzlichen, zweiten Schutzleiter mit gleichem Querschnitt wie für den ursprünglichen Schutzleiter vorhanden sein.

Anforderungen an Informationen und Aufschriften

Der Hersteller muss folgende Informationen bereitstellen:

- Handhabungs- und Montageanweisungen,
- Angaben zur Auswahl des Motors, zu eventuell im Motor integrierten Messfühlern und zu kritischen Drehzahlen,
- Anschlussmöglichkeiten und Kennzeichnungen der Klemmen,
- Schutzanforderungen, Erdung und Ableitstrom,

- Schirmung von Kabeln und Verbindungen,
- Überstromschutz der Stromversorgung und Überlastschutz des Motors,
- Inbetriebnahme und Betrieb sowie Hinweise zur Instandhaltung.

Wenn die Systeme im Fehlerfall einen Gleichfehlerstrom verursachen können, ist ein Schutz mit Fehlerstrom-Schutzeinrichtungen (RCDs) des Typs A nicht möglich. Es müssen dann allstromsensitive Fehlerstromschutz-Einrichtungen (RCDs) des Typs B eingesetzt werden oder es sind andere Schutzmaßnahmen zu ergreifen.

DIN EN 60079-17(VDE 0165-10-1):2008-05

Explosionsfähige Atmosphäre
Teil 17: Prüfung und Instandhaltung elektrischer Anlagen

[Ersatz für DIN EN 60079-17(VDE 0165-10-1):2004-06]

Die Norm ist für den Betreiber von elektrischen Anlagen in explosionsgefährdeten Bereichen vorgesehen und stellt detaillierte Anforderungen an deren Inspektion durch Erst- und Wiederholungsprüfungen sowie an die Wartung und Instandhaltung.

In solchen explosionsgefährdeten Bereichen ist die Sicherheit der elektrische Anlagen und Betriebsmittel wesentlich von ihren speziellen Merkmalen abhängig, deren Wirksamkeit durch

- regelmäßig wiederkehrende Prüfungen oder
- eine ständige Überwachung durch Fachkräfte

nachgewiesen werden muss.

Ausdrücklich weist die Norm darauf hin, dass Prüf-, Wartungs- und Instandsetzungsarbeiten nur von erfahrenem Personal ausgeführt werden dürfen, dem bei der Ausbildung Kenntnisse über die verschiedenen Zündschutzarten und Installationsverfahren sowie einschlägigen Vorschriften und Grundsätze der Zoneneinteilung vermittelt wurden. Weiter müssen bei den Prüfungen aktuelle Dokumentationen zur Verfügung stehen, aus denen die Einteilung der explosionsgefährdeten Bereiche, Betriebsmittelgruppen, Temperaturklassen und Daten der explosionsgeschützten Einrichtungen und Betriebsmittel hervorgehen.

Allgemeines zu den Inspektionen (Prüfungen)

Zur Sicherstellung des ordnungsgemäßen Zustands sind nach der Erstprüfung wiederkehrende Prüfungen vorzunehmen, deren Zeitabstand so festzulegen ist, dass entstehende Mängel unter Berücksichtigung der Art des Betriebsmittels, der Zoneneinteilung und der Beanspruchungen rechtzeitig erkannt werden. Die gewählten Abstände sind durch regelmäßige

Stichproben zu bestätigen bzw. die Abstände sind entsprechend anzupassen. Als Hilfestellung zur Festlegung der Prüffristen kann das im Anhang A der Norm abgedruckte Flussdiagramm genutzt werden. Im Regelfall darf das Prüfintervall einen Zeitraum von 3 Jahren nicht überschreiten.

Weitere Hinweise zur Durchführung der Prüfungen und zur Prüftiefe können in Abhängigkeit von der Zündschutzart den in der Norm abgedruckten Prüfplänen, getrennt für Betriebsmittel, Installation und Umgebungseinflüsse, entnommen werden.

DIN EN 60079-19 (VDE 0165-20-1):2008-02

Explosionsfähige Atmosphäre
Teil 19: Gerätereparatur, Überholung und Regenerierung

Die Norm ist anzuwenden für die Reparatur, Überholung und Regenerierung von elektrischen Betriebsmitteln, die für Verwendung in Bereichen bestimmt sind, in denen gefährliche Mengen und Konzentrationen brennbarer Gase, Dämpfe, Nebel oder Stäube in der Atmosphäre vorhanden sein können.

Die Norm

- enthält Anweisungen technischer Art über die Reparatur, Überholung, Regenerierung und Veränderung von zertifizierten Betriebsmitteln, die für die Verwendung in explosionsgefährdeten Bereichen konstruiert wurden,
- gilt nicht für die Instandhaltung, mit Ausnahme, wenn eine Reparatur und Überholung nicht von der Instandhaltung getrennt werden kann (Instandhaltungen sind Vorgänge, um den bestimmungsgemäßen Zustand eines Betriebsmittels zu erhalten),
- setzt voraus, dass durchgehend bewährte technische Lösungen gewählt werden.

Die Norm stellt nicht nur eine Leitlinie für die Möglichkeiten der Aufrechterhaltung der Anforderungen an die Sicherheit von reparierten Betriebsmitteln dar, sondern legt ebenso Verfahren für die Instandhaltung nach einer Reparatur, Überholung oder Regenerierung, für die Einhaltung der Bestimmungen zum Nachweis der Konformität und ähnliches fest.

Weiter wird auf die Notwendigkeit der erforderlichen Befähigung für die Reparatur, Überholung und Regenerierung der Betriebsmittel hingewiesen. Dieses gilt sowohl für die Ausstattung mit den notwendigen Reparatureinrichtungen als auch für die Fachkompetenz des Personals.

Der Instandsetzer muss sicherstellen, dass die an der Reparatur, Überholung oder Regenerierung beteiligten Personen als **„befähigte Personen“** nach Anhang B der

Norm geschult, erfahren und sachkundig sind oder entsprechend bei der Arbeit beaufsichtigt werden. Die Schulungen und Bewertungen sind in regelmäßigen Abständen, die einen Zeitraum von 3 Jahren nicht überschreiten sollten, zu wiederholen. Weiter sind die Anforderungen der Betriebssicherheitsverordnung (BetrSichV) und der zutreffenden Technischen Regeln zur Betriebssicherheitsverordnung (TRBS) zu beachten.

Wenn die Reparaturen und Überholungen unter Anwendung von bewährten technischen Lösungen durchgeführt werden, wird die Übereinstimmung mit dem Zulassungszertifikat der Betriebsmittel angenommen,

- wenn dabei die vom Hersteller vorgeschriebenen Teile oder Teile, die in den Zertifizierungsunterlagen beschrieben sind, verwendet werden,
- wenn Reparaturen oder Veränderungen durchgeführt werden, die genauso umfangreich sind, wie es in den Zertifizierungsunterlagen beschrieben ist.

DIN EN 60079-1 (VDE 0170-5): 2008-04

Explosionsfähige Atmosphäre
Teil 1: Geräteschutz durch druckfeste Kapselung „d"

[Ersatz für DIN EN 60079-1(VDE 0170/0171-5):2004-12 und DIN EN 60079-1 Berichtigung 1 (VDE 0170/0171-5 Berichtigung 1):2006-09]

Die Norm enthält Anforderungen an den Bau und die Prüfung von elektrischen Betriebsmitteln in der Zündschutzart druckfeste Kapselung „d", die für die Verwendung in gasexplosionsgefährdeten Bereichen bestimmt sind.

Bei der druckfesten Kapselung werden Teile, die eine Zündung einer explosionsfähigen Atmosphäre hervorrufen können, im Inneren eines Gehäuses angeordnet, welches den dabei entstehenden Druck aushält und eine Übertragung der Explosion auf die Umgebung verhindert.

Zünddurchschlagsichere Spalte

Soweit Spalte vorhanden sind, dürfen die Mindestspaltlängen nicht unterschritten und die Spaltweiten in Abhängigkeit von der Gruppenzuordnung der Betriebsmittel nicht überschritten werden. Deckel und Türen, die geöffnet werden können, müssen so beschaffen sein, dass deren Spaltweite leicht überprüft werden kann.

Zusätzlich in Spalten angebrachte Dichtungen dürfen die Spaltlänge und Spaltweite nicht beeinflussen, d. h. die geforderten Mindestspaltlängen und maximalen Spaltweiten müssen beibehalten werden.

Wenn Betätigungsteile, bei denen mit Verschleiß zu rechnen ist, durch druckfeste Gehäuse hindurch geführt werden, sind Vorkehrungen zu treffen, um den Ausgangszustand wiederherzustellen.

Spalte von Wellen an umlaufenden elektrischen Maschinen müssen so beschaffen sein, dass im Nennbetrieb kein Verschleiß auftritt. Verwendet werden können zylindrische Spalte, Labyrinthspalte oder Spalte mit fliegender Buchse.

Einführungen

Einführungen in druckfeste Gehäuse werden z. B. für Kabel- und Leitungen benötigt. Der Hersteller muss in seinen Unterlagen angeben, welche Mittel dafür vorgesehen sind und an welchen Stellen und in welcher Anzahl diese montiert werden dürfen.

Kabel- und Leitungseinführungen müssen die Anforderungen an die Spaltlängen und -weiten erfüllen. Wenn die Einführungen Bestandteil des Gehäuses sind oder spezifisch dafür ausgelegt wurden, müssen sie mit dem Gehäuse geprüft werden. Der Verschluss von nicht benutzten Öffnungen ist so durchzuführen, dass die Druckfestigkeit des Gehäuses erhalten bleibt.

Trennvorrichtungen

Bevor ein druckfestes Gehäuse geöffnet wird, müssen alle Leiter, außer Erd- und Masseverbindungen, von der Einspeisung getrennt werden. Ausnahmen bestehen nur für eigensichere Stromkreise.

Türen und Deckel müssen mit der Trennvorrichtung so verriegelt sein, dass die druckfeste Kapselung erhalten bleibt, bis die Trennvorrichtung geöffnet ist bzw. diese darf nur eingeschaltet werden können, wenn die druckfeste Kapselung sichergestellt ist.

DIN EN 60079-7 (VDE 0170-6): 2007-08

Explosionsfähige Atmosphäre
Teil 7: Geräteschutz durch erhöhte Sicherheit „e"

[Ersatz für DIN EN 60079-7 (VDE 0170/0171-6):2004-02]

Die Norm enthält Anforderungen für die Konstruktion, Herstellung, Prüfung und Kennzeichnung elektrischer Betriebsmittel in der Zündschutzart Erhöhte Sicherheit „e“, die zum Einsatz in gasexplosionsgefährdeten Bereichen bestimmt sind.

Bei dieser Zündschutzart sind zusätzliche Maßnahmen getroffen, um die Gefahren des Auftretens von unzulässig hohen Temperaturen sowie von Funken oder Lichtbogen im bestimmungsgemäßen Betrieb oder unter festgelegten, außergewöhnlichen Bedingungen zu verringern.

Elektrische Verbindungen müssen

- so beschaffen sein, dass sich die Anschlussleitungen nicht aus der vorgesehenen Position lösen können,

- gegen Selbstlockern gesichert sein,
- einen ausreichenden Kontaktdruck sicherstellen, ohne dass die Leiter beschädigt werden,
- zum Anschluss mehrdrähtiger Leiter mit entsprechendem Zwischenglied versehen sein und
- für Schraubklemmen ein festgelegtes Anzugsmoment haben.

Die Anschlussklemmen müssen so bemessen sein, dass ein zuverlässiger Anschluss der Leiter äußerer Zuleitungen mit einem entsprechend dem Bemessungsstrom gewählten Querschnitt möglich ist.

Ähnliche Anforderungen gelten für Leiterverbindungen innerhalb der Betriebsmittel, für die neben den Schraubverbindungen ebenfalls Verbindungen mittels Quetschen, Hartlöten, Schweißen und vergleichbare Verfahren zulässig sind.

Steckbare Verbindungen müssen zwei von einander unabhängige Kontaktanordnungen, eine mechanische Halteeinrichtung und Verriegelung haben bzw. einen Warnhinweis gegen das Trennen im spannungsführenden Zustand tragen.

Wicklungen

Wickeldrähte müssen mit einer Zweilagen-Isolierung versehen sein und einen Mindestdurchmesser von 0,25 mm aufweisen. Die Wicklungen sind mit einem geeigneten Tränkmittel im Tauch-, Träufel- oder Vakuumverfahren zu tränken. Dabei ist auf eine gute Ausfüllung der Zwischenräume und der Leiter untereinander zu achten. Bei lösemittelhaltigen Tränkmitteln ist mindestens eine zweimalige Tränkung erforderlich.

Die zulässigen Grenztemperaturen für Wicklungen in Abhängigkeit von der Wärmeklasse der Isolierstoffe können der Norm entnommen werden.

Zur Sicherstellung, dass die maximale Grenztemperatur der Wicklungen von Motoren während des Anlaufs, bei Überlast oder bei fest gebremstem Läufer nicht überschritten wird, sind geeignete Schutzeinrichtungen einzusetzen.

Bei Motoren für schwere Anlaufbedingungen, hohe Schalthäufigkeiten oder bei Umrichterbetrieb können andere Schutzeinrichtungen als stromabhängige erforderlich sein, die z. B. die Wicklungstemperatur direkt erfassen.

Schutzarten durch Gehäuse

Wenn keine anderen Festlegungen bestehen, sind Gehäuse, die

- blanke Teile enthalten, mindestens in der Schutzart IP 54 und
- die isolierte Teile enthalten, mindestens in der Schutzart IP 44 auszuführen.

Abweichend davon sind für drehende elektrische Maschinen, die in sauberen Räumen stehen und durch geschultes Personal überwacht werden, mit Ausnahme der Klemmkästen, die Schutzarten IP 23 für die Gruppe I und IP 20 für die Gruppe II ausreichend.

DIN EN 60079-11 (VDE 0170-7):2007-08

Explosionsfähige Atmosphäre

Teil 11: Geräteschutz durch Eigensicherheit „i"

[Ersatz für die DIN EN 50020 (VDE 0170/0171-7):2003-08]

Die Norm legt den Aufbau und die Prüfung von eigensicheren elektrischen Betriebsmitteln der Zündschutzart „i" fest, die für den Einsatz in gasexplosionsgefährdeten Bereichen vorgesehen sind.

Ebenso werden Betriebsmittel behandelt, die für den Anschluss an eigensichere Stromkreise vorgesehen sind, aber außerhalb der explosionsgefährdeten Bereiche angeordnet werden.

Prinzip von eigensicheren Betriebsmitteln

Eigensicher ist ein elektrisches Betriebsmittel, wenn trotz möglicher Funkenbildung keine Zündung von explosionsfähigen Gasatmosphären erfolgen kann. Die Eigensicherheit wird dadurch erreicht, dass die entstehenden Funken zu wenig Energie haben, um eine Zündung auszulösen. Die Energiezufuhr wird dazu durch entsprechend beschaltete und geprüfte Stromkreise begrenzt.

Die Vorteile der eigensicheren Betriebsmittel liegen darin, dass aufwendige Gehäusekonstruktionen entfallen, Wartungsarbeiten auch bei laufendem Betrieb getätigt werden können und wegen der kleinen Spannungen und Ströme ein gefahrloses Arbeiten, z. B. bei der Fehlersuche, möglich ist.

Für den Konstrukteur und Hersteller werden besonders folgende Punkte von Bedeutung sein:

- Einteilung der eigensicheren Betriebsmittel in Gruppen und Klassen,
- Schutzniveau und Einhaltung der Zündanforderungen elektrischer Betriebsmittel,
- Bauteile, von denen die Eigensicherheit abhängt und nicht störanfällige Bauteile, Baugruppen und Verbindungen,
- Typ- und Stückprüfungen,
- Kennzeichnung und Dokumentation.

DIN EN 61241-0 (VDE 0170-15-0):2007-07

Elektrische Betriebsmittel zur Verwendung in Bereichen mit brennbarem Staub

Teil 0: Allgemeine Anforderungen

[Ersatz für DIN EN 50281-1-1 (VDE 0170/0171-15-1-1):1999-10 und DIN EN 50281-1-1/A1 (VDE 0170/0171-15-1-1/A1):2002-11]

Die Norm gilt für elektrische Betriebsmittel mit Schutz durch anerkannte Zündschutzarten für die Verwendung in Bereichen, in denen Staub in entzündungs- oder explosionsfähiger Konzentration vorhanden sein kann. Sie legt allgemeine Anforderungen an Konstruktion, Aufbau, Prüfung und Kennzeichnung der Betriebsmittel fest.

Elektrische Betriebsmittel können durch Lichtbögen und Funken, heiße Oberflächen oder Reibung erzeugte Funken als Zündquelle dienen und Brände oder Explosionen auslösen. Durch die Anwendung geeigneter Schutzmaßnahmen gilt es die Wahrscheinlichkeit einer Zündung der explosionsfähigen Atmosphäre auf ein Mindestmaß zu begrenzen.

Betriebsmittelkategorien

Betriebsmittel der **Kategorie 1D** sind zur Anwendung in Bereichen bestimmt, in denen eine *explosionsfähige Atmosphäre ständig, langzeitig oder häufig* vorhanden ist (Zone 20). Bei diesen Geräten muss beim Versagen einer Schutzmaßnahme mindestens noch eine zweite, unabhängige Maßnahme wirksam sein bzw. auch beim Auftreten von zwei unabhängigen Fehlern die erforderliche Sicherheit gewährleistet bleiben.

Die Geräte der **Kategorie 2D** sind zur Anwendung in Bereichen bestimmt, in denen damit zu rechnen ist, dass eine *explosionsfähige Atmosphäre gelegentlich* auftritt (Zone 21). Die Explosionsschutzmaßnahmen an diesen Geräten gewährleisten selbst bei häufig auftretenden Störungen oder Fehlern die erforderliche Sicherheit.

Die Geräte der **Kategorie 3D** sind zur Anwendung in Bereichen bestimmt, in denen nur *selten und dann auch nur kurzzeitig eine explosionsfähige Atmosphäre* auftritt (Zone 22). Die Geräte gewährleisten bei normalem Betrieb und bestimmten, festgelegten anormalen Zuständen das erforderliche Maß an Sicherheit.

Explosionsschutzzonen

Die Zoneneinteilungen werden durch den Betreiber der Anlage oder einen vom Betreiber beauftragten Sachverständigen nach einer Gefährdungs- und Risikoanalyse in einem Explosionsschutzdokument festgelegt. Das Verfahren zur Durchführung der Gefährdungsanalyse ist in der Betriebssicherheitsverordnung (BetrSichV) festgelegt.

DIN EN 62305-3 Beiblatt 4 (VDE 0185-305-3 Beiblatt 4):2008-01

Blitzschutz

Teil 3: Schutz von baulichen Anlagen und Personen

Beiblatt 4: Verwendung von Metalldächern in Blitzschutzsystemen

Das Beiblatt enthält Informationen für die Nutzung von Metalldächern als natürlicher Bestandteil eines Blitzschutzsystems. Es ergänzt damit die Ausführungen der DIN EN 62305-3 (VDE 0185-305-3) „Schutz von baulichen Anlagen und Personen“.

Bei unbeschichteten Metalldächern, bei denen die Verbindung der Einzelelemente durch eine blitzstromtragfähige und dauerhafte Verbindung durch Löten, Schweißen, Schrauben oder Nieten sichergestellt ist, sind keine weiteren Anforderungen gegenüber DIN EN 62305-3 (VDE 0185-305-3) zu beachten. Beschichtungen der Dachelemente mit Farbe, 1 mm Bitumen oder 0,5 mm PVC werden nicht als isolierend angesehen.

Metalldächer, die an den Verbindungsstellen der Einzelelemente durch Pressen, Bördeln, Falzen oder Klemmen verbunden werden, müssen im Falzbereich unbeschichtet sein.

Bei beschichteten, aus einzelnen Elementen bestehenden Metalldächern, hat der Hersteller durch eine Typprüfung den Nachweis zu führen, dass die Verbindungen durch Bördeln, Einhängen, Falzen, Klemmen, Pressen usw. den Anforderungen an eine Dachfläche für natürliche Fangeinrichtungen entsprechen. Bei fachgerechter Montage solcher typgeprüften Dachsysteme, kann von einer Eignung zur Verwendung als natürliche Fangeinrichtung ausgegangen werden.

Die Dachelemente müssen eine Mindestdicke aufweisen, die den Anforderungen für natürliche Fangeinrichtungen entspricht. Bei zu geringen Materialstärken muss beim Blitzeinschlag mit Beschädigungen oder Durchlöchern der Dachfläche gerechnet werden. Über solche Gefahren ist der Anlagenbetreiber vom Errichter des Blitzschutzsystems zu informieren.

DIN EN 60445 (VDE 0197):2007-11

Grund- und Sicherheitsregeln für die Mensch-Maschine-Schnittstelle Kennzeichnung der Anschlüsse elektrischer Betriebsmittel und angeschlossener Leiterenden

[Ersatz für DIN EN 60445 (VDE 0197): 2000-08]

Die Norm legt Regeln für die Kennzeichnung der Anschlüsse elektrischer Betriebsmittel, wie Widerstände, Sicherungen, Schütze usw. fest. Die Norm gilt ebenfalls für Baugruppen als Kombinationen von Betriebsmitteln und für die Kennzeichnung der Enden von Leitern.

Kennzeichnungsverfahren

Wenn eine Kennzeichnung notwendig ist, müssen eines oder mehrere der folgenden Verfahren angewendet werden:

- alphanumerische Kennzeichnung (Anwendung wird empfohlen zur Sicherstellung der Übereinstimmung von Dokumentation und Kennzeichnung),

- Kennzeichnung durch graphische Symbole,
- Farbkennzeichnung der Enden bestimmter Leiter und zugehöriger Betriebsmittelanschlüsse sowie
- räumliche Anordnung der Anschlüsse und Leiter.

Die Kennzeichen sollen, wenn möglich, auf dem entsprechenden Anschluss oder zumindest in dessen unmittelbarer Nähe angebracht sein.

Alphanumerisches System

Das System besteht aus einer Kennzeichnung durch Zahlen und Buchstaben von A bis Z mit Ausnahme von „I“ und „O“. Durch die Kennzeichnungsgrundsätze wird die Auswahl der entsprechenden Zahlen, Buchstaben oder deren Kombination festgelegt, so sind Schützkontakte z. B. mit 21/22 und Motorenstränge mit U1/V1/W1 und U2/V2/W2 zu kennzeichnen.

Leiterkennzeichnung

Für bestimmte Leiter und deren Anschlüsse, wie Außenleiter, Schutzleiter und Erdungsleiter müssen zwingend die in der Norm festgelegten Buchstabenkombinationen oder die in DIN EN 60446 (VDE 0198) und DIN VDE 0100-510 festgelegten Farben verwendet werden.

Eine in der Norm enthaltene Tabelle bietet dem Anwender eine Übersicht der genormten Kennzeichnungen der Anschlüsse von elektrischen Betriebsmitteln und der Enden bestimmter Leiter.

Neu aufgenommen wurde das Symbol für den Schutzpotentialausgleichsleiter (PB).

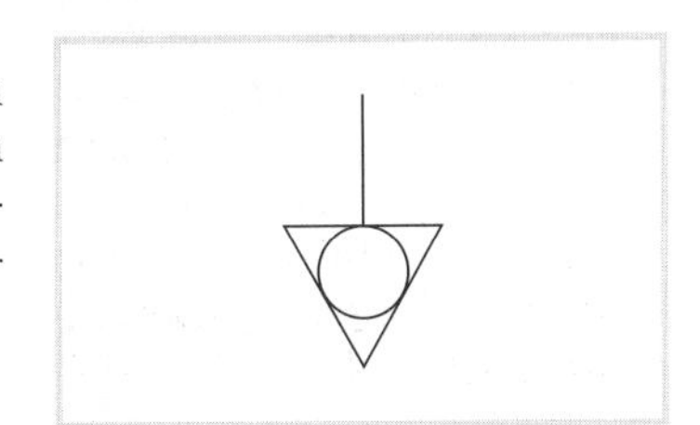

Symbol für den Schutzpotentialausgleichsleiter

Ergänzt wird dieses Symbol durch die Bezeichnungen für den geerdeten Schutzpotentialausgleichsleiter (PBE) und den ungeerdeten Schutzpotentialausgleichsleiter (PBU).

DIN EN 60446 (VDE 0198):2008-02
Grund- und Sicherheitsregeln für die Mensch-Maschine-Schnittstelle Kennzeichnung von Leitern durch Farben oder alphanumerische Zeichen

[Ersatz für DIN EN 60446 (VDE 0198): 1999-10]

Die Norm legt Regeln für die Anwendung von Farben oder alphanumerischen Zeichen zur Kennzeichnung von Leitern in Leitungen, Kabeln, Geräten und Gebäudeinstallationen sowie von Sammelschienen fest.

Kennzeichnung des Neutral- oder Mittelleiters

Enthält ein Stromkreis einen durch Farbe gekennzeichneten Neutral- oder Mittelleiter muss hierfür die blaue Farbe (Hellblau) verwendet werden. Wird kein Neutral- oder Mittelleiter benötigt, kann diese Farbe für jeden anderen Zweck, jedoch nicht als Schutzleiter, genutzt werden. Bei blanken Leitern ist es ausreichend, wenn sie zur Kennzeichnung mit blauen Streifen versehen werden.

Schutzleiter

Schutzleiter müssen im ganzen Verlauf mit der Zweifarben-Kombination Grün-Gelb gekennzeichnet sein. Wenn der Schutzleiter durch seine Form leicht erkennbar ist, z. B. bei konzentrischen Leitern, ist eine Kennzeichnung der Anschlussenden ausreichend.

Die Kennzeichnung für Schutzleiter ist ebenso für Schutzpotentialausgleichsleiter anzuwenden.

PEN-Leiter

PEN-Leiter müssen wie Schutzleiter in ihrem ganzen Verlauf Grün-Gelb und *zusätzlich* an ihren Anschlussenden *mit einer hellblauen Markierung* gekennzeichnet sein.

Bei Kabeln und Leitungen des öffentlichen Verteilungsnetzes sowie bei damit vergleichbaren Anlagen, wie in der Industrie, darf die zusätzliche hellblaue Kennzeichnung der Leiterenden entfallen [siehe DIN VDE 0100-510 (VDE 0100-510)].

Kennzeichnung durch numerische Zeichen

Numerische Zeichen werden für einzelne Leiter oder von Leitern in Gruppen angewendet. Leiter mit der Farbkombination Grün-Gelb dürfen nicht nummeriert werden. Ein als Neutralleiter verwendeter Leiter mit numerischer Kennzeichnung muss nach DIN VDE 0100-510 (VDE 0100-510) an den Anschlussenden zusätzlich blau gekennzeichnet werden.

DIN EN 60034-8 (VDE 0530-8): 2008-04

Drehende elektrische Maschinen
Teil 8: Anschlussbezeichnungen und Drehsinn

[Ersatz für DIN EN 60034-8 (VDE 0530-8):2003-09 und DIN EN 60034-8 Berichtigung 1 (VDE 0530-8 Berichtigung 1):2005-09]

Die Norm gilt für die Anschlussbezeichnungen von Wechsel- und Gleichstrommaschinen.

Behandelt werden im Einzelnen:

- Regeln zur Identifikation von Wicklungsverbindungspunkten,
- Kennzeichnung von Wicklungsanschlüssen und Drehsinn,
- Beziehung zwischen Anschlusskennzeichnungen und Drehsinn,
- Anschlusskennzeichnung von Zubehör und

- Anschlussschaltbilder für Maschinen für gebräuchliche Anwendungen.

Symbole und Anschlussbezeichnung

Alle für den Anwender zugänglichen Anschlüsse von elektrischen Maschinen müssen mit genormten Anschlussbezeichnungen versehen sein, die aus Großbuchstaben und ohne Leerzeichen folgenden Ziffern bestehen.

Die Ziffern (Nachsetzziffern) kennzeichnen die Enden der Wicklungselemente, z. B. 1 – 2 das erste Wicklungselement, 3 – 4 das zweite usw., wobei die niedrigere Ziffer immer auf das Ende der Wicklung hinweist, welches dem Netzanschluss am nächsten liegt. Anzapfungen innerhalb eines Wicklungselementes sind durch weitere Ziffern in der Reihenfolge ihres Auftretens zu kennzeichnen.

Wicklungselemente, die ähnliche aber von einander unabhängige Funktionen haben, wie bei Maschinen mit mehreren Drehzahlen, werden zusätzlich mit *Vorsatzziffern* gekennzeichnet.

Die Vorsatzziffern sind in der Reihenfolge der steigenden Drehzahlen zu verwenden, z. B. 1U, 1V, 1W entsprechend der niedrigen Drehzahl und 2U, 2V, 2W entsprechend der hohen Drehzahl für einen polumschaltbaren Drehstrommotor.

Drehsinn

Maschinen, die mit Anschlussbezeichnungen entsprechend der Norm versehen sind, müssen Rechtslauf haben, wenn diese wie folgt mit den Netzleitern verbunden werden:

- bei Mehrphasenmaschinen z. B. U1 mit L1, V1 mit L2 und W1 mit L3,
- bei Einphasenmaschinen z. B. U1 und Z1 mit L1 sowie U2 und Z2 mit N,
- bei Gleichstrommaschinen z. B. A1 und E1 mit L+ sowie A2 und E2 mit L-.

Der Drehsinn wird durch Blick auf die Antriebsseite der Maschine festgestellt. Bei Maschinen mit zwei Wellenenden ist die Antriebsseite das Ende mit dem größeren Wellendurchmesser oder die Seite, die dem Ventilator gegenüberliegt.

DIN EN 60269-1 (VDE 0636-1): 2008-03

Niederspannungssicherungen

Teil 1: Allgemeine Anforderungen

[Ersatz für DIN EN 60269-1(VDE 0636-10):2005-11]

Die Norm gilt für Sicherungen mit geschlossenen, strombegrenzenden Sicherungseinsätzen mit einem Bemessungs-Ausschaltvermögen von mindestens 6 kA.

Zweck der Norm ist die Festlegung der Kenngrößen von Sicherungen oder Teilen von Sicherungen wie Sicherungsunterteilen,

Sicherungseinsatzhaltern und Sicherungseinsätzen.

Kennzeichnung und Betriebsklassen

Der erste Buchstabe der Bezeichnung kennzeichnet den Ausschaltbereich der Sicherungen:

- „g" = Ganzbereichs-Sicherungseinsatz und
- „a" = Teilbereichs-Sicherungseinsatz.

Während Sicherungen mit der Kennzeichnung „g" sowohl den Kurzschluss- als auch den Überlastschutz, z. B. von Leitungen, übernehmen können, werden Einsätze mit der Kennzeichnung „a" in der Regel nur zum Kurzschlussschutz eingesetzt.

Der zweite Buchstabe kennzeichnet die Anwendung und legt in Verbindung mit dem ersten Buchstaben die Zeit/Strom-Kennlinien und Tore für die Prüfung des Abschaltverhaltens fest:

- „gG" = Ganzbereichs-Sicherungseinsätze für allgemeine Anwendungen, z. B. zum Kabel- und Leitungsschutz,
- „gM" = Ganzbereichs-Sicherungseinsätze für den Schutz von Motorstromkreisen,
- „aM" = Teilbereichs-Sicherungseinsätze für den Schutz von Motorstromkreisen,
- „gD" = verzögerte Sicherungseinsätze mit Ganzbereichs-Ausschaltvermögen und
- „gN" = unverzögerte Sicherungseinsätze mit Ganzbereichs-Ausschaltvermögen.

Für Motorstromkreise werden häufig auch „gG"-Sicherungseinsätze verwendet, wenn sie geeignet sind, dem erhöhten Anzugsstrom standzuhalten. Sicherungseinsätze für den Schutz von Motorstromkreisen mit der Bezeichnung „gM" sind speziell für die höheren Anzugsströme ausgelegt.

Selektivität

Sicherungen der Typen „gG" und „gM" arbeiten im Kurzschlussfall in der Regel unter der Voraussetzung selektiv, dass ein Verhältnis von 1,6 : 1 zwischen der vor- und nachgeschalteten Sicherung eingehalten wird.

Beispiel: In einem Unterverteiler wird ein abgehender Stromkreis für eine Maschine durch eine Sicherung vom Typ „gG" mit einem Bemessungsstrom von 25 A abgesichert. Die mindestens erforderliche Größe der Vorsicherung kann wie folgt ermittelt werden:

Vorgeschaltete Sicherung =
25 A · 1,6 = 40 A

DIN EN 50090-2-2 (VDE 0829-2-2):2007-11
Elektrische Systemtechnik für Heim und Gebäude (ESHG)
Teil 2: Systemübersicht – Allgemeine technische Anforderungen
[Ersatz für DIN EN 50090-2-2 (VDE 0829-2-2):1997-06 und DIN EN 50090-2-2/A1 (VDE 0829-2-2/A1):2002-11]

Die Norm legt die allgemeinen technischen Anforderungen an die elektrische Systemtechnik für Heim und Gebäude (ESHG) fest.

Behandelt werden sowohl die Verkabelung und Topologie als auch die elektrische Sicherheit, Umgebungsbedingungen, EMV-Anforderungen und das Verhalten im Fehlerfall.

Die Norm enthält Anforderungen an die Schnittstellen von Geräten und Einrichtungen, die den Anschluss an die Systemtechnik betreffen und Anforderungen an komplette Systemtechnikgeräte. Weiter können der Norm die speziellen Installationsempfehlungen zur elektrischen Systemtechnik für Heim und Gebäude entnommen werden.

Grundsätzlich müssen die Systemtechnik und deren Installation einen sicheren Betrieb und den Schutz gegen elektrischen Schlag und Feuer während des normalen Betriebs und bei festgelegten anomalen Betriebsbedingungen sicherstellen.

Neben den allgemeinen Installationsbestimmungen, die im Wesentlichen in der Normenreihe DIN VDE 0100 festgelegt sind, gilt für Anlagen mit Gebäudesystemtechnik zusätzlich die Norm DIN EN 50090-9-1 (VDE 0829-9-1) „Elektrische Systemtechnik für Heim und Gebäude (ESHG) – Installationsanforderungen – Verkabelung von Zweidrahtleitungen ESHG Klasse 1“. Diese legt die Richtlinien für die Planung und Umsetzung sowie für die Installation der Verkabelung für die elektrische Systemtechnik für Heim und Gebäude (ESHG) fest.

Dabei werden insbesondere die Ausführung der verwendeten Kabel und Leitungen, einschließlich deren Verlegung und Verbinder, behandelt.

Kabel und Leitungen, die den Anforderungen der in der Norm festgelegten Spannungsprüfung mit mindestens 2 kV Wechselspannung entsprechen, dürfen ohne Abstand zu Netzleitungen verlegt werden. Bei Kabeln und Leitungen, die den vorstehenden Prüfbedingungen nicht genügen, ist ein Mindestabstand von mindestens 10 mm einzuhalten.

DIN EN 60825-2 (VDE 0837-2): 2007-11

Sicherheit von Laser-Einrichtungen Teil 2: Sicherheit von Lichtwellenleiter-Kommunikationssystemen (LWKS)

[Ersatz für DIN EN 60825-2 (VDE 0837-2):2005-06 und DIN EN 60825-2 Berichtigung 1 (VDE 0837-2 Berichtigung 1): 2006-03]

Die Norm legt Anforderungen für den sicheren Einsatz von Lichtwellenleiter-Kommunikations- und Steuerungssystemen fest.

Der Zweck besteht darin,

- Personen vor optischer Strahlung aus Lichtwellenleiter-Kommunikationssystemen zu schützen,
- Anforderungen an die Hersteller und Betreiber solcher Systeme festzulegen,
- Zeichen, Aufschriften und Anweisungen zur Warnung von Personen festzulegen und
- das Verletzungsrisiko durch Herabsetzung unnötiger Strahlung und durch das Anwenden entsprechender Schutzmaßnahmen auf ein Minimum zu reduzieren.

Gefährdungsgrade

Eine mögliche Gefährdung von Personen durch optische Strahlung, z. B. bei Lichtwellenleiterbruch, wird mit dem Gefährdungsgrad angegeben und in insgesamt sieben verschiedene Stufen eingeteilt. Der Gefährdungsgrad wird durch Messung der Strahlung bestimmt, die unter vorhersehbaren Umständen zugänglich werden kann.

Während beim Gefährdungsgrad 1 keine besonderen Anforderungen bezüglich der Sicherheit zu beachten sind, ist ein Betrieb dem Gefährdungsgrad 4 in Lichtwellenleiter-Kommunikationssystemen grundsätzlich nicht zulässig. Bei den dazwischen liegenden Gefährdungsgraden 1M, 2, 2M, 3R und 3B sind je nach Zugangsmöglichkeit zum Verwendungsort unterschiedliche Maßnahmen zum Schutz der Personen notwendig.

Bereitstellung von Informationen

Hersteller von Lichtwellenleiter-Kommunikationssystemen und Baugruppen müssen dem Betreiber umfassende Informationen zur Verfügung stellen, damit der Schutz vor gefährlicher optischer Strahlung gewährleistet ist und bleibt. Dazu gehören unter anderem:

- Anweisungen für eine korrekte Montage und Wartung sowie den Einsatz der Kommunikationssysteme und Baugruppen.
- Angabe von Leistung und Wellenlänge der Systeme.
- Hinweise auf sichere Betriebsverfahren und Warnungen bezüglich bekannter Fehlfunktionen.
- Reaktionszeiten zur automati-

schen Leistungsverringerung bei auftretenden Fehlern.

An Lichtwellenleiter-Kommunikationssystemen mit höheren Gefährdungsgraden als 1 oder 2 sollten nur Mitarbeiter, die einen entsprechenden Sicherheitskurs absolviert haben, tätig werden.

Neue DIN-Normen (Kurzfassungen)*

Hinweis: Die folgenden Kurzfassungen der wesentlichen Anforderungen sind kein Ersatz für die jeweilige Norm.

DIN 5035-8: 2007-07

Beleuchtung mit künstlichem Licht Teil 8: Arbeitsplatzleuchten – Anforderungen, Empfehlungen und Prüfung

[Ersatz für DIN 5035-8:1994-05]

Die Norm legt die Produktmerkmale, ihre Prüfung und die Anforderungen an die Dokumentation fest. Ziel ist eine für den Anwendungszweck geeignete Beschaffung und die optimale Nutzung.

Die Norm gilt für Arbeitsplatzleuchten aller Arten, mit Ausnahme solcher für den medizinischen Bereich. Arbeitsplatzleuchten können sowohl als ortsfeste Leuchten oder als ortsveränderliche Leuchten ausgeführt sein.

Im Gegensatz zur Vorausgabe sind in der Neuausgabe der Norm nur noch die für den Hersteller bedeutsamen Anforderungen an die Produkte festgelegt. Die anwenderspezifischen Hinweise zur Erfüllung der beleuchtungstechnischen Gütemerkmale am Einsatzort sind nicht mehr enthalten.

Die Norm ist zusammen mit den zutreffenden Normen aus der Normenreihe DIN EN 60598 (VDE 0711) anzuwenden.

DIN 18012:2008-05

Haus-Anschlusseinrichtungen Allgemeine Planungsgrundlagen

[Ersatz für DIN 18012:2000-11]

Die Norm gilt für die Planung des Raum- und Flächenbedarfs der Hausanschlüsse in Gebäuden und enthält Festlegungen zu den baulichen Voraussetzungen für die Errichtung der Anschlüsse und Anschlusseinrichtungen.

Zu diesen zählen neben der Stromversorgung, soweit zutreffend, folgende Einrichtungen:

- Telekommunikationseinrichtungen,
- Trinkwasserversorgung und Entwässerung,
- Fernwärme- und Gasversorgung.

Unterschieden wird bei den notwendigen Räumen und Flächen für die Anschlusseinrichtungen zwischen

- Hausanschlussnischen, vorgesehen für nicht unterkellerte Einfamilienhäuser,
- Hausanschlusswände, vorgesehen für Wohngebäude mit bis zu vier Wohneinheiten und
- Hausanschlussräume, erforderlich für Gebäude mit mehr als vier Wohneinheiten und Gebäude mit anderweitiger Nutzung.

*Alle Kurzfassungen wurden vom Normen- und Vorschriftendienst des bfe-Oldenburg erstellt.

Andere, von der Norm abweichende Lösungen sind möglich, wenn sie mit den örtlichen Ver- und Entsorgungsunternehmen abgestimmt sind. Dieses gilt in besonderem Maße für Gebäude, die nicht als Wohngebäude genutzt werden.

Allgemeine Anforderungen

Die Anordnung der Flächen bzw. der Räume ist so zu planen, dass vor den montierten Anschluss- und Betriebseinrichtungen eine Arbeitsfläche mit einer Tiefe von mindestens 1,2 m zur Verfügung steht. Für die zu montierenden Einrichtungen wird eine Tiefe von 0,3 m angenommen, so dass insgesamt mindestens 1,5 m zur Verfügung stehen müssen.

Die Haupterdungsschiene für den Schutzpotentialausgleich und die Anschlussfahne des Fundamenterders sind im Hausanschlussraum, an der Hausanschlusswand bzw. in der Hausanschlussnische anzuordnen.

Die Anschlussräume und Flächen müssen ausreichend beleuchtet sein. In Hausanschlussräumen ist zusätzlich eine Schutzkontaktsteckdose erforderlich.

Besondere Anforderungen

Hausanschlussnischen müssen mit einer abschließbaren Tür versehen sein. Die Größe der Nische orientiert sich an einer handelsüblichen Wohnungstür mit einer Breite von 875 mm und einer Höhe von 2000 mm.

Hausanschlussräume müssen über allgemein zugängliche Räume erreichbar sein, dürfen selbst jedoch nicht als Durchgang zu anderen Räumen dienen und müssen an ihrem Zugang durch die Bezeichnung „Hausanschlussraum" gekennzeichnet sein. Die Räume müssen mindestens 2 m lang, 2 m hoch (freie Durchgangshöhe > 1,8 m) und 1,5 m breit sein. Werden zwei gegenüberliegende Wände mit Anschlusseinrichtungen belegt, ist mindestens eine Breite von 1,8 m erforderlich.

DIN EN 12193:2008-04
Licht und Beleuchtung – Sportstättenbeleuchtung

[Ersatz für DIN EN 12193:1999-11]

Die Norm legt die Beleuchtung von Sportstätten für die am häufigsten ausgeübten Sportarten in Innen- und Außenanlagen fest. Ziel ist es, Empfehlungen und Anforderungen an eine ausreichende Beleuchtung von Sportstätten unter Berücksichtigung der Gütemerkmale und Beleuchtungsklassen festzulegen.

Die geforderten horizontalen und vertikalen Beleuchtungsstärken sind *Wartungswerte,* die nicht unterschritten werden dürfen. Weiter sind die Gleichmäßigkeit der Beleuchtungsstärken, die Blendungsbegrenzung und die Farbwiedergabeeigenschaften sowie die Farbtemperaturen der verwendeten Lichtquellen von Bedeutung.

Allgemeine Grundsätze

Zur Planung und Überprüfung der Beleuchtungsanlage werden die zu beleuchtenden Flächen in Haupt-, Gesamt- und Referenzflächen eingeteilt, die in sich wiederum mit einem Referenzraster unterteilt werden. Als Referenzebene zur Bestimmung der horizontalen Beleuchtungsstärken ist in der Regel der Boden und für die vertikalen Beleuchtungsstärken eine Höhe von 1 m über dem Boden festgelegt.

Wartung

Da das Beleuchtungsniveau einer Beleuchtungsanlage während ihrer Lebensdauer stetig abnimmt, muss eine regelmäßige Wartung durchgeführt werden. Die Wartung muss spätestens dann erfolgen, wenn das Beleuchtungsniveau den in der Norm genannten Wartungswert der Beleuchtungsstärke für die in der Sportstätte ausgeführten Sportarten unterschreitet. Zur Planung der Anlage und zur Bestimmung der Wartungsintervalle ist zwischen dem Betreiber und dem Planer ein Wartungsfaktor zu vereinbaren. Als Standardwert kann ein Faktor von 0,8 zugrunde gelegt werden.

Sicherheitsbeleuchtung für die aktiven Teilnehmer

Um die Sicherheit der Teilnehmer an einer Sportveranstaltung bei Ausfall der Allgemeinbeleuchtung zu gewährleisten, ist dafür je nach ausgeführter Sportart ein Prozentsatz in Höhe von 5 oder 10 % vom geforderten Beleuchtungsniveau der Allgemeinbeleuchtung in der entsprechenden Klasse festgelegt. Dieses reduzierte Beleuchtungsniveau muss in Abhängigkeit von der Sportart für eine Zeit von mindestens 30 s bis maximal 120 s nach Ausfall der Allgemeinbeleuchtung zur Verfügung stehen. Unabhängig davon kann eine weitere, allgemeine Sicherheitsbeleuchtung, z. B. für die Zuschauerbereiche und Rettungswege, nach DIN EN 1838 und DIN EN 50172 (VDE 0108-100) erforderlich sein.

DIN EN 15193:2008-03
Energetische Bewertung von Gebäuden
Energetische Anforderungen an die Beleuchtung

Die Norm legt die Berechnungsmethodik für die Bewertung der Energiemenge fest, die für die Innenraumbeleuchtung von Gebäuden benötigt wird. Sie wurde konzipiert, um Vereinbarungen und Vorgehensweisen zur Abschätzung des Energiebedarfs für die Beleuchtung von Gebäuden festzulegen.

In Deutschland wird in der Energieeinsparverordnung (EnEV) für die Ermittlung des Energiebedarfs für die Beleuchtung auf die DIN V 18599-4 Bezug genommen. Die DIN 18599-4 stellt im Gegensatz zu dieser Norm verschiedene Verfahren zur Verfügung, die eine Planung einer Beleuchtungsanlage unter Beachtung einer bestimmten Beleuchtungsart und eines definierten Wartungswerts der Beleuchtungsstärke, z. B. nach DIN EN 12464-1, ermöglichen.

Die in DIN EN 15193 beschriebene ausführliche Methode zur Ermittlung und Bewertung des Energiebedarfs für die Beleuchtung wurde in die DIN V 18599-4 übernommen.

Zur Ermittlung des Beleuchtungsenergiebedarfs werden Gebäude in folgende Kategorien eingeteilt: Bürogebäude, Bildungsstätten, Krankenhäuser, Hotels, Restaurants, Sportstätten, Groß- und Einzelhandelsgeschäfte und Produktionsbetriebe.

DIN EN 50160:2008-04
Merkmale der Spannung in öffentlichen Elektrizitätsversorgungsnetzen
[Ersatz für DIN EN 50160:2000-03]
Die Norm definiert, beschreibt und spezifiziert die wesentlichen Merkmale der Versorgungsspannung an der Übergabestelle zum Netznutzer in öffentlichen Nieder- und Mittelspannungsnetzen.

Zu den Merkmalen gehören z. B. die Frequenz, Spannungshöhe, Kurvenform und Symmetrie der Leiterspannungen, die auch während des normalen Betriebs des Netzes Änderungen unterworfen sind.

Die Anforderungen der Norm können ganz oder teilweise durch vertragliche Vereinbarungen zwischen dem Netzbetreiber und Netznutzer außer Kraft gesetzt werden.

Die in der Norm festgelegten Werte sind nicht dafür vorgesehen, als Grenzwerte für die elektromagnetische Verträglichkeit oder für die Aussendung von Störgrößen durch Anlagen oder Geräte des Netznutzers verwendet zu werden. Dazu ist unter anderem die Normenreihe DIN EN 61000 (VDE 0847) heranzuziehen.

DIN EN 50173-1:2007-12
Informationstechnik – Anwendungsneutrale Verkabelungssysteme
Teil 1: Allgemeine Anforderungen
[Ersatz für DIN EN 50173-1:2003-06 und DIN EN 50173-1 Berichtigung 1:2005-03]
Die Norm legt allgemeine Anforderungen an anwendungsneutrale Kommunikationsverkabelungen mit symmetrischen Kupferkabeln und Lichtwellenleiterkabeln fest.

Die Norm behandelt unter anderem:

- die Struktur und Konfiguration der primären und sekundären

Teilsysteme der Verkabelung einer Kommunikationskabelanlage,
- die Leistungsanforderungen an die Übertragungs- und Verkabelungsstrecken,
- Beispielausführungen der Verkabelung,
- Anforderungen an das Leistungsvermögen der Komponenten.

Anforderungen an die Sicherheit, wie z. B. die elektrische Sicherheit und der Schutz vor Zerstörung werden in dieser Norm nicht behandelt. Diese Festlegungen zur Installation, zur Erdung und zum Potentialausgleich, zur Schirmung von Kupferkabeln und zu den messtechnischen Prüfverfahren können den Normen DIN EN 50174-2 (VDE 0800-174-2), DIN EN 50310 (VDE 0800-2-310) und DIN EN 50346 entnommen werden.

Für einen Gebäudekomplex ist eine störungs- und zukunftssichere informationstechnische Verkabelung ebenso wichtig wie die Heizung, Beleuchtung und Versorgung mit Netzspannung. Durch eine normgerechte Installation sollen Störungen in der Verkabelung mit ihren möglicherweise erheblichen negativen Auswirkungen verhindert werden.

Struktur des Verkabelungssystems

Aufgezeigt werden in diesem Abschnitt Möglichkeiten zum Aufbau des Systems, der Anordnung der Verteiler sowie zur Dimensionierung und Konfiguration.

Unterschieden wird dabei zwischen der Primärverkabelung (zwischen Standort- und Gebäudeverteiler) und der Sekundärverkabelung (zwischen Gebäude- und Etagenverteiler). Die Tertiärverkabelung (zwischen Etagenverteiler und Teilnehmeranschluss) ist in den weiteren Teilen der Normenreihe behandelt.

Weitere Festlegungen der Norm betreffen
- das Leistungsvermögen der Übertragungsstrecken in Abhängigkeit von den Umgebungs- und Übertragungseigenschaften,
- Beispielausführungen für Primär- und Sekundärverkabelung mittels Kupferverkabelung und Lichtwellenleiter-Verkabelung,
- Anforderungen an Kabel wie symmetrische Kupferkabel, Hybridkabel, hochpaarige Kabel, koaxiale Kabel, Lichtwellenleiterkabel und an deren Betriebsumgebung,
- Anforderungen an die Verbindungstechnik sowie
- Anforderungen an Schnüre und Rangierpaare.

Die detaillierten Anforderungen für bestimmte Anwendungsbereiche können den weiteren Teilen der Normenreihe entnommen werden:

- DIN EN 50173-2 „Bürogebäude“,
- DIN EN 50173-3 „Industriell genutzte Standorte“,
- DIN EN 50173-4 „Wohnungen“
- DIN EN 50173-5 „Rechenzentren“

DIN EN 50346:2008-02
Informationstechnik
Installation von Kommunikationsverkabelung – Prüfen installierter Verkabelung

[Ersatz für DIN EN 50346:2003-06]

Die Norm legt Verfahren zur Prüfung des Leistungsvermögens von informationstechnischer Verkabelung fest, die sowohl für symmetrische Kupferverkabelungen als auch für Lichtwellenleiterkabel anwendbar sind.

Ein Versagen der informationstechnischen Verkabelung kann schwerwiegende Folgen nach sich ziehen und die Arbeitsfähigkeit und Effektivität eines Unternehmens gefährden. Dieses gilt insbesondere für Ausfälle durch Verwendung von falschen bzw. nicht geeigneten Komponenten, fehlerhafte Installationen, nachlässige Systemverwaltung und unzureichende Wartung. Damit solche Mängel während der Errichtung und beim Betrieb der Verkabelungen rechtzeitig aufgedeckt werden, sind entsprechende Prüfungen durchzuführen.

Die bei der Prüfung ermittelten Ergebnisse sind mit den zulässigen Grenzwerten, z. B. mit denen aus der Normenreihe DIN EN 50173 „Informationstechnik – Anwendungsneutrale Kommunikationsverkabelungen“, zu vergleichen und zu dokumentieren.

Die vorliegende Norm enthält

- Prüfverfahren zu den allgemeinen Anforderungen (Lage der Mess- und Prüfschnittstellen, Bezugsebenen für Kupfer- und Lichtwellen-Verkabelungen, Sicherheitsanforderungen für Prüfverfahren, Prüfaufbau, Normalisierung und Kalibrierung, Umwelteigenschaften, Prüfergebnisse, Dokumentation),
- Prüfparameter für symmetrische Kupferverkabelung (Verdrahtungsplan, Länge, Laufzeit, Laufzeitunterschied, Dämpfung, Nahnebensprechdämpfung, Rückflussdämpfung, Gleichstrom-Schleifenwiderstand, Widerstandsunterschied),
- Prüfparameter für Lichtwellenleiter-Verkabelung (allgemeine Anforderungen, Dämpfung der Übertragungs- und Verkabelungsstrecke, Abstände zwischen den Komponenten) und
- Hinweise zur Inspektion der Lichtwellenleiterverkabelung und von installierten Verkabelungskomponenten.

DIN EN ISO 14121-1:2007-12
Sicherheit von Maschinen – Risikobeurteilung
Teil 1: Leitsätze
[Ersatz für DIN 1050:1997-01]

Die Norm stellt Leitsätze auf, um die in DIN EN ISO 12100-1 „Sicherheit von Maschinen - Grundbegriffe, allgemeine Gestaltungsleitsätze" festgelegten Ziele zur Risikominderung zu erreichen.

Die Leitsätze berücksichtigen Kenntnisse und Erfahrungen zur Konstruktion und zum Einsatz, zum Zwischenfall- und Unfallgeschehen sowie zu Schäden, die im Zusammenhang mit Maschinen stehen.

Die Risikobeurteilung umfasst die Risikoanalyse und Risikobewertung. Zur Durchführung der Risikoanalyse ist im Vorfeld eine entsprechende Informationsbeschaffung notwendig, die im Wesentlichen folgende Punkte umfassen muss:

- Beschreibung der Maschine mit Benutzer- und Maschinenspezifikationen, Dokumentation und Benutzerinformation,
- Anzuwendende Vorschriften, Normen usw.,
- Erfahrungen im Einsatz, Berichte zu Unfällen und Fehlfunktionen sowie dokumentierte Gesundheitsschäden,
- relevante ergonomische Grundsätze.

Weiter sind die Betriebsarten, der Einsatzbereich, das vorausgesetzte Niveau hinsichtlich der Ausbildung, Erfahrung und Befähigung der Benutzer sowie die Lebensdauer und Wartungszyklen der Maschine zu beachten. Hierbei sind nicht nur die Inbetriebnahme und Verwendung, sondern auch der Transport, die Montage, Außerbetriebnahme, Demontage und Entsorgung zu berücksichtigen.

Risikobewertung

Nach der Einschätzung der Risiken ist eine Risikobewertung durchzuführen. Falls eine Verminderung des Risikos notwendig ist, sind dafür geeignete Schutzmaßnahmen auszuwählen.

Die Risikominderung sollte im 3-Schritt-Verfahren nach folgenden Gesichtspunkten vorgenommen werden:

1. Die Gefährdung wurde durch konstruktive Maßnahmen oder durch das Anwenden weniger gefährlicher Stoffe oder ergonomischer Grundsätze gemindert.
2. Das Risiko wurde durch technische oder ergänzende Schutzmaßnahmen so gemindert, dass unter Berücksichtigung der bestimmungsgemäßen Verwendung und einer vorhersehbaren Fehlanwendung kein unzulässiges Risiko mehr besteht.
3. Das Risiko kann durch technische oder ergänzende Schutzmaßnahmen nicht hinreichend

gemindert werden. In diesem Fall muss die Benutzerinformation einen eindeutigen Sicherheitshinweis auf das bestehende Restrisiko enthalten.

Dokumentation

Die angewendeten Verfahren zur Risikobeurteilung und die dabei erzielten Ergebnisse müssen dokumentiert werden.

VdS-Richtlinien im Überblick

Elektrische Geräte und Anlagen

VdS 2005 2001-11	**Leuchten,** Richtlinien zur Schadenverhütung
VdS 2015 2004-04	**Elektrische Geräte und Einrichtungen,** Merkblatt zur Schadenverhütung
VdS 2023 2001-08	**Elektrische Anlagen in baulichen Anlagen mit vorwiegend brennbaren Baustoffen,** Richtlinien zur Schadenverhütung
VdS 2024 1992-09	**Errichtung elektrischer Anlagen in Möbeln und ähnlichen Einrichtungsgegenständen,** Richtlinien für den Brandschutz
VdS 2025 2008-01	**Kabel- und Leitungsanlagen,** Richtlinien zur Schadenverhütung
VdS 2033 2007-09	**Feuergefährdete Betriebsstätten und diesen gleichzustellende Risiken,** Richtlinien zur Schadenverhütung
VdS 2046 2001-08	**Sicherheitsvorschriften für elektrische Anlagen bis 1000 Volt**
VdS 2057 2001-08	**Sicherheitsvorschriften für elektrische Anlagen in landwirtschaftlichen Betrieben und Intensiv-Tierhaltungen,** Sicherheitsvorschriften gemäß § 7 AFB
VdS 2067 2008-01	**Elektrische Anlagen in der Landwirtschaft,** Richtlinien zur Schadenverhütung
VdS 2080 1997-04	**Kabelverteilsysteme für Ton- und Fernsehrundfunk-Signale einschließlich Antennen,** Richtlinien zur Schadenverhütung
VdS 2085 1998-11	**Fernsehgeräte,** Merkblatt zur Schadenverhütung
VdS 2134 1999-01	**Verbrennungswärme der Isolierstoffe von Kabeln und Leitungen,** Merkblatt für die Berechnung von Brandlasten

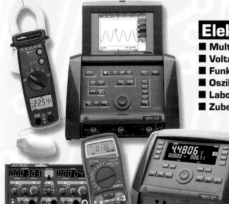

VdS 2259 1991-10 **Batterieladeanlagen für Elektrofahrzeuge,** Richtlinien zur Schadenverhütung

VdS 2278 1998-12 **Elektrowärme,** Merkblatt zur Schadenverhütung

VdS 2279 1998-12 **Elektrowärmegeräte und Elektroheizungsanlagen,** Richtlinien zur Schadenverhütung

VdS 2302 1999-02 **Niedervoltbeleuchtung,** Merkblatt zur Schadenverhütung

VdS 2324 1998-09 **Niedervoltbeleuchtungsanlagen und -systeme,** Richtlinien zur Schadenverhütung

VdS 2349 2000-02 **Störungsarme Elektroinstallationen,** Richtlinien zur Schadenverhütung

VdS 2460 1999-02 **Fehlerstrom-Schutzeinrichtungen (FI),** Merkblatt zur Schadenverhütung

VdS 2499 2002-03 **Elektrische Leuchten mit begrenzter Oberflächentemperatur,** Anforderungen und Prüfmethoden

VdS 2839 2004-04 **Fernwirktechnik in der Elektroinstallation,** Richtlinien zur Schadenverhütung

VdS 2858 2004-03 **Thermografie in elektrischen Anlagen,** Ein Beitrag zur Schadenverhütung und Betriebssicherheit

VdS 3501 2006-04 **Isolationsfehlerschutz in elektrischen Anlagen mit elektronischen Betriebsmitteln – RCD und FU,** Richtlinien zur Schadenverhütung

Blitzschutz, Überspannungsschutz

VdS 2006 2008-01 **Blitzschutz durch Blitzableiter,** Merkblatt zur Schadenverhütung

VdS 2010 2005-07 **Risikoorientierter Blitz- und Überspannungsschutz,** Richtlinien zur Schadenverhütung

VdS 2014 2008-01 **Ursachenermittlung bei Schäden durch Blitz und Überspannungen,** Beurteilungshilfe für Schadenabteilungen bei Versicherern

VdS 2017 1999-08	**Blitz- und Überspannungsschutz für landwirtschaftliche Betriebe,** Merkblatt zur Schadenverhütung
VdS 2019 2000-08	**Überspannungsschutz in Wohngebäuden,** Richtlinien zur Schadenverhütung
VdS 2028 1988-05	**Fundamenterder für den Potentialausgleich und als Blitzschutzerder,** Merkblatt zur Schadenverhütung
VdS 2031 2005-10	**Blitz- und Überspannungsschutz in elektrischen Anlagen,** Richtlinien zur Schadenverhütung
VdS 2192 1998-11	**Überspannungsschutz,** Merkblatt zur Schadenverhütung
VdS 2258 1993-07	**Schutz gegen Überspannungen,** Merkblatt zur Schadenverhütung
VdS 2569 1999-01	**Überspannungsschutz für Elektronische Datenverarbeitungsanlagen,** Richtlinien zur Schadenverhütung
VdS 2830 2005-06	**Prüfung zum Nachweis der Qualifikation von Sachkundigen für Blitz- und Überspannungsschutz sowie EMV-gerechte elektrische Anlagen (EMV-Sachkundige),** Prüfungsordnung
VdS 3428 2005-04	**Überspannungsschutzgeräte (Ableiter),** Anforderungen und Prüfmethoden

Sachverständige

VdS 2228 2005-01	**Richtlinien für die Anerkennung von Sachverständigen zum Prüfen elektrischer Anlagen,** Verfahrensrichtlinien
VdS 2229 2005-01	**Befundschein über die Prüfung elektrischer Anlagen,** Block mit 25 Sätzen, Abgabe nur an VdS-anerkannte Sachverständige
VdS 2506 2005-06	**Prüfungsordnung für die Prüfung zum Nachweis der Qualifikation von SV zum Prüfen elektrischer Anlagen,** Prüfungsordnung

VdS 2596 2005-06	**Anerkennung von Sachkundigen für Blitz- und Überspannungsschutz sowie EMV-gerechte elektrische Anlagen,** Verfahrensrichtlinien
VdS 2811 2007-10	**VdS-anerkannte Ausbildungsstätten für EMV-Sachkundige,** Verzeichnis
VdS 2830 2005-06	**Prüfung zum Nachweis der Qualifikation von Sachkundigen für Blitz- und Überspannungsschutz sowie EMV-gerechte elektrische Anlagen (EMV-Sachkundige),** Prüfungsordnung
VdS 2837 2007-08	**Mängelstatistik für elektrische Anlagen 2005,** Auswertung der nach Klausel 3602 durchgeführten Prüfungen – Erhebungszeitraum 1999
VdS 2859 2005-01	**Richtlinien für die Anerkennung von Sachverständigen für Elektrothermografie (Elektrothermografen),** Verfahrensrichtlinien
VdS 2871 2007-12	**Prüfrichtlinien nach Klausel 3602,** Richtlinien für die Prüfung elektrischer Anlagen, Hinweise für den VdS-anerkanten Elektrosachverständigen
VdS 3432 2003-12	**VdS-anerkannte Sachkundige für Blitz- und Überspannungsschutz** sowie EMV-gerechte elektrische Anlagen (EMV-Sachkundige)
VdS 3447 2005-01	**Merkblatt über die Prüfung elektrischer Anlagen gemäß Klausel 3602**

Verzeichnisse

VdS 2507 2008-01	**VdS-anerkannte Elektrosachverständige,** Verzeichnis
VdS 2811 2007-10	**VdS-anerkannte Ausbildungsstätten für EMV-Sachkundige,** Verzeichnis
VdS 2832 2008-01	VdS-anerkannte EMV-Sachkundige, Verzeichnis
VdS 3432 2003-12	**VdS-anerkannte Sachkundige für Blitz- und Überspannungsschutz,** sowie EMV-gerechte elektrische Anlagen (EMV-Sachkundige)
VdS 3506 2008-01	**VdS-anerkannte Leuchten,** Verzeichnis

2 EMV, Blitz- und Überspannungsschutz

Blitz- und Überspannungsschutz für Photovoltaik-Anlagen

Brigitte Schulz

Der Photovoltaik-Markt (PV-Markt) in Deutschland befindet sich derzeit im Wandel. Bisher wurden in Deutschland zahllose Kleinanlagen auf Einfamilienhäusern realisiert. Diese Installation ist rückläufig; Investoren setzen immer häufiger auf Großanlagen. Hierfür werden oftmals Dachflächen angemietet und/oder Photovoltaik-Anlagen mittels Beteiligungsmodellen realisiert. Auch Fabrikbesitzer und Landwirte investieren in größere PV-Anlagen, die auf den ihnen zur Verfügung stehenden Dachflächen installiert werden. Solche PV-Anlagen sind in den Sommermonaten aufgrund ihrer meist exponierten Lage einer erhöhten Gefährdung durch direkte und nahe Blitzeinschläge ausgesetzt.

Blitzschutz vermeidet Schäden

Um einen Anlagenausfall durch blitzbedingte Überspannungen zu verhindern, ist ein wirksamer Blitz- und Überspannungsschutz in PV-Anlagen zwingend erforderlich. Er wird jedoch oftmals bei der Planung nicht berücksichtigt, entweder aus Unwissenheit oder aus Unsicherheit des Errichters gegenüber dem Thema. Aber ohne ein solches Schutzkonzept können Überspannungen schwerwiegende Folgen für den Betrieb einer PV-Anlage haben, zum Beispiel erhebliche Ertragsminderungen durch blitzbedingten Anlagenausfall und damit verbundene Gewinneinbußen für den Anlagenbetreiber. Im Folgenden wird die Notwendigkeit für ein Blitzschutzkonzept anhand eines Beispiels aufgezeigt und dessen Umsetzung detailliert beschrieben.

Notwendigkeit einer Blitzschutzanlage – rechtliche Bestimmungen

Wird eine PV-Anlage auf einem Privatgebäude errichtet, welches noch keinen äußeren Blitzschutz enthält, so kann auf die Errichtung einer Blitzfangeinrichtung verzichtet werden. In diesem Fall kann davon ausgegangen werden, dass das Gebäude kein erhöhtes Gefährdungspotential für direkte Blitzeinschläge aufweist oder dass auf ein erhöhtes Schutzziel kein Wert gelegt wird [1].

Dagegen wird zur Gewährleistung der öffentlichen Sicherheit für bestimmte Gebäude (z. B. Kindergärten, Schulen) entsprechend den Landesbauordnungen (LBO) der jeweiligen Bundesländer, den gesetzlichen und behördlichen Vorschriften eine Blitzschutzanlage gefordert, insbesondere für solche Gebäude, bei denen unter Berücksichtigung der Lage, Bauart oder Nutzung ein Blitzeinschlag leicht eintreten oder zu schwerwiegenden Folgen führen kann. Hierzu zählen z. B. Verkaufsstätten, deren Verkaufsräume eine Nutzfläche von mehr als 2000 m^2 haben, oder bauliche Anlagen mit besonderer Brandgefährdung. Derartige Gebäude sind mit einer dauernd wirksamen Blitzschutzanlage zu versehen. Sind in den genannten Vorschriften keine näheren Spezifikationen zur Errichtung der Blitzschutzmaßnahmen enthalten, so wird die Errichtung eines Blitzschutzsystems mindestens nach Schutzklasse III der DIN EN 62305-3 [2] empfohlen.

Es ist außerdem empfehlenswert, bereits bei der Planung einer PV-Anlage zu klären, welche Anforderungen durch Versicherungen gestellt werden. Eine Übersicht gesetzlicher Vorgaben und eine mögliche Zuordnung der Schutzklassen für bauliche Anlagen, basierend auf den Erfahrungen der Sachversicherer, ist in der VdS-Richtline 2010 (Richtlinie des Gesamtverbandes der Deutschen Versicherungswirtschaft e.V.) [3] enthalten. Entsprechend der Richtlinie wird für ein Gebäude mit einer PV-Anlage >10 kW ein äußerer Blitzschutz nach Schutzklasse III gefordert. Zusätzlich sind Überspannungsschutzmaßnahmen umzusetzen. Diese VdS-Richtlinie ist jedoch eine unverbindliche Empfehlung der Sachversicherer, die erst einen zwingenden Charakter erhält, wenn sie Bestandteil eines Versicherungsvertrages oder einer Leistungsausschreibung wird [4].

Als Beispiel wird die Realisierung eines Blitzschutzkonzepts für eine Photovoltaik-Anlage mit 100 kW, die auf einem Flachdach installiert ist, beschrieben. In diesem Beispiel werden jeweils acht Strings des PV-Feldes in einem Teilgenerator-Anschlusskasten zusammengeführt (**Bild 1**). Insgesamt kommen drei derartige Kästen zum Einsatz, wobei jeder auf einen DC-Eingang eines Zentralwechselrichters vom Typ Sinvert geführt wird. In diesen Zentralwechselrichter ist eine Erdschlussüberwachung integriert, die ständig den Widerstand des PV-Generators gegen Erde überwacht. Beispielsweise kann durch einen Blitzschlag unter Umständen die Isolierung eines PV-Kabels beschädigt werden, was einen Erdschlussfehler zur Folge hat. Durch die Selektionsroutine der Erdschlussüberwachung im Zentralwechselrichter kann der fehlerhafte Teilgenerator erkannt und freigeschaltet werden. Diese Störung kann dann auch über den Datenlogger WEB'log als Fehlermeldung per E-Mail, SMS oder Fax an den Anlagenbetreiber gemeldet werden. Allerdings kann ein solcher direkter Blitzeinschlag in die PV-Kabel oder in die PV-Module durch die Installation eines äuße-

Bild 1
Realisierung des äußeren Blitzschutzes mit Einhaltung des Trennungsabstandes für eine 100-kW-PV-Anlage

ren Blitzschutzes verhindert werden.

Äußerer Blitzschutz

Ein *Blitzschutzsystem* nach DIN EN 62305-3 besteht aus dem äußeren und dem inneren Blitzschutz. Der äußere Blitzschutz schützt eine Anlage vor Brand und Zerstörung sowie Personen im Gebäude vor Verletzungen und Tod. Er hat die Aufgabe,

- direkte Blitzeinschläge über die Fangeinrichtungen einzufangen,
- mittels der Ableitungseinrichtung in Richtung Erde abzuleiten und
- den Blitzstrom über die Erdungsanlage in der Erde zu verteilen.

Planung der Fangeinrichtung

Als Folge eines direkten Blitzeinschlages in eine PV-Anlage können PV-Module zerstört und Blitzteilströme in die DC-Kabel eingekoppelt werden. Oftmals verlaufen die DC-Leitungen innerhalb des Gebäudes parallel zu anderen elektrischen und informationstechnischen Leitungen. Dadurch können dann auch in diese parallel verlegten Leitungen Blitzteilströme eingekoppelt werden. Folglich bleibt der Schaden nicht nur auf die PV-Anlage beschränkt, sondern es werden auch andere elektrische und informationstechnische Einrichtungen im Gebäude beschädigt. Ziel ist es nun, bereits bei der Planung der Fangeinrichtung darauf zu achten, dass sich alle Komponenten der PV-Anlage, wie Verkabelung, Module, im Schutzbereich der Fangeinrichtung befinden. Bei der Planung der Fangeinrichtung für die im Bild 1 gezeigte PV-Anlage wurde das *Blitzkugelverfahren* angewendet, mit dem sich niedrigere Fangstangenhöhen erzielen lassen als beispielsweise mit dem Schutzwinkelverfahren [5]. Im **Bild 2** ist schematisch gezeigt, wie die Planung der Fangeinrichtung mit dem Blitzkugelverfahren erfolgt. Dabei wird eine Kugel mit einem entsprechend der gewählten Blitzschutzklasse definierten Radius *r* in alle Richtungen über das Gebäude bzw. die PV-Anlage gerollt. Die Blitzkugel darf dabei nur den Erdboden und/oder die Fangeinrichtung berühren. Für das beschriebene Beispiel wurde entsprechend der Blitzschutzklasse III ein Blitzkugelradius von 45 m gewählt. Die Höhe der Fangeinrichtung ergibt sich aus der Höhe des PV-Modulgestells und der Eindringtiefe der Blitzkugel. Ausschlaggebend für die Eindringtiefe der Blitzkugel ist der größte Abstand

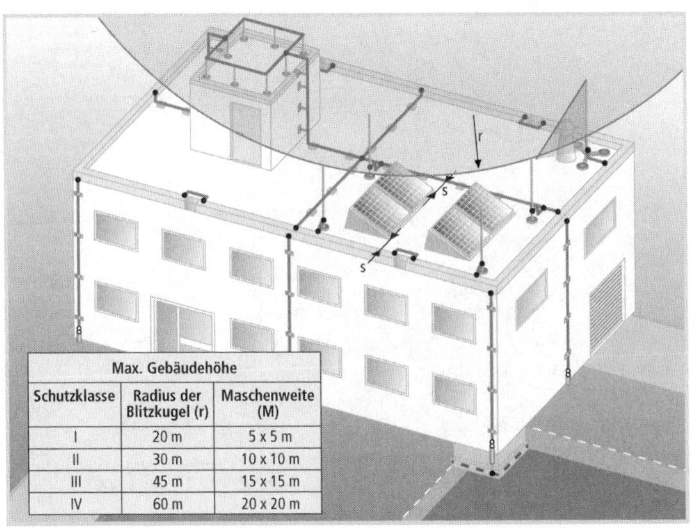

Max. Gebäudehöhe		
Schutzklasse	Radius der Blitzkugel (r)	Maschenweite (M)
I	20 m	5 x 5 m
II	30 m	10 x 10 m
III	45 m	15 x 15 m
IV	60 m	20 x 20 m

Bild 2
Anwendung des Blitzkugelverfahrens zur Planung der Fangeinrichtung für eine PV-Anlage (Quelle: DEHN + SÖHNE)

zwischen den Fangstangen (= Diagonalabstand).

Damit spätere Modulverschattungen und Direktverbindungen zwischen dem Modulgestell und den Fangeinrichtungen vermieden werden, sollte sich der PV-Installateur bereits frühzeitig mit einer Blitzschutzfachkraft abstimmen (Planungsphase).

Einhaltung des Trennungsabstandes

Um unkontrollierte Überschläge zwischen Teilen des äußeren Blitzschutzes und metallenen und elektrischen Komponenten der PV-Anlage zu vermeiden, ist ein *Trennungsabstand* nach DIN EN 62395-3 einzuhalten. Die im Bild 1 gezeigten Fangstangen, die auf dem Flachdach zum Schutz der PV-Module vor einem direkten Blitzeinschlag installiert sind, wurden so angebracht, dass zwischen ihnen und dem PV-Gestell der berechnete Trennungsabstand *s* nach DIN EN 62305-2 eingehalten wurde. An den Stellen, an denen die PV-Kabelkanäle den Blitzschutzdraht kreuzen, wurde der Blitzschutzdraht entsprechend dem berechneten Trennungsabstand *s* aufgeständert, um gefährliche Funkenbildung zu vermeiden. Im **Bild 3** ist schematisch der einzuhaltende Trennungsabstand zwischen PV-Modulgestell und Teilen des äußeren Blitzschutzes, wie

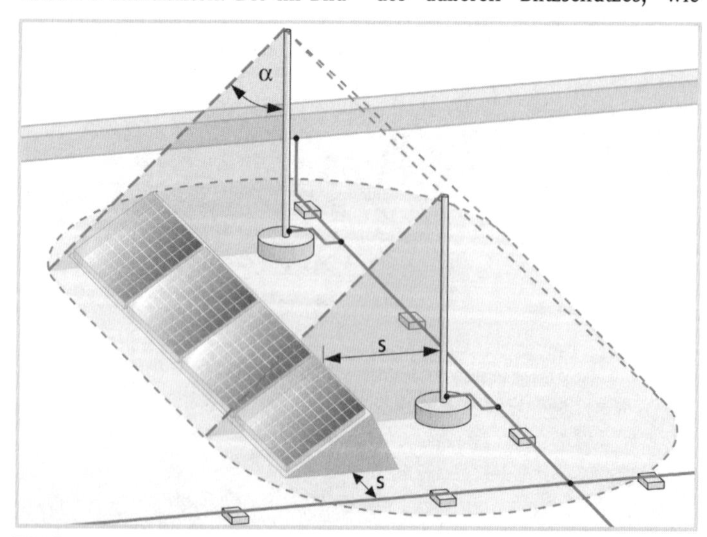

Bild 3
Einhaltung des Trennungsabstandes zwischen PV-Modulgestell und Teilen des äußeren Blitzschutzes (Quelle: DEHN + SÖHNE)

Fangeinrichtung und Blitzschutzdraht, gezeichnet. Oftmals wird der Trennungsabstand aus Unwissenheit bei der Planung eines äußeren Blitzschutzes nicht eingehalten, da dem Errichter die Gefahren eines unkontrollierten Überschlags vom äußeren Blitzschutz auf Teile der PV-Anlage nicht bewusst sind. Im **Bild 4** sind solche Montagefehler gezeigt, die durch Missachtung des Trennungsabstandes entstehen. Hier wurde beispielsweise der Blitzschutzdraht über dem PV-Kabel verlegt, ohne dabei den nötigen Trennungsabstand einzuhalten. Auch wurde das metallene PV-Gestell ohne Berücksichtigung des Trennungsabstandes direkt auf den Blitzschutzdraht gestellt. Dadurch können aber erhebliche Blitzteilströme in die PV-Anlage eingekoppelt werden. Diese werden dann direkt über die PV-Kabel in das Innere der baulichen Anlage geleitet und können dort Schäden an der gesamten Elektroinstallation des Gebäudes verursachen, weil sie erst auf Erdniveau in die Erdungsanlage ausgekoppelt werden.

Ein weiteres Problem stellen oftmals ausgedehnte Flachdächer dar, auf denen eine PV-Anlage installiert wird. Die Tragkonstruktion solcher Flachdächer besteht häufig aus armiertem Beton oder Stahl. Diese elektrisch leitenden Teile befinden sich nur einige Zentimeter unterhalb der Fangleitungen des äußeren Blitzschutzes und den DC-Kabeln. In diesen Fällen ist es am einfachsten, den notwendigen Trennungsabstand mit einer hochspannungsisolierten Leitung mit Feldsteuerung und halbleitendem Schirm, der sogenannten HVI-Leitung, zu realisieren.

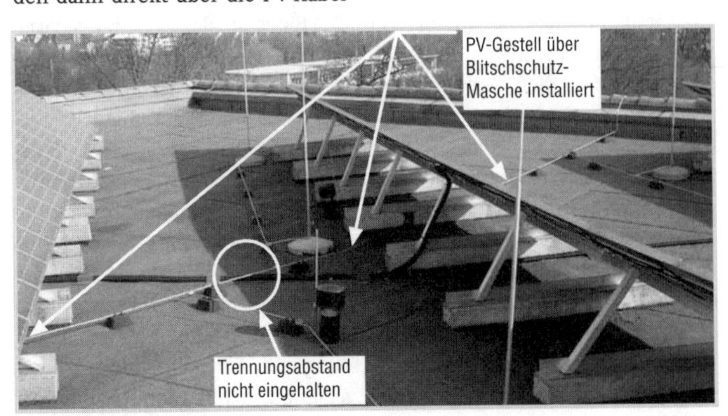

Bild 4
Montagefehler bei der Errichtung des äußeren Blitzschutzes für eine PV-Anlage
(Quelle: DEHN + SÖHNE)

Innerer Blitzschutz

Blitzschutz-Potentialausgleich

Der Blitzschutz-Potentialausgleich ist ein wesentlicher Bestandteil eines Blitzschutzsystems. Die Anforderungen an den Blitzschutz-Potentialausgleich werden erfüllt durch den direkten Anschluss aller metallenen Systeme und den indirekten Anschluss aller unter Betriebsspannung stehender Systeme über Überspannungsschutzgeräte Typ 1. Ziel des Blitzschutz-Potentialausgleichs ist es, unkontrollierte Überschläge in den Gebäudeinstallationen infolge eines durch einen Blitz-Stoßstrom hervorgerufenen Spannungsfalls am Erdungswiderstand zu vermeiden [6]. Deshalb soll er möglichst nahe an der Eintrittsstelle von metallenen und elektrischen Systemen und Leitungen ins Gebäude erfolgen. In dem betrachteten Fall befindet sich die Haupteinspeisung in einem separaten Raum, etwa 20 m vom Aufstellungsort des Zentralwechselrichters entfernt. In dieser Zählerverteilung des Gebäudes wurde ein Kombi-Ableiter Typ 1 mit Funkenstreckentechnologie vom Typ DEHNventil installiert. Solche Kombi-Ableiter können energiereiche Blitzteilströme ableiten und bieten gleichzeitig einen so niedrigen Schutzpegel wie ein vergleichbares Überspannungsschutzgerät Typ 2. So sind alle elektronischen Geräte im Umkreis von 5 m vom Einbauort dieses Kombi-Ableiters gleich mit geschützt und somit keine weitere Überspannungsschutzgeräte mehr notwendig.

Einsatz von Überspannungsschutzgeräten zum Schutz der PV-Anlage

In der beschriebenen PV-Anlage befindet sich der Zentralwechselrichter etwa 20 m vom Hausanschluss entfernt in einem Technikraum. Da die Überspannungs-Schutzmaßnahmen immer nur lokal wirksam sind, ist zum Schutz des AC-Ausgangs des Zentralwechselrichters ein zusätzliches Überspannungsschutzgerät Typ 2 notwendig, zum Beispiel das mehrpolige DEHNguard. Neben dem Blitzschutz-Potentialausgleich und dem Überspannungsschutzgerät am AC-Ausgang des Wechselrichters sind zusätzliche Überspannungsschutzmaßnahmen auch am DC-Eingang des Zentralwechselrichters notwendig. Bei der PV-Anlage im Bild 1 sind die notwendigen Trennungsabstände zwischen Teilen des äußeren Blitzschutzes und metallenen und elektrischen Komponenten der PV-Anlage eingehalten. Außerdem befindet sich die PV-Anlage im Schutzbereich des äußeren Blitzschutzes. Somit sind zur Reduzierung von Überspannungen Überspannungsschutzgeräte Typ 2 am DC-Eingang des Zentralwechselrichters ausreichend. Zum Einsatz kommen hier speziell entwickelte Überspannungsschutzgeräte vom Typ DEHNguard.

Einsatz von Überspannungsschutzgeräten zum Schutz des Ferndiagnosesystems

Wechselrichterhersteller bieten als Option zu ihren Wechselrichtern auch eine PV-Anlagenüberwachung via Internet. Durch diese Option ist es möglich, z. B. bei dem eingesetzten Wechselrichter Sinvert die Photovoltaik-Anlagen über das Internet zu visualisieren, zu analysieren und Status- und Warnmeldungen auszugeben. Alle übertragenen Daten und Meldungen werden zentral auf einem Server bei meteocontrol archiviert, um die Anlagenerträge von Photovoltaik-Anlagen per Internet abrufbar zu machen. Die Anlagendaten sind mittels Passwortschutzes nur dem Anlagenbetreiber zugänglich. Störungsmeldungen können via WEB'log dem Anlagenbetreiber und/oder dem Servicepersonal automatisch per E-Mail, Fax oder SMS auf ein Handy gemeldet werden. Das WEB'log ist an eine ISDN-Telefonanlage angeschlossen. Durch nahe Blitzeinschläge können in erdverlegte Telefonkabel leitungsgebundene transiente Überspannungen eingekoppelt werden. Um dennoch eine ungestörte Übertragung der Messdaten zu jeder Zeit sicherzustellen, ist es notwendig, die ins Gebäude eintretende Telefonleitung mit Überspannungsschutzgeräten gegen blitzbedingte Überspannungen zu schützen. Hierzu wird die U_{k0}-Schnittstelle vor dem NTBA und gleichzeitig auch dessen 230-V-Versorgung mit einem Überspannungsschutz-Adapter NT-Protector geschützt.

An das WEB'log sind auch Sensoren angeschlossen, z. B. für Modultemperatur, Umgebungstemperatur und Einstrahlung. Deren Leitungen sind im Außenbereich verlegt und befinden sich daher oftmals im einschlagsgefährdeten Bereich. Dadurch können auf diese Sensorleitungen Blitzströme eingekoppelt werden. Um hier eine ungestörte fortlaufende Übertragung der Messdaten an das WEB'log zu ermöglichen, sind die ins Gebäude eintretenden Sensorleitungen ebenfalls mit Überspannungsschutzgeräten Typ 1, Blitzductor, zu beschalten. Bei der Auswahl der Schutzgeräte ist darauf zu achten, dass keine Beeinträchtigung der Messwerte erfolgt. Aus diesem Grund muss die Auswahl der Schutzgeräte für Signalleitungen entsprechend Spannung, Strom, Signalbezug (symmetrisch/unsymmetrisch), Frequenz und Signalart (digital/analog) erfolgen.

Fazit

Um blitzbedingte Überspannungsschäden und die damit verbundenen Anlagenausfälle zu vermeiden, ist ein konzeptionell abgestimmtes Blitz- und Überspannungsschutzkonzept notwendig. Bei der Planung von Blitzschutzmaßnahmen sind die Verordnungen der einzelnen Bundesländer, die für bestimmte bauliche Anlagen Blitzschutz fordern, zu berücksichtigen. Außerdem sind die Forderungen der Versicherungsunternehmen hinsichtlich der Blitzschutzmaßnahmen bereits vor der Realisierung einer PV-Anlage zu prüfen. Zu einem Blitzschutzkonzept zählen zum einen die Maßnahmen des äußeren Blitzschutzes. Hierbei ist die PV-Anlage im Schutzbereich von Fangeinrichtungen zu installieren, und die notwendigen Trennungsabstände sind einzuhalten. Zum andern sind Überspannungsschutzmaßnahmen zu treffen. Hierzu zählt der Blitzschutz-Potentialausgleich mit dem Einsatz eines Überspannungsschutzgerätes Typ 1 in der Niederspannungs-Hauptverteilung. Befindet sich der Wechselrichter weiter als 5 m entfernt von dieser Hauptverteilung, sind zusätzlich Überspannungsschutzgeräte Typ 2 am AC-Eingang zu installieren. Befinden sich der PV-Generator und die PV-Kabel im Schutzbereich des äußeren Blitzschutzes, so ist die Installation von Überspannungsschutzgeräten Typ 2 am DC-Eingang des Wechselrichters ausreichend.

Literatur

[1] Merkblatt für PV-Installateure, Blitz- und Überspannungsschutz von Photovoltaikanlagen auf Gebäuden fachgerecht installiert. BSW-Merkblatt Bundesverband Solarwirtschaft, 2008

[2] DIN EN 62305-3 (VDE 0185-305-3):2006-10 Blitzschutz – Teil 3: Schutz von baulichen Anlagen und Personen

[3] VdS-Richtline 2010 Risikoorientierter Blitz- und Überspannungsschutz – Richtlinie zur Schadenverhütung, 2005-07

[4] *Schulz, B.:* Blitzschutzkonzept für PV-Anlagen. Erneuerbare Energien (2006) H. 9

[5] Blitzplaner. Fa. DEHN+SÖHNE, Neumarkt

[6] *Hasse, P.; Wiesinger, J.; Zischank, W.:* Handbuch für Blitzschutz und Erdung. 5. Auflage. München: Pflaum Verlag, 2006

[7] *Erhler, J.; Zahlmann, P.:* Auslegung von Überspannungsschutzgeräten für Photovoltaikanlagen. etz (2008) H. 1

[8] *Häberlin, H.:* Photovoltaik. Strom aus Sonnenlicht für Verbundnetze und Inselanlagen. Berlin: VDE-Verlag, 2007

3 Prüf- und Messpraxis

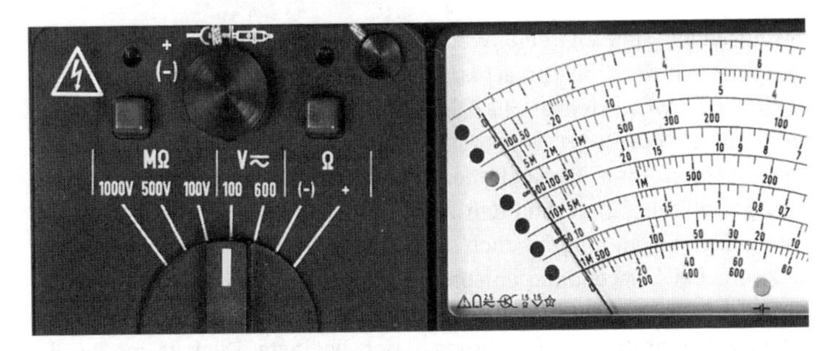

Mit Stromzangen messen – aber richtig

Walter Gebhart

Stromzangen sind aus dem Werkzeugkasten der Elektrofachkraft nicht mehr wegzudenken. Es können damit Messungen vorgenommen werden, ohne den betreffenden Stromkreis öffnen und den zu messenden Strom unterbrechen zu müssen. Bei Verwendung entsprechender Schutzhandschuhe ist bei richtigem Einsatz und Beachtung der richtigen Überspannungs- oder Messkategorie der Stromzange kein Freischalten erforderlich, auch das mühsame und fehlerträchtige Ab- und Wiederanklemmen ist vermieden.

Durch diese Möglichkeit der indirekten Messung von Strömen ist es möglich, ganz gezielt betriebsmäßige Zustände von Anlagen oder Betriebsmitteln zu überwachen oder fehlerhafte Zustände zu analysieren. Dazu gehört vor allem das Feststellen von Ableitströmen, vagabundierenden Strömen im Erdreich sowie das Lokalisieren von Isolationsfehlern. Zu diesem Zweck sind sogenannte „Leckstromzangen" auf dem Markt erhältlich, eine Bezeichnung, die von Fachleuten abgelehnt wird, da sie von einer zu direkten Übersetzung aus dem Englischen (leakage current) kommt und nur einen speziellen Anwendungsfall, das Feststellen und Lokalisieren von vagabundierenden Erdströmen anspricht. Die richtige Bezeichnung ist ganz einfach Ableitstromzange; auf ihren richtigen und zweckmäßigen Einsatz wird im Folgenden eingegangen.

Ableitströme können im wesentlichen in drei Gruppen eingeteilt werden: konstruktionsbedingte Ableitströme der Anlage, konstruktionsbedingte Ableitströme der Betriebsmittel und fehlerbedingte Ableitströme.

Konstruktionsbedingte Ableitströme der Anlage

Konstruktionsbedingte Ableitströme in Anlagen setzen sich in der Regel aus kapazitiven Ableitströmen, bedingt durch die Leitungsführung, und realen Ableitströmen, hervorgerufen durch „endliche" Isolationswiderstände, zusammen. Nimmt man die Ableitkapazität eines ausgedehnten Stromkreises mit 0,5 µF an, so ergibt sich daraus ein zu erwartender kapazitiver Ableitstrom von

$$I_c = \frac{U}{1/\omega C} = U \cdot \omega C = 36{,}1\ \text{mA}$$

Im Gegensatz dazu ergibt sich bei einem unteren Grenzwert des Isolationswiderstandes von 1 MΩ ein zu erwartender realer Ableitstrom von:

$$I_r = \frac{U}{R} = 0{,}23\ \text{mA}$$

Aus diesem Beispiel ist bereits ersichtlich, wie schwer der „reale" Ableitstrom vom konstruktionsbedingten Ableitstrom zu trennen und damit zu erkennen ist.

Konstruktionsbedingte Ableitströme der Betriebsmittel

Betrachtet man ein Betriebsmittel als „Kleinanlage", so ergeben sich durchaus vergleichbare Verhältnisse. Kapazitive Ableitströme, verursacht durch notwendige Filterkapazitäten, dominieren gegenüber realen Ableitströmen, verursacht durch Isolationswiderstände. Selbst wenn bei ortsveränderlichen Betriebsmitteln der Maximalwert des Gesamtableitstromes nach DIN VDE 0701/0702 auf 3,5 mA begrenzt ist, ergibt sich ein Faktor von 15 : 1 zum Anteil des realen Ableitstromes beim Grenzwert von 1 MΩ.

Bei fest angeschlossenen Betriebsmitteln ist der Wert des möglichen kapazitiven Ableitstromes nach oben nur durch die Spezifikation des Betriebsmittels begrenzt und kann durchaus den für die Anlage ermittelten Wert erreichen oder übersteigen.

Fehlerbedingte Ableitströme

Fehlerbedingte Ableitströme werden durch Verschlechterung der verwendeten Isoliermaterialien in Anlage und Betriebsmittel und das Absinken des Isolationswiderstandes hervorgerufen. Eine derartige Verschlechterung des Isolationszustandes ist durch eine Isolationswiderstandsmessung eindeutig festzustellen. Ist diese Messung wegen betrieblicher Bedingungen und angeschlossenem Betriebsmittel bei einer wiederkehrenden Prüfung nicht mehr anwendbar, so ist nur der Einsatz von Ableitstromzangen möglich. Realistischerweise ist eine Aussage aber nur zu treffen, wenn ein Vergleichswert des Ableitstromes im Neuzustand vorliegt. Ist dies nicht der Fall, so ist die Elektrofachkraft auf Vermutungen oder eine genaue Analyse der Strom- und Schaltkreise angewiesen. Allerdings gilt auch hier die alte Technikerweisheit: „Es ist besser, ungenau zu messen als gar nicht zu messen".

Ableitstrommessungen mit Stromzangen können grundsätzlich nach zwei Methoden durchgeführt werden, die auch in DIN VDE 0701/0702 beschrieben sind: direkte Messung des Schutzleiterstromes und Differenzstrommessung.

Bei der *direkten Messung* wird der Schutzleiter eines Verbrauchers oder eines Verbraucherstromkreises direkt umfasst und der Ableitstrom gemessen. Eine derartige Messanordnung ist in **Bild 1** zu sehen. Nachteil dieses Verfahrens ist es, dass bei nicht von Erde isolierten Verbrauchern, zum Beispiel am Betonboden montierten Maschinen, vagabundierende Ströme über das Erdreich nicht mitgemessen werden.

Will man die Gesamtheit der über den Schutzleiter oder über Erde abfließenden Ableitströme erfassen, muss man die *Differenzstrommethode* nach **Bild 2** anwenden. Dabei werden die aktiven Leiter L, N von der Stromzange umfasst und die Differenz von zufließenden und abfließenden Lastströmen ermittelt.

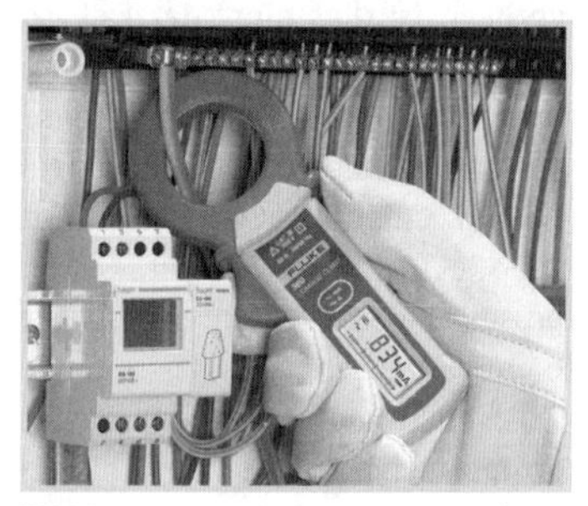

Bild 1
Messung des Schutzleiterstromes nach der direkten Methode

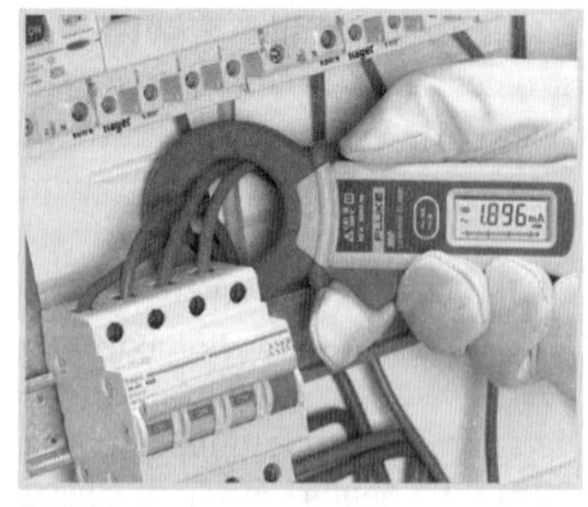

Bild 2
Messung der Ableitströme nach der Differenzstrommethode

Durch Umfassen aller Leiter inklusive des Schutzleiters kann der über Erde abfließende Teilableitstrom gemessen werden.

Die ordnungsgemäße Anwendung von Ableitstromstromzangen setzt aber auch den richtigen Umgang mit den Messbedingungen und das richtige Handhaben der Stromzangen voraus, will man Fehlinterpretationen vermeiden. DIN VDE 0404-4 definiert bereits Anforderungen für Hersteller von Ableitstromzangen für Betriebsmittel zur Prüfung nach DIN VDE 0701/0702 und gibt Hinweise für die Anwender.

Das Betriebsverhalten von Ableitstromzangen ist im Wesentlichen von folgenden Einflussgrößen abhängig:

- externe magnetische Fremdfelder,
- Frequenz der Ableitströme,
- Positionierung der Leiter in der Zangenöffnung,
- Höhe der Lastströme bei Differenzstrommessung.

Externe magnetische Fremdfelder ergeben sich durch von hohen Lastströmen durchflossene Leiter in der Nähe der Messstelle oder durch Transformatoren mit hohen Streufeldern. Abhilfe kann nur geschaffen werden durch Ableitstromzangen mit ausreichender Qualität und entsprechender Abschirmung, durch Wahl einer anderen Messstelle oder durch Abschalten von Verbrauchern mit hohen Lastströmen. Es empfiehlt sich dabei, die Messstelle und den Betriebszustand der Verbraucher zu dokumentieren, um für spätere Vergleichsmessungen die gleichen Voraussetzungen zu schaffen. Ein Tipp aus der Praxis: Durch Annäherung mit der geschlossenen Stromzange an die geplante Messstelle, ohne den Leiter zu umfassen, kann die zu erwartende maximale Abweichung abgeschätzt und eventuell eine geeignetere Messstelle gefunden werden. Falsch wäre es aber, diese Anzeige der Stromzange von der späteren Messanzeige abzuziehen oder dazuzuzählen, da der Vektor des Fremdfeldes unbekannt ist.

Der *Frequenzbereich* von Ableitstromzangen ist deshalb von Bedeutung, weil Ableitströme sehr oft hohe Anteile von Oberwellen aufweisen. Die Erfassung zumindest der 3. Oberwelle ist erforderlich, um Überlastungen von Neutralleitern oder PEN-Leitern zu vermeiden.

Bei der *Positionierung der zu prüfenden Leiter* innerhalb der Zangenöffnung ist vor allem darauf zu achten, dass sich die Leiter möglichst im Zentrum der Zangenöffnung befinden und zur Stromzange einen Winkel von 90° einnehmen. Bei der Differenzstrommessung sollten außerdem die aktiven Leiter so nahe wie möglich zusammenliegen, möglichst nur durch die Isolierung getrennt. Dies ist wegen der vorgegebenen Lage der Leiter nicht immer durchführbar, die Bilder 1 und 2 zeigen dies anschaulich. Vielleicht sollte es in Zukunft zu einem selbstverständlichen Merkmal von Verteilerabgängen gehören, dass Stromzangen problemlos angelegt werden können!

Bei der Anwendung der Differenzstrommethode kommt noch ein Einflussfaktor hinzu, verursacht durch die verschieden hohen *Lastströme* durch die aktiven Leiter L und N. Bildet man die Differenz von hohen Lastströmen, so haben prozentuale Einflüsse auf diese Lastströme verstärkte Auswirkungen auf die angezeigte Differenz. Eine Optimierung ist nur durch Beachtung der Herstellerangaben und Verbesserung der Positionierung möglich.

Durch eine neue Normungsarbeit, gestartet durch das deutsche Unterkomitee UK 964.1, wird auf IEC-Ebene versucht, diese Einflussgrößen zu definieren und 3 Betriebsklassen von Ableitstromzangen ähnlich wie in DIN VDE 0404-4 zu definieren. Es soll damit dem Anwender erleichtert werden, die richtige Ableitstromzange für seine Anwendung zu wählen. Mit dem Erscheinen dieser Norm als IEC 61557-13 oder DIN EN VDE 0413-13 ist frühestens Ende 2009 zu rechnen.

Zusammenfassend kann gesagt werden, dass das Messen mit Ableitstromzangen sowohl bei der Handhabung als auch bei der Interpretation der Messwerte ein hohes Maß an Fachwissen und Erfahrung erfordert. In vielen Fällen ist die richtige Interpretation nur durch Vergleich mit vorangegangenen Messungen unter gleichen Verhältnissen möglich. Die vorausschauende Messung von Ableitströmen im Neuzustand, d. h. beim Errichten einer Anlage, ist daher anzustreben, um die richtige Interpretation der Messwerte bei Wiederholungsprüfungen zu erleichtern.

Prüfungen an elektrischen medizinischen Geräten

Dieter Feulner

Die Betreiber von elektrischen medizinischen Geräten müssen dafür sorgen, dass die Geräte für die Anwender und die Patienten sicher betrieben werden. Zu einem sicheren Betrieb gehört es, die Geräte den erforderlichen Prüfungen nach dem Stand der Technik zu unterziehen. Seit Mai 2007 kommt dafür weltweit einheitlich die Norm IEC 62353 zur Anwendung.

Als Grundlage dieses neuen Standards diente die in Deutschland und Österreich schon seit vielen Jahren angewendete VDE 0751, in die nun die Änderungen aus der IEC 62353 eingearbeitet wurden.

Welche Geräte werden nach VDE 0751 / IEC 62353 geprüft?

Die Norm gilt für Prüfungen von medizinischen elektrischen Geräten oder medizinischen elektrischen Systemen oder von Teilen derartiger Geräte oder Systeme, die der IEC 60601-1 entsprechen. Das Einsatzgebiet von Geräten, die nach IEC 60601-1 gebaut sind, vergrößert sich Jahr für Jahr immens. Man denke nur an den stark wachsenden Fitness- und Wellnessbereich. Fast alle Geräte, die hier angeboten werden, müssen nach VDE 0751 geprüft werden.

Alle Geräte, die sich in der Patientenumgebung (**Bild 1**) befinden, müssen ebenfalls nach VDE 0751 geprüft werden.

Zusätzlich erlaubt die Norm auch die Prüfung von Geräten, die nicht nach IEC 60601-1 gebaut sind. Dadurch erweitert sich der Anwendungsbereich auf Geräte, die sonst nach VDE 0701/0702 geprüft werden. Man kann sogar sagen, dass eine Prüfung nach VDE 0751 auch anstelle einer Prüfung nach VDE 0701/0702 durchgeführt werden kann.

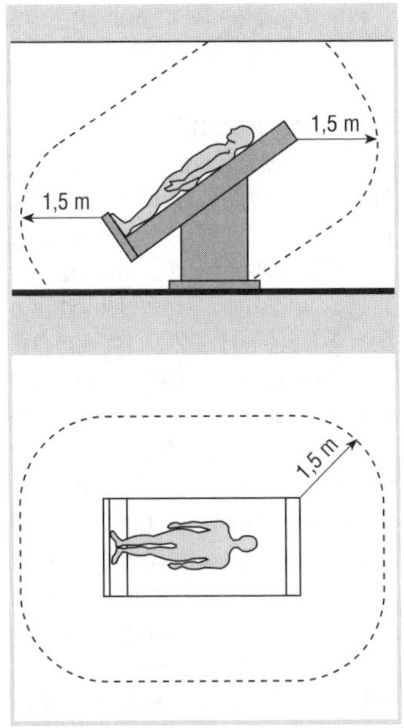

Bild 1
Patientenumgebung

Was ist ein elektrisches medizinisches Gerät?

Ein elektrisches medizinisches Gerät ist ein Gerät, das ein Anwendungsteil hat oder das Energie zum oder vom Patienten überträgt bzw. eine solche Energieübertragung zum oder vom Patienten anzeigt und für das Folgendes gilt:

- Das Gerät hat einen Anschluss an das Versorgungsnetz.
- Das Gerät ist vom Hersteller bestimmt zum Gebrauch
  – in der Diagnose, zur Behandlung oder Überwachung eines Patienten,
  – zur Kompensation oder Linderung einer Krankheit, Verletzung oder Behinderung.

Wann wird geprüft?

Die Anforderungen gelten für Prüfungen vor der Inbetriebnahme, Prüfungen nach Instandsetzung und Wiederholungsprüfungen.

Ein wichtiger Unterschied zur DIN VDE 0701/0702 ist die *Prüfung vor Inbetriebnahme* und die Verpflichtung des Herstellers, Angaben über den Prüfumfang zu machen. Die bei der Inbetriebnahmeprüfung verwendeten Messverfahren und die ermittelten Messwerte müssen für den Vergleich mit den Folgemessungen dokumentiert werden. Der Vergleich ist immer notwendig, wenn der Messwert mehr als 90 % des Grenzwertes beträgt.

Medizinische elektrische Geräte werden sehr häufig zu einem „System“ zusammengestellt. Diese Systeme dürfen wie ein Gerät geprüft werden. Es ist aber auch vorgeschrieben, nach jeder Veränderung am System (Austausch einzelner Komponenten oder Änderung an der Konfiguration) eine Inbetriebnahmeprüfung durchzuführen und sowohl die neuen Messwerte als auch die Änderungen zu dokumentieren.

Wie und was ist zu prüfen?

Vor dem Prüfen

- sind die Begleitpapiere einzusehen, um festzustellen, welche Empfehlungen der Hersteller zur Wartung und Instandhaltung gibt,
- muss das Gerät vom Versorgungsnetz getrennt werden, oder es müssen spezielle Maßnahmen zum Verhindern von Gefährdungen durch Arbeiten unter Spannung ergriffen werden.

Sichtprüfung

Die Besichtigung umfasst insbesondere die Kontrolle der Sicherungselemente und die Lesbarkeit sicherheitsrelevanter Aufschriften.

Messung des Schutzleiterwiderstandes

Bei Geräten der Schutzklasse I ist durch die Schutzleiterwiderstandsmessung nachzuweisen, dass eine ordnungsgemäße und sichere Verbindung aller berührbaren leitfähigen Teile mit dem Schutzleiteranschluss besteht. Für die Schutzleiterverbindungen gelten abhängig von der Ausführung des Gerätes die Grenzwerte in **Tabelle 1**.

Verbindungsleitungen, wie Datenleitungen und Leiter für die Funktionserde, können Schutzleiterverbindungen vortäuschen und sollten – wenn möglich – zur Prüfung abgeklemmt werden.

Bei Messungen an fest angeschlossenen Geräten wird kein Schutzleiter abgeklemmt! Der Widerstand der Schutzleiterverbindungen des Versorgungsnetzes darf berücksichtigt werden.

Messung der Ableitströme

Die Ableitstrommessung betrifft nur Wechselstromkomponenten. Allerdings verlangen manche Hersteller auch die Messung von Gleichstromableitströmen. In diesem Fall muss der Hersteller Angaben in den Begleitpapieren machen, und es gelten die in IEC 60601-1 angegebenen DC-Grenzwerte.

Der Messwert muss auf den Wert, der einer Messung beim Nennwert der Netzspannung entspricht, korrigiert werden.

Tabelle 1
Maximal zulässige Schutzleiterwiderstände

Gerät oder Geräteteil	Schutzleiterwiderstand in Ω
Gerät mit *abnehmbarer Netzzuleitung (Messung ohne Netzzuleitung)*	0,2
Gerät *inklusive Netzzuleitung*	0,3
Netzzuleitung (geprüft werden alle verfügbaren Netzzuleitungen)	0,1
Systeme mit Mehrfachsteckdosen	0,5

Folgende Ableitströme werden gemessen:

Der *Geräteableitstrom* ist die Summe aller möglichen Ableitströme, die im Fehlerfall (PE unterbrochen) über den Anwender bzw. Patienten fließen könnten. (Bei der Messung müssen daher die Ströme im Schutzleiter, von den Anwendungsteilen und von berührbaren leitfähigen Teilen erfasst werden.) In IEC 60601-1 entspricht diese Messung der Erdableitstrommessung mit geerdeten Anwendungsteilen und geerdeten Gehäuseteilen. Bei Schutzklasse-II-Geräten entspricht der Strom dem Berührungsstrom. In der 2. Ausgabe von IEC 60601-1 wird dieser Ableitstrom auch als *Gehäuseableitstrom* bezeichnet.

Der *Ableitstrom vom Anwendungsteil* wir nur an Anwendungsteilen vom Typ F gemessen. (An Anwendungsteilen des Typs B ist üblicherweise keine Messung erforderlich, da diese im Geräteableitstrom enthalten sind. Möglicherweise fordert jedoch der Hersteller eine zusätzliche Ableitstrommessung auch an Anwendungsteilen vom Typ B). Die Prüfung kann – je nach Geräteausführung – mit der direkten Messung (Netz am Anwendungsteil) oder mit der Ersatzmessung (Ersatz Patientenableitstrom) durchgeführt werden.

Bei der *Ersatzmessung* wird eine Prüfspannung in Höhe der Netznennspannung zwischen das zu messende Anwendungsteil und alle miteinander verbundenen Netzzuleitungen (L, N und PE) angelegt.

Bei der *direkten Messung* wird eine Prüfspannung in Höhe der Netznennspannung zwischen das zu messende Anwendungsteil und PE angelegt, während der Prüfling mit Netzspannung versorgt wird.

Anwendungsteile gleicher Art können während der Messung miteinander verbunden werden, ggf. sind die Angaben des Herstellers zu beachten. Sind verschiedene Anwendungsteile vorhanden, so sind sie einzeln nacheinander anzuschließen und zu messen. Nicht in die Messung einbezogene Anwendungsteile werden nicht angeschlossen.

In IEC 60601 wird dieser Ableitstrom auch als *Patientenableitstrom* bezeichnet. Allerdings werden hier auch die DC-Anteile berücksichtigt.

Die zulässigen Werte des Ableitstromes enthält **Tabelle 2.**

Kabel und Leitungen, z. B. Netzanschlussleitungen, Messleitungen und Datenleitungen, beeinflussen in hohem Maße die Prüfung der Ableitströme und müssen daher so angeordnet sein, dass ihr Einfluss auf die Messung auf ein Mindestmaß beschränkt ist.

Bei fest angeschlossenen Geräten ist die Messung des Geräteableitstromes nicht erforderlich, wenn die „Schutzmaßnahmen gegen elektrischen Schlag“ im Versorgungsnetz der IEC 60364-7-710 („Medizinisch genutzte Räume“) entsprechen und die Prüfungen daraus regelmäßig durchgeführt werden.

Tabelle 2
Maximal zulässige Ableitströme in mA

Geräteableitstrom	an Teilen der Schutzklasse I	an Teilen der Schutzklasse II
Direkt- oder Differenzmessung	0,5	0,1
Ersatzmessung	1,0	0,5
Ableitstrom vom Anwendungsteil Typ BF Typ CF	 5,0 0,05	

! Achtung!
Meist fehlt den Personen, die mit der Prüfung von Geräten beauftragt werden, die Qualifikation zur Anlagenprüfung. Außerdem werden andere Prüfgeräte, z. B. zur Messung des Schleifenwiderstandes und zur Prüfung von RCDs, benötigt.

Die Ableitströme dürfen – abhängig von der Ausführung des Gerätes – nach einem der folgenden Verfahren gemessen werden:

Die Ersatzmessung ist nicht anwendbar für Geräte, bei denen Isolierungen im Netzteil nicht in die Messung einbezogen werden (z. B. durch ein Relais, das nur im Betriebszustand geschlossen ist). Wenn bei der Prüfung von Drehstromgeräten der gemessene Wert der Ersatzmessung 5 mA überschreitet, muss die Prüfung mit dem direkten oder dem Differenzverfahren durchgeführt werden.

Die *Direktmessung* ist nicht anwendbar in IT-Netzen. Wenn der Prüfling nicht von Erde isoliert werden kann, darf das Verfahren nicht angewendet werden. Bei diesem Messverfahren wird der Schutzleiter während der Prüfung unterbrochen – daher ist während der Prüfung besonders darauf zu achten, nicht mit berührbaren leitfähigen Teilen in Kontakt zu kommen, da sonst die Gefahr eines elektrischen Schlages besteht.

Auch die *Differenzstrommessung* ist nicht anwendbar in IT-Netzen. Bei diesem Verfahren sind zur Messung kleiner Ableitströme die Angaben zum Messgerät zu beachten. In der Regel ist das Verfahren für Ströme < 100 µA nur bedingt geeignet.

Messung des Isolationswiderstandes

Wo es zweckmäßig erscheint, ist eine Messung des Isolationswiderstands durchzuführen. Diese Messung darf aber nicht vorgenommen werden, wenn sie vom Hersteller in den Begleitpapieren ausgeschlossen wird. Die Norm legt keine Grenzwerte für die Messung fest – in der Praxis haben sich jedoch die Werte in **Tabelle 3** bewährt.

Funktionsprüfung

Die für die Sicherheit des Gerätes relevanten Funktionen müssen entsprechend den Herstellerempfehlungen geprüft werden, erfor-

Tabelle 3
Anzustrebende Grenzwerte des Isolationswiderstandes

Schutzklasse		Isolationswiderstand in Ω
I	(LN gegen PE)	2
II	(LN gegen berührbares leitfähiges Teil oder gegen Anwendungsteil Typ BF)	7
	(LN gegen Anwendungsteil Typ CF)	70

derlichenfalls mit Unterstützung einer Person, die mit dem Gebrauch des Gerätes vertraut ist.

Die Prüfung umfasst auch Funktionsprüfungen, die in IEC 60601-1 und in den „Besonderen Anforderungen“ der Normenreihe IEC 60601 als wesentliche Leistungsmerkmale definiert sind. Für die Funktionsprüfungen werden meist zusätzliche Prüfgeräte, z. B. für Infusionspumpen, Defibrillatoren, HF-Chirurgiegeräte, benötigt.

Dokumentation

Alle durchgeführten Prüfungen müssen umfassend dokumentiert werden. Die Unterlagen müssen mindestens folgende Angaben enthalten:

- Bezeichnung der Prüfstelle (z. B. Unternehmen, Abteilung/Behörde),
- Namen der Person(en), die die Prüfung und die Bewertung(en) vorgenommen haben,
- Bezeichnung des geprüften Gerätes (z. B. Typ, Seriennummer, Inventarnummer) und des Zubehörs,
- durchgeführte Prüfungen einschließlich Messwerten, Messverfahren und verwendeter Messgeräte,
- Funktionsprüfung,
- Schlussbewertung,
- Datum und Unterschrift der Person, die die Bewertung durchgeführt hat,
- Kennzeichnung des geprüften Gerätes (wenn vom Betreiber gefordert).

Bewertung

Die Bewertung der Sicherheit des Gerätes muss von Elektrofachkräften vorgenommen werden, die eine angemessene Ausbildung für das untersuchte Gerät haben.

Wenn die Sicherheit des Prüflings nicht gegeben ist, muss dieser entsprechend gekennzeichnet und das von ihm ausgehende Risiko schriftlich der verantwortlichen Organisation mitgeteilt werden.

Gerät wieder in den Gebrauchszustand bringen

Nach Durchführung der Prüfung muss das Gerät wieder in einen gebrauchsbereiten Zustand versetzt werden. Das bedeutet, alle zur Prüfung notwendigen Einstellungen und Veränderungen, z. B. Abklemmen von Netzleitungen, Datenleitungen, Alarmeinrichtungen, Veränderungen in Setups, wieder auf den Zustand vor der Prüfung zu bringen.

Fazit

Die Prüfung nach VDE 0751 erfordert mehr Wissen und ist mit größerem Aufwand verbunden als eine Prüfung nach VDE 0701/0702. Das ist notwendig, weil im Anwendungsbereich nicht nur die

Sicherheit von Arbeitnehmern gemäß Betriebssicherheitsverordnung gewährleistet werden muss, sondern auch eine Fürsorgepflicht des Betreibers gegenüber Patienten besteht, die nicht in der Lage sind, Gefahren durch elektrische Geräte zu erkennen und auch keinen Einfluss auf die Anwendung der Geräte nehmen können.

Es ist daher dringend zu empfehlen, die Prüfungen nur von qualifiziertem Personal durchführen zu lassen. Die Qualifizierung muss die fachliche Ausbildung, Kenntnisse und Erfahrung sowie Vertrautheit mit den relevanten Technologien, Normen und örtlichen Bestimmungen umfassen. Die beurteilenden Personen müssen mögliche Auswirkungen und Gefahren erkennen können, die durch Geräte hervorgerufen werden, die nicht den Anforderungen entsprechen.

Erstprüfungen nach DIN VDE 0100-600

Manfred Kammler

Allgemeines

Bei der Errichtung von elektrischen Niederspannungsanlagen sind die Anforderungen der DIN-VDE-Bestimmungen als Regeln der Technik zu beachten. Die DIN-VDE-Bestimmungen werden dann eingehalten, wenn VDE-gemäßes Installationsmaterial verwendet wird, die Anlage nach den Anforderungen der DIN VDE 0100 errichtet wird sowie eine Erstprüfung entsprechend den Anforderungen der Norm erfolgt.

Die im Juni 2008 erschienene DIN VDE 0100-600 (VDE 0100 Teil 600) „Prüfungen" ersetzt die Norm DIN VDE 0100-610 (VDE 0100 Teil 610) aus dem Jahre 2004 mit dem Titel „Erstprüfungen". Sie entspricht der internationalen Norm IEC 60364-6:2006-02 mit den gemeinsamen europäischen Abänderungen von CENELEC im HD 60384-6:2007-02. Im Normentext sind die gemeinsamen Abänderungen von CENELEC gegenüber der internationalen IEC-Norm durch eine senkrechte Linie am linken Seitenrand der Norm gekennzeichnet.

Bei der Veröffentlichung der letzten deutschen Fassung 2004-04 war die nächste Überarbeitung der Norm bei IEC bereits weit fortgeschritten. Dieser Stand wurde der deutschen Öffentlichkeit mit dem Entwurf von August 2004 bekanntgegeben. Nach endgültiger Veröffentlichung des Harmonisierungsdokuments im Jahre 2007 wurde von CENELEC festgelegt, dass diese Normenfassung bis zum 1.9.2007 auf nationaler Ebene durch Veröffentlichung übernommen werden muss und spätestens bis zum 1.9.2009 entgegenstehende nationale Normen zurückgezogen werden müssen. Die Vorgabe für das Datum der Veröffentlichung wurde daher etwas verspätet umgesetzt, und die neue Norm gilt damit ab dem 1. 6.2008. Die von CENELEC vorgegebene Übergangsfrist bis zum 1.9.2009, wo auch die alte Normversion noch angewendet werden darf, wird eingehalten (**Tabelle 1**).

In der neuen Normenfassung werden unter anderem die Änderungen des im Juni 2007 neu erschienenen Teils 410 berücksichtigt, außerdem werden Anforderungen an einen Prüfbericht formuliert. Ein wesentlicher Unterschied zur bisherigen Norm ist die Tatsache, dass in der internationalen und europäischen Norm nicht nur Erstprüfungen, sondern auch wiederkehrende Prüfungen behandelt werden. Dies deutete sich bereits in der letzten HD-Fassung an,

Tabelle 1
Erstprüfungen nach VDE 0100

DIN VDE 0100:1973-05; § 22–24	Errichten von Starkstromanlagen bis 1000 V; Prüfungen
DIN VDE 0100-600:1987-11	Errichten von Starkstromanlagen mit Nennspannungen bis 1000 V Erstprüfungen (deutsche Norm)
DIN VDE 0100-610:1994-04	Errichten von Starkstromanlagen mit Nennspannungen bis 1000 V ; Prüfungen; Erstprüfungen (teilweise harmonisierte Norm)
DIN VDE 0100-610:2004-04	Errichten von Niederspannungsanlagen; Prüfungen; Erstprüfungen (vollständig harmonisierte Norm)
DIN VDE 0100-600:2008-06	Prüfungen (Erstprüfungen; wiederkehrende Prüfungen)

in der ein informativer Anhang zu wiederkehrenden Prüfungen enthalten war. Im Gegensatz dazu hat der Teil 6 des HD und damit auch die deutsche Norm nun den Titel „Prüfungen" und besteht aus einem Abschnitt 61 „Erstprüfungen" und einem Abschnitt 62 „Wiederkehrende Prüfungen". Durch wiederkehrende Prüfungen ist dabei festzustellen, ob sich die elektrischen Anlagen weiterhin in einem sicheren Zustand befinden und dass keine negativen Auswirkungen von Nutzungsänderungen vorhanden sind. Der europäische Abschnitt 62 enthält auch Aussagen zu Prüfintervallen, Umfang von wiederkehrenden Prüfungen und zur Dokumentation der Prüfungen.

Die Normen der Reihe 0100 befassen sich mit dem Errichten von Niederspannungsanlagen. Wiederkehrende Prüfungen wurden in Deutschland bisher immer in der VDE 0105 behandelt, weil sie nicht zum Errichten, sondern zum Betrieb von elektrischen Anlagen gehören. Europäisch ist der Betrieb elektrischer Anlagen in der EN 50110-1 behandelt, die in Deutschland als DIN EN 50110-1 umgesetzt wurde. Da in dieser europäischen Norm mehr die Aspekte der Arbeitssicherheit beim Prüfen im Vordergrund stehen, nicht aber der Inhalt von Prüfungen, wurde die europäische Norm in Deutschland um die in der alten nationalen VDE 0105 enthaltenen Prüfvorgaben ergänzt und als DIN VDE 0105-100 veröffentlicht. Aus deutscher Sicht war daher ein neuer Abschnitt zu wiederkehrenden Prüfungen nicht erforderlich, und man hatte sich gegen die Übernahme eines solchen Abschnitts in die IEC 60364 ausgesprochen, zumal Doppelfestlegungen zur EN 50110 befürchtet wurden. Dies war international jedoch nicht durchsetzbar, da

- die EN 50110 nur eine europäische Norm ist und keine entsprechende internationale Norm bei IEC besteht,

- die Inhalte von wiederkehrenden Prüfungen auch in der EN 50110 nicht behandelt waren, da diese lediglich den Aspekt der Arbeitssicherheit beim Prüfen beschrieb, und
- die deutsche Trennung zwischen Errichten (VDE 0100) und Betrieb (VDE 0105) nicht nachvollzogen werden konnte, da die IEC 60364 gemäß ihrem bisherigen englischen Titel ganz allgemein elektrische Anlagen von Gebäuden bzw. in der aktuellen Fassung Niederspannungsanlagen behandelt, wozu auch die wiederkehrenden Prüfungen gehören, und nicht das Errichten von Niederspannungsanlagen, wie es im deutschen Titel heißt.

Da es sich bei der neuen Norm um ein Harmonisierungsdokument (HD) und keine EN-Norm handelt, musste lediglich der Inhalt übernommen werden, nicht aber die Form. Nach Gesprächen zwischen den für das Errichten und den Betrieb zuständigen DKE-Normungsgremien K 221 und K 224 wurde für Deutschland festgelegt, die Norm als DIN VDE 0100-600 zu veröffentlichen, den Abschnitt 62 aber in die VDE 0105 einzuarbeiten und in der VDE 0100 darauf zu verweisen. Dies erfolgte mit der Überarbeitung der Norm DIN VDE 0105-100, in der die Anforderungen des Abschnitts 62 in den Abschnitt 5.3.101 der DIN VDE 0105-100 eingearbeitet wurden.

In die deutsche Veröffentlichung DIN VDE 0100-600 wurden neben den bereits vorhandenen internationalen Anmerkungen weitere nationale Erläuterungen und Anmerkungen als grau schattierte Texte eingefügt. Hierdurch wird dem Normenanwender eine klare Unterscheidung zwischen dem HD und nationalen Ergänzungen ermöglicht. Normative Ergänzungen als Restnormenanteile aus alten nationalen Normen sind nun nicht mehr vorhanden, da die Prüfung der Drehfeldrichtung von Drehstrom-Steckdosen in die internationale und europäische Fassung übernommen wurde. Die eingefügten grau schattierten Teile sind also als rein informative nationale Anmerkungen anzusehen. Es handelt sich hierbei nicht um zusätzlich durchzuführende Prüfungen, sondern um Detaillierungen und Erläuterungen zur Durchführung der von der Norm geforderten Prüfungen.

Neben dem Normentext des HD und den nationalen grau schattierten Ergänzungen enthält die Norm die harmonisierten Anhänge A bis H, ZA und ZB sowie die nationalen Anhänge NA bis NF. Diese Anhänge sind bis auf den Anhang ZA, der besondere national zu berücksichtigende Bedingungen enthält, und den nationalen Anhang NB, der

Mindestanforderungen an einen Prüfbericht enthält, rein informativ. Die informativen Anhänge E bis H wurden für Deutschland nicht übernommen; ihr Inhalt kann der HD-Fassung entnommen werden.

Grundlagen der Norm

Durch *Erstprüfungen* muss nach DIN VDE 0100-600 vor der erstmaligen Inbetriebnahme einer elektrischen Niederspannungsanlage nachgewiesen werden, dass die gesamte elektrische Anlage den Normen der Reihe DIN VDE 0100 entspricht. Dies ist auch dann erforderlich, wenn eine bestehende elektrische Anlage erweitert wird oder wenn Teile einer Altanlage anderweitig genutzt werden sollen. In diesem Fall müssen sich die Prüfungen lediglich auf die geänderten Teile erstrecken, jedoch ist zu überprüfen, ob durch die Änderungen oder Erweiterung die Sicherheit der bereits bestehenden elektrischen Anlage beeinträchtigt wird. Für Neuanlagen sowie für geänderte oder erweiterte Teile einer elektrischen Anlage sind die Anforderungen der jeweils gültigen Normen zu beachten. Für die unveränderten Teile einer alten elektrischen Anlage gelten weiterhin die zum Zeitpunkt der Errichtung geltenden Bestimmungen, sofern nicht in Normen oder vom Gesetzgeber eine Anpassung gefordert wird.

Die Erstprüfung einer elektrischen Anlage besteht aus dem *Besichtigen* sowie dem *Erproben* und Messen. Hierzu gehört nicht nur die reine Tätigkeit anhand von Prüfvorgaben oder Prüfprotokollen, sondern auch eine Bewertung, dass die Normenanforderungen eingehalten sind. Sofern Prüfungen nach der Errichtung nicht mehr sinnvoll durchgeführt werden können, müssen sie bereits während der Errichtung durchgeführt werden. Ein Beispiel hierfür ist die Sichtprüfung der ordnungsgemäßen Verlegung von Leitungen unter Putz.

Die DIN VDE 0100-600 definiert Mindestanforderungen, die der Errichter einer Niederspannungsanlage bei den Prüfungen zu berücksichtigen hat. Je nach Art der Anlage können auch weitere gesetzliche Verordnungen oder vertragsrechtliche Forderungen oder zusätzliche andere Normen für die Prüfung von Bedeutung sein. Dies ist z. B. bei elektrischen Anlagen in Krankenhäusern, Versammlungsstätten oder explosionsgefährdeten Bereichen der Fall.

Gemäß den Anforderungen der Norm dürfen Prüfungen nur von *Elektrofachkräften* durchgeführt werden, die über Erfahrung beim Prüfen elektrischer Anlagen verfügen. Dies setzt Kenntnisse der zu berücksichtigenden Normen voraus. Außerdem ist Erfahrung mit den verwendeten Messgeräten erforderlich, um die als Fehler des Messgerätes anzusehende Betriebsmessabweichung oder die vom Messverfahren herrührenden Messfehler bei der Bewertung der Messergebnisse zu berücksichtigen.

Für die bei Prüfungen eingesetzten *Messgeräte* und *Überwachungsgeräte* wird gefordert, dass sie den Normen der Reihe DIN EN 61557 (VDE 0413) entsprechen (**Tabelle 2**). Diese Forderung ist bereits in der DIN VDE 0100-610:2004-05 enthalten. Die Verwendung solcher Geräte bei den Prüfungen wird gefordert, damit einerseits die erforderliche Messgenauigkeit eingehalten wird und andererseits bei der Messung keine Gefährdung von Personen zu befürchten ist. Beim Kauf von Messgeräten sollte der Käufer sich daher vergewissern, dass die Geräte den Anforderungen der DIN EN 61557 (VDE 0413) genügen. Bei Verwendung von älteren Messgeräten muss geprüft werden, ob zumindest die wesentlichen Anforderungen der DIN EN 61557 bezüglich der Sicherheit und Genauigkeit erfüllt sind. Ist dies nicht der Fall, dürfen diese Messgeräte nicht für Prüfungen nach DIN VDE 0100-600 verwendet werden. Messgeräte, die den alten deutschen Normen der Reihe DIN VDE 0413 entsprechen, erfüllen auch die wesentlichen Anforderungen

Tabelle 2
Normen für Messgeräte nach DIN EN 61557 (VDE 0413) zum Prüfen von Schutzmaßnahmen

Messaufgabe	**Gerätenormen**[1; 2]
Isolationswiderstand	DIN EN 61557-2 (VDE 0413 Teil 2)[3]
Schleifenimpedanz/Schleifenwiderstand	DIN EN 61557-3 (VDE 0413 Teil 3)
Widerstand von Erdungsleitern, Schutzleitern und Potentialausgleichsleitern	DIN EN 61557-4 (VDE 0413 Teil 4)
Erdungswiderstand	DIN EN 61557-5 (VDE 0413 Teil 5)
Wirksamkeit der Schutzmaßnahme mit Fehlerstrom-Schutzeinrichtungen (RCDs)	DIN EN 61557-6 (VDE 0413 Teil 6)
Drehfeldrichtung	DIN EN 61557-7 (VDE 0413 Teil 7)

1 Allgemeine Anforderungen an Geräte nach den Normen der Reihe DIN EN 61557 (VDE 0413) zum Prüfen, Messen und Überwachen von Schutzmaßnahmen sind in DIN EN 61557-1 (VDE 0413 Teil 1) beschrieben.

2 Messgeräte zur Durchführung mehrerer Messaufgaben sind in DIN EN 61557-10 (VDE 0413 Teil 10) genormt.

3 Isolationsüberwachungseinrichtungen sind in DIN EN 61557-8 (VDE 0413 Teil 8) genormt. Zur Fehlersuche im IT-System dürfen Geräte nach DIN EN 61557-9 (VDE 0413 Teil 9) verwendet werden.

der DIN EN 61557, da diese europäischen Normen aus einer Überarbeitung der zugrunde liegenden deutschen Normen der Reihe VDE 0413 hervorgegangen sind. Allerdings wurden einige Anforderungen an die Geräte der Entwicklung auf dem Gebiet der Messtechnik angepasst. Größere oder kleinere Messfehler bei den vorhandenen Geräten können dann z. B. bei der Bewertung der Messergebnisse berücksichtigt werden. Da die Gerätenormen Mindestanforderungen festlegen, die von den Herstellern übertroffen werden können, kann es im Grenzfall ratsam sein, die Genauigkeitsangaben der Hersteller bei der Bewertung der Messfehler zugrunde zu legen.

Damit die Messgenauigkeit der verwendeten Messgeräte nicht durch die Benutzung oder die Umgebungsbedingungen unzulässig beeinträchtigt wird, sollten die Messgeräte regelmäßig überprüft werden. Dies wird heute üblicherweise durch eine *Kalibrierung* sichergestellt, bei der die Genauigkeit der Messergebnisse von einem Kalibrierlabor anhand von Messnormalen überprüft wird. Eine solche Kalibrierung ist für Firmen, die ein Qualitätsmanagementsystem nach DIN EN ISO 9001 eingeführt haben, vor dem ersten Gebrauch der Geräte und danach wiederkehrend in regelmäßigen Abständen verbindlich durch diese Norm vorgeschrieben. Die Kalibrierfristen lassen sich je nach Empfindlichkeit und Handhabung des Gerätes, Häufigkeit des Gebrauchs, Umgebungsbedingungen und Erfahrungswerten individuell festlegen.

Besichtigen

Besichtigen im Sinne der Prüfung nach DIN VDE 0100-600 ist die Untersuchung der normgerechten Ausführung der elektrischen Anlage mit allen Sinnen, d. h. auch durch andere Wahrnehmungen wie Riechen, Hören und Fühlen. Das Besichtigen ist von grundlegender Bedeutung für die Sicherheit einer elektrischen Anlage. Diese Kontrolle ist in jedem Fall die erste Phase einer Prüfung und Voraussetzung für das spätere Erproben und Messen. Im Allgemeinen wird es bei spannungsfreier Anlage durchgeführt. Ohne vorheriges Besichtigen sollte kein Erproben und Messen stattfinden. Ein wesentlicher Teil der Anforderungen an die Erstprüfung wird durch das Besichtigen bereits erfüllt.

Im Unterschied zum Erproben und Messen muss das Besichtigen grundsätzlich nicht erst nach Fertigstellung einer elektrischen Anlage, sondern recht häufig schon im Laufe ihrer Errichtung durch den Installateur vorgenommen werden; es begleitet die Errichtung einer elektrischen Anlage vom Beginn an. Es beginnt mit der Auswahl geeigneter Materialien und Betriebsmittel für die geplante bzw. zu errichtende Anlage entsprechend den Vorgaben der Normen und der Hersteller. Die Überprüfung der richtigen Lieferung und der Übereinstimmung mit den Betriebsmittelnormen kann dabei anhand der Kennzeichnung und der mitgelieferten Begleitpapiere erfolgen. Hierbei sind auch Vorgaben zu den Umgebungsbedingungen zu berücksichtigen, z. B. Anforderungen an die Temperaturauslegung. Schließlich ist zu prüfen, dass keine sichtbaren Beschädigungen vorhanden sind, durch die die Sicherheit beeinträchtigt werden kann. Bereits während der Errichtung sind Anlagenteile zu prüfen, die nach Errichtungsabschluss nicht mehr oder nur schwer prüfbar sind. So können dann z. B. viele Anforderungen an die Leitungsverlegung im Zwischendeckenbereich, an Unterflurinstallationen oder unter Putz gar nicht mehr oder nur unter erschwerten Bedingungen durch Besichtigen geprüft werden.

Darüber hinaus sind in der Norm unter „Besichtigen" Mindestprüfungen formuliert, die gegenüber der bisher gültigen Norm etwas erweitert wurden. Folgende Aspekte sind zu berücksichtigen:

- Schutz gegen elektrischen Schlag,
- Brandschutzmaßnahmen und Schutz gegen thermische Einflüsse,
- Auswahl der Leiter,
- Auswahl und Einstellung von Schutz- und Überwachungseinrichtungen,
- geeignete Trenn- und Schaltgeräte und deren Anordnung,
- Berücksichtigung der äußeren Einflüsse bei Betriebsmitteln und Schutzmaßnahmen,
- Kennzeichnung von Neutral- und Schutzleiter,
- Anordnung von einpoligen Schaltgeräten in den Außenleitern,
- Schaltungsunterlagen, Warnhinweise und andere erforderliche Informationen,
- Kennzeichnung von Stromkreisen und Betriebsmitteln,
- ordnungsgemäße Leiterverbindungen,
- Vorhandensein und richtige Verwendung von Schutzleitern,
- Zugänglichkeit.

Erproben und Messen

In der noch rein nationalen Norm VDE 0100 Teil 600:1987-11 bestand das Prüfen aus den drei Teilen Besichtigen – Erproben – Messen. Im Rahmen der europäischen Harmonisierung wurde diese Dreiteilung aufgegeben, und die heutige Norm kennt nur die beiden Teile „Besichtigen" und „Erproben und Messen". Der Grund hierfür liegt darin, dass in der englischen Normenfassung der Begriff „testing“ verwendet wird, der sowohl das Erproben als auch das Messen umfasst. Da in der deutschen Fassung die bisherigen Begriffe beibehalten wurden, wurde der englische Begriff je nach Bedeutung mit „Erproben“ oder mit „Messen“ übersetzt. Beim Erproben und Messen ist darauf zu achten, dass durch die Prüfung keine Gefahren für Personen, Nutztiere und Sachen entstehen.

Mit **Erproben** wird die Wirksamkeit von Schutz- und Meldeeinrichtungen nachgewiesen. Hierunter fällt z. B. das Betätigen der Prüftaste von Fehlerstrom-Schutzeinrichtungen (RCDs) oder Isolations-Überwachungsgeräten (IMDs) sowie der Nachweis der Funktion von Not-Aus-Schaltgeräten und von Anzeige- und Meldeeinrichtungen.

Messen ist das Feststellen von Werten, um die Wirksamkeit von Schutzmaßnahmen sicher beurteilen zu können. Bei dieser Beurteilung sind auch die möglichen Messfehler zu berücksichtigen. Hierzu gehören die Betriebsmessabweichung des Messgerätes, die Einflüsse der Messmethode und die Einflüsse von Messleitungen und Übergangswiderständen. Darüber hinaus sollten die Angaben in den Betriebsanleitungen zu den Mess- und Überwachungsgeräten berücksichtigt werden.

In vielen Fällen der Praxis wird der Messwert, bezogen auf die Grenzwerte der Anforderung, weit auf der sicheren Seite liegen, sodass der Einfluss der Messfehler nicht gesondert berücksichtigt werden muss. Weicht aber der gemessene Wert von der Anforderungsgrenze nach oben oder unten nur wenig ab, so müssen die möglichen Fehler und Einflüsse abgeschätzt werden, um die Wirksamkeit der Schutzmaßnahme sicher beurteilen zu können.

Folgende Prüfungen sind, soweit für die jeweilige Installation zutreffend, durch Messen oder Erproben erforderlich, vorzugsweise in der folgenden Reihenfolge:

- Durchgängigkeit der Schutzleiter, der Verbindungen des Hauptpotentialausgleichs und des zusätzlichen Potentialausgleichs,
- Isolationswiderstand der elektrischen Anlage,
- Schutz durch SELV und PELV oder Schutztrennung,
- Widerstand von isolierenden Fußböden und Wänden,
- Schutz durch automatische Abschaltung der Stromversorgung,
- zusätzlicher Schutz,
- Spannungspolarität,
- Phasenfolge der Außenleiter,
- Funktion,
- Spannungsfall.

Wenn beim Erproben und Messen Fehler festgestellt werden, muss die Prüfung nach Behebung des Fehlers für die betroffenen Teile wiederholt werden. Aber auch alle bereits durchgeführten Prüfungen, die durch den Fehler möglicherweise beeinflusst wurden, müssen wiederholt werden.

Die *Durchgängigkeit aller Schutzleiter* muss nach DIN VDE 0100-600 gemessen werden. Hierzu gehören auch die Leiter des Schutzpotentialausgleichs über die Haupterdungsschiene, also des Hauptpotentialausgleichs und des zusätzlichen Schutzpotentialausgleichs. Nach der alten DIN VDE 0100-600:1987-11 reichte meist das Besichtigen der durchgehenden Verbindungen aus. Dies galt insbesondere für die Hauptpotentialausgleichsleiter, wo die Verlegung leicht zu verfolgen ist und bei denen man wegen der größeren Leitungsquerschnitte davon ausgehen kann, dass Leiterunterbrechungen leicht zu erkennen sind. Das Messen war damals nur dann erforderlich, wenn die Wirksamkeit der Verbindungen nicht durch Besichtigen beurteilt werden konnte. Dieses Besichtigen ist bereits seit Erscheinen der DIN VDE 0100-610:1994-04 nicht mehr ausreichend, sondern es ist immer eine Messung erforderlich. Durch die neue Norm hat sich hieran nichts geändert. Ein höchstzulässiger Widerstandswert ist für die Messung nicht angegeben. Er sollte jedoch nicht höher sein, als aufgrund der Leitungsdaten und der üblichen Übergangswiderstände zu erwarten ist. Zur Berechnung der Leitungswiderstände sind im nationalen Anhang in Tabelle NA.4 Widerstandsbeläge für Kupferleitungen angegeben.

Bei der *Messung des Isolationswiderstandes* der elektrischen Anlage hat sich durch die neue Norm eine wesentliche Änderungen ergeben: *Der geforderte Isolationswiderstand für Stromkreise bis 500 V Wechselspannung beträgt nun 1 MΩ (bisher 0,5 MΩ).* Hiermit erfolgte eine Anpassung an die bereits bei Maschinen geforderten Widerstandswerte. Die in der Tabelle geforderten Isolationswiderstandswerte sind Mindestwerte. Üblicherweise liegt der Isolationswiderstand im hohen MΩ-Bereich und damit erheblich über den Mindestwerten. Insofern hat die Anhebung auf 1 MΩ in der Praxis keine große Bedeutung, da in einer elektrischen Anlage ohne angeschlossene Verbraucher auch ein gemessener Isolationswiderstand von wenigen MΩ eine besondere Untersuchung zur Folge haben sollte.

Um den Messaufwand zu reduzieren, war es früher zugelassen, dass Außen- und Neutralleiter während der Messung miteinander verbunden werden. Diese Aussage war bereits in der letzten Normenfassung nicht mehr enthalten, da dies bei den heutigen Messgeräten nicht immer eine Vereinfachung des Messaufwandes bedeutet. Da aber, außer in feuergefährdeten Betriebsstätten, nur die Messung des Isolationswiderstandes zwischen den aktiven Leitern (dazu gehört auch der Neutralleiter) und dem Schutzleiter bzw. Erde gefordert ist, ist eine solche zusammenfassende Messung weiterhin ausreichend, wenn sie einen ausreichend hohen Isolationswiderstand liefert. Sie ist insbesondere sinnvoll, wenn der Stromkreis elektronische Einrichtungen enthält, um mögliche Zerstörungen bei den elektronischen Einrichtungen zu vermeiden. Wenn die erforderlichen Messwerte nicht erreicht werden, muss jeder Leiter getrennt überprüft werden. Während der Messung des Isolationswiderstandes muss das zu prüfende Anlagenteil vollständig vom einspeisenden Netz getrennt und spannungsfrei sein. Damit alle Leitungsteile erfasst werden, müssen vorhandene Schalter geschlossen sein. Falls dies nicht möglich ist, müssen die Teilabschnitte getrennt gemessen werden.

Die Messung des Isolationswiderstandes ist üblicherweise an der vollständigen Anlage mit allen angeschlossenen Betriebsmitteln der festen elektrischen Installation durchzuführen. Wenn *Überspannungs-Schutzeinrichtungen (SPDs)* oder andere elektrische Betriebsmittel die Prüfung beeinträchtigen oder durch die Prüfung beschädigt werden können, ist nun gefordert, diese Betriebsmittel vor der Prüfung abzutrennen. In der Vornorm DIN V VDE V 0100-534:1999-04, Abschnitt 534.2.9, ist gefordert, dass der Hersteller von Überspannungs-Schutzeinrichtungen in der Gebrauchsanweisung die hierzu erforderlichen Informationen mitliefert. Wenn es nicht leicht möglich ist, die Betriebsmittel abzuklemmen, z. B. bei Steckdosen mit eingebauter Überspannungs-Schutzeinrichtung, ist es mit der neuen Norm DIN VDE 0100-600 zulässig, die Prüfspannung für diesen Stromkreis auf 250 V zu reduzieren, wobei der Isolationswiderstand aber weiterhin mindestens 1 MΩ sein muss.

Es ist zulässig, den Isolationswiderstand mit angeschlossenen elektrischen Verbrauchsmitteln zu messen. Werden die geforderten Werte jedoch nicht erreicht, ist die Prüfung ohne angeschlossene Verbraucher zu wiederholen. Wenn zu befürchten ist, dass angeschlossene elektrische Verbrauchsmittel den Messwert des Isolationswiderstandes beeinflussen oder durch die Messung geschädigt werden können, sollte vor Anschluss der elektrischen Verbrauchsmittel gemessen werden.

Die Problematik mit angeschlossenen Verbrauchsmitteln zeigt sich in feuergefährdeten Betriebsstätten, wo entsprechend einer Anmerkung der Norm zusätzlich eine Messung des Isolationswiderstandes zwischen den aktiven Leitern durchgeführt werden sollte, d. h. zwischen den Außenleitern untereinander und zwischen den Außenleitern und dem Neutralleiter. Diese Messung ist jedoch nicht möglich, wenn sie durch fest angeschlossene Verbraucher verfälscht wird. In diesem Fall kann die Messung nur vor dem Anschluss der Verbraucher durchgeführt werden, oder die Verbraucher müssen vor der Messung vom Netz getrennt werden.

In der letzten Normenfassung ist in einer nationalen Anmerkung beschrieben, dass im IT-System Isolationsüberwachungssysteme bei eingeschalteter elektrischer Anlage die Messaufgabe der Messung des Isolationswiderstandes übernehmen. Dies gilt natürlich nur für den laufenden Betrieb der Anlage. Die Erstprüfung wird hierdurch nicht ersetzt. Dies wurde in der aktuellen Version deutlicher formuliert.

Bei Schutz durch SELV, PELV oder Schutztrennung muss durch eine Isolationswiderstandsmessung die Trennung aktiver Teile von denen anderer Stromkreise und ggf. von Erde nachgewiesen werden.

Die Messung der **Widerstände von isolierenden Fußböden und Wänden** ist im Normentext inhaltlich unverändert beschrieben. Es wird darauf hingewiesen, dass mit der im Betrieb vorkommenden Spannungsart und -höhe gemessen werden muss. Der Anhang A, auf den verwiesen wird, enthält einige kleinere Änderungen und Korrekturen.

Bei der **Prüfung des Schutzes durch automatische Abschaltung der Stromversorgung** hat es ebenfalls einige kleinere Änderungen gegeben. Inhaltlich sind die wesentlichen Prüfungen jedoch in gleicher Weise beibehalten worden. Bei den Prüfungen handelt es sich insbesondere um die Messung des Erderwiderstandes, der Fehlerschleifenimpedanz und der Wirksamkeit der Abschaltung durch Überstrom-Schutzeinrichtungen oder Fehlerstrom-Schutzeinrichtungen (RCDs). Dabei wird unterschieden zwischen der Abschaltung im TN-System, im TT-System und im IT-System.

Im **TN-System** ist die Bestimmung der *Fehlerschleifenimpedanz* von besonderer Bedeutung. Diese Bestimmung kann durch eine Messung erfolgen oder auch durch Berechnung, wenn die Längen und die Querschnitte der Leiter bekannt sind. Bei Anlagen in Haushalt, Gewerbe und Industrie wird die Messung in aller Regel die schnellere und einfachere Prüfmethode sein, in öffentlichen Versorgungsnetzen oder bei besonders leistungsstarken Verbrauchern in der Industrie kann die Berechnung von Vorteil sein. Bei gleichen Leiterquerschnitten ist es ausreichend, diese Messung an der am weitesten entfernten Stelle eines Stromkreises durchzuführen und ansonsten die durchgehende Verbindung der Schutzleiter nachzuweisen.

Die Messung der *Durchgängigkeit der Schutzleiterverbindung* ist in jedem Fall zusätzlich erforderlich. Sie sollte aus Sicherheitsgründen vor einer Messung der Fehlerschleifenimpedanz erfolgen. Da der Kurzschlussstrom, die Netzspannung und die Fehlerschleifenimpedanz nach dem ohmschen Gesetz miteinander verknüpft sind, kann statt der Fehlerschleifenimpedanz auch der Kurzschlussstrom bestimmt werden, um die Schutzmaßnahme sicher beurteilen zu können.

Mit den handelsüblichen Schleifenwiderstands-Messgeräten wird in der Regel nicht die Impedanz – d. h. der komplexe Widerstand der Fehlerschleife – erfasst, sondern lediglich der ohmsche Anteil der Fehlerschleifenimpedanz, also der Widerstand. Der hierbei vernachlässigte Phasenwinkel geht als Fehler in die Messung ein. Folgende weitere Effekte können bei der Fehlerbetrachtung der Schleifenwiderstandsmessung zu berücksichtigen sein: Schwankungen der Belastung und der Netzspannung, unsymmetrische Belastungen, Einschwingvorgänge, Blindstromverbraucher, Frequenzschwankungen, Übergangswiderstände bei der Messung und der Widerstand der Messleitungen. Spannungsschwankungen im Netz werden durch Mehrfachmessungen ausgeglichen. Außerdem ist zu berücksichtigen, dass die Schleifenwiderstandsmessung bei Temperaturen von z. B. 20 °C durchgeführt wird, im laufenden Betrieb und insbesondere im Kurzschlussfall aber von höheren Leitertemperaturen auszugehen ist. In einer nationalen Erläuterung wird vorgeschlagen, entsprechend dem in der Vergangenheit bewährten deutschen Verfahren eine Temperaturerhöhung auf 80 °C zu berücksichtigen, was einer Erhöhung des Schleifenwiderstandes auf den 1,24-fachen Wert entspricht.

Beim Einsatz von *Überstrom-Schutzeinrichtungen* wird die Überprüfung der Kenndaten durch Besichtigen des eingestellten Nennstromes für ausreichend angesehen, da die sichere Auslösung der Schutzeinrichtungen durch den Hersteller gewährleistet werden muss. Die erforderlichen Abschaltströme I_a und die maximal zulässigen Schleifenimpedanzen Z_S

sind für die Abschaltzeiten 0,4 s und 5 s der Tabelle NA.1 des nationalen Anhangs NA der Norm zu entnehmen.

Bei der automatischen Abschaltung der Stromversorgung durch *Fehlerstrom-Schutzeinrichtungen (RCDs)* ist die Wirksamkeit der Schutzfunktion nicht nur von der Schutzeinrichtung selbst, sondern darüber hinaus auch von der Verschaltung abhängig. Daher ist, wie bei der bisher gültigen Norm, der Nachweis der Wirksamkeit der Schutzmaßnahme und die Einhaltung der Anforderungen nach DIN VDE 0100-410 durch Messen gefordert. Dies lässt sich mit Messgeräten nach DIN EN 61557-6 erreichen, indem ein Differenzstrom bis zur Höhe von $I_{\Delta N}$ erzeugt wird. Eine Messung der *Abschaltzeit* ist von der Norm im Allgemeinen nicht gefordert, wird aber empfohlen. Es ist ausreichend, wenn die Schutzeinrichtung innerhalb der vorgeschriebenen Zeit ausgelöst hat. Die Messung der Abschaltzeit ist jedoch dann gefordert, wenn bei Erweiterungen oder Änderungen einer bestehenden Anlage die Fehlerstrom-Schutzeinrichtungen (RCDs) der bestehenden Anlage für die neuen Teile verwendet werden oder wenn gebrauchte Fehlerstrom-Schutzeinrichtungen (RCDs) wiederverwendet werden. Daneben ist nun bei wiederkehrenden Prüfungen die Messung der Abschaltzeit immer gefordert.

Zusätzlich zur Messung sollte ein Erproben durch Betätigen der Prüftaste durchgeführt werden, um deren Funktion für die später erforderlichen regelmäßigen Prüfauslösungen sicherzustellen. Diese Prüfauslösungen sind vorgeschrieben, um einem Verkleben der Kontakte und damit einem Versagen der Auslösung im Anforderungsfall vorzubeugen. Sie stellen keinen Nachweis der Wirksamkeit der Schutzmaßnahme oder der ordnungsgemäßen Funktion der Schutzeinrichtung beim Bemessungsdifferenzstrom dar, da lediglich ein erheblich höherer Strom als der Bemessungsdifferenzstrom über einen Prüfwiderstand am Summenstromwandler des Gerätes vorbeigeführt wird.

Bei der Auswahl von Fehlerstrom-Schutzeinrichtungen (RCDs) ist zu berücksichtigen, dass netzspannungsabhängige Fehlerstrom-Schutzeinrichtungen (mit Hilfsspannung) zurzeit europäisch nicht genormt sind und daher nicht eingebaut werden dürfen, wenn Fehlerstrom-Schutzeinrichtungen (RCDs) in der Norm gefordert sind. In diesen Fällen dürfen nur Fehlerstrom-Schutzeinrichtungen ohne Hilfsspannung – entsprechend den alten Begriffen FI-Schalter und FI/LS-Schalter – als Abschalteinrichtungen eingesetzt werden.

Statt des alten Begriffs „Nennfehlerstrom $I_{\Delta n}$“ wird heute in den

Normen der Reihe VDE 0100 der Begriff „Bemessungsdifferenzstrom $I_{\Delta N}$“ verwendet, in den Gerätenormen wird dagegen mit gleicher Bedeutung der Begriff „Bemessungsfehlerstrom $I_{\Delta n}$“ verwendet. Die Abschaltbedingung $Z_S \cdot I_{\Delta N} \geq U_0$ im TN-System ist mit Fehlerstrom-Schutzeinrichtungen (RCDs) problemlos zu erfüllen. Selbst bei einem Bemessungsdifferenzstrom $I_{\Delta N} = 0{,}5$ A darf die Fehlerschleifenimpedanz theoretisch Werte bis zu 460 Ω annehmen. Deshalb ist das Messen der Schleifenimpedanz bei Anwendung einer Fehlerstrom-Schutzeinrichtung (RCD) für den Schutz bei indirektem Berühren im TN-System nicht erforderlich.

Mit *selektiven Fehlerstrom-Schutzeinrichtungen* erreicht man eine höhere Verfügbarkeit, da die Auslösung zeitlich verzögert ist und damit ein größerer Schutz gegen ungewolltes Auslösen besteht. Selektive Fehlerstrom-Schutzeinrichtungen müssen beim Bemessungsdifferenzstrom innerhalb von 0,5 s abgeschaltet haben. Die für TN-Systeme geforderte Abschaltzeit von 0,4 s wird von selektiven Fehlerstrom-Schutzeinrichtungen in Stromkreisen bis 400 V immer eingehalten, und die für TT-Systeme geforderte Auslösezeit ≤ 0,2 s wird bei 230 V bei einem Fehlerstrom von $2 \cdot I_{\Delta N}$ garantiert. Da zudem im TN-System die Abschaltströme immer deutlich größer sind als $I_{\Delta N}$ und auch im TT-System ein etwa 5-mal höherer Fehlerstrom zu erwarten ist (siehe DIN VDE 0100-410:2007, Abschnitt 411.5.3), können heute selektive Fehlerstrom-Schutzeinrichtungen in TN-Systemen bis 400 V und in TT-Systemen bis 230 V auch als alleiniger Schutz für die automatische Abschaltung eingesetzt werden.

Wenn die Einhaltung der Spannungswaage nach DIN VDE 0100-410, Abschnitt 411.4.1, erforderlich ist, muss der Nachweis durch Anfragen beim Versorgungsunternehmen erbracht werden.

Im **TT-System** ist die Messung des Erderwiderstandes von besonderer Bedeutung. Dies gilt insbesondere, wenn in Ausnahmefällen Überstrom-Schutzeinrichtungen eingesetzt werden, da sehr niedrige Erdungswiderstände vorausgesetzt sind. Die erforderlichen Abschaltströme I_a und die maximal zulässigen Erdungswiderstände R_A beim Einsatz von Überstrom-Schutzeinrichtungen sind der Tabelle NA.2 des nationalen Anhangs der Norm zu entnehmen. Die zulässigen Erdungswiderstände beim Einsatz von Fehlerstrom-Schutzeinrichtungen (RCDs) gehen aus Tabelle NA.3 hervor.

Bei der Bewertung der Messergebnisse sind die jahreszeitlichen Einflüsse zu berücksichtigen, insbesondere die Feuchte des Erdreichs. Hierdurch kann sich der Erdwiderstand um den Faktor 10 verändern. Außerdem muss der Abstand zwischen Erder, Hilfserder und Messsonde mindestens 20 m betragen und frei von metallischen Rohrleitungen oder anderen metallischen Gegenständen sein. Bei dichter Bebauung lässt sich die Messung daher nicht durchführen. In diesem Fall bleibt nur die Schleifenmessung über die Erdschleife.

Im Übrigen gelten die gleichen Anforderungen an das Messen wie im TN-System. Hierbei ist zu beachten, dass in der ebenfalls im Jahre 2007 neu erschienenen DIN VDE 0100-410 neue Abschaltzeiten für das TT-System festgelegt wurden. Die entsprechenden Tabellen im Anhang NA wurden dieser Änderung angepasst.

Im IT-System muss der Fehlerstrom beim Auftreten des ersten Fehlers bestimmt werden. Dies kann durch eine Berechnung erfolgen. Wenn die hierfür benötigten Parameter nicht bekannt sind, muss eine Messung durchgeführt werden. Sie ist jedoch nur möglich, wenn ein künstlicher Erdschluss hergestellt wird. Hierbei müssen Vorkehrungen gegen Gefährdungen für den Fall eines Doppelfehlers getroffen werden. So können im Einzelfall bei der Simulation von Isolationsfehlern hohe Ableitströme auftreten, z. B. in Anlagen mit Umrichtern.

Wenn die Körper im IT-System gemeinsam geerdet sind, treten beim zweiten Fehler ähnliche Bedingungen wie im TN-System auf. Wenn die Körper dagegen einzeln oder in Gruppen geerdet sind, entsprechen die Bedingungen dem des TT-Systems. Der Nachweis der Schutzmaßnahme durch Abschalten ist daher wie in diesen Systemen zu führen.

Bei Einsatz von Isolations-Überwachungsgeräten (IMDs) sollte zur Erprobung die Prüftaste betätigt werden, um deren Wirksamkeit für die später erforderlichen regelmäßigen Prüfauslösungen sicherzustellen. Beim Erproben von Isolations-Überwachungsgeräten (IMDs) sollte der zwischen Außen- und Schutzleiter zugeschaltete Widerstand mindestens 2 kΩ, aber kleiner als der an dem Gerät eingestellte Wert sein. Üblicherweise wird als Ansprechwert 100 Ω/V eingestellt.

Zur Bestimmung des Erderwiderstandes sind im Anhang B Beispiele für die direkte Messung des Erderwiderstandes, für die Messung des Fehlerschleifenwiderstandes über den Spannungsfall und ein neues Verfahren zur Messung des Erdschleifenwiderstandes mit Stromzangen angegeben.

Die **Prüfung des zusätzlichen Schutzes** erfolgt durch Besichtigen und Messen. Dabei ist insbesondere die Wirksamkeit des Schutzpotentialausgleichs und der Abschaltung der Stromversorgung durch Fehlerstrom-Schutzeinrichtungen (RCDs) zu prüfen.

Durch die **Prüfung der Spannungspolarität** soll der Nachweis erbracht werden, dass einpolige Schalteinrichtungen nur die Außenleiter abschalten.

Durch die **Messung der Phasenfolge** soll die Drehfeldrichtung von Drehstrom-Steckdosen überprüft werden. Diese Messung war in der bisherigen Norm als deutscher Restnormanteil grau schattiert enthalten und wurde nun in die internationale Norm übernommen.

Funktionsprüfungen werden durchgeführt zum Nachweis der richtigen Montage und Einstellung von Baugruppen sowie der bestimmungsgemäßen Errichtung der Schutzeinrichtungen.

Der Nachweis des **Spannungsfalls** kann durch die Messung der Impedanz des Stromkreises erfolgen oder durch die Anwendung von Diagrammen, wenn die Leitungslänge bekannt ist. Hierzu ist im Anhang D ein Beispiel angegeben.

Im normativen Anhang ZA sind für einige Länder Änderungen vom Normentext formuliert, die zum Teil Erweiterungen aufgrund der nationalen Besonderheiten und zum Teil Erleichterungen bedeuten. In Deutschland darf von solchen Erleichterungen nicht Gebrauch gemacht werden. Der Anhang E zu Empfehlungen für die Wiederverwendung von elektrischen Betriebsmitteln in elektrischen Anlagen wurde für Deutschland nicht übernommen. Ebenso wurden die informativen Anhänge F – H zur Dokumentation von Prüfungen für Deutschland nicht übernommen; stattdessen wurden im Anhang NB Mindestanforderungen an einen Prüfbericht formuliert.

Weitere Erläuterungen zu Erstprüfungen, den Messverfahren und den zu berücksichtigenden Messfehlern enthält der Band 63 der VDE-Schriftenreihe [1].

Wiederkehrende Prüfungen

Der Abschnitt 62 zu wiederkehrenden Prüfungen wird in Deutschland in DIN VDE 0105-100/A1 berücksichtigt.

Allgemein ist gefordert, dass geeignete Prüfungen nach Abschnitt 61 durchzuführen sind. Zielsetzung ist hierbei

- die Sicherheit von Personen und Nutztieren vor den Wirkungen des elektrischen Schlags und vor Verbrennungen,
- der Schutz gegen Schäden an Eigentum durch Brand und Wärme, die durch Fehler in der elektrischen Anlage entstehen,
- die Bestätigung, dass die Anlage nicht so beschädigt oder verschlechtert ist, dass die Sicherheit beeinträchtigt ist, und

- das Erkennen von Anlagenfehlern und Abweichungen von den Anforderungen der Norm, die eine Gefahr darstellen können.

Zusätzlich zu den Messungen der Erstprüfung müssen nun auch die Abschaltzeiten von Fehlerstrom-Schutzeinrichtungen (RCDs) gemessen werden.

Details zur Durchführung der wiederkehrenden Prüfung nach DIN VDE 0105-100/A1 und zu Änderungen in dieser Norm sind in [2] enthalten.

Prüfbericht

Nach Beendigung der Prüfung einer neuen, erweiterten oder geänderten Anlage sowie nach wiederkehrenden Prüfungen muss nach DIN VDE 0100-600 ein Prüfbericht erstellt werden. Anforderungen hieran wurden erstmals in der letzten Normenfassung formuliert. Das Erstellen solcher Prüfprotokolle war auch vorher bereits sinnvoll, denn nur durch eine saubere Dokumentation lässt sich bei einem späteren Unfall oder Schaden nachweisen, dass die erforderlichen Sorgfaltspflichten beachtet wurden und die Anforderungen der Errichtungsnormen zum Zeitpunkt der Übergabe der Anlage eingehalten waren. Aus diesem Grund sollte die Dokumentation über die durchgeführten Prüfungen genügend detailliert sein und über einen ausreichend langen Zeitraum aufbewahrt werden.

Beispiele über Form und Inhalt für einen Prüfbericht sind im HD in den informativen Anhängen F, G und H beschrieben. Diese Anhänge wurden in die deutsche Normenfassung nicht übernommen. Stattdessen wurde ein Anhang NB angefügt, der Mindestanforderungen an einen Prüfbericht normativ festlegt. Unter Beachtung dieser Mindestanforderungen kann die Dokumentation in Form eines Standardprüfberichts oder individuell für eine spezielle Prüfung erstellt werden. Die Dokumentation der Prüfung kann dabei anhand von Checklisten erfolgen. Dabei müssen nicht alle Messwerte aufgezeichnet werden, sondern nur die für die Bewertung wesentlichen. Wichtig ist aber, dass deutliche Abweichungen von den zu erwartenden Messwerten immer dokumentiert werden müssen. Auf besonderen Wunsch des Auftraggebers können natürlich auch alle einzelnen Messwerte in den Bericht aufgenommen werden. Wichtig bei der Erstellung des Prüfberichts ist die abschließende Bewertung der Prüfergebnisse und die Bestätigung, dass die Anforderungen der Norm eingehalten werden.

Für das Handwerk hat der Bundesfachbereich „Elektrotechnik“ des Zentralverbandes der

Deutschen Elektro- und informationstechnischen Handwerke (ZVEH) einen Vordruck „Prüfen elektrischer Anlagen, Übergabebericht/Zustandsbericht" erarbeitet, der dem Elektrofachmann eine wertvolle Hilfe bei der Protokollierung der Prüfergebnisse sein kann. Das Prüfprotokoll eignet sich sowohl für elektrische Anlagen im Wohnungsbau als auch in gewerblich genutzten Gebäuden. Ähnliche Vordrucke sind beim Richard Pflaum Verlag erhältlich.

Weiterführende Literatur

[1] *Kammler, M.; Nienhaus, H.; Vogt, D.:* Prüfungen vor Inbetriebnahme von Niederspannungsanlagen; VDE-Schriftenreihe Band 63, 2. Auflage. Berlin: VDE-Verlag, 2004

[2] *Schmolke, H.:* Die wiederkehrende Prüfung nach DIN VDE 0105-100/A1 (VDE 0105-100/A1):2008-06, in diesem de-Jahrbuch

Prüfprotokolle für den Elektrotechniker

Zur Protokollierung der Prüfung elektrischer Anlagen und Geräte stellt der Zentralverband der deutschen Elektro- und Informationstechnischen Handwerke (ZVEH) seinen Mitgliedsbetrieben seit Jahren Prüfprotokolle für die Anlagenprüfung sowie für die Geräteprüfung zur Verfügung.

In der BGV A3 heißt es in § 5 sinngemäß:

Der Unternehmer hat dafür zu sorgen, dass die elektrischen Anlagen und Betriebsmittel auf ihren ordnungsgemäßen Zustand geprüft werden

1.) vor der ersten Inbetriebnahme

2.) nach einer Änderung oder Instandsetzung vor der Wiederinbetriebnahme durch
- *die Elektrofachkraft oder*
- *unter Leitung und Aufsicht einer Elektrofachkraft*

3.) in bestimmten Zeitabständen.

Auch die neue Betriebssicherheitsverordnung fordert die regelmäßige Überprüfung von Arbeitsmitteln und deren Protokollierung. Zu diesen Arbeitsmitteln gehören auch die (Elektro-)Anlagen.

Gerade die Dokumentation ist sehr wichtig – nicht zuletzt aus Haftungsgründen. Das ZVEH-Prüfprotokoll mit Übergabebericht unterschreibt sowohl der Errichter/Prüfer als auch der Auftraggeber, sodass der Zustand der Anlage zu diesem Zeitpunkt einwandfrei belegt ist.

Auf den folgenden Seiten sind die o. g. Prüfprotokolle abgebildet.

Prüfung elektrischer Anlagen

Übergabebericht[7] ☐ **Zustandsbericht**[7] ☐

Nr.	Blatt .... von	Kunden Nr.:
Auftraggeber[2]:	Auftrag Nr.:	Auftragnehmer[3]:
Anlage:	Zähler Nr.: Zählerstand kWh	

Ort/Anlagenteil[8] / – **Anzahl** **Betriebsmittel** ☐ **Fehler-Code** ☐																	
Elektroinstallationsgeräte																	
Stromkreisverteiler																	
Aus-/Wechselschalter																	
Serienschalter																	
Taster																	
Dimmer																	
Jalousietaster/-schalter																	
Schlüsseltaster/-schalter																	
Nottaster/-schalter																	
Zeitschalter/-taster																	
Steckdose																	
Bewegungsmelder																	
Geräteanschlussdose																	
Telefonanschlusseinheit																	
TV-Steckdose																	
EDV-Steckdose																	
Sprechstelle																	
Gong/Summer																	
EIB-Aktor																	
EIB-Sensor																	
Leuchten-Auslass																	
Leuchte																	

Auftraggeber[2]**:**

Gemäß Übergabebericht elektrische Anlage vollständig übernommen. ☐
Zustandsbericht erhalten ☐

Ort Datum Unterschrift

Prüfer[5]**:**

Die elektrische Anlage vollständig übergeben ☐ Dokumentation[6] übergeben ☐
In der Anlage wurden Mängel festgestellt ☐

Ort Datum Unterschrift

Prüfung elektrischer Anlagen

Prüfprotokoll①

Nr. Blatt .... von	Kunden Nr.:
Auftraggeber②: Auftrag Nr.:	Auftragnehmer③:
Anlage:	

Prüfung④ **nach:** DIN VDE 0100-600 ☐ DIN VDE 0105-100 ☐ BGV A3 ☐ .... / .... BSV ☐ E-CHECK ☐

Neuanlage ☐ Erweiterung ☐ Änderung ☐ Instandsetzung ☐ Wiederholungsprüfung ☐

Beginn der Prüfung:	Beauftragter des Auftraggebers:	Prüfer⑤:
Ende der Prüfung:		

Netz .... / .... V Netzform: TN-C ☐ TN-S ☐ TN-C-S ☐ TT ☐ IT ☐

Netzbetreiber

Besichtigen	i.O.	n.i.O.		i.O.	n.i.O.		i.O.	n.i.O.
Auswahl der Betriebsmittel	☐	☐	Kennzeichnung Stromkreis, Betriebsmittel	☐	☐	Zugänglichkeit	☐	☐
Trenn- und Schaltgeräte	☐	☐	Kennzeichnung N- und PE-Leiter	☐	☐	Schutzpotenzialausgleich	☐	☐
Brandabschottungen	☐	☐	Leiterverbindungen	☐	☐	Zus. örtl. Potentialausgleich	☐	☐
Gebäudesystemtechnik	☐	☐	Schutz und Überwachungseinrichtungen	☐	☐	Dokumentation⑥	☐	☐
Kabel, Leitungen, Stromschienen	☐	☐	Basisschutz, Schutz gegen direktes Berühren	☐	☐	siehe Ergänzungsblätter ☐		
Erproben								
Funktionsprüfung der Anlage	☐	☐	Funktion der Schutz-, Sicherheits- und Überwachungseinrichtungen	☐	☐	Rechtsdrehfeld der Drehstromsteckdose	☐	☐
FI-Schutzschalter (RCD)	☐	☐	Drehrichtung der Motoren	☐	☐	Gebäudesystemtechnik	☐	☐

Messen Stromkreisverteiler Nr.:

Stromkreis		Leitung/Kabel		Überstrom-Schutzeinrichtung			R_{iso} (MΩ)	Fehlerstrom-Schutzeinrichtung (RCD)					Fehler-code
Nr.	Zielbezeichnung	Typ	Leiter Anzahl Quers. (mm²)	Art Charakteristik	I_n (A)	Z_s (Ω) ☐ I_k (A) ☐	ohne ☐ mit ☐ Verbraucher	I_n/Art (A)	$I_{\Delta n}$ (mA)	I_{mess} (mA) ($\leq I_{\Delta n}$)	Ausl.-Zeit t_A (ms)	$U_L \leq$ ..... V U_{mess} (V)	siehe auch ⑦
	Hauptleitung		x										
			x										
			x										
			x										
			x										
			x										
			x										
			x										
			x										
			x										
			x										

Durchgängigkeit des Schutzleiters⑧ ≤ 1 Ω ☐ Erdungswiderstand: R_E .... Ω

Durchgängigkeit Potentialausgleich⑨ **(≤ 1 Ω nachgewiesen)**

Fundamenterder	☐	Hauptwasserleitung	☐	Heizungsanlage	☐	EDV-Anlage	☐	Antennenanlage/BK	☐
Haupterdungsschiene	☐	Hauptschutzleiter	☐	Klimaanlage	☐	Telefonanlage	☐	Gebäudekonstruktion	☐
Wasserzwischenzähler	☐	Gasinnenleitung	☐	Aufzugsanlage	☐	Blitzschutzanlage	☐	....	☐

Verwendete Messgeräte nach VDE	Fabrikat: Typ:	Fabrikat: Typ:	Fabrikat: Typ:

Prüfergebnis: keine Mängel festgestellt ☐ Mängel festgestellt ☐ | Prüf-Plakette angebracht: ja ☐ nein ☐ | Nächster Prüftermin:

Auftraggeber②**:**

Gemäß Übergabebericht elektrische Anlage vollständig übernommen ☐
Zustandsbericht erhalten ☐

Ort Datum Unterschrift

Prüfer⑤**:**

Die elektrische Anlage entspricht den anerkannten Regeln der Elektrotechnik ☐
Die elektrische Anlage entspricht nicht den anerkannten Regeln der Elektrotechnik ☐

Ort Datum Unterschrift

Prüfung elektrischer Anlagen

Prüfprotokoll[1] **(Folgeblatt)**

Nr. Blatt .... von ....

Kunden Nr.:

Auftraggeber[2]: Auftrag Nr.:

Auftragnehmer[3]:

Anlage:

Messen Stromkreisverteiler Nr.:

Stromkreis		Leitung/Kabel		Überstrom-Schutzeinrichtung			R_{iso} (MΩ)	Fehlerstrom-Schutzeinrichtung (RCD)					Fehler-
Nr.	Zielbezeichnung	Typ	Leiter Anzahl Quers. (mm²)	Art Charakteristik	I_n (A)	Z_s (Ω) ☐ I_k (A) ☐	ohne ☐ mit ☐ Verbraucher	I_n/Art (A)	$I_{\Delta n}$ (mA)	I_{mess} (mA) (≤ $I_{\Delta n}$)	Ausl.-Zeit t_A (ms)	U_L ≤ ..... V U_{mess} (V)	code siehe auch [7]
			x										
			x										
			x										
			x										
			x										
			x										
			x										
			x										
			x										
			x										
			x										
			x										
			x										
			x										
			x										
			x										
			x										
			x										
			x										
			x										
			x										
			x										
			x										
			x										
			x										
			x										
			x										
			x										

Auftraggeber:

Gemäß Übergabebericht elektrische Anlage vollständig übernommen ☐

Zustandsbericht erhalten ☐

Ort Datum Unterschrift

Prüfer:

Die elektrische Anlage entspricht den anerkannten Regeln der Elektrotechnik ☐

Die elektrische Anlage entspricht nicht den anerkannten Regeln der Elektrotechnik ☐

Ort Datum Unterschrift

Prüfprotokoll für instandgesetzte elektrische Geräte ①

ZVEH

Auftrag Nr.

Auftraggeber (Kunde) ②	Elektrohandwerksbetrieb (Auftragnehmer)

Geräteart			Hersteller
Typenbezeichnung		Schutzklasse	Nennstrom
Fabr.-Nr.	Baujahr	Nennspannung	Nennleistung
Annahme / Anlieferung am:	Reparatur am:		Rückgabe / Abholung am:

Kundenangaben (Fehler):

Durchgeführte Reparaturarbeiten:

Prüfung nach Instandsetzung ③ gemäß DIN VDE 0701 Teil 1 | Besondere Bestimmungen DIN VDE 0701 Teil ④

Besichtigung ⑤

- Gehäuse i. O. ☐
- sonstige mechanische Teile ⑥ i. O. ☐
- Geräte-Anschlußleitungen einschl. Steckvorrichtungen mängelfrei ☐

Messung

Schutzleiter ⑦	Isolationswiderstand ⑧ M	Ersatz-Ableitstrom ⑨

Funktions- und Sicherheitsprüfung mängelfrei ☐

Aufschriften vorhanden bzw. vervollständigt ☐

Nächster Prüfungstermin
gemäß Unfallverhütungsvorschrift VBG 4 ⑩

Das Gerät kann nicht mehr instandgesetzt werden ☐

Das Gerät hat erhebliche sicherheitstechnische Mängel,
es besteht
- Brandgefahr ☐
- Gefahr durch elektrischen Schlag ☐
- mechanische Gefahr ☐

Nennwerte stimmen mit den Herstellerdaten überein ☐

Verwendete Meßgeräte ⑪

Fabrikat | Typ

Fabrikat | Typ

Unterschriften

Prüfer ⑫ | Verantwortlicher Unternehmer ⑬

Ort Datum Unterschrift | Ort Datum Unterschrift

Prüfprotokoll für die Wiederholungsprüfung ortsveränderlicher elektrischer Geräte

Blatt Nr. ____________ Auftrags-Nr. ____________ ZVEH

Auftraggeber (Kunde) ①	**Auftragnehmer**

Prüfung nach UVV ☐ BGV A2 ☐ GUV 2.10 ☐ UVV 1.4 ☐ DIN VDE 0702 ☐

Elektrisches Gerät

Typ	________	Nennspannung	______ V	cos φ	______
Hersteller	________	Nennstrom	______ A	Schutzklasse	______
Fabrik Nr.	________	Nennleistung	______ W		______
Inventar Nr.	________	Frequenz	______ Hz		______

Sichtprüfung ②	Prüfdatum ______	i.O.	n.i.O.	Prüfdatum ______	i.O.	n.i.O.	Prüfdatum ______	i.O.	n.i.O.
Gehäuse		☐	☐		☐	☐		☐	☐
Anschlußleitungen, - stecker		☐	☐		☐	☐		☐	☐
Zugentlastungsvorrichtung		☐	☐		☐	☐		☐	☐
Leistungsführung / Biegeschutz		☐	☐		☐	☐		☐	☐
Bemessung der zugänglichen Sicherungen		☐	☐		☐	☐		☐	☐
Zustand/Befestigung der Schutzabdeckung		☐	☐		☐	☐		☐	☐
Kühlluftöffnungen		☐	☐		☐	☐		☐	☐
Lesbarkeit von Sicherheitsvorschriften		☐	☐		☐	☐		☐	☐
Sicherungshalter		☐	☐		☐	☐		☐	☐
Funktionsfähigkeit von Sicherheitseinrichtungen		☐	☐		☐	☐		☐	☐
		☐	☐		☐	☐		☐	☐
		☐	☐		☐	☐		☐	☐
		nicht erkennbar	erkennbar		nicht erkennbar	erkennbar		nicht erkennbar	erkennbar
Mechanische Gefährdung		☐	☐		☐	☐		☐	☐
Unzulässige Eingriffe und Änderungen		☐	☐		☐	☐		☐	☐
Anzeichen von Überlastung und unsachgemäßem Gebrauch		☐	☐		☐	☐		☐	☐
Sicherheitsbeeinträchtigende Verschmutzung und Korrosion		☐	☐		☐	☐		☐	☐
		vorhanden	nicht vorhand.		vorhanden	nicht vorhand.		vorhanden	nicht vorhand.
Erforderliche Luftfilter		☐	☐		☐	☐		☐	☐
Kennzeichnung der Anwendungskategorie		☐	☐		☐	☐		☐	☐
		☐	☐		☐	☐		☐	☐
Messung	Meßwert	i. O.	n. i. O.	Meßwert	i. O.	n. i. O.	Meßwert	i. O.	n. i. O.
Schutzleiterwiderstand ③	__ Ω	☐	☐	__ Ω	☐	☐	__ Ω	☐	☐
Isolationswiderstand ④	__ MΩ	☐	☐	__ MΩ	☐	☐	__ MΩ	☐	☐
Schutzleiterstrom ⑤	__ mA	☐	☐	__ mA	☐	☐	__ mA	☐	☐
Berührungsstrom ⑥	__ mA	☐	☐	__ mA	☐	☐	__ mA	☐	☐
Ersatzableitstrom ⑦	__ mA	☐	☐	__ mA	☐	☐	__ mA	☐	☐

Hinweise für den Auftraggeber/Betreiber			
Bei der Überprüfung wurden keine Mängel festgestellt	☐	☐	☐
Mängel wuden durch Reparatur beseitigt	☐	☐	☐
Auf festgestellte Mängel hingewiesen	☐	☐	☐
Das elektrische Gerät darf nicht weiter verwendet werden	☐	☐	☐
Prüfplakette angebracht	☐	☐	☐
Nächster Prüftermin	______	______	______
Prüfer ⑧	Name	Name	Name
Verwendete Meßgeräte ⑨ Typ	______	______	______
Farbrikat	______	______	______

Bemerkungen ________________________________

 Zutreffendes ankreuzen ☒

Nur noch eine Norm zum Prüfen

DIN VDE 0701/0702 – was ist neu?

Hans-Günter Boy

Seit vielen Jahren existierten die beiden Normen DIN VDE 0701 und DIN VDE 0702 nebeneinander. Die Teile 1 beider Normen wurden ergänzt durch diverse weitere Teile, welche die jeweiligen Hersteller in den jeweiligen Normungskomitees bearbeiteten und betreuten. Der Elektrohandwerker musste somit eine Vielzahl unterschiedlicher Regelwerke anwenden, die ihm oft nicht einmal alle bekannt waren.

Das zuständige Komitee K211 veröffentlichte nun, unter Mitwirkung der Gerätekomitees, eine zusammenfassende Norm. Sie gilt ab dem 1.6.2008, mit einer Übergangsfrist bis zum 1.6.2009. Die Kurzbezeichnung lautet DIN VDE 0701/0702, was bereits verdeutlicht, dass diese Norm sowohl die Prüfungen nach Instandsetzung und Änderungen als auch für Wiederholungsprüfungen abdeckt. Normative Anhänge berücksichtigen zudem die Besonderheiten bestimmter Gerätegruppen.

Neues ergänzt Bewährtes

Die Elektrofachkraft findet somit alle Anforderungen zum Prüfen ortsveränderlicher Verbraucher in einem Papier mit dem Titel: *„Prüfung nach Instandsetzung, Änderung elektrischer Geräte – Wiederholungsprüfung elektrischer Geräte – Allgemeine Anforderungen für die elektrische Sicherheit“.* Der Anwender braucht nicht zu befürchten, dass nun alles neu ist, denn die Veröffentlichungen der letzten Normen arbeiteten bereits zielgerichtet auf eine Zusammenführung hin. Im Folgenden wird deshalb nur auf die wesentlichen Änderungen oder Ergänzungen hingewiesen, aber auch auf Punkte, die bisher in der Fachwelt für viele Diskussionen sorgten.

Norm gilt auch für die Prüfung ortsfester Geräte

Der Prüfer kann nun entscheiden, ob er ein mit der Anlage fest verbundenes Gerät nach DIN VDE 0105-100 oder nach DIN VDE 0701/0702 prüft. Diese Änderung wurde erforderlich, weil eine Abgrenzung nicht immer eindeutig möglich ist. Zum Beispiel ist ein Heißwasserbereiter im Regelfall fest eingebaut, bei der Reparatur vielleicht jedoch nicht. Es gibt hier keinen Grund unterschiedlich zu prüfen. Gleiches gilt für typische Handgeräte, die (teilweise sogar missbräuchlich) fest angeschlossen werden.

Prüfgangfestlegung hängt nicht mehr von Schutzklassen ab

Es gelangen immer mehr Geräte auf den Markt, bei denen eine eindeutige Zuordnung zu den Schutzklassen I, II oder III nicht möglich ist. So gibt es z. B. Wasserkocher, die als Schutzklasse-I-Gerät gekennzeichnet sind, aber nach außen keine berührbaren Teile aufweisen, oder Schutzklasse-I-Geräte in Kombination mit Schutzklasse-III-Geräten. Deshalb entscheidet man gemäß der neuen Norm jetzt nach der Schutzmaßnahme gegen elektrischen Schlag, die für das jeweilige berührbare leitfähige Teil gilt. Zu beachten sind jetzt die berührbaren leitfähigen Teile mit oder ohne Schutzleiteranschluss sowie Geräte *ohne berührbare leitfähige Teile.*

Beispiel 1

Der bereits oben angesprochene Wasserkocher hat zwar einen Schutzkontaktstecker, eine dreiadrige Anschlussleitung sowie eine Schutzklasse-I-Kennzeichnung, aber keine berührbaren Teile, da das gesamte Gerät wie ein schutzisoliertes Gerät (neue Bezeichnung: Gerät mit doppelter Isolierung) ausgeführt ist. Bei einer Reparatur ist das Gerät gegebenenfalls geöffnet, so dass die Messung des Schutzleiterwiderstandes möglich und damit auch erforderlich ist. Der Prüfer misst zwischen dem Schutzkontakt am Stecker und den Schutzleiteranschlusspunkt am Heizleiter. Bei einer Wiederholungsprüfung braucht er das Gerät nicht zu öffnen. Damit entfällt hier die Schutzleiterwiderstandsmessung.

Beispiel 2

Bei einer Waschmaschine mit Schutzklasse- I-Kennzeichnung hat die Tür mit dem Bullauge keinen Schutzleiteranschluss. Eine Widerstandsmessung bezüglich des Schutzleiters entfällt, eine Berührungsstrommessung ist jedoch durchzuführen.

Beispiel 3

Ein schutzisoliertes Gerät (Gerät mit doppelter Isolierung) hat ein metallisches berührbares Leistungsschild, welches auf die äußere Isolierung aufgeklebt ist. Der Isolationswiderstand ließe sich zwar messen, es würde sich jedoch ein Messwert gegen unendlich einstellen. Daher kann der Prüfer auf diese Messung verzichten.

Anwendungsbereich mit Ergänzungen

Die Norm erweitert ihren Anwendungsbereich und erfüllt somit offene Forderungen aus der Praxis:

Wieder in Verkehr gebrachte elektrische Geräte – hier sind Geräte gemeint, die längere Zeit nicht im Betrieb waren, oder Geräte, die gebraucht erworben wurden.

Die **elektrische Ausrüstung von Geräten,** die nicht ausdrücklich als elektrische Geräte bezeichnet werden (z. B. Gasthermen).

Ortsveränderliche Schutzeinrichtungen – gemeint sind z. B. Schutzgeräte wie PRCD, angewendet auf Kleinstbaustellen.

Mobile Verteiler – hier handelt es sich z. B. um Kleinstverteiler für Baustellen.

Ergänzungen bei der Sichtprüfung

Folgende Punkte wurden bei der Sichtprüfung neu aufgenommen:

- Bestimmungsgemäße Auswahl und Anwendung von Leitungen und Steckern,
- Zustand des Netzsteckers, der Anschlussklemmen und -adern,
- Anzeichen einer Überlastung oder einer unsachgemäßen Anwendung/Bedienung,
- Anzeichen unzulässiger Eingriffe oder Veränderungen,
- die Sicherheit unzulässig beeinträchtigende Verschmutzung, Korrosion oder Alterung,
- Dichtigkeit von Behältern für Wasser, Luft oder anderer Medien, Zustand von Überdruckventilen,
- Bedienbarkeit von Schaltern, Steuer- und Einstellvorrichtungen usw.

Schutzleiterwiderstand, Messspannung und Isolationswiderstandsmessung

Die neue Norm enthält die bisher bekannten Eckwerte, jedoch findet sich auch der Hinweis darauf, dass bei Bemessungsströmen >16 A der Schutzleiterwiderstand in Abhängigkeit der Leitungslänge und des Querschnittes zu berechnen ist. Liefert der Hersteller Geräte mit von ihm eingebauten Überspannungsschutzeinrichtungen, so darf die Messspannung auf 250 V reduziert werden, um ein Durchzünden zu vermeiden.

Schutzleiter- und Berührungsstrom

Soll anstelle der Differenzstrom-Messmethode oder der direkten Messmethode die *Ersatzableitstrom-Messmethode* angewendet werden, ist dies nur möglich, wenn die Prüfergebnisse die gleiche Aussagekraft aufweisen, wie bei den erstgenannten Messmethoden. So dürfen z. B. keine netzabhängigen Schalteinrichtungen vorhanden sein, damit alle aktiven Teile in die Messung einbezogen werden. Außerdem muss eine Isolationswiderstandsmessung mit positivem Ergebnis durchgeführt worden sein. Die Erläuterungen enthalten den Hinweis, dass der mit dem Ersatz-Ableitstrommessverfahren gemessene Ableitstrom infolge einer symmetrischen Beschaltung doppelt so hoch sein kann, wie der bei den anderen Messverfahren und der im Betrieb auftretende Ableitstrom. Dies gilt für einphasige Geräte mit Beschaltungen zwischen den aktiven Leitern und dem Schutzleiter oder einem berührbaren leitfähigem Teil. Daher darf der Messwert bei derartigen Geräten vor dem Vergleich mit dem Grenzwert halbiert werden. Die neue Norm bietet nun die Möglichkeit, mit einer *Strommesszange* zu messen. Der Prüfer muss dabei beachten, dass sich die verwendete Strommesszange für diese Aufgabe auch eignet. Viele Messzangen sind für diese Anwendung ungeeignet, weil sie z. B. über zu große Messbereiche verfügen, keinen echten Effektivwert messen oder eine ungenügende Genauigkeitsklasse aufweisen. Auch die Beeinflussung durch Fremdfelder hat der Prüfer zu beachten.

Sichere Trennung bei SELV- und PELV-Stromkreisen nachweisen

Bei Geräten mit SELV- oder PELV-Stromkreisen ist nachzuweisen, dass sich die Bemessungsspannung für die tatsächliche Spannung eignet. Der Prüfer führt hierzu eine Isolationswiderstandsmessung zwischen der Primärseite der Spannungsquelle und der Sekundärseite durch. Außerdem muss er den Isolationswiderstand zwischen aktiven Teilen der SELV- bzw. PELV-Seite und berührbaren leitfähigen Teilen messen.

Wirksamkeit weiterer Schutzeinrichtungen

Sind in einem Gerät – z. B. Kleinstbaustromverteiler – weitere Schutzeinrichtungen vorhanden, so ist die Wirksamkeit dieser Schutzeinrichtungen ebenfalls zu prüfen. Dabei sind ggf. die Herstellerangaben zu berücksichtigen.

Wenn neue Geräte Grenzwerte überschreiten

Immer häufiger kommt es bei neuen oder annähernd neuen Geräten schon bei der ersten Wiederholungsprüfung zur Überschreitung der nach DIN VDE 0701/0702 vorgegebenen Grenzwerte. Dies kann auf einen Fehler hinweisen, aber auch herstellerbedingt sein. Lässt sich kein Fehler erkennen, so ist zu klären, ob eine Herstellernorm existiert oder ob der Hersteller andere Grenzwerte definiert hat. Diese muss der Prüfer dann als neue Grenzwerte ansehen und für die Entscheidung »gut oder schlecht« zugrundelegen. Beispiele für häufige Grenzwertüberschreitungen sind:

- *Geräte mit integrierter Frequenzumrichtertechnik* werden aus EMV-Gründen oft so beschaltet, dass Ströme mit störenden Frequenzen über den Schutzleiter abgeleitet werden. Es können dabei Schutzleiterströme von mehreren mA bis zu mehreren A auftreten.

Der Grenzwert nach DIN VDE 0701/0702 beträgt jedoch 3,5 mA.

- Schutzleiterwiderstände erhöhen sich, weil herstellerseitig – ebenfalls aus EMV-Gründen – Induktivitäten in den Schutzleiter gelegt werden. Diese erhöhen den Schutzleiterwiderstand, sodass der Grenzwert von z. B. 0,3 Ω u. U. nicht eingehalten werden kann.
- Heizgeräte haben technisch bedingt niedrigere Isolationswiderstandswerte als durch den Grenzwert festgelegt. Diese Gegebenheit ist seit vielen Jahren bekannt. Deshalb war auch schon in der Vorgängernorm zu lesen, dass in diesem Fall das Gerät dennoch als „gut" betrachtet werden kann, wenn die Grenzwerte des Schutzleiterstromes eingehalten werden. Als Grenzwert war und ist 3,5 mA festgelegt. Für Heizgeräte bis 3,5 kW ebenfalls 3,5 mA, darüber hinaus 1 mA/kW – unabhängig von der Anschlussleistung. Die neue Norm begrenzt diesen Wert auf maximal 10 mA.

Vollständige Prüfung unmöglich

Soll z. B. in einer Einbauküche eine Wiederholungsprüfung erfolgen, so lässt sich dies in der Regel nicht ohne eine Demontage der Küche vollständig realisieren. Der zu prüfende Kühlschrank ist fest in die Küche integriert und verdeckt in der Regel auch die speisende Steckdose. Damit kann der Prüfer weder eine Schutzleiterwiderstands- noch eine Isolationswiderstandsmessung durchführen. Auch die Schutzleiterstrommessung ist hier nicht möglich. Dem Prüfer verbleiben lediglich eine Sichtprüfung und die Berührungsstrommessung. Allerdings lässt sich sogar die Sichtprüfung nur schwer durchführen. Der Prüfer kann jedoch feststellen, ob es sich um einen geordneten Haushalt handelt oder ob hier das Chaos herrscht. Vielleicht lässt sich auch mit Hilfe eines Spiegels feststellen, ob sich z. B. hinter dem Kühlschrank eine Steckdose befindet oder eine Anschlussleitung unzulässig mittels einer Lüsterklemme verlängert wurde. Die Berührungsstrommessung kann der Prüfer z. B. an leitfähigen Scharnieren der Tür gegen einen Schutzleiter einer anderen Steckdose oder einer Verlängerungsleitung durchführen. Mehr Möglichkeiten gibt es in der Regel nicht. Der Prüfer darf nun entscheiden, ob er die Sicherheit des Geräts trotzdem bescheinigt. Dabei muss er sich immer die Frage stellen: *Was kann im Fehlerfall passieren?* Ein Kühlschrank stellt sicher kein besonderes Gefährdungspotenzial dar, da sein Gehäuse aus Kunststoff besteht und damit keine Gefahr eines elektrischen Schlags besteht. Eine für die Anschlussleitung gefährliche Überlastsituation ist beim Kühlschrank nicht zu erwarten und einen Kurzschluss würde die vorgeschaltete Schutzeinrichtung abschalten. Hier handelt es sich um eine Öffnungsklausel, die hauptsächlich aus wirtschaftlichen Gründen eingearbeitet wurde. Um einem Missbrauch entgegenzuwirken, verpflichtet die Norm den Prüfer bei Freigabe der Anlage – trotz unvollständiger Prüfung –, seine Entscheidung zu begründen und zu dokumentieren. Damit kann man die Gedanken, die zur Freigabe führten, später nachvollziehen.

Weitere Angaben in der DIN VDE 0701/0702

Dokumentation

Unter dieser Überschrift wurden einige Punkte präzisiert. Eine Dokumentation in Form von Prüfplaketten oder eine elektronische Aufzeichnung gilt als ausreichend. Das Aufzeichnen von Messwerten in einem Prüfprotokoll wird weiterhin empfohlen, weil im Ernstfall eine bessere Beweisführung möglich ist.

Prüfablaufschemen

Die Prüfablaufschemen wurden überarbeitet und präzisiert.

Anforderungen an Prüfgeräte

Diese Thematik behandelt der normative Anhang B der Norm. Die Inhalte wurden ergänzt und präzisiert, was aber im Wesentlichen nur für Hersteller von Bedeutung ist.

Schaltungsbeispiele

Die Schaltungsbeispiele befinden sich nun im informativen Anhang C der neuen Norm. Sie wurden überarbeitet und ergänzt.

Normative Anhänge für bestimmte Geräte

Die Anhänge der Norm enthalten einige explizite Festlegungen.

Elektrowerkzeuge – Anhang E

Neben der Isolationswiderstandsmessung ist auch eine Spannungsprüfung zulässig. Eine Prüfspannung wird 3 s lang angelegt zwischen unter Spannung stehenden Teilen und berührbaren Metallteilen, die im Falle eines Isolationsfehlers oder aufgrund falscher Montage Spannung annehmen können. Während der Prüfung darf kein Überschlag oder Durchschlag auftreten. Folgende Prüfspannungen sind vorzusehen:

- Schutzklasse I – 1000 V
- Schutzklasse II – 2500 V
- Schutzklasse III – 400 V.

Ergänzende Festlegungen für Raumheizgeräte – Anhang F

Schutztemperaturbegrenzer, die fest mit dem Heizelement verbunden sind, dürfen nicht einzeln ausgewechselt oder ersetzt werden. Bei ölgefüllten Geräten dürfen Instandsetzungsarbeiten, die in den

Ölbehälter eingreifen, nur vom Hersteller oder dessen Kundendienst ausgeführt werden. Dies gilt auch bei Ölaustritt. Die unveränderte Funktionsfähigkeit der Wärmedämmung und des Luftmischsystems sind nach erfolgter Instandsetzung sicherzustellen.

Mikrowellenkochgeräte – Anhang G

Instandsetzungsarbeiten dürfen nur nach Herstellerangaben durchgeführt werden.

Rasenmäher und Gartenpflegegeräte – Anhang H

Beim Ersatz von Schneidwerkzeugen und deren Teile ist bei Sichelmähern auf die nach den Produktsicherheitsnormen geforderte Kennzeichnung zu achten. Dazu gehören: Namen oder Zeichen des Herstellers, Importeurs oder Vertreibers und die Teilenummer. Ersatzschneidwerkzeuge dürfen nur nach Gebrauchsanweisung eingebaut werden. Folgendes ist durch Besichtigen, Messen und Handprobe zu prüfen: Zustand der Schneidwerkzeuge, Abdeckung der Messerkreisbahn, Zustand der Schutzeinrichtungen und Isolationsteile im Griffbereich auf Beschädigung.

Ortsfeste Wassererwärmer – Anhang I

Der Benutzer ist auf die Notwendigkeit einer regelmäßigen Entkalkung der Geräte und der zugehörigen Armatur hinzuweisen. Es dürfen nur vom Gerätehersteller angegebene Ersatzteile verwendet und nach dessen Anweisung eingebaut werden. Während einer Aufheizperiode sind Funktion der Temperaturregler, Temperaturbegrenzer und Strömungsschalter zu überprüfen (dies gilt nicht für den Schutztemperaturregler und Schutztemperaturbegrenzer).

Wenn neue vom Gerätehersteller vorgesehene Ersatzteile eingebaut werden, ist die Aufheizung nicht bis zur maximalen Abschalttemperatur erforderlich. Bei geschlossenen Geräten ist die Funktion des Sicherheitsventils durch Beobachtung des austropfenden Wassers zu prüfen. An allen offenen Geräten ist festzustellen, ob der ungehinderte Wasseraustritt aus dem Gerät sichergestellt ist. Ist ein Gerät beispielsweise verkalkt, so ist durch geeignete Maßnahmen (z. B. Entkalkung) die einwandfreie Funktion wiederherzustellen. Anschließend ist der Durchfluss nach DIN 44531 zu prüfen und gegebenenfalls einzustellen. Die Dichtigkeit ist durch Besichtigung zu kontrollieren.

Ableitströme – wo sie entstehen, wie sie gemessen werden

Johannes Schmidthuis

Elektrogeräte benötigen zur Erzeugung von Gleichspannungen Schaltnetzteile, für Änderungen der Leistungen Phasenanschnittsteuerungen, für Drehzahländerungen Frequenzumrichter usw. Diese elektronischen Schaltungen enthalten nichtlineare Bauteile, die unerwünschte Oberwellen erzeugen. Oberwellen können jedoch System- und Schutzfunktionen in Geräten und Anlagen stören und den Schutz- und den Neutralleiter überlasten. Um das zu verhindern, werden Entstörkondensatoren in Geräten und Anlagen eingesetzt. Sie können das Aussenden von Störungen reduzieren oder verhindern und auch Störungen vom Netz blocken oder mindern. Sie werden also zur Dämpfung von elektromagnetischen Störgrößen verwendet, um die EMV-Vorschriften zu erfüllen. Die EMV-Vorschriften fordern, dass Geräte und Systeme in ihrer elektromagnetischen Umgebung ungestört und zuverlässig funktionieren, aber auch umgekehrt andere Geräte und Systeme nicht stören, damit diese ebenfalls sicher und zuverlässig arbeiten. Leider verursachen *Entstörkondensatoren* auch Ableitströme, die dann in der Regel größtenteils auf den Schutzleiter abgeleitet werden. Für eine optimale Entstörung sind möglichst große Kapazitäten, für die elektrische Sicherheit dagegen möglichst geringe Kapazitäten mit möglichst kleinen betriebsbedingten Ableitströmen erwünscht. Eine Verringerung der Kapazitäten wirkt allerdings den geforderten Entstörmaßnahmen und damit der elektromagnetischen Verträglichkeit (EMV) entgegen. Eine Reduzierung der Kapazitäten könnte jedoch durch (mehr) Verwendung von *Entstördrosseln* erreicht werden. Diese haben aber den Nachteil, dass sie mehr Platz benötigen, bei größeren Strömen entsprechend Wärme erzeugen und teurer sind. Aus diesen Gründen wird in der Regel von der preiswerteren Möglichkeit Gebrauch gemacht, den Ableitstrom auf einen *Schutzleiter* abzuleiten. Auch bei höheren Ableitströmen scheint der Aufwand eines Schutzleiters mit größerem Querschnitt oder eines zusätzlichen Schutzleiters kostengünstiger zu sein. Ein Schutzleiter hat jedoch die Aufgabe, im Fehlerfall gefährliche Ströme sicher abzuführen, damit die in einer Anlage installierten Schutzeinrichtungen dann rechtzeitig und zuverlässig die Gefährdung abschalten können. Somit wirkt leider die Maßnahme „Schutz vor elektrischem Schlag" gegen die andere „sicheres Funktionieren". Das ist natürlich ein nicht zufriedenstellender Zustand und auf Dauer auch nicht tolerierbar. Ziel muss sein, beide berechtigte Maßnahmen „Schutz vor elektrischem Schlag" und „sicheres Funktionieren" verträglich zu machen.

Ableitströme und Normen

Das Thema Ableitströme wird in den letzten Jahren in mehreren Normungsgremien intensiv behandelt. Die Normen VDE 0106-102, VDE V 0140-479-1 und VDE 0140-1 sind quasi die Grundnormen für die Normungskomitees, die sich mit dem Schutz gegen elektrischen Schlag beschäftigen. Die VDE 0106-102 beschreibt die Messverfahren von Ableitströmen. Die VDE 0140-1 enthält Grundsätze und Anforderungen für den Schutz gegen elektrischen Schlag von Personen und Tieren, die gemeinsam für elektrische Anlagen, Systeme und Betriebsmittel gelten oder die für deren Koordinierung notwendig sind. Die VDE V 0140-479-1 ist eine Vornorm und hat deshalb noch nicht den Status einer eigenen Norm. Sie hat aber dennoch den Rang einer Sicherheitsgrundnorm und ist eine wichtige Orientierung über die Wirkungen von elektrischen Strömen auf Personen und Tiere, um die Anforderungen für die elektrische Sicherheit festzulegen.

Das letzte Jahr kann man als „Normungsjahr für Ableitströme" bezeichnen, in dem die Ableitströme und ihre Leiter bezüglich neuer Anforderungen überarbeitet wurden, z. B. VDE 0113-1, VDE 0140-1, VDE 0160-105, VDE 0100-410, VDE 0100-510, VDE 0100-540. Im Juni 2008 ist die neue, überarbeitete und zusammengeführte Norm DIN VDE 0701-0702 für die „Prüfung nach Instandsetzung, Änderung elektrischer Geräte – Wiederholungsprüfung elektrischer Geräte" erschienen. In dieser Norm werden u. a. auch die Messungen von Schutzleiter- und Berührungsströmen an Geräten beschrieben und wie mit erhöhten Ableitströmen zu verfahren ist.

Aufgrund der Aktualität und vieler Anfragen zu erhöhten Ableitströmen beim DKE wurde inzwischen ein Gemeinschafts-Arbeitskreis (GAK) aus den Komitees „K 211 Prüfung für die Instandhaltung elektrischer Betriebsmittel", „K 221 Elektrische Anlagen und Schutz gegen elektrischen Schlag" und „K 225 Elektrotechnische Ausrüstung und Sicherheit von Maschinen und maschinellen Anlagen" gegründet. Ziel des GAK 211, 221, 225 „Erhöhte Ableitströme" ist, es in den Geräte- und Errichternormen die Verwendung des Schutzleiters als aktiven Leiter für die Ableitung von Strömen zur Erde in Zukunft neu zu ordnen. Es werden dann wohl als Grundsätze für die betreffenden Normen gelten, dass ein Schutzleiter nur für den Schutz gegen elektrischen Schlag und ein EMV-Erdleiter nur für die Sicherheit gemäß EMVG eingesetzt werden darf.

Eine Konsequenz könnte dann vielleicht sein, dass alle EMV-Erdleiter in einem Gerät mit verstärkter/doppelter Isolierung sowohl von den inneren aktiven Teilen als auch von dem Schutzleiter getrennt geführt werden müssen. Das gilt natürlich auch außerhalb eines Betriebsmittels. Das heißt, dass auch die Netzanschlussleitung, der Netzanschluss über die Netzanschlussdose oder über die Steckvorrichtung (Stecker/Steckdose oder Stecker/Kupplung) bis hin zum Sternpunkt der Anlage entsprechend so ausgeführt werden müssen. Das würde in der Praxis jedoch bedeuten, dass ein *neues Leiter- und Stecksystem,* zumindest für Geräte mit erhöhten Ableitströmen, eingeführt werden muss. Aber auch die Entstörbauteile, z. B. Kondensatoren, Drosseln, Widerstände, müssen dann einen echten „EMV-Erdleiter" haben. Festzulegen gilt dann auch, ab welchen „erhöhten" Ableitströmen diese Maßnahmen anzuwenden sind. Bei richtiger, EMV-gerechter Installation, unter Beachtung von hochfrequenten Ableitströmen – auch mit Gleichstromanteilen – würden die Schutzmaßnahmen „Schutz gegen elektrischen Schlag" nicht gestört und beeinträchtigt werden. So würden z. B. die Fehlerstromschutzschalter (RCDs) dann wieder die eigentlichen Schutzleiterströme bewerten, die konstruktiv und im Fehlerfall über die Isolierungen im Schutzleiter fließen. Die Instandhalter und Prüfer können eine eindeutige Aussage über Schutzleiter- und/oder betriebsbedingte Ableitströme machen. Es bleibt abzuwarten, welche umsetzbaren Vorgaben in der Praxis uns die Normen in Zukunft anbieten werden.

Ableitstromarten

Ableitströme können allgemein über Isolierungen, Heizkörper, Entstörkondensatoren, Schutzimpedanzen usw. auf den Körper des Betriebsmittels und bei Berührung leitfähiger Teile mit doppelter oder verstärkter Isolierung zum Sternpunkt der Anlage fließen. Der Ableitstrom kann also ein Schutzleiterstrom, ein Berührungsstrom, ein Körperstrom, ein Fehlerstrom usw. sein.

In der Fachwelt herrschen oft Widersprüche und fachliches Durcheinander, wenn es um die Ableitströme und – vor allem – um deren genaue Definition geht. Allerdings machen es uns die Normen auch nicht leicht. Deshalb sollten auch die Begriffe und

Grenzwerte, wenn die Normen dasselbe meinen, besser untereinander abgestimmt und angepasst werden. Wichtig ist zu erkennen, dass für die richtige Bezeichnung des Ableitstromes die Ursache (konstruktiv oder fehlerbedingt) und der Zweck (Schutzmaßnahme und/oder Messverfahren) erkannt wird.

Definitionen, Erläuterungen, Messverfahren

Ableitstrom ist ein Oberbegriff, der im Prinzip alle Ableitstromarten umfasst.

Betriebsbedingter Ableitstrom

Mit dem Zusatz „betriebsbedingt" will man auf eine Besonderheit hinweisen. Es handelt sich hier um Ableitströme von bestimmten Bauteilen, die durch ihre Funktion während des Netzbetriebs verursacht werden. Das sind hauptsächlich Filter mit kapazitiven Beschaltungen, Schutzimpedanzen, Heizelemente usw.

Diese Ableitströme gehören von ihrer Ursache her nicht auf den Schutzleiter, weil sie keine Fehlerströme sind, sondern bei erhöhten Werten (I_A > 3,5 mA AC bzw. > 10 mA DC) auf einen separaten EMV-Erdleiter. Oder sie sind so weit zu reduzieren, dass sie für die Schutzmaßnahmen „Schutz gegen elektrischen Schlag" keine negativen Auswirkungen haben.

Bei der Messung eines betriebsbedingten Ableitstromes muss berücksichtigt werden, was für eine Ableitstromart gemessen werden soll: entweder der betriebsbedingte Ableitstrom im Schutzleiter oder/und der an berührbaren leitfähigen Teilen mit verstärkter/doppelter Isolierung (quasi Schutzisolierung). Zu beachten ist, dass im betriebsbedingten Ableitstrom auch Ableitströme (Schutzleiterströme) von den Isolierungen enthalten sind.

Mögliche Messverfahren bietet z. B. die VDE 0701-0702 an: Messung des Schutzleiter- und Berührungsstromes nach dem Verfahren Differenzstrom, direkte Strommessung oder die Ersatz-Ableitstrommessung. Jedes Messverfahren hat seine Besonderheiten, die zu beachten sind (s. Abschnitt „Prüfungen an Geräten nach VDE 0701–0702"). Wichtig für ein richtiges Messergebnis ist, dass die Messschaltungen nach VDE 0160-102 frequenzbewertet sind. Messgeräte, die nach VDE 0404 gebaut sind, berücksichtigen dies.

Schutzleiterstrom

Er ist die Summe der Ströme, die normalerweise über die Isolierungen eines Betriebsmittels oder einer Anlage im fehlerfreien Zustand zum Schutzleiter fließen – vorausgesetzt, dass sie nicht über andere Erdleiter abfließen können.

Sonst wäre er ein Differenzstrom, der über Erdleiter, einschließlich Schutzleiter, abfließt (siehe „Differenzstrom“).

Der Schutzleiter ist in seinem Ursprung dafür geschaffen worden, im Fehlerfall die Fehlerströme von defekten Isolierungen sicher und schnell genug abzuleiten. Leider fließen in der Praxis im Schutzleiter auch Ableitströme, die eigentlich dort nichts zu suchen haben. Das sind die betriebsbedingten Ableitströme, verursacht z. B. durch Schaltnetzteile, die überall in den Haushalten vorkommen (Telefon, Computer, Multimediageräte, Haushaltsgeräte usw.), sowie Phasenanschnittsteuerungen, Frequenzumrichter, Schutzimpedanzen, keramische Heizkörper. Sie summieren sich über die angeschlossenen Betriebsmittel und belasten entsprechend die Fehlerstromschutzschalter (RCDs) und können diese in ungünstigen Fällen abschalten, obwohl eigentlich keine Fehler vorliegen.

Zur Messung des Schutzleiterstromes kann neben dem *Differenzstrommessverfahren* (**Bild 1**) auch das *direkte Messverfahren* angewendet (**Bild 2**) werden, wenn dafür gesorgt wird, dass das Betriebsmittel gegen Erdpotential völlig isoliert ist. Die Messung ist z. B. mit einem Messgerät nach VDE 0404-2 oder mit einer *Ableitstrommesszange* nach VDE 0404-4 (**Bild 3**) durchzuführen. Diese Prüf-

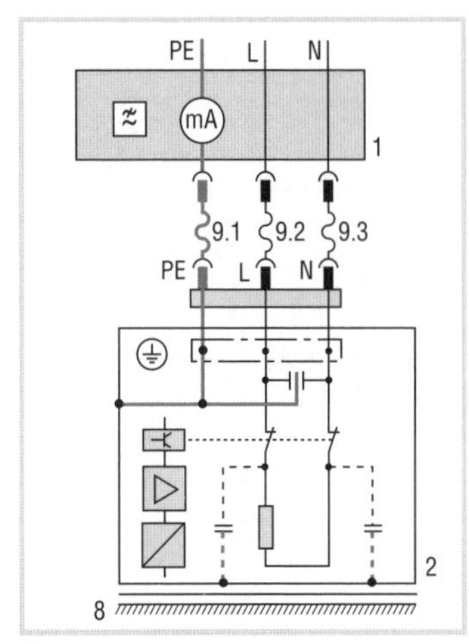

Bild 1
Differenzstrommessverfahren

Legende für die Bilder 1 bis 6

1 Messeinrichtung
2 Prüfling
3 Sicherung/Trennstelle
6 Messpunkte:
  6.1 an berührbaren leitfähigen Teilen mit Schutzleiterverbindung
  6.2 an berührbaren, doppelt/verstärkt isolierten leitfähigen Teilen
  6.3 an berührbaren leitfähigen Teilen von aktiven Teilen eines SELV-Stromkreises
7 Erdpotential
8 isolierte Aufstellung des Prüflings
9 Messleitungen:
  9.1 zum Schutzleiter und zu Schutzleiterverbindungen
  9.2 zu berührbaren, doppelt/verstärkt isolierten leitfähigen Teilen
  9.3 zu aktiven Teilen
  9.4 zu aktiven Teilen im Gerät, zwecks Ersatzableitstrommessung direkt am mehrphasigen Bauteil, z. B. Filter, Heizelemente
10 mögliche Erdverbindungen
11 doppelte/verstärkte Isolierung
X Kurzschlussbrücke am Bauteil

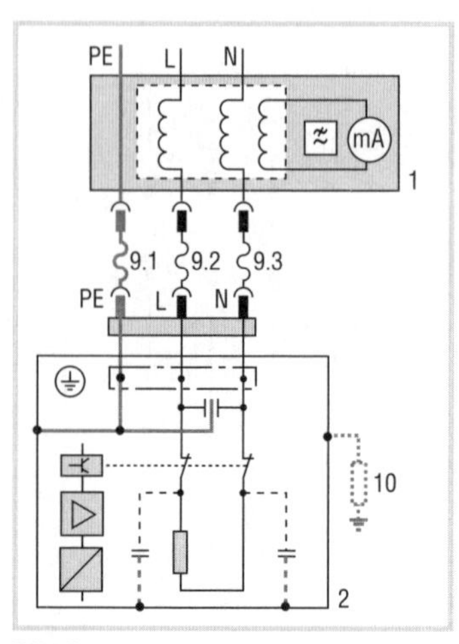

Bild 2
Direktes Messverfahren

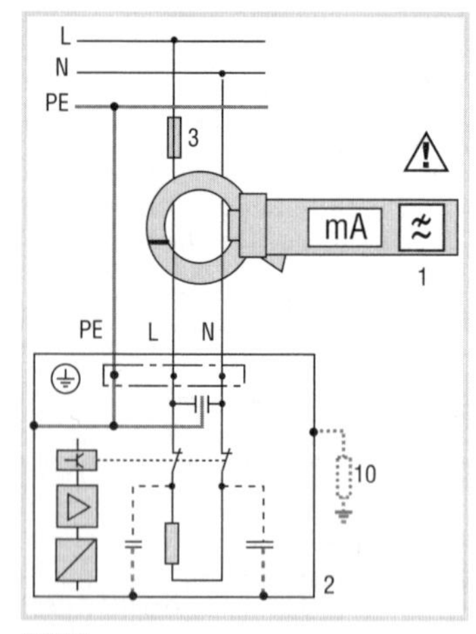

Bild 3
Differenzstrommessverfahren mit Ableitstrommesszange nach VDE 0404

geräte berücksichtigen den Frequenzgang nach VDE 0160-102, damit bei nichtlinearen Bauelementen oder Komponenten auch Ableitströme mit höheren Frequenzen richtig bewertet werden.

Die Messung des Schutzleiterstromes darf nur nach bestandener Schutzleiter-, Isolationswiderstands- und Berührungsstrommessung durchgeführt werden. Bei Betriebsmitteln mit netzspannungsabhängigen Schaltungen erfolgt die Messung des Isolationswiderstandes über den Gerätestecker bzw. die Geräteanschlussleitung bis zu Schaltkreisen zwischen den aktiven Teilen (L, N) und dem Schutzleiter (PE). Der Schutzleiterstrom wird bei einem bestimmungsgemäßen Betrieb des Betriebsmittels unter Netzspannung gemessen. Bei einphasigen Geräten mit ungepoltem Stecker oder ohne Stecker ist die Messung in allen Positionen durchzuführen (Stecker drehen, L/N tauschen). Während der Messung sind alle Schalter und Funktionen bzw. elektrischen Verbraucher/Bauteile einzuschalten.

Differenzstrom

Er wird häufig mit dem Schutzleiterstrom verwechselt. Mit der Differenzstrommessung wird die vektorielle Summe aller Ströme ermittelt. Nur wenn alle Ableitströme auch wirklich über den Schutzleiter fließen und nicht über andere Erdleiter (Schirme, Metallkonstruktionen usw.), ist der Differenzstrom identisch mit dem Schutzleiterstrom. Mit der Differenzstrommessung können auch vagabundierende Ströme mit einer geeigneten Ableitstrommesszange an der Netzeinspeisung einer Zuleitung gemessen werden, indem alle Leiter einschließlich Schutzleiter, also das gesamte Kabel, umfasst werden. Die Differenz zeigt dann Ströme an, die nicht über den Schutzleiter, sondern über andere Erdverbindungen abfließen. Mit dem Messverfahren Differenzstrom kann auch ein Berührungsstrom gemessen werden (siehe „Berührungsstrom“).

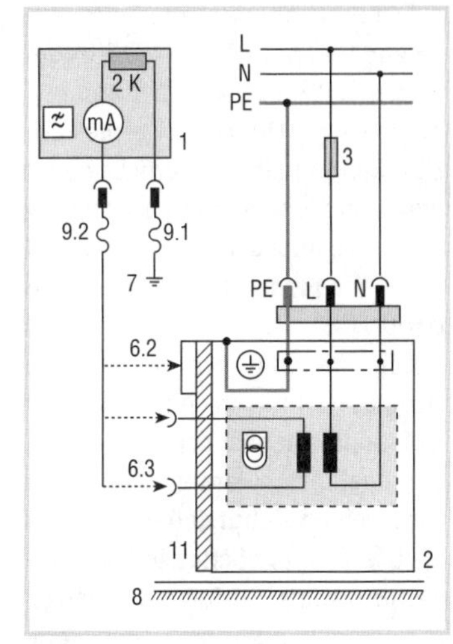

Bild 4
Berührungsstrommessung

Berührungsstrom

Er ist ein elektrischer Strom durch den Körper eines Menschen oder Tieres, wenn dieser Körper ein oder mehrere Teile einer Anlage oder eines Betriebsmittels berührt.

Die Messung des Berührungsstromes (**Bild 4**) ist natürlich nur sinnvoll an leitfähigen Teilen, die nicht an den Schutzleiter angeschlossen und/oder durch die verstärkte/doppelte Isolierung (quasi Schutzisolierung) von den inneren aktiven Teilen des Gerätes getrennt sind. Darum ist es wichtig, vor der Berührungsstrommessung auch den Isolierzustand dieser leitfähigen Teile festzustellen. Außerdem würde im Fehlerfall keine Abschaltung des dann unter Spannung stehenden Teils erfolgen. Im normalen, fehlerfreien Zustand wird kaum ein Berührungsstrom messbar sein, wenn überhaupt dann nur wenige µA, meist durch kapazitive und/oder magnetische Kopplungen hervorgerufen. Ein Strom, der durch eine Person fließt, wird je nach Berührungsbedingungen, z. B. Feuchtigkeit, Berührungsfläche, individuelle physiologischen Eigenschaften, Frequenz, unterschiedlich wahrgenommen. So werden Empfindungen (leichtes Kribbeln) beim Menschen bei einem Wechselstrom von 50 Hz bei Durchströmung Hand–Rumpf–Hand mit bis 3 mA und bei Durchströmung Hände–Rumpf–Füße mit bis 7,6 mA angegeben (nach Osypka).

Der Berührungsstrom wird mit einem Messgerät nach VDE 0404-2 oder mit einer Ableitstrommesszange nach VDE 0404-4 gemessen. Die Messschaltung berücksichtigt eine komplexe Körpernachbildung mit einer Impedanz von 2 kW und den Frequenzgang nach VDE 0160-102.

Die Messung des Berührungsstromes darf nur nach bestandener Isolationswiderstandsprüfung durchgeführt werden. Hat das Gerät einen Schutzleiter, so muss auch vorher die Schutzleiterwiderstandmessung erfolgreich abgeschlossen worden sein. Bei Geräten mit netzspannungsabhängigen Schaltungen erfolgt die Messung des Isolationswiderstandes über den Gerätestecker bzw. die Geräteanschlussleitung bis zu Schaltkreisen zwischen den aktiven Teilen (L, N) und dem Schutzleiter (PE). Zusätzlich müssen auch alle berührbaren leitfähigen Teile mit verstärkter/doppelter Isolierung durch die Messung des Isolationswiderstandes gegen die aktiven Teile (L, N) geprüft werden. Anschließend erfolgt die Messung des Berührungsstromes bei einem bestimmungsgemäßen Betrieb des Betriebsmittels unter Netzspannung. Bei einphasigen Geräten mit ungepoltem Stecker oder ohne Stecker ist die Messung in allen Positionen durchzuführen (Stecker drehen, L/N tauschen). Während der Messung sind alle Schalter und Funktionen bzw. elektrische Verbraucher/Bauteile einzuschalten.

Körperstrom

Er ist ein elektrischer Strom durch den Körper eines Menschen oder Tieres. Die Ursache muss nicht unbedingt durch eine Berührung entstehen. Der Körperstrom kann aber auch ein Berührungsstrom sein (siehe „Berührungsstrom").

Ersatzableitstrom

Die Ersatzableitstrommessung hat den Praktiker immer schon verwirrt. Nicht weil sie schlecht ist, sondern weil sie oft falsch verstanden und angewendet wird. Sie hat aber auch ihre Vorzüge. Gerade bei der Prüfung von „Ableitstromsündern", einzelnen Bauteilen, z. B. Filter, Heizkörper von mehrphasigen Betriebsmitteln (siehe Abschnitt „Messungen und Prüfungen an Geräten mit erhöhten Ableitströmen"), ist sie eine ergänzende und sinnvolle Messung des Schutzleiterstromes.

Die Bezeichnung „Ersatzableitstrom" wurde wohl gewählt, weil die Messung nicht unter Betriebsbedingungen durchgeführt wird (**Bilder 5** und **6**). Die Messung erfolgt über einen Trenntransformator, also potentialfrei. Darin liegt auch die wesentliche Stärke dieses Messverfahrens, mit dem gefahrlos gemessen und geprüft werden

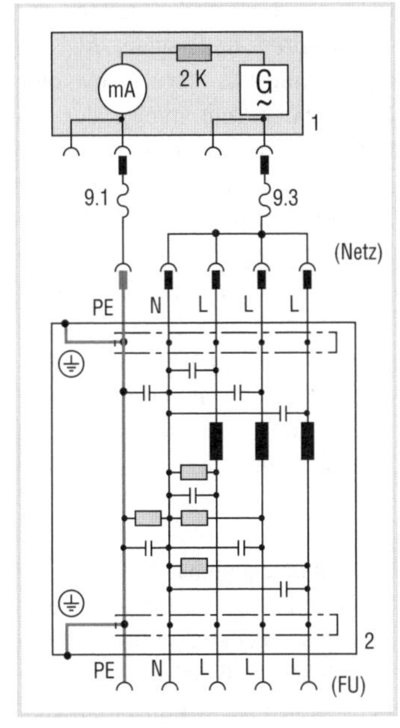

Bild 5
Ersatzableitstrommessung

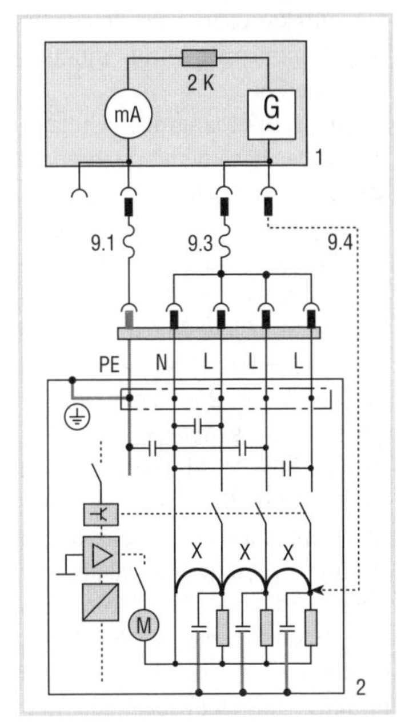

Bild 6
Ersatzableitstrommessung

kann. Bei der Messung werden alle aktiven Leiter gleichzeitig gegen den Schutzleiter oder/und gegen berührbare leitfähige Teile mit doppelter/verstärkter Isolierung gemessen. Ein wesentlicher Nachteil der Ersatzableitstrommessung ist jedoch, dass sie nur an einfachen Geräten ohne netzspannungsabhängige Schaltungen verwendet werden kann. Bei symmetrischen Beschaltungen, z. B. Y-Kondensatoren, ist der gemessene Wert doppelt so hoch und bei mehrphasigen Geräten entsprechend 3- bis 4-mal so hoch wie der betriebsgemäße Schutzleiterstrom nach dem direkten oder dem Differenzstrommessverfahren.

Die Messung des Ersatzableitstromes darf nur nach bestandener Isolationswiderstandsprüfung durchgeführt werden. Hat das Gerät einen Schutzleiter, so muss auch vorher die Schutzleiterwiderstandmessung erfolgreich abgeschlossen worden sein. Bei Geräten mit netzspannungsabhängigen Schaltungen darf die Ersatzableitstrommessung nicht durchgeführt werden. Dafür muss die Schutzleiterstrommessung, entweder nach dem direkten oder nach dem Differenzstrommessverfahren durchgeführt werden.

Für die Messung des Schutzleiterstromes nach dem Verfahren Ersatzableitstrom wird das Gerät vom Versorgungsnetz getrennt und an das Prüfgerät zur Messung angeschlossen. Das Prüfgerät erzeugt über einen Sicherheitstrenntransformator eine Wechselspannung von AC 25 bis 250 V mit Netzfrequenz mit maximal 3,5 mA Prüfstrom. Für die Messung müssen alle Schalter und Regler geschlossen sein, damit alle Isolierungen erreicht werden. Der gemessene Wert wird bei Messgeräten nach VDE 0404 automatisch korrigiert, sodass der Messwert dem einer Prüfung bei Nennspannung entspricht. Die Prüfgeräte nach VDE 0404 sind so aufgebaut, dass sie die aktiven Leiter (L, N) automatisch kurzgeschlossen werden. Die Prüfspannung liegt dann zwischen den aktiven Leitern und dem Schutzleiter an.

Für die Messung des Schutzleiterstromes nach dem Verfahren Ersatzableitstrom wird ähnlich verfahren wie bei der Schutzleiterstrommessung, nur werden die aktiven Teile nicht gegen den Schutzleiter, sondern stattdessen gegen die berührbaren leitfähigen Teile mit verstärkter/doppelter Isolierung geprüft. Bei der Bewertung des Messergebnisses ist zu beachten, dass bei Geräten mit Schutzleiter und symmetrischen Beschaltungen der gemessene Schutzleiterstrom infolge der Beschaltung doppelt, oder bei mehrphasigen Geräten entsprechend 3- bis 4-mal so hoch sein kann wie der betriebsgemäße Schutzleiterstrom der Beschaltung einer Phase.

Prüfgeräte nach VDE 0404 berücksichtigen eine komplexe Körpernachbildung mit einer Impedanz von 2 kW und den Frequenzgang nach VDE 0160-102.

Potentialausgleichsstrom

In einem Potentialausgleich können verschiedene Ableitstromarten fließen, z. B. vagabundierende Betriebsströme, Schutzleiter-/Fehlerströme, betriebsbedingte Ableitströme.

Der Potentialausgleichsstrom kann mithilfe einer Ableitstrommesszange nach VDE 0404-4 mit entsprechender Frequenzbewertung gemessen werden.

Fehlerstrom

Er ist ein Strom, der von defekten Isolierungen einer Anlage oder eines Betriebsmittels fließt.

Die Fehlerstrommessung kann nach den Messverfahren Differenzstrom, direkte Messung oder Ersatzableitstrom durchgeführt werden, je nachdem welches Messverfahren am besten geeignet ist (siehe die einzelnen Messverfahren in diesem Abschnitt).

Leckstrom
Dieser Begriff hat sich leider auch bei vielen Fachleuten hartnäckig behauptet. Gemeint ist damit ein Fehlerstrom. Der Begriff ist aus dem englischen Begriff für Ableitstrom „leakage current" falsch interpretiert und verstanden worden.

Grenzwerte für Schutzleiterströme und deren Schutzleiter

In diesem Abschnitt werden die Grenzwerte für Schutzleiter- und Berührungsströme einiger wichtigen Normen unter Beachtung ihrer Anwendungen dargestellt.

VDE 0140-1, VDE 0100-540, VDE 0100-510

Betriebsmittel mit Steckvorrichtungen bis 32 A:

Bemessungsstrom der Betriebsmittel	Maximaler Schutzleiterstrom
bis 4 A	2 mA
4 bis 10 A	0,5 mA/A
über 10 A	5 mA

Betriebsmittel, dauerhaft angeschlossen oder ortsfest, ohne spezielle Maßnahmen für den Schutzleiter, oder mit Steckvorrichtungen über 32 A:

Bemessungsstrom der Betriebsmittel	Maximaler Schutzleiterstrom
bis 7 A	2 mA
7 bis 20 A	0,5 mA/A
über 20 A	5 mA

Betriebsmittel, dauerhaft angeschlossen mit Schutzleiterströmen über 10 mA:
Der Schutzleiterstrom darf 5 % vom Bemessungsstrom des Betriebsmittels nicht übersteigen!

Dabei muss der Schutzleiterstrom mit einer vorhandenen Fehlerstromschutzeinrichtung (RCD) verträglich sein. Ist das nicht der Fall, so ist alternativ ein Transformator mit getrennten Wicklungen und mindestens einfacher Trennung zu verwenden. Das Betriebsmittel nach VDE 0100-540 muss über

- einen verstärkten Schutzleiter von mindestens 10/16 mm^2 (Cu/Al) oder
- eine zweite, getrennte Schutzleiteranschlussklemme mit mindestens demselben Querschnitt, wie er für den Schutz bei indirektem Berühren festgelegt ist, angeschlossen sein. Der zweite Schutzleiter ist bis zum nächsten Schutzleiteranschluss, der für mindestens 10/16 mm^2 ausgelegt sein muss, zu verlegen.

VDE 0160-105

Berührungsstrom (nach IEC 60990) max. AC 3,5 mA oder DC 10 mA, sonst Zusatzschutzmaßnahmen

Bei einphasigen Leistungsantriebssystemen mit Steckeranschluss, für die keine Steckvorrichtung nach IEC 60309 verwendet wird, darf der Berührungsstrom (IEC 60990) einen Wert von AC 3,5 mA oder DC 10 mA nicht überschreiten.

Grundsätzlich müssen Leistungsantriebssysteme mit Berührungsstrom über AC 3,5 mA oder DC 10 mA folgende Bedingungen erfüllen:

- ortsfester Anschluss und ein Querschnitt des Schutzerdungsleiters von mindestens 10/16 mm² (Cu/Al) oder
- ortsfester Anschluss und automatische Abschaltung des Netzes bei Unterbrechung des Schutzerdungsleiters oder
- ortsfester Anschluss und Anbringen einer zusätzlichen Anschlussklemme für einen zweiten Schutzerdungsleiter mit demselben Querschnitt wie der ursprüngliche Schutzerdungsleiter (DIN VDE 0100-540) oder
- Anschluss mit einer Steckvorrichtung nach IEC 60309 und ein Mindestquerschnitt des Schutzerdungsleiters von 2,5 mm² als Teil eines mehradrigen Versorgungskabels.

Zusätzliche Anforderungen:

- Auf dem Produkt und in den Anwender-, Errichtungs- und Instandhaltungsbüchern ist ein Warnhinweis mit Symbol nach ISO 7000-0434:2004-10 anzubringen: „Dieses Produkt kann einen Gleichstrom im Schutzerdungsleiter verursachen.“
- Es ist zu prüfen, ob verwendete Fehlerstromschutzeinrichtungen (RCDs) oder Fehlerstromüberwachungsgeräte (RCMs) vom Typ B sind. Andernfalls müssen sie getauscht werden.
- Im Errichtungshandbuch für den Anwender ist anzugeben, dass der Mindestquerschnitt des Schutzerdungsleiters den örtlichen Sicherheitsvorschriften für Schutzerdungsleiter für Ausrüstungen mit hohem Ableitstrom entspricht.
- In den Errichtungs- und Instandhaltungshandbücher ist die Kompatibilität mit RCDs (Typ B) anzugeben.

VDE 0701-0702

Schutzleiterstrom

(Bilder 1, 2 und 3):

Geräte allgemein:
max. 3,5 mA

Geräte mit eingeschalteten Heizelementen einer Gesamtleistung über 3,5 kW:
max. 1 mA/kW, nicht über 10 mA

Werden die Grenzwerte überschritten, so ist festzustellen, ob gemäß Herstellerangaben oder Produktnormen andere Grenzwerte gelten.

Berührungsstrom (Bild 4):
Nicht mit dem Schutzleiter verbundene berührbare leitfähige Teile: max. 0,5 mA

Die Messung darf bei SELV/PELV führenden Teilen und bei Geräten der Informationstechnik entfallen, wenn durch das dabei nötige Adaptieren (z. B. an Schnittstellen) oder durch den Messvorgang eine Beschädigung des Gerätes erfolgen kann. Sind berührbare leitfähige Teile unterschiedlichen Potentials so angeordnet, dass sie gemeinsam mit einer Hand berührt werden können, so ist die Summe ihrer Berührungsströme als Messwert anzusehen.

Prüfungen an Geräten nach VDE 0701–0702:2008

Immer öfter werden höhere Ableitströme gemessen, als es die Normen als Grenzwerte vorgeben. Die neue Norm DIN VDE 0701-0702:2008 „Prüfung nach Instandsetzung, Änderung elektrischer Geräte – Wiederholungsprüfung elektrischer Geräte“ lässt in solchen Fällen folgende Ausnahme zu: „Werden die in dieser Norm angegebenen Grenzwerte überschritten, gelten die Grenzwerte gemäß Produktnorm“ (siehe auch Abschnitt „Grenzwerte für Schutzleiterströme und deren Schutzleiter“) oder Herstellerangaben.

Diese Norm ist auch für die Prüfung von Geräten anwendbar,

- die elektrisch an die Anlage fest angeschlossen sind und bei denen das Gerät für die Prüfung des Schutzleiterwiderstandes (nur bei möglichen parallelen Erdverbindungen) und Isolationswiderstandes allpolig getrennt werden kann,
- bei erhöhten betriebsbedingten Ableit-/Schutzleiterströmen, wenn das Gerät entsprechende Messmöglichkeiten anbietet, z. B. Stecker nach IEC 60309, Messmöglichkeit für Ableitstrommesszange, Messklemme.

Die Prüfung nach VDE 0701-0702 hat eine qualitativ hochwertige Aussage für die Elektrosicherheit eines Betriebsmittels, da sie auch unter bestimmungsgemäßem Netzbetrieb vorgenommen wird und somit alle Isolierungen und Bauteile, auch netzspannungsabhängige, vollständig erfasst.

Nach einer Instandsetzung oder Änderung eines elektrischen Gerätes ist die Sicherheit des Gerätes durch Prüfen von einer Elektrofachkraft nachzuweisen. Wiederholungsprüfungen dürfen auch von elektrotechnisch unterwiesenen Personen unter Leitung und Aufsicht einer Elektrofachkraft durchgeführt werden.

Prüfablauf/Durchführung

Durch die einzelnen Prüfungen muss nachgewiesen werden, dass bei bestimmungsgemäßem Gebrauch des Gerätes keine Gefährdung für den Benutzer und/oder das Umfeld besteht.

Können die einzelnen Prüfungen nicht oder nicht vollständig durchgeführt werden, so hat der Prüfer in Eigenverantwortung zu entscheiden, ob trotz dieses Verzichts die Sicherheit bestätigt werden kann oder nicht. Prüfungen, die nicht oder nicht vollständig durchgeführt wurden, müssen vom Prüfer begründet und dokumentiert werden.

1. Sichtprüfung und Gefährdungsbeurteilung

Durch die Sichtprüfung muss nachgewiesen werden, dass am Gerät keine sichtbaren Mängel, die zu einer Gefährdung für den Benutzer führen können, bestehen. Aber auch Gefährdungen, die über eine defekte Netzversorgung erkennbar sind, z. B. eine äußerlich defekte Steckdose, oder eine nicht bestimmungsgemäße Anwendung, z. B. Einsatz eines Haushaltsgerätes für gewerbliche Nutzung, sind in die Sichtprüfung einzubeziehen.

2. Prüfung der Wirksamkeit der Schutzmaßnahme gegen elektrischen Schlag durch:

2.1. Messung des Schutzleiterwiderstandes zwischen dem Schutzleiter des Gerätesteckers/der Geräteanschlussleitung und

- einem leitfähigen Teil mit Schutzleiterverbindung, möglichst in der Nähe des Gerätenetzanschlusses,
- allen berührbaren leitfähigen Teilen mit Schutzleiterverbindungen.

2.2 Prüfung der Isolierungen

2.2.1 Messung des Isolationswiderstandes zwischen allen aktiven Teilen bis zu den netzspannungsabhängigen Schalteinrichtungen und

- dem Schutzleiter des Gerätesteckers/der Geräteanschlussleitung,
- allen berührbaren leitfähigen Teilen mit doppelter oder verstärkter Isolierung.

2.2.2 Messung des Schutzleiter- und Berührungsstromes im bestimmungsgemäßen Netzbetrieb

- Schutzleiterstrommessung am Gerätestecker bzw. an der Geräteanschlussleitung (Bilder 1, 2 und 3),
- Berührungsstrommessung an allen berührbaren leitfähigen Teilen mit doppelter oder verstärkter Isolierung (Bild 4).

  Während der Schutzleiter- und Berührungsstrommessungen müssen alle Bauteile und Funktionen des Gerätes vollständig erfasst werden.

2.2.3 Nachweis der sicheren

Trennung (SELV/PELV)

- Messung des Isolationswiderstandes zwischen Primärseite der Spannungsquelle und berührbaren aktiven Teilen eines SELV/PELV-Stromkreises,
- Messung der Schutzkleinspannung mit den Vorgaben für SELV oder PELV.

2.3 Nachweis der Wirksamkeit weiterer Schutzmaßnahmen

- Fehlerstromschutzeinrichtungen (RCDs), Isolationsüberwachungsgeräte, Überspannungsschutzeinrichtungen usw.
  sind nach den entsprechenden Sicherheitsvorgaben zu prüfen.

3. Prüfung der Aufschriften

Die Lesbarkeit aller der Sicherheit dienenden Aufschriften oder Symbole, der Bemessungsdaten und Stellungsanzeigen ist zu kontrollieren.

4. Funktionsprüfung

Nach Beendigung der elektrischen Prüfung ist eine Funktionsprüfung des Gerätes durchzuführen. Eine Teilprüfung kann ausreichend sein.

5. Auswertung der Prüfung und Dokumentation

Die Prüfung gilt als bestanden, wenn alle geforderten Einzelprüfungen bestanden wurden.

Das betreffende Gerät sollte entsprechend gekennzeichnet werden. Wird die Prüfung nicht bestanden, ist das Gerät deutlich als unsicher zu kennzeichnen und der Betreiber zu informieren.

Ist einer der in dieser Norm vorgegebenen Prüfgänge nicht oder nicht vollständig durchführbar, so ist vom Prüfer zu entscheiden, ob trotz dieses Verzichts die Sicherheit bestätigt werden kann oder nicht. Die Entscheidung muss begründet und dokumentiert werden.

Es wird empfohlen, die Prüfungen in geeigneter Form zu dokumentieren, die Messwerte aufzuzeichnen und anzugeben, welches Prüfgerät verwendet wurde.

Messungen und Prüfungen an Geräten mit „erhöhten Ableitströmen"

Zur Darstellung der Messverfahren wurden Beispiele ausgewählt. Es sind für die Messungen Prüfgeräte nach DIN VDE 0404 zu verwenden. Die Darstellung gilt analog auch für mehrphasige Geräte.

Messungen an mehrphasigen Geräten

Im bestimmungsgemäßen Betrieb addieren sich alle Ableitströme über Isolierungen, Heizkörper, Entstörkondensatoren, Schutzimpedanzen usw. und ggf. vorhandene Fehlerströme der verschiedenen Phasen infolge ihrer unterschiedlichen Phasenlage geometrisch und fließen zum Sternpunkt der Anlage. Wie schon erwähnt, wird bei der direkten Messung oder der

Differenzstrommessung die geometrische Summe der Ströme im Netzbetrieb erfasst. Aus diesem Grund können sich in mehrphasigen Geräten – im Gegensatz zu einphasigen Geräten – symmetrische Ableitströme, z. B. verursacht durch Verschmutzung, Feuchtigkeit, Veränderungen der Isolierungen in einem mehrphasigen Filter, zum großen Teil aufheben. Diese Fehler können somit nicht sofort bemerkt werden und eine Gefährdung darstellen, sobald die geometrischen Verhältnisse gestört sind, z. B. durch das Ausfallen einer Sicherung oder eine Leitungsunterbrechung.

Bei mehrphasigen Geräten ist es deshalb sinnvoll, solche „verdächtigen" Bauteile, Verschmutzungen usw. über die Isolations- und Ersatzableitstrommessung aufzuspüren. Mit der Isolations- und Ersatzableitstrommessung kann zwar kein Betriebsmittel komplett durchgeprüft werden. Darum geht es hier aber nicht, sondern es geht hier um diese erwähnten Teile, Isolierungen und Stellen, die der erfahrende Instandhalter kennen muss. Das ist quasi eine Stückprüfung vor Ort. Auf alle Fälle ist zu empfehlen, Bauteile mit hohen Ableitströmen, z. B. Entstörkondensatoren und Heizkörper zusätzlich so zu prüfen (Bilder 5 und 6). Hier können die Normen keine Grenzwerte vorgeben, da sie herstellerabhängig sind. Beim Beurteilen des Messwertes sind typische Werte zu berücksichtigen, entweder laut Herstellerangaben, Inbetriebnahmedaten oder Werten der letzten Prüfung.

Fazit

Schutzleiter sollten nur für den Schutz gegen elektrischen Schlag und EMV-Erdleiter nur für die Sicherheit gemäß EMVG angewendet werden.

Eine Konsequenz dieser Forderung könnte dann vielleicht sein, dass alle EMV-Erdleiter in einem Gerät mit verstärkter/doppelter Isolierung sowohl von den inneren aktiven Teilen als auch von dem Schutzleiter getrennt geführt werden müssen. Das gilt natürlich auch außerhalb eines Betriebsmittels. Das heißt, dass auch die Netzanschlussleitung, der Netzanschluss über die Netzanschlussdose oder über die Steckvorrichtung (Stecker/Steckdose oder Stecker/Kupplung) bis hin zum Sternpunkt der Anlage so ausgeführt werden müssen. Das würde in der Praxis jedoch bedeuten, dass ein neues Leiter- und Stecksystem, zumindest für Geräte mit erhöhten Ableitströmen, eingeführt werden muss. Aber auch die Entstörbauteile, z. B. Kondensatoren, Drosseln, Widerstände. müssen dann einen echten „EMV-Erdleiter" haben. Festzulegen gilt dann auch, ab welchen „erhöhten" Ableitströmen diese Maßnahmen anzuwenden sind.

Bei richtiger, EMV-gerechter Installation, unter Beachtung hochfrequenter Ableitströme – auch mit Gleichstromanteilen - würden die Schutzmaßnahmen „Schutz gegen elektrischen Schlag" nicht gestört und beeinträchtigt werden. So würden z. B. die Fehlerstromschutzschalter (RCDs) dann wieder die eigentlichen Schutzleiterströme bewerten, die konstruktiv und im Fehlerfall über die Isolierungen im Schutzleiter fließen.

Die Instandhalter und Prüfer können dann eine eindeutige Aussage über Schutzleiter- und/oder betriebsbedingte Ableitströme machen. Dazu müssen aber die entsprechenden Produkt- und Prüfnormen vorgeben, dass bei erhöhten betriebsbedingten Ableitströmen an Betriebsmitteln eine geeignete Messmöglichkeit vorhanden sein muss. Dass kann z. B. eine gut zugängliche Messklemme, ausreichend Platz zum Messen mit einer Ableitstrommesszange und Stromzangen für die Funktionsprüfung, eine Steckvorrichtung nach IEC 60309 um ein geeignetes Prüfgerät zwischenzuschalten, sein.

An Bauteilen mehrphasiger Geräte mit hohen Ableitströmen müssen z. B. Filter und Heizelemente für den Instandhalter gut zugänglich und prüfbar sein, damit an diesen kritischen Teilen eine Isolationswiderstands- und ergänzende Ersatzableitstrommessung einfach durchgeführt werden können. Die Isolationswiderstands- und ergänzende Ersatzableitstrommessung ersetzen nicht die netzspannungsabhängigen Schutzleiter- und Berührungsstrommessungen im bestimmungsgemäßen Betrieb des Betriebsmittels. Sie sind als Stückprüfung an kritischen Bauteilen und Stellen anzusehen und verlangen entsprechende Produkt- und Prüferfahrung.

Literatur

VDE 0100-200:2006 „Errichten von Niederspannungsanlagen – Teil 200: Begriffe"

VDE 0106-102:2000-10 „Verfahren zur Messung von Berührungsstrom und Schutzleiterstrom"

VDE 0113-1:2007-06 „Sicherheit von Maschinen – Elektrische Ausrüstung von Maschinen – Teil 1: „Allgemeine Anforderungen"

VDE 0140-1:2007-03 „Schutz gegen elektrischen Schlag – „Gemeinsame Anforderungen für Anlagen und Betriebsmittel"

VDE V 0140-479-1:2007-05 „Wirkungen des elektrischen Stromes auf Menschen und Nutztiere – Teil 1: Allgemeine Aspekte"

VDE 0100-410:2007-06 „Errichten von Niederspannungsanlagen – Teil 4-41: Schutzmaßnahmen – Schutz gegen elektrischen Schlag“
VDE 0100-510:2007-06 „Errichten von Niederspannungsanlagen – Teil 5-51: „Auswahl und Errichtung elektrischer Betriebsmittel – Allgemeine Bestimmungen“
VDE 0100-540:2007-06 „Errichten von Niederspannungsanlagen – Teil 5-54: „Auswahl und Errichtung elektrischer Betriebsmittel – Erdungsanlagen, Schutzleiter und Schutzpotentialausgleichsleiter“
VDE 0160-105:2008-04 „Elektrische Leistungsantriebssysteme mit einstellbarer Drehzahl – Teil 5-1: Anforderungen an die Sicherheit – Elektrische, thermische und energetische Anforderungen“
VDE 0404-1:2002 „Prüf- und Messeinrichtungen zum Prüfen der elektrischen Sicherheit von elektrischen Geräten – Teil 1: Allgemeine Anforderungen“
VDE 0404-2:2002 „Prüf- und Messeinrichtungen zum Prüfen der elektrischen Sicherheit von elektrischen Geräten – Teil 2: Prüfeinrichtungen für Prüfungen nach Instandsetzung, Änderung oder für Wiederholungsprüfungen“
VDE 0404-3: 2005 „Prüf- und Messeinrichtungen zum Prüfen der elektrischen Sicherheit von elektrischen Geräten – Teil 3: Prüfeinrichtungen für Wiederholungsprüfungen und Prüfungen vor der Inbetriebnahme von medizinischen elektrischen Geräten oder Systemen“
VDE 0404-4:2005 „Prüf- und Messeinrichtungen zum Prüfen der elektrischen Sicherheit von elektrischen Geräten – Teil 4: Handgehaltene und handbediente Strommesszangen/Stromsonden für Messungen von Schutzleiterströmen und Berührungsströmen von elektrischen Geräten“
VDE 0701-0702:2008-06 „Prüfung nach Instandsetzung, Änderung elektrischer Geräte – Wiederholungsprüfung elektrischer Geräte“

Die wiederkehrende Prüfung nach DIN VDE 0105-100/A1 (VDE 0105-100/A1):2008-06

Herbert Schmolke

Ergänzende Anforderungen durch Texte aus VDE 0100-600

Bis zum Jahr 2008 war die Welt bezüglich der Prüfung elektrischer Anlagen noch in Ordnung. Jede Elektrofachkraft wusste, dass Anforderungen zur Erstprüfung in VDE 0100-610 und zu wiederkehrenden Prüfungen in VDE 0105-100 zu finden waren. Diese klare Trennung wurde jedoch mit den aktuell gültigen Ausgaben dieser beiden Normen zum Teil infrage gestellt. Um zu verstehen, warum in VDE 0105-100 neuerdings Textergänzungen aus VDE 0100-600 zu finden sind, muss zuvor einiges zur letztgenannten Norm gesagt werden. Im Jahr 2008 wurde VDE 0100-610:2004-04 ersetzt durch VDE 0100-600:2008-06. Der Titel der neuen Norm lautet **DIN VDE 0100-600 Errichten von Niederspannungsanlagen – Teil 6: Prüfungen.**

Dabei fällt auf, dass

- sich der Titel der Norm geändert hat; die Vorgängernorm hieß „Erstprüfungen";
- die Norm eine neue Kennzeichnung erhalten hat. Normen zur Erstprüfung gehörten zwar immer schon zur Gruppe 600 der Normenreihe VDE 0100, aber die Vorgängernorm war als Teilnorm 610 gekennzeichnet. Die neue Norm trägt nun die Kennzeichnung der Gruppe: 600.

Diese beiden rein äußerlichen Änderungen sind aufeinander bezogen. Die neue Norm trägt ganz bewusst die Bezeichnung der Gruppe, da in ihr tatsächlich mehrere Unterabschnitte mit jeweils verschiedenen Inhalten zu finden sind. Von daher konnte auch der alte Titel „Erstprüfung" nicht mehr beibehalten werden, da er lediglich einen dieser Unterabschnitte repräsentieren würde.

Der erste Unterabschnitt, Abschnitt 61, entspricht im Wesentlichen der bisher gültigen Norm (VDE 0100-610). Der zweite Unterabschnitt, Abschnitt 62, enthält jedoch Anforderungen zu wiederkehrenden Prüfungen.

Letzteres erstaunt den deutschen Normenanwender, weil er weiß, dass in Deutschland die Anforderungen für wiederkehrende Prüfungen seit jeher in VDE 0105-100 zu finden sind. Warum hier also eine weitere Norm zum gleichen Thema?

Die Antwort darauf kann nur im Hinblick auf die Tatsache erfolgen, dass Normung längst kein nationales Geschehen mehr ist. Deutschland ist wirtschaftlich gesehen sicher kein unwichtiges Land innerhalb der Europäischen Union, aber es ist eben doch nur ein Land unter vielen. Das gilt auch für die Normungsarbeit. Wir mögen auf eine noch so lange Erfahrung in der Elektroinstallation zurückblicken können – wenn in anderen Ländern ganz andere Erfahrungen gemacht wurden und dort das Unfallgeschehen nicht deutlich zeigt, dass deren Erfahrungen eindeutig schlechter oder gefährlicher sind, dann gibt es keinen Grund, in anderen Ländern die deutschen Vorstellungen durchzusetzen.

In Bezug auf unsere Frage spielen dabei weniger verschiedene Vorstellungen über Zweck und Inhalt von Prüfungen elektrischer Anlagen eine Rolle als vielmehr verschiedene Betrachtungsweisen der Ordnung von Normungsinhalten. Im englischen Originaltext trägt VDE 0100 den Titel *„Electrical Installations of Buildings"*. Das bedeutet „Elektrische Installationen von Gebäuden". Von Errichtung ist in VDE 0100 also gar keine Rede. Hier geht es schlichtweg um die elektrische Anlage in einem Gebäude – von der Planung über die Errichtung bis zum Betrieb. Dass man VDE 0100 ausschließlich auf die Errichtung beschränkt, war und ist eine rein deutsche Eigenart, die im Ausland kaum verstanden wird.

Bei den Mitarbeitern in den internationalen (IEC) sowie den europäischen Normungsgremien (CENELEC) war es durchaus selbstverständlich, Aussagen zur wiederkehrenden Prüfung im Bereich der VDE 0100 unterzubringen. Probleme mit dieser Zuordnung hatte nur Deutschland.

Der deutsche Normenanwender fragt sich vielleicht, welche Rolle VDE 0105-1 in diesem Zusammenhang spielt. Der Text von VDE 0105-1 ist die Übernahme der europäischen Norm EN 50110. Zum Anwendungsbereich sagt die Norm selbst: *„Diese Norm beschreibt die Anforderungen für sicheres Bedienen von und Arbeiten an, mit oder in der Nähe von elektrischen Anlagen. Diese Anforderungen gelten für alle Bedienungs-, Arbeits- und Wartungsverfahren. Sie gelten für alle nichtelektrotechnischen Arbeiten, wie Bauarbeiten in der Nähe von Freileitungen oder Kabeln sowie für elektrotechnische Arbeiten, bei denen eine elektrische Gefahr besteht.*

Diese Norm gilt nicht beim Benutzen elektrischer Anlagen und Betriebsmittel, die den einschlägigen Normen entsprechen und die konstruiert und installiert wurden für den Gebrauch durch Laien."

EN 50110 beschreibt also Anforderungen zum Arbeitsschutz, die einzuhalten sind, wenn sich eine Person der elektrischen Anlage nähert, um irgendwelche Arbeiten auszuführen. Bei der Arbeit darf keine unzumutbare Gefahr entstehen.

Da nun die Wartung und Instandhaltung zu diesen Arbeiten an oder in der Nähe der elektrischen Anlage gehören, schließt dies auch Prüfungen der elektrischen Anlage ein. Wenn in EN 50110 also von der Prüfung in der elektrischen Anlage gesprochen wird, geht es nicht um Prüfinhalte, sondern lediglich um den Aspekt des Arbeitsschutzes beim Prüfen. Die Elektrofachkraft darf bei der Prüfung weder unzulässige Gefahren hervorrufen noch selbst unzulässig gefährdet werden. Deshalb sind beim Prüfen bestimmte grundlegende Anforderungen zu beachten. Die Inhalte der Prüfung – also was genau geprüft wird und welche Grenzwerte dabei beachtet werden müssen – regelt EN 50110 dagegen nicht.

Dies haben die deutschen Normensetzer anders gesehen. Aussagen zu wiederkehrenden Prüfungen waren früher in europäischen Normen eher spärlich, dagegen gab es hierzu in Deutschland schon recht früh dezidierte Aussagen. Dazu kam die (rein deutsche) Sichtweise, in der Normenreihe VDE 0100 lediglich das Errichten von elektrischen Anlagen zu beschreiben. Von daher lag es aus deutscher Sicht nahe, die Anforderungen zu den wiederkehrenden Prüfungen dort unterzubringen, wo nicht von der Errichtung, sondern vom Betrieb elektrischer Anlage die Rede war. Auf diese Weise fand man in VDE 0105-1, Abschnitt 5.3.3, wo das Thema Prüfung angesprochen wurde, eine Möglichkeit, die Prüfinhalte für wiederkehrende Prüfungen unterzubringen. Die Anforderungen zu den wiederkehrenden Prüfungen wurden ganz einfach an die bestehenden Texte des zuvor erwähnten Abschnitts 5.3.3 angehängt. Um deutlich zu machen, dass es hier um rein nationale Zusätze geht, schuf man hierzu eine eigene Nummerierung (beginnend mit Abschnitt 5.3.101) und setzte die entsprechenden Texte in Kursivschrift. Das Ganze wurde dann als VDE 0105-100 herausgegeben. Teil 100 enthält also den kompletten Teil 1 (also EN 50110) und zusätzlich die nationalen Ergänzungen.

Diese Vorgehensweise ist in den restlichen europäischen Ländern jedoch völlig unbekannt. Als man den Abschnitt 62 zum Thema wiederkehrende Prüfung in VDE 0100-600 einfügte, war man sich in Europa nicht bewusst, dass dies in Deutschland auf Unverständnis stoßen würde, weil hier eine Doppelnormung vermutet wurde.

Damit die Anforderungen, die mit Abschnitt 62 aus VDE 0100-600 verbindlich beschlossen wurden, auch in Deutschland in einer nationalen Norm umgesetzt werden konnten, entschieden die deutschen Normungsgremien K 224 (für VDE 0105 zuständig) und UK 221.1 (für VDE 0100 zuständig), den Text des Abschnitts 62 aus VDE 0100-600 komplett herauszunehmen und in VDE 0105-100, Abschnitt 5.3.101, zu integrieren. Eine Arbeitsgruppe fügte zu diesem Zweck die Bestimmungstexte aus Abschnitt 62 mit den bestehenden Anforderungen aus VDE 0105-100, Abschnitt 5.3.101, zusammen.

In VDE 0100-600 ist bei der Erwähnung des Abschnitts 62 deshalb lediglich der Vermerk zu finden: *„Dieser Abschnitt ist in Deutschland in DIN VDE 0105-100 (VDE 0105-100), Abschnitt 5.3.101, veröffentlicht."*

Es ist klar, dass trotz dieser Verschiebung der Texte vom Grundsatz her in der neuen Norm VDE 0100-600 die Erstprüfung und die wiederkehrende Prüfung zusammengefasst werden. Der Titel „Prüfungen" ist also berechtigt, und die übergeordnete Kennzeichnung als eine Norm der Gruppe 600 ist aus dieser Sicht ebenso verständlich.

Änderungen, die sich dadurch in VDE 0105-100/A1:2008-06 ergeben

Natürlich muss nun die Frage beantwortet werden, welche Änderungen oder Ergänzungen durch die neuen Texte aus Abschnitt 62 zur wiederkehrenden Prüfung beachtet werden müssen. Aus diesem Grund folgt ein kurzer Überblick über die wichtigsten Änderungen und Ergänzungen in der aktuell gültigen VDE 0105-100 zum Thema wiederkehrende Prüfungen. Dabei genügt es, die Neuerungen aufzuzeigen, da die Texte der Vorgängerausgabe (VDE 0105-100:2005-06) erhalten geblieben sind. Es wurde lediglich, wo nötig, die Ordnung etwas verändert, um die neuen Texte nahtlos einfügen zu können.

Abschnitt 5.3.101.0 (Allgemeines)

Dieser Abschnitt ist neu. In der Vorgängerausgabe gab es hier nur einen einleitenden Abschnitt unter der Überschrift: „5.3.101 Wiederkehrende Prüfungen". Mit den hinzugefügten Texten ist die Einleitung nun länger. Wesentliche Änderungen sind jedoch nicht zu verzeichnen. Wichtig ist, dass ausdrücklich auf Abschnitt 61 aus VDE 0100-600 verwiesen wird, in dem die auszuführenden Prüfungen beschrieben werden.

Allerdings gibt es auch Unterschiede zwischen Erst- und Wiederholungsprüfung. Im Abschnitt 5.3.101.0.2 wird z. B. bewusst betont, dass die *„Einhaltung der nach DIN VDE 0100-410 geforderten Abschaltzeiten von*

Fehlerstrom-Schutzeinrichtungen (RCDs)" festgestellt werden muss. Kurz darauf folgt in diesem Zusammenhang eine Anmerkung, in der empfohlen wird, dass bei der Prüfung der Abschaltzeiten nach VDE 0100-410 (siehe dort Tabelle 41.1) mit dem 5-fachen Bemessungsdifferenzstrom ($I_{\Delta n}$) geprüft werden sollte, wenn der Schutz durch automatisches Abschalten durch eine Fehlerstrom-Schutzeinrichtung (RCD) erfolgen soll.

Diese Aussage, auch wenn sie nur in einer Anmerkung als Empfehlung erwähnt wird, hat einige Diskussionen hervorgerufen. In VDE 0100-410 wird der Wert $5 \cdot I_{\Delta n}$ ebenfalls erwähnt. Dort wird in den Abschnitten 411.4.4 (zum TN-System), 411.5.3 (zum TT-System) und 411.6.4 (zum IT-System) hervorgehoben, dass Fehlerströme stets höher ausfallen als der 5-fache Bemessungsdifferenzstrom ($I_{\Delta n}$) der Fehlerstrom-Schutzeinrichtung (RCD). Der Grund dafür ist, dass in der Norm grundsätzlich von einem widerstandslosen Körperschluss ausgegangen wird. Dieser Hinweis in VDE 0100-410 hat zwei wesentliche Bedeutungen bzw. Hintergründe:

1. In der Tabelle 41.1 von VDE 0100-410 wird für typische Spannungen in Niederspannungssystemen (400/230 V) eine maximale Abschaltzeit von 0,4 s in TN-Systemen und von 0,2 s in TT-Systemen gefordert. Der letztgenannte Wert kann jedoch problematisch werden, da nach DIN EN 61008-1 (VDE 0664-10), Tabelle 1, bei einer Fehlerstrom-Schutzeinrichtung (RCD) beim Auftreten des einfachen Bemessungsdifferenzstromes eine Abschaltung innerhalb von 0,3 s erfolgen muss. Selbst wenn bekannte Hersteller versichern, dass die Abschaltung ihrer Geräte früher erfolgt, kann doch nicht ausgeschlossen werden, dass ein anderer Hersteller diese 0,3 s voll ausschöpft. Damit wäre eine Fehlerstrom-Schutzeinrichtung (RCD) im TT-System grundsätzlich nicht erlaubt – ein untragbarer Zustand. Von daher ist es sinnvoll, dem Prüfer zu empfehlen, dass er notfalls eine Prüfung mit $5 \cdot I_{\Delta n}$ durchführen kann.

   Allerdings muss betont werden, dass viele Messgeräte bei $5 \cdot I_{\Delta n}$ nicht mehr die Abschaltzeit nach Tabelle 41.1 aus VDE 0100-410 zugrunde legen, sondern die Abschaltzeit nach Gerätenorm entsprechend Tabelle 1 aus VDE 0664-10. Das wäre bei üblichen Fehlerstrom-Schutzeinrichtungen (RCDs) 40 ms (= 0,04 s).
2. In verschiedenen Anwendungen kommt es zusätzlich auf eine hohe Versorgungssicherheit an. Vielfach wird in solchen Fällen befürchtet, dass Impulsströme, hervorgerufen durch nahe oder ferne Blitzeinschläge, Fehlauslösungen verursa-

chen. Aus diesem Grund bevorzugt man Fehlerstrom-Schutzeinrichtungen (RCDs) mit einer S-Klassifizierung, die eine besonders hohe Stoßstromfestigkeit aufweisen. Allerdings schalten sie zeitlich etwas verzögert. Nach der zuvor erwähnten Tabelle 1 aus VDE 0664-10 dürfen solche Geräte bei $I_{\Delta n}$ innerhalb 0,5 s abschalten. Der Einsatz solcher Fehlerstrom-Schutzeinrichtungen (RCDs) wäre also rein formal nie möglich. Hier hilft die Bemerkung aus VDE 0100-410 sowie die Anmerkung aus VDE 0105-100 im Abschnitt 5.3.101.0.2; denn bei $5 \cdot I_{\Delta n}$ schalten diese Geräte in weniger als 0,15 s ab. Damit wäre der Einsatz von Fehlerstrom-Schutzeinrichtungen (RCDs) vom Typ S doch möglich.

Etwas seltsam klingt Abschnitt 5.3.101.0.4: *„Bei Anlagen, die im normalen Betrieb einem wirksamen Managementsystem für vorbeugende Unterhaltung und Wartung unterliegen, dürfen die wiederkehrenden Prüfungen durch die angemessene Durchführung einer dauernden Überwachung und Wartung der Anlage und all ihrer Betriebsmittel durch Elektrofachkräfte ersetzt werden. Geeignete Nachweise müssen zur Verfügung gehalten werden.“*

Dies kann nur so verstanden werden, dass die Anlage ständig durch Besichtigen, Messen und Erproben überwacht wird. Im Grunde war dies auch schon früher möglich, wurde aber zumindest in dieser Norm so nicht hervorgehoben. Allerdings muss hier gefragt werden, worin der Unterschied zwischen einer wiederkehrenden Prüfung nach VDE 0105-100 und der wiederkehrenden Prüfung nach einem Managementsystem besteht. Die Antwort bleibt aus und wäre sicher auch kaum hilfreich. Fest steht in jedem Fall: Eine elektrische Anlage darf nicht sich selbst überlassen werden.

Mit der aktuell gültigen Ausgabe der VDE 0100-600 wird nun auch in VDE 0105-100 im Abschnitt 5.3.101.0.6 gefordert, dass eine Prüfung nur von einer Elektrofachkraft durchgeführt werden darf, die Erfahrungen im Prüfen elektrischer Anlagen hat. Diese Anforderung klingt selbstverständlich, ist aber nicht unwichtig. Damit wird ausgeschlossen, dass ein Fachbetrieb für solche Prüfungen z. B. einen Auszubildenden ohne entsprechende Erfahrung beauftragt. Aber auch eine ausgebildete Elektrofachkraft ist dazu nicht automatisch befähigt, wenn sie sich nicht durch Mitwirkung bei Prüfungen, die Kollegen oder Vorgesetzte durchgeführt haben, eine entsprechende Erfahrung erworben hat. Diese Forderung entspricht auch der Betriebssicherheitsverordnung (BetrSichV) – vor allem den „Technischen Regeln zur Betriebssicherheit" (TRBS 1203 Teil 3).

Abschnitt 5.3.101.5 (Prüfbericht für die wiederkehrende Prüfung)

Dieser Abschnitt ist komplett neu. Die Dokumentation wird in den neuen Texten stark hervorgehoben. Neben Selbstverständlichkeiten werden auch pragmatische Hinweise gegeben. Beispielsweise wird empfohlen, neben den eigentlichen Ergebnissen der Prüfungen auch Empfehlungen für Reparaturen und Verbesserungen aufzuführen, wie die nach Anpassungen der Anlage an den Stand der aktuell gültigen Normen (Abschnitt 5.3.101.5.2).

Im ursprünglichen europäischen Harmonisierungsdokument war in einem informativen Anhang zur VDE 0100-600 ein kompletter Prüfbericht zu finden. Das deutsche Normungsgremium hielt diese Information jedoch für nicht notwendig, da wir in Deutschland Prüfberichte verwenden, die sich bewährt haben und auch bei allen Elektrofachkräften bekannt sind. Von daher entschied man sich, statt dessen Mindestanforderungen für Prüfberichte festzulegen. Da sich der Begriff „Mindestanforderung" nicht als Empfehlung eignet, wurde dieser Anhang normativ. Da die Norm (VDE 0100-600), wie zuvor beschrieben, auch Anforderungen an wiederkehrende Prüfungen enthält (nämlich in Abschnitt 62), gelten diese Mindestanforderungen sowohl für die Erstprüfung als auch für wiederkehrende Prüfungen – also auch für VDE 0105-100. Allerdings wurde der Anhang mit den Mindestanforderungen an einen Prüfbericht im für VDE 0105 zuständigen Normungsgremium kontrovers diskutiert und schließlich nur als informativer Anhang wiedergegeben. Somit findet man diese Mindestanforderungen in VDE 0100-600 als normativen und in VDE 0105-100 als informativen Anhang.

Viele Angaben wie „Name und Anschrift des Auftraggebers bzw. des Auftragnehmers", „Bezeichnung der geprüften Anlage" usw. sind dabei fast schon selbstverständlich. Allerdings wird eine Sache besonders betont, die immer wieder übersehen wird. Es gibt leider immer noch Prüfer, die es für ausreichend halten, wenn sie bei Messungen lediglich feststellen, dass ein gemessener Wert z. B. unterhalb eines von der Norm festgelegten Höchstwertes bleibt. Dabei werden u. U. endlose Stromkreislisten niedergeschrieben, in denen lauter Zahlenkolonnen enthalten sind, wie 855 mΩ, 720 MΩ, < 1 Ω , – je nachdem, ob Schleifenwiderstände, Isolationswiderstände oder eine niederohmige Verbindung gemessen wurden. Offen bleibt meist die Frage, warum z. B. bei mehreren fast identischen Stromkreisen die Schleifenwiderstände stark variieren und was es bedeutet, wenn beispielsweise einer von 10 Stromkreisen einen Isolationswiderstand von 5 MΩ aufweist, während die übrigen fast im GΩ-Bereich liegen.

Der verantwortungsbewusste Prüfer muss sich Rechenschaft darüber geben, ob die gemessenen Werte einen Sinn ergeben oder nicht – ganz davon abgesehen, ob der Wert „zufällig" innerhalb der von der Norm gesetzten Toleranz bleibt. Hat eine niederohmige Verbindung, bei der ein 30 cm langes Leitungsstück mit einem Querschnitt von 6 mm^2 Cu gemessen wird, beispielsweise einen Widerstand von 2 Ω, dann muss dies im konkreten Fall interpretiert werden. Ist dieser relativ hohe Wert erklärbar und kann es hier zu gefährlichen Zuständen kommen? Ist ein Schleifenwiderstand besonders auffällig, auch wenn der daraus resultierende Kurzschlussstrom durchaus noch so hoch liegt, dass die vorgeschaltete Überstrom-Schutzeinrichtung bei einem widerstandslosen Körperschluss in der notwendigen Zeit auslösen würde?

Hier sind die Erfahrung und das Fachwissen des Prüfers gefragt. Fachwissen heißt dabei mehr als die Kenntnis der Normwerte. In den Mindestanforderungen aus VDE 0100-600 wird dies so ausgedrückt: *„Alle bei dem Besichtigen, Erproben und Messen ermittelten Informationen sowie die Ergebnisse von Berechnungen müssen vom Prüfer bewertet werden. Diese Bewertung ist das Ergebnis der Prüfung. Das Ergebnis der Prüfung ist einschließlich der für die Bewertung relevanten Messwerte zu dokumentieren. Bei der Bewertung sollten auch Messwerte, die die Normanforderungen erfüllen, aber auffällig von den zu erwarteten Werten abweichen, berücksichtigt werden. Eine Dokumentation aller einzelnen Messwerte im Prüfbericht ist nicht gefordert."*

Abschnitt 5.3.101.6 (Häufigkeit der wiederkehrenden Prüfung)

Auch zum Prüfzyklus findet man in den neuen Bestimmungstexten der VDE 0105-100 einige Aussagen. Wer allerdings hofft, eine klare Regelung vorzufinden, wird enttäuscht. Die Vorgaben sind eher allgemein gehalten. Gleich zu Anfang dieses Abschnitts wird ganz allgemein etwas gesagt, was ohnehin selbstverständlich ist: *„Die Häufigkeit der wiederkehrenden Prüfung einer Anlage muss bestimmt werden unter Berücksichtigung von Art der Anlage und der Betriebsmittel, Verwendung und Betrieb der Anlage, Häufigkeit und Qualität der Anlagenwartung und den* *äußeren Einflüssen, denen die Anlage ausgesetzt ist“.*

Nur in den Anmerkungen werden vorsichtige Andeutungen für Prüffristen vorgeschlagen. Für gewerblich oder industriell genutzte Anlagen findet man folgende Empfehlung: *„Die Zeitspanne darf z. B. einige Jahre betragen (z. B. 4 Jahre), außer für folgende Anlagen, wo ein höheres Risiko bestehen kann und deshalb kürzere Zeitperioden verlangt werden dürfen:*

- *Arbeitsstätten oder Räume, wo aufgrund der Alterung besondere Risiken in Bezug auf elektrischen Schlag, Brand oder Explosion bestehen;*
- *Arbeitsstätten oder Räume, wo Hochspannungs- und Niederspannungsanlagen vorhanden sind;*
- *kommunale Einrichtungen;*
- *Baustellen;*
- *Anlagen für Sicherheitszwecke (z. B. Notbeleuchtungsanlagen).“*

Für den privaten Wohnungsbereich werden hingegen längere Zeiten empfohlen. Als Beispiel werden in einer weiteren Anmerkung 10 Jahre genannt. Lediglich bei einem Wechsel der Bewohner wird die Empfehlung etwas dringlicher formuliert: *„Bei einem Wechsel der Bewohner ist eine Prüfung der elektrischen Anlage dringend empfohlen.“*

Gerichtsurteil zum Thema E-CHECK

Am 14. Februar 2007 wurde vom **Bundesgerichtshof** ein für den E-CHECK äußerst wichtiges Urteil gefällt. Nach diesem Urteil können die Kosten für den E-Check von Vermietern als Betriebskosten umgelegt werden. Dies muss allerdings im Mietvertrag vereinbart sein.

Wegen der großen Bedeutung des Urteils wird dieses nachfolgend weitgehend vollständig abgedruckt.

Urteil

VIII ZR 123/06

Wiederkehrende Kosten, die dem Vermieter zur Prüfung der Betriebssicherheit einer technischen Anlage (hier: Elektroanlage) entstehen, sind Betriebskosten, die bei entsprechender ausdrücklicher Vereinbarung der Mietvertragsparteien als „sonstige Betriebskosten" im Sinne von § 2 Nr. 17 Betriebskostenverordnung (bzw. Anlage 3 Nr. 17 zu § 227 der II. Berechnungsverordnung) auf den Mieter umgelegt werden können.

Tatbestand

Die Beklagte ist seit 1999 Mieterin einer Wohnung der Klägerin in M. Die Parteien streiten darum, ob die Klägerin die Kosten für die Revision der Elektroanlage umlegen kann. Der Mietvertrag vom 16. November 1999 enthält zu den Vorauszahlungen für die Nebenkosten unter § 22 Nr. 2 folgende Bestimmung:

„Es werden Vorauszahlungen erhoben für (Einzelaufstellung siehe Anlage 1) Betriebskosten kalt: 107,96 DM (Vorauszahlung s. Anlage 1) ..."

In der Anlage 1 heißt es:

„Übersicht der in der Vorauszahlung enthaltenen Kostenarten gemäß Anlage 3 (zu § 227 Abs. 1) der zweiten Berechnungsverordnung. Bezeichnung: ..."

Anschließend werden die einzelnen Betriebskosten genannt. Bei den sonstigen Betriebskosten sind unter anderem ausdrücklich die Kosten für die Revision von Elektroanlagen, Gasgeräten, brandschutztechnischen Einrichtungen sowie weiterer installierter Haustechnik aufgeführt. Die Klägerin lässt die Revision der Elektroanlagen entsprechend den berufsgenossenschaftlichen Unfallverhütungsvorschriften im Abstand von vier Jahren durchführen.

Die der Beklagten am 29. August 2003 erteilte Betriebskostenabrechnung der Klägerin für den Abrechnungszeitraum des Jahres 2002 wies eine Nachforderung aus, die die Beklagte mit Ausnahme der anteiligen Kosten für die Revision der Elektroanlage in Höhe von 22,65 Euro beglich. Diesen Betrag nebst Zinsen ab Rechtshängigkeit fordert die Klägerin im vorliegenden Rechtsstreit ein. Das Amtsgericht hat die Klage abgewiesen, das Landgericht hat die Berufung der Klägerin zurückgewiesen. Mit der vom Berufungsgericht zugelassenen Revision verfolgt die Klägerin ihr Begehren weiter.

Entscheidungsgründe

I.

Das Berufungsgericht hat zur Begründung seiner Entscheidung ausgeführt:

Die Klägerin könne die Erstattung der anteiligen Kosten für die Revision der Elektroanlage nicht verlangen, weil es sich insoweit nicht um umlagefähige Betriebskosten im Sinne des § 227 Abs. 1 II. Berechnungsverordnung handele. Die durch die Revision der Elektroanlage regelmäßig alle vier Jahre entstehenden Kosten seien nicht als „sonstige Betriebskosten" anzusehen, sondern als Instandsetzungs- und Instandhaltungskosten, die ebenso wie Verwaltungskosten nicht umlagefähig seien.

Der mit der Revision der Elektroanlage verfolgte Zweck liege vor allem im Interesse des Vermieters, der sich auf diese Weise vor einer etwaigen Inanspruchnahme wegen Mängeln der Elektroanlage schützen könne und lediglich der ihm ohnehin obliegenden Verkehrssicherungspflicht nachkomme. Anders als bei Wartungsarbeiten, von denen auch der Mieter profitiere, wie z. B. von einer optimalen Einstellung der Heizungsanlage durch niedrige Energiekosten, habe der Mieter von der Revision der Elektroanlage – abgesehen davon, dass die Erfüllung der dem Vermieter obliegenden Verkehrssicherungspflichten auch in seinem Interesse liege – keinen weitergehenden Nutzen. Da es sich somit bei den Aufwendungen für die Revision der Elektroanlage nicht um „sonstige Betriebskosten" handele, sei es unerheblich, dass sie nach der vertraglichen Vereinbarung vom Mieter zu tragen seien.

II.

Diese Beurteilung hält der rechtlichen Nachprüfung nicht stand. Der Klägerin steht der geltend gemachte Anspruch auf Erstattung der auf die Wohnung der Beklagten entfallenden anteiligen Kosten der Überprüfung der Elektroanlage zu. Bei den Kosten der Überprüfung der elektrischen Anlage handelt es sich um Betriebskosten und nicht, wie das Berufungsgericht meint, um Instandsetzungs- und Instandhaltungskosten.

1. Betriebskosten sind – wie in Anlage 3 zu § 227 Abs. 1 der II. Berechnungsverordnung (ebenso in § 21 der ab 1. Januar 2004 gelten-

den Betriebskostenverordnung vom 25. November 2003, BGBl. I S. 2346, sowie in § 2556 Abs. 1 Satz 2 BGB in der ab 1. Januar 2007 geltenden Fassung) definiert – die Kosten, die dem Eigentümer durch das Eigentum an dem Grundstück oder durch den bestimmungsgemäßen Gebrauch des Gebäudes oder der Wirtschaftseinheit, der Nebengebäude, Anlagen, Einrichtungen und des Grundstücks laufend entstehen. Kosten der Instandsetzung und Instandhaltung werden demgegenüber durch Reparatur und Wiederbeschaffung verursacht oder müssen zur Erhaltung des bestimmungsgemäßen Gebrauchs aufgewendet werden, um die durch Abnutzung, Alterung, Witterungseinwirkung entstehenden baulichen oder sonstigen Mängel ordnungsgemäß zu beseitigen (§ 228 Abs. 1 der II. Berechnungsverordnung bzw. § 21 Abs. 2 Nr. 2 Betriebskostenverordnung). Instandsetzung und Instandhaltung betreffen deshalb Mängel an der Substanz der Immobilie oder ihrer Teile (Senatsurteil vom 7. April 2004 – VIII ZR 167/03, NJW-RR 2004, 875 unter II 1a); es handelt sich dabei um weitgehend inhaltsgleiche Begriffe.

a) Die regelmäßige Überprüfung der Funktionsfähigkeit der elektrischen Anlagen eines Mietobjekts dient als solche nicht der Beseitigung von Mängeln; die dadurch verursachten Kosten sind deshalb als sonstige – grundsätzlich umlegbare – Betriebskosten im Sinne von Nr. 17 der Anlage 3 zu § 227 der II. Berechnungsverordnung bzw. § 22 Nr. 17 Betriebskostenverordnung anzusehen (MünchKomm/Schmid, BGB, 4. Aufl., BetrKV § 21 Rdnr. 9 und § 22 Rdnr. 75; Derckx, NZM 2005, 807, 809; Kinne, GE 2005, 165, 166; AG Tiergarten, GE 1996, 1435; vgl. auch Staudinger/Weitemeyer, BGB (2006), § 2556 Rdnr. 45).

b) Nach einer in der Literatur verbreiteten Meinung, der sich auch das Berufungsgericht angeschlossen hat, steht dieser Einordnung entgegen, dass es sich bei der Überprüfung der Elektroanlage um eine vom Vermieter in erster Linie im eigenen Interesse getroffenen Vorsorgemaßnahme („vorbeugende Instandhaltung") handele, mit der dieser zudem vor allem der ihm ohnehin obliegenden Verkehrssicherungspflicht nachkomme, um sich vor einer Inanspruchnahme auf Schadensersatz zu schützen (Eisenschmid in Eisenschmid/Rips/Wall, Betriebskostenkommentar, 2. Aufl., § 22 BetrKV Rdnr. 3923; Wall, WuM 1998, 524, 526; vgl. ferner Both, Betriebskostenlexikon, 2. Aufl., Rdnr. 73; Lammel, Wohnraummietrecht, 3. Auflage, § 2556 Rdnr. 109; AG Lichtenberg, WuM 1998, 572). Dieser einschränkenden Auslegung des Betriebskostenbegriffs kann nicht gefolgt werden. Vorsorgemaßnahmen des Vermieters gehören zwar dann zur Instandhaltung, wenn Erneuerungen schon vor dem Auftreten von Mängeln getätigt werden, z. B. um einen Ausfall einer ohnehin in absehbarer Zeit zu ersetzenden Einrichtung von vornherein zu verhindern (vgl. Langenberg, Betriebskostenrecht der Wohn- und Gewerberaummiete, 4. Aufl., A III, Rdnr. 136). Anders verhält es sich bei regelmäßig anfallenden, nicht durch eine bereits aufgetretene Störung veranlassten Maßnahmen, die der Überprüfung der Funktionsfähigkeit und Betriebssicherheit einer technischen Einrichtung dienen. Hierzu gehören etwa die in den Verordnungen ausdrücklich als Betriebskosten genannten Kosten der Prüfung der Betriebsbereitschaft und Betriebssicherheit der Fahrstühle sowie die Gebühren des Schornsteinfegers (Anlage 3 Nr. 7 und 12 zu § 227 der II. Berechnungsverordnung bzw. § 22 Nr. 7 und Betriebskostenverordnung). Auch bei diesen Maßnahmen steht die Erfüllung der Verkehrssicherungspflicht des Vermieters im Vordergrund. Die regelmäßige Prüfung der Betriebssicherheit mag zwar mittelbar zu einer Minderung der Instandhaltungskosten führen, weil Mängel infolge der Inspektionen frühzeitig erkannt und im Einzelfall mit einem geringeren Kostenaufwand beseitigt werden können. Dies rechtfertigt es nach der Systematik der Betriebskostenverordnungen jedoch nicht, bereits die turnusmäßigen Prüfkosten der Mangelbeseitigung zuzuordnen.

c) Für die Einordnung als Betriebskosten ist es ferner nicht von Bedeutung, ob die Überprüfung der elektrischen Anlage als „Wartung“ zu qualifizieren ist. Teilweise wird in der Literatur allerdings die Auffassung vertreten, mit Hilfe eines besonderen Wartungsbegriffs sei eine als sinnvoll erachtete Beschränkung der umlegbaren „sonstigen Betriebskosten“ zu erzielen. Anderenfalls wäre der Vermieter – entgegen dem gesetzlichen Leitbild der Miete – in der Lage, alle regelmäßigen Kosten, die ihm für eine reibungslose Durchführung der Vermietung sinnvoll erschienen, auf den Mieter abzuwälzen (Langenberg, aaO, Rdnr. 137). Die „Wartung“ setzt sich nach dieser Auffassung als komplexer Vorgang aus der Überprüfung der Funktionsfähigkeit und weiteren Maßnahmen der Einstellung, Reinigung oder Pflege zusammen. Maßnahmen, die sich von vornherein in einer Überprüfung der Funktionsfähigkeit erschöpften – wie die Revision der Elektroanlage – seien keine „Wartung“, die dafür anfallenden Kosten deshalb auch keine sonstigen Betriebskosten (Langenberg, aaO, Rdnr. 138, 149; Wall, aaO, S. 528).

Für eine derartige Beschränkung der „sonstigen Betriebskosten“ auf die Fälle einer so verstandenen „Wartung“ besteht keine Grundlage. Sie lässt sich nicht damit rechtfertigen, dass einzelne Wartungsarbeiten, die über eine bloße Funktionsprüfung hinausgehen (z. B. Heizungseinstellung), ausdrücklich in den Katalog der umlegbaren Betriebskosten aufgenommen wurden. Nach den Betriebskostenverordnungen können derartige Kosten insgesamt umgelegt werden, nicht etwa nur die auf Einstellmaßnahmen entfallenden Kostenanteile. Im Übrigen können sich auch die bereits erwähnten, in den Verordnungen ausdrücklich als Betriebskosten aufgeführten Maßnahmen der Überprüfung der Betriebssicherheit der Fahrstühle und die Tätigkeit des Schornsteinfegers (bei der Abgaswegeüberprüfung von Gasfeuerstätten) im Einzelfall auf eine bloße Messung und Funktionsprüfung beschränken, so dass kein grundlegender Unterschied zu der hier streitigen Revision der Elektroanlage besteht. Es ist auch nicht zu besorgen, dass dem Vermieter ohne eine Einschränkung des Betriebskostenbegriffs unübersehbare Umlagemöglichkeiten eingeräumt werden, denn die Verwaltungskosten und die Aufwendungen für die Beseitigung von Mängeln bleiben dem Vermieter zugewiesen; lediglich die laufenden Kosten einer ordnungsgemäßen Bewirtschaftung können – nach ausdrücklicher Vereinbarung – auf den Mieter umgelegt werden.

2. Bei den wiederkehrenden Aufwendungen für die Revision der Elektroanlage handelt es sich um „laufend entstehende“ Kosten im Sinne der Betriebskostenverordnungen. Dieser Bewertung steht nicht entgegen, dass die Revisionskosten nach den Feststellungen des Berufungsgerichts nicht jährlich, sondern in Abständen von vier Jahren anfallen. Es muss sich lediglich um wiederkehrende Belastungen handeln, so dass auch ein mehrjähriger Turnus ausreicht (Blank/Börstinghaus, Miete, 2. Auflage, § 2556 Rdnr. 5; Langenberg, aaO, A II, Rdnr. 18; Eisenschmid, aaO, Rdnr. 3910). Ob Aufwendungen, die in noch längeren und deshalb nicht mehr überschaubaren Zeitabständen anfallen, schon dem Wortsinne nach keine „laufenden Kosten“ mehr sind, bedarf hier keiner Entscheidung.

3. Im Übrigen hat der Vermieter bei der Abrechnung der Nebenkosten – wie in § 2556 Abs. 3 Satz 1 Halbs. 2 BGB ausdrücklich bestimmt – das Wirtschaftlichkeitsgebot zu beachten und darf deshalb keine überflüssigen Maßnahmen oder Kosten auf den Mieter umlegen (Palandt/Weidenkaff, BGB, 66.

Aufl., § 2556 Rdnr. 9; Schmid, Mietrecht, 2006, Rdnr. 25 vor § 2556; Blank/Börstinghaus, aaO, § 2556 Rdnr. 105); er muss sich also an die Grundsätze einer ordnungsgemäßen Bewirtschaftung halten (vgl. Senatsurteil vom 7. April 2004, aaO, unter II 2). Soweit der Vermieter sich jedoch – wie hier bezüglich der Prüfung der Betriebssicherheit der elektrischen Anlage geschehen – an den Unfallverhütungsvorschriften der Berufsgenossenschaften orientiert und die dort vorgesehenen Maßnahmen zur Schadensverhütung ergreift, handelt er im Rahmen einer gewissenhaften und sparsamen Wirtschaftsführung.

III.

Nach den vorstehenden Ausführungen kann das Berufungsurteil keinen Bestand haben (§ 2562 Abs. 1 ZPO). Der Rechtsstreit ist zur Endentscheidung reif, da es keiner weiteren tatsächlichen Feststellungen bedarf (§ 2563 Abs. 3 ZPO). Die Beklagte ist in Abänderung des amtsgerichtlichen Urteils zur Zahlung der auf ihre Wohnung anteilig entfallenden Kosten für die Revision der Elektroanlage nebst Prozesszinsen (§§ 2291, 288 Abs. 1 BGB) zu verurteilen.

Alle Entscheidungen des Bundesgerichtshofs können Sie unter www.bundesgerichtshof.de einsehen und bei Bedarf herunterladen.

4 Neue Techniken und Geschäftsfelder

Smart Metering: Intelligente Messverfahren für den Stromverbrauch mit dem elektronischen Haushaltszähler (eHZ)

Johannes Hauck

Nach der erfolgreichen Einführung des elektronischen Haushaltszählers (eHZ) steht das Messwesen in Deutschland am Beginn einer neuen Ära. Mit dem Start eines flächendeckenden Einsatzes von intelligenten Stromzählern hat sich die RWE AG als erster großer Versorgungsnetzbetreiber Deutschlands klar zu neuen, intelligenten Messverfahren für den Stromverbrauch bekannt: Im Rahmen eines breit angelegten Pilotprojekts stattete das Unternehmen 100.000 Haushalte in Mühlheim an der Ruhr ab Mitte 2008 mit elektronischen Haushaltszählern – den so genannten Smart Meters – aus.

„Smart Meter" sind intelligente Zähler, die den Kunden umfangreichere und aktuellere Daten unter anderem über ihren Energieverbrauch liefern. Damit können sie weit mehr als konventionelle Ferraris-Zähler: Sie liefern Verbrauchs- sowie Lastdaten und sie besitzen Kommunikationsschnittstellen, über die Verbrauchsdaten per Fernauslese zugänglich gemacht werden können. Im Haushalt könnte dies zukünftig über Displays in der Wohnung oder mittels Datenübertragung auf den vorhandenen PC oder den Fernseher erfolgen. So erhöht sich die Kostentransparenz für den Kunden, der dadurch seinen Energieverbrauch besser kontrollieren sowie gezielt Energie einsetzen und sparen kann. Hierdurch entsteht nicht zuletzt ein neues Betätigungsfeld für Energiespar-Dienstleistungen.

Aufwertung des Zählerplatzes

Die Entwicklung hin zu einer intelligenten Messtechnik ist zum einen mit zahlreichen Vorteilen für die gesamte Elektrobranche und für den Endkunden verbunden, zum anderen wird sie den Zählerplatz technisch verändern und deutlich aufwerten. Die Versorgung des Marktes mit den erforderlichen Produkten ist mittlerweile sichergestellt, da führende Hersteller sowohl eine komplette Systemtechnik für die Nachrüstung bestehender Anlagen als auch eHZ-Zählerplätze für die Neu-Installation anbieten.

Als Basis für die Befestigungs- und Kontaktiereinrichtung (BKE) des eHZ dient die Produktnorm DIN VDE 0603 Teil 5. Es stehen zwei Varianten zur Verfügung:

Bei der so genannten **BKE-I** für Neuanlagen ist die eHZ-Kontaktierung in die eHZ-Zählerplätze integriert. Die Montage der BKE-I erfolgt werksseitig, kann aber auch nach Herstelleranweisung vom Elektrotechniker durchgeführt werden. Die eHZ können bei Neuanlagen mit BKE-I direkt auf eHZ-Zählerfelder aufgerastet werden. Der kraftschlüssige Anschluss der Zu- und Abgangsleitungen erfolgt dabei zeitsparend und werkzeuglos über Steckkontakte auf der Rückseite des eHZ-Gehäuses. Vorteil: Die Montagezeiten verringern sich um über 80 Prozent, eine Verwechslung der Anschlussleitungen ist sicher ausgeschlossen und ein Zählerwechsel erfolgt ohne Spannungsunterbrechung für den Kunden. Zudem erhöht die moderne Stecktechnik die Langzeitsicherheit der Kontaktierung sowie die Berührungssicherheit bei der Erstmontage, beim Wechsel des Zählers und bei der Stilllegung der Anlage.

Für die „Aufrüstung" bestehender Zählerplätze mit elektronischen Haushaltszählern haben verschiedene Hersteller bereits spezielle eHZ-Adapter (**BKE-A**) entwickelt. Diese übernehmen die Aufgabe der eHZ-Kontaktierung, die – wie oben beschrieben – bei Neuanlagen zum Einsatz kommt. Ist der Adapter auf der herkömmlichen Zählertragplatte montiert, kann der eHZ mit nur einem Handgriff aufgerastet werden. Der kraftschlüssige Anschluss des Zählers erfolgt dann werkzeuglos über Steckkontakte im Innern des Adapters – genau so, wie bei den neuen eHZ-Zählerplätzen. Der berührungssichere Adapter lässt sich auf allen Zählerplätzen mit der bisherigen 3-Punkt-Befestigung montieren und darüber hinaus auch auf Montageplatten (**Bild 1**).

Kompakte Abmessungen

Da der elektronische Haushaltszähler mit einer Größe von 90 x 135 x 80 mm (B x H x T) rund fünfmal kleiner ist als ein elektromechanischer Zähler, fallen die neuen Zählerschränke entsprechend kleiner aus. So braucht die Bautiefe nur noch etwa 160 mm zu betragen gegenüber vormals mehr

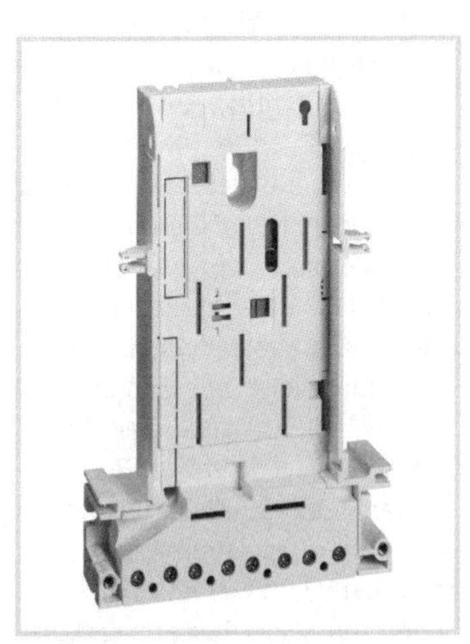

Bild 1
eHZ-Adapter (BKE-A) zur Nachrüstung bestehender Anlagen
Quelle: Hager

als 200 mm. Zudem sind die Zählertragplatten mit 450 mm Höhe kompakter gebaut, und zwei Zähler auf einer Tragplatte werden nicht mehr übereinander, sondern nebeneinander montiert. Von der verringerten Bauhöhe profitiert der Elektrotechniker durch eine einfachere Montage; der Endkunde durch einen Platzvorteil, der im modernen Wohnbau mehr und mehr zu einem gewichtigen Argument wird. Vorteil: Trotz der geringeren Bauhöhe können die bestehenden Rastermaße entsprechend DIN 43870 erhalten bleiben. Gleiches gilt für die Ausstattung moderner oberer und unterer Anschlussräume nach TAB 2007.

Für Einkunden-Anlagen liegt die Bauhöhe bei 950 mm. Die eHZ-Zählertragplatten werden hier serienmäßig mit einer eHZ-Anschluss-Kassette (BKE-I) ausgerüstet, auf die der eHZ gesteckt wird. Zudem ist bei diesen Anlagen ein Leerplatz vorgesehen, der bei Bedarf eine zusätzliche Anschluss-Kassette aufnehmen kann – beispielsweise zur Zählung bei Photovoltaik-Anlagen. Bei Mehrkunden-Anlagen beträgt die Bauhöhe der Zählerschränke 1100 mm. Die Zählertragplatten sind dann mit einer oder zwei Anschluss-Kassetten für eine beziehungsweise zwei Kundenzählungen ausgerüstet. Mit einer reservierten Fläche für zusätzlichen Anschlussraum wahrt die eHZ-Zählertragplatte alle Optionen für kommende Anwendungen wie Fernablesung oder sonstige Datenübertragungs-Anforderungen und Service-Angebote der VNB.

Ein besonderer Vorteil von eHZ-Zählerplätzen für den Endkunden ist – wie bereits erwähnt – die Tatsache, dass der Zählerwechsel ohne Spannungsunterbrechung erfolgt. Dieser Vorteil gewinnt zunehmend an Bedeutung, da heute in jedem Haushalt und Gewerbebetrieb programmierbare Geräte wie Computeranlagen, Steuerungen oder Kommunikationseinrichtungen zu finden sind, die auf Spannungsunterbrechungen empfindlich reagieren.

Der eHZ – Basistechnik für Smart Metering

Für alle praxisrelevanten Anforderungen hat beispielsweise Hager mittlerweile ein komplettes Programm an MID-konformen elektronischen Haushaltszählern der Genauigkeitsklassen A beziehungsweise B für den Tarifkundenbereich definiert:

Für klassische Standardanwendung in Einfamilienhäusern beispielsweise den eHZ Wirkverbrauchszähler nach Lastenheft 1.01/1.02; für Einkunden-Zählerplätze mit Photovoltaikanlage den eHZ Wirklieferzähler und für Einkundenanlagen mit Kraft-Wärme-

Kopplungs-Anlage (KWK) einen eHZ Zweirichtungszähler (**Bild 2**).

Standardisierung als größte Herausforderung

Der heutige Zählermarkt ist gekennzeichnet von einer Vielzahl verschiedener Systeme, die eine Gemeinsamkeit aufweisen: Sie sind allesamt herstellergebunden und damit untereinander nicht kompatibel. In verschiedenen Arbeitsgruppen bemühen sich Versorgungsnetzbetreiber und Hersteller zurzeit um eine Standardisierung der künftigen Zähltechnik mit untereinander kommunikationsfähigen Messeinrichtungen. Im Ergebnis wird die Standardisierung für eine Belebung des Wettbewerbs sorgen, Innovationen fördern und für ein attraktives Preisniveau sorgen. Hinter den Bemühungen um eine Standardisierung stehen aber auch politische Interessen: Denn die Bundesregierung ist explizit an einer Liberalisierung des Messwesens interessiert, die ohne ein offenes System nicht umzusetzen ist.

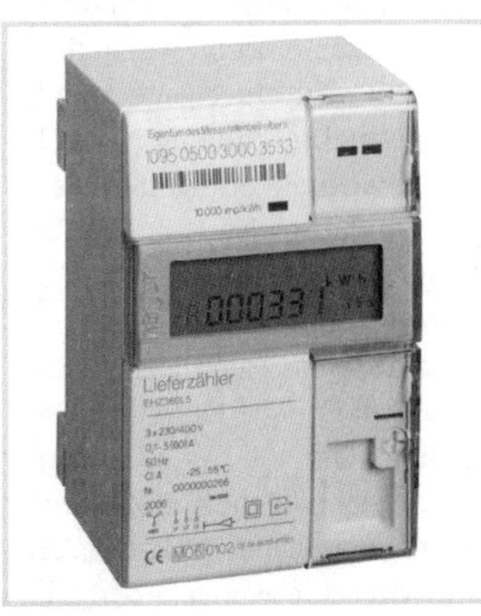

Bild 2
eHZ-Variante Lieferzähler für Photovoltaik-Einspeisungen
Quelle: Hager

Und auch für ein weiteres Ziel ist die Standardisierung erforderlich: Künftig sollen Verbrauchswerte von Strom, Wasser und Gas spartenübergreifend erfasst werden. Gemeinsames Ziel von Netzbetreibern und Herstellern ist daher die Entwicklung eines intelligenten Zählersystems in einem offenen Standard, der im Unterschied zu heute verfügbaren Systemen die einfache Kombination von Systemkomponenten verschiedener Hersteller ermöglicht und auch Gas- und Wasserzähler integrieren kann. Grundlage dafür sind die Anforderungen, die im Rahmen verschiedener Arbeitsgruppen wie der MUC (Multi Utility Communication) und der SMIQ (Smart Metering im Querverbund) auf Versorgerseite sowie der Arbeitsgruppe Open Metering auf Herstellerseite definiert wurden.

Technische Voraussetzung für die spartenübergreifende und herstellerneutrale Erfassung von Verbrauchswerten ist ein Einheitsgerät zur gebündelten Erfassung und Weiterleitung der Daten. Dies ist die Aufgabe der so genannten

„Multi Utility Communication" – kurz: MUC. Die einheitlichen technischen Grundanforderungen sind bereits in einem MUC-Referenzpapier als Standard definiert.

Modulares Lösungs-Konzept: das eHZ-System

Die Technik des eHZ ist konzipiert als offenes System mit herstellerübergreifenden, tauschbaren Modulen. Die bisherigen elektronischen Stromzähler hingegen sind herstellergebundene, untereinander nicht kompatible Geräte, die neben der Messtechnik oft auch mit Datenspeicher, Modem und Anzeige-Display ausgestattet sind. Dies ist in der Praxis mit Nachteilen verbunden: Versagt eines dieser Bauteile, ist der komplette Zähler zu tauschen. Oder: Will der Kunde seine Daten abrufen, muss er dazu beispielsweise die Internet-Seite seines Versorgungsnetzbetreibers aufsuchen und sich legitimieren. Erst dann erhält er Einblick in seine Verbrauchsdaten.

Der eHZ bietet hier eine wesentlich einfachere Möglichkeit. Da die Daten lokal beim Kunden verbleiben, kann er seine Verbrauchswerte am heimischen Fernseher, auf einem Display in der Wohnung oder über WLAN an seinem Rechner ablesen. Das modulare Konzept des eHZ ist den bisherigen Systemen in vielerlei Hinsicht überlegen: Konzeptionell handelt es sich bei diesem Gerät um einen systemtechnisch offenen Sensorzähler ohne intelligente Komponenten. Intelligent wird das System erst durch den Anschluss elektronischer Module über die eHZ-Schnittstellen. Die Module lassen sich beliebig austauschen und immer wieder durch technische Weiterentwicklungen ersetzen (**Bild 3**).

Darüber hinaus öffnet dieses System im Sinne der Liberalisierung den Markt für neue Dienstleister: So werden die Versorger zwar weiterhin Energie, Wasser und Gas liefern, mit dem Zählwesen beispielsweise können sie aber durchaus ein externes Unternehmen beauftragen, das die Zählsysteme ein- oder ausbaut und wartet. Ein weiteres Unternehmen kümmert sich um das Messwesen und ein drittes um das Inkasso. Denn jeden dieser Bereiche wird ein eigenes Modul verwalten: Die Zählung der eHZ, das Messwesen erfolgt per Fernablesung beispielsweise über Powerline, GPRS oder DSL, und über den MUC-Controller lassen sich für das Inkasso im Fall ausbleibender Zahlungen Energie-Lieferungen abschalten. Um die Anforderungen dieser verschiedenen Rollen wirtschaftlich tragbar abdecken zu können, wird eine weitgehende Standardisierung benötigt. Dabei sind die Sparten Gas, Wasser, Wärme, Strom zu berücksichtigen.

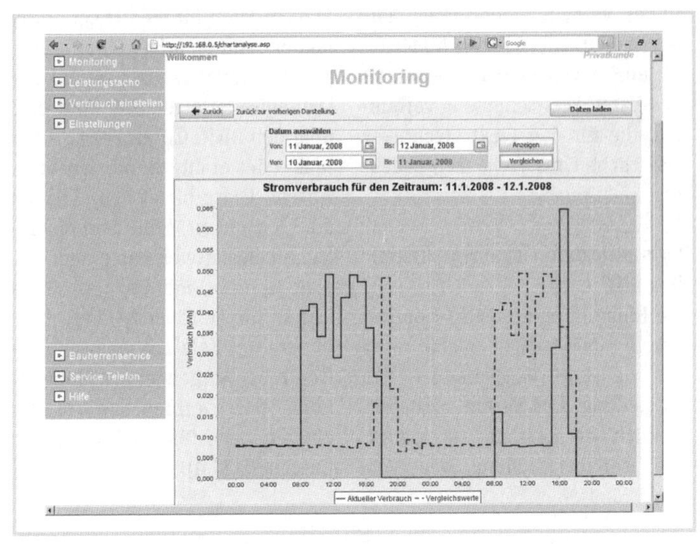

Bild 3
Beispiel für eine Verbrauchsdatenanzeige über PC Quelle: Hager

Schlüssel zur spartenübergreifenden Ablesung: Der MUC-Controller

Dreh- und Angelpunkt des spartenübergreifenden Messwesens ist der Multi Utility Controller MUC, der im Zählerplatz untergebracht sein wird. Er bündelt die Daten der elektronischen Zähler für Strom, Wasser, Wärme und Gas und leitet sie in Form eines standardisierten Daten-Telegramms weiter. Zur Übertragung der Daten an den MUC ist der eHZ mit einer externen Primär-Schnittstelle ausgestattet. Für die Weiterleitung der Verbrauchsdaten an Kunden, Versorger, Messstellenbetreiber oder Inkasso-Unternehmen wird der MUC-Controller über verschiedene draht- oder funkbasierte Schnittstellen verfügen.

Denkbar sind beispielsweise RJ45-Ethernet-Datenanschlüsse, über die sich der MUC auch in eine KNX-Anlage integrieren ließe. Ebenfalls möglich ist der Anschluss an einen PC, über den der Kunde seine Verbrauchsdaten in Echtzeit ablesen kann. Das heißt: Smart Metering schafft die technischen Voraussetzungen für eine zeitnahe Darstellung von Verbrauchswerten und eröffnet dem Kunden damit die Möglichkeit, seinen Energieverbrauch wirtschaftlich zu steuern. Auf Basis dieser Messtechnik lassen sich zudem neue Tarifmodelle entwickeln, die energiesparendes Verhalten honorieren. Für den Endkunden ist Smart Metering mit einer konkreten und jederzeit messbaren Wertschöpfung verbunden, die für den Elektrotechniker zusätzliche Umsatzchancen bedeutet.

Verbrauchsdaten lokal visualisieren über KNX

Die Einbindung des MUC-Controllers in KNX-Anlagen bietet nicht nur vielfache Möglichkeiten der Darstellung von Verbrauchsdaten. Möglich ist auch die Integration und Nutzbarmachung der Verbrauchsdaten für die „Home Automation" mit dem Ziel eines intelligentes Energie-Managements. Der Datenfluss erfolgt dabei vom eHZ über den MUC-Controller zu einer funk- oder drahtgebundenen KNX-Anlage. Diese bietet dem Kunden die Möglichkeit, seine Verbrauchsdaten beispielsweise an einem Display in der Wohnung abzulesen und in die Gebäudesystemtechnik integrierte KNX-Lastmanagement-Controller sorgen unter Einbeziehung der Verbrauchswerte für einen wirtschaftlichen Umgang mit Energie (**Bild 4**).

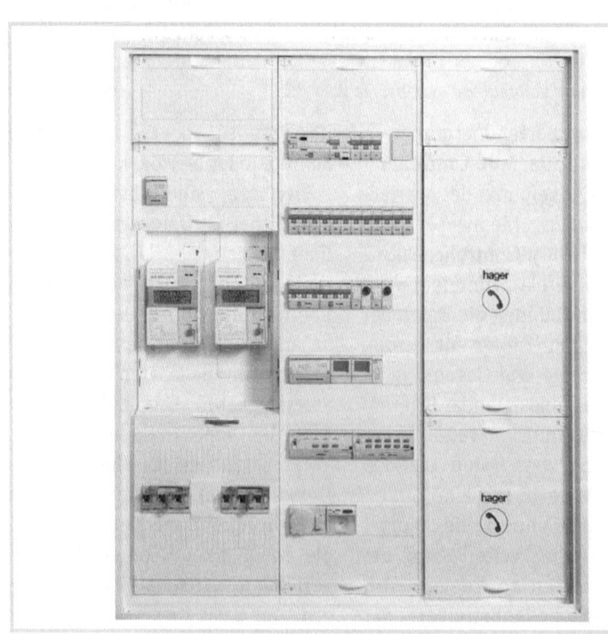

Bild 4
Zähleranlage mit MUC, KNX und Multimediafeld Quelle: Hager

Zukunftsoption: intelligente Netze

Auf der anderen Seite werden in Zukunft aber auch die Energienetze immer intelligenter werden und mit der Gebäudetechnik kommunizieren. Mit ausschlaggebend für diese Entwicklung wird der Trend hin zu einer dezentralen Energieversorgung sein: Der wachsende Anteil regenerativer Energien an der Strom-Erzeugung mit Hilfe von Wind- und Sonnenkraft ist unweigerlich mit Schwankungen bei der Einspeisung verbunden. So werden trübe Tage oder windstille Perioden die zur Verfügung stehende Energie verknappen. Andererseits werden günstige Wetterbedingungen für ein Überangebot an Energie sorgen. Diese Dynamik erfordert eine verbesserte Koordination zwischen Energie-Angebot und Energie-Nachfrage.

Die Vernetzung der Energie-Infrastruktur in Form „Smarter Netze" bietet sich als Lösung an. Denkbare Modelle wären beispielsweise einfache Nutzer-Interaktionen. Zum Beispiel: Der Kunde schaltet morgens seine Geschirrspülmaschine ein und das Gerät optimiert selbsttätig seinen Betriebszyklus in Abhängigkeit von der zeitlichen Verfügbarkeit solarer Wärme. Oder: Der lokale Versorger signalisiert dem Gefrierschrank, dass mittags eine Lastspitze erwartet wird. Daraufhin speichert das Gerät zusätzliche Kälte im Verlauf des Vormittags, um den Betrieb in der Spitzenlastzeit auszusetzen. Auch diese Formen des Eingriffs in die Haustechnik lassen sich über den MUC-Controller realisieren.

Fazit

Versorgungsnetzbetreiber und Hersteller bemühen sich zurzeit intensiv um die standardisierte und zukunftsfähige Fernauslesung und Fernkommunikation. Mit dem elektronischen Haushaltszähler und den entsprechenden System-Zählerplätzen sind wichtige Basiskomponenten schon heute realisiert. Die Einführung eines hersteller- und spartenübergreifenden MUC-Controllers wird in absehbarer Zeit erfolgen und dem Smart Metering damit zum Durchbruch verhelfen.

5 Schutzmaßnahmen

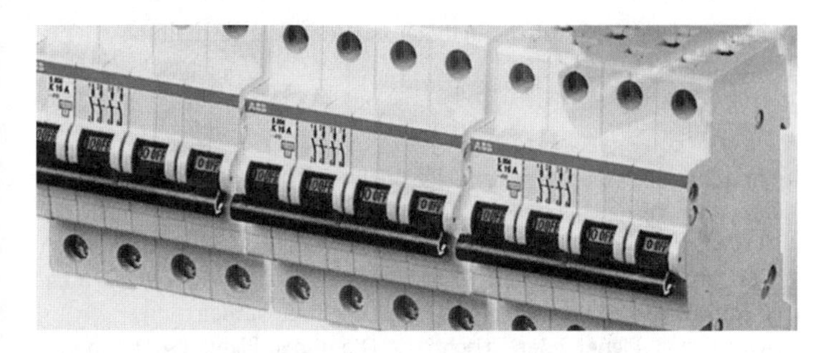

Erläuterungen zum Konzept der DIN VDE 0100-410 (VDE 0100-410):2007-06

und Anwendung der Schutzmaßnahme „Automatische Abschaltung der Stromversorgung"

Burkhard Schulze

Im Juni 2007 ist eine überarbeitete Ausgabe der Norm DIN VDE 0100-410 (VDE 0100-410) erschienen.

Um die individuelle Auslegung des Normentextes durch die verantwortlichen Planer oder Errichter einer elektrischen Anlage und damit abweichende Interpretationen zu vermeiden, wurden durch maßgeblich an der Entstehung dieser Norm beteiligte Fachleute aus den relevanten Normungsgremien die folgenden Erläuterungen verfasst. Diese sollen die einheitliche Anwendung und Umsetzung der Norm unterstützen.

Die vorliegende überarbeitete Ausgabe der Norm DIN VDE 0100-410 (VDE 0100-410):2007-06 ist als Fortschreibung der bereits seit vielen Jahren bestehenden Festlegungen in Bezug auf die Schutzmaßnahmen zum Schutz gegen elektrischen Schlag zu verstehen.

Moderne Elektroinstallationen im privaten und im gewerblich genutzten Bereich zeichnen sich aus durch besondere Anforderungen an deren Verfügbarkeit und an deren Komfort.

Bei der Anwendung und Umsetzung der Errichtungsnorm DIN VDE 0100-410 (VDE 0100-410):2007-06 müssen auch die derzeit gültigen Planungsnormen DIN 18015 sowie RAL-RG 678 berücksichtigt werden.

Die in den Planungsnormen vorgesehene Aufteilung von Stromkreisen und die Hinweise auf Ausstattungen der elektrischen Anlage müssen auch bei Planung und Ausführung die Maßnahmen zum Schutz gegen elektrischen Schlag berücksichtigen.

Übergangsfrist

Seit 1. Juni 2007 gilt DIN VDE 0100-410 (VDE 0100-410):2007-06, Errichten von Niederspannungsanlagen – Teil 4-41: „Schutzmaßnahmen – Schutz gegen elektrischen Schlag".

Diese Norm ist für die sofortige Anwendung bei neuen elektrischen Anlagen sowie bei Änderungen oder Erweiterungen vorhandener elektrischer Anlagen vorgesehen.

Der aus dem Energiewirtschaftsgesetz resultierenden Forderung nach Anwendung der allgemein anerkannten Regeln der (Elektro-) Technik wird damit entsprochen.

Mögliche Unsicherheiten für Planer und Errichter einer elektrischen Anlage können vermieden werden, wenn die neue Norm DIN VDE 0100-410 (VDE 0100-410):2007-06, Errichten von Niederspannungsanlagen – Teil 4-41: „Schutzmaßnahmen – Schutz gegen elektrischen Schlag“ sofort angewendet wird.

Für bereits in Planung oder in Bau befindliche elektrische Anlagen gilt eine Übergangsfrist bis zum 1. Februar 2009. Für elektrische Anlagen, die nach diesem Zeitpunkt in Betrieb genommen werden, gelten ausschließlich die Bestimmungen DIN VDE 0100-410 (VDE 0100-410):2007-06.

! Das „Gesetz über die Elektrizitäts- und Gasversorgung (Energiewirtschaftsgesetz – EnWG)“ vom 7. Juli 2005 enthält im § 49 folgende Forderungen:
(1) „Energieanlagen sind so zu errichten und zu betreiben, dass die technische Sicherheit gewährleistet ist. Dabei sind vorbehaltlich sonstiger Rechtsvorschriften die allgemein anerkannten Regeln der Technik zu beachten.
(2) Die Einhaltung der allgemein anerkannten Regeln der Technik wird vermutet, wenn bei Anlagen zur Erzeugung, Fortleitung und Abgabe von Elektrizität die technischen Regeln des Verbandes der Elektrotechnik Elektronik Informationstechnik e. V. (VDE-Bestimmungen), … eingehalten worden sind.“

Allgemeine Anforderungen (Abschnitt 410.3)

Dem Schutz gegen elektrischen Schlag liegt folgendes Konzept zugrunde:

Im fehlerfreien Zustand dürfen Teile der elektrischen Anlage, die eine für den Menschen gefährliche elektrische Spannung führen, nicht berührbar sein. Sollte jedoch ein Fehler auftreten, der zu einem für Menschen lebensgefährlichen elektrischen Schlag führen könnte, so muss eine geeignete Schutzmaßnahme dieses verhindern.

Eine Schutzmaßnahme für den Schutz gegen elektrischen Schlag muss demzufolge bestehen aus:

- einer geeigneten Kombination von zwei unabhängigen Schutzvorkehrungen, nämlich einer Basisschutzvorkehrung und einer Fehlerschutzvorkehrung, oder
- einer verstärkten Schutzvorkehrung, die sowohl den Basisschutz als auch den Fehlerschutz bewirkt.

Die Schutzvorkehrung für den Basisschutz verhindert das direkte Berühren unter Spannung stehender (aktiver) Teile der elektrischen Anlage, z. B. durch Isolierung. Man sprach früher diesbezüglich vom „Schutz gegen direktes Berühren".

Die Schutzvorkehrung für den Fehlerschutz verhindert, dass im Fehlerfalle bei Versagen der Schutzvorkehrung für den Basisschutz eine gefährliche Berührungsspannung auftritt bzw. an leitfähigen Teilen bestehen bleiben kann, z. B. durch automatische Abschaltung der Stromversorgung. Man sprach früher vom „Schutz bei indirektem Berühren".

Geeignete Kombinationen von Basis- und Fehlerschutzvorkehrungen führen zu folgenden für den Schutz von Personen allgemein und gleichwertig anwendbaren Schutzmaßnahmen:

Automatische Abschaltung der Stromversorgung (Abschnitt 411)

Diese Schutzmaßnahme gestattet als Basisschutzvorkehrung die Maßnahmen Isolierung (Basisisolierung) sowie die Anwendung von Abdeckungen oder Umhüllungen. Für die Fehlerschutzvorkehrung werden Schutzeinrichtungen angewendet, die das automatische Abschalten der Stromversorgung innerhalb festgelegter Zeiten bewirken. Schutzeinrichtungen und Systeme nach Art der Erdverbindung (TN-System, TT-System oder IT-System) müssen miteinander koordiniert werden.

Die Anwendung dieser Schutzmaßnahme erfordert außerdem die Erdung über den Schutzleiter und das Herstellen eines Schutzpotentialausgleiches über die Haupterdungsschiene nach DIN VDE 0100-410 (VDE 0100-410):2007-06, Abschnitt 411.3.1.

Die Fehlerschutzvorkehrung „Funktionskleinspannung FELV" ist eine besondere Form der Schutzmaßnahme „Automatische Abschaltung der Stromversorgung", nämlich dann, wenn aus Funktionsgründen eine Nennspannung kleiner gleich 50 Volt Wechselspannung oder 120 Volt Gleichspannung benötigt wird. Die Abschaltung der Stromversorgung erfolgt im Fehlerfall auf der Primärseite der Kleinspannungsstromquelle.

Doppelte oder verstärkte Isolierung (Abschnitt 412)

Für diese Schutzmaßnahme wird für die Basisschutzvorkehrung der Schutz durch Isolierung aktiver Teile angewendet. Die Fehlerschutzvorkehrung wird durch eine zusätzliche Isolierung erreicht. Alternativ kann eine verstärkte Isolierung, die den Basisschutz und den Fehlerschutz gleichermaßen erfüllt, angewendet werden.

Schutztrennung (Abschnitt 413)

Als Basisschutzvorkehrungen gestattet die Schutzmaßnahme die Anwendung von Isolierung (Basisisolierung) sowie die Anwendung von Abdeckungen oder Umhüllungen wie bei der Schutzmaßnahme „Automatische Abschaltung der Stromversorgung". Die Fehlerschutzvorkehrung beinhaltet die Anwendung einer Stromquelle mit mindestens einfacher elektrischer Trennung sowie die Erdfreiheit des Stromkreises. Für die allgemeine Verwendung ist diese Schutzmaßnahme nur für den Betrieb eines Verbrauchsmittels zugelassen.

Kleinspannung mittels SELV oder PELV (Abschnitt 414)

Diese Schutzmaßnahme ist anwendbar, wenn die Nennspannung von 50 Volt Wechselspannung oder 120 Volt Gleichspannung nicht überschritten wird und der zu schützende Stromkreis aus einer Stromquelle mit sicherer elektrischer Trennung versorgt wird. Außerdem müssen bei SELV- oder PELV-Stromkreisen weitere besondere Anforderungen erfüllt werden.

Zu den Basis- und Fehlerschutzvorkehrungen kann ein zusätzlicher Schutz festgelegt sein, der unter bestimmten Bedingungen von äußeren Einflüssen und in besonderen Räumlichkeiten berücksichtigt werden muss. Entsprechende Festlegungen enthalten z. B. die Errichtungsbestimmungen für Anlagen und Räume besonderer Art nach DIN VDE 0100 Gruppe 700 (VDE 0100 Gruppe 700).

Bei Anwendung der Schutzmaßnahme „Automatische Abschaltung der Stromversorgung" ist die Anwendung des zusätzlichen Schutzes gefordert:

- um beim Versagen der Vorkehrung für den Basisschutz (auch wenn dieser umgangen werden kann, z. B. an Steckdosen) und/oder von Vorkehrungen für den Fehlerschutz oder bei Sorglosigkeit des Benutzers der elektrischen Anlage durch Einsatz von Fehlerstrom-Schutzeinrichtungen mit einem Bemessungsdifferenzstrom von nicht mehr als 30 mA einen Personenschutz zu bieten;
- um bei nichterfüllter Abschaltzeit durch einen zusätzlichen Schutzpotentialausgleich den Fehlerschutz in elektrischen Anlagen oder Stromkreisen zu erfüllen.

Die folgende Grafik veranschaulicht das beschriebene Schutzkonzept.

Schutzvorkehrung für den Basisschutz

verhindert das direkte Berühren unter Spannung stehender (aktiver) Teile der elektrischen Anlage, z.B. durch Isolierung.

(+)

Schutzvorkehrung für den Fehlerschutz

verhindert, dass im Fehlerfalle bei Versagen der Schutzvorkehrung für den Basisschutz eine gefährliche Berührungsspannung auftritt bzw. an leitfähigen Teilen bestehen bleiben kann, z.B. durch automatische Abschaltung der Stromversorgung.

(+)

Zusätzlicher Schutz

Bietet zusätzlichen Schutz:
- bei Versagen der Schutzvorkehrung für den Basisschutz und/oder
- bei Versagen der Schutzvorkehrung für den Fehlerschutz oder
- bei Sorglosigkeit des Benutzers der elektrischen Anlage oder
- bei besonderer Personengefährdung durch spezielle Bedingungen von äußeren Einflüssen,

z.B. durch Einsatz von Fehlerstrom-Schutzeinrichtungen mit $I_{\Delta N} \leq 30$ mA.

=

Schutzmaßnahme zum Schutz gegen elektrischen Schlag nach DIN VDE 0100-410 (VDE 0100-410):2007-06

Abschnitt 411: Automatische Abschaltung der Stromversorgung
Abschnitt 412: Doppelte oder verstärkte Isolierung
Abschnitt 413: Schutztrennung
Abschnitt 414: Kleinspannung SELV oder PELV

Bild 1
Konzept des Schutzes von Personen nach DIN/VDE 0100-410 (VDE 0100-410)

Automatische Abschaltung (Abschaltzeiten im Fehlerfall) (Abschnitt 411.3.2)

Die maximal zulässigen Abschaltzeiten für Stromkreise in TN- und TT-Systemen mit einer Nennwechselspannung von 400/230V sind in folgender Übersicht zusammengestellt.

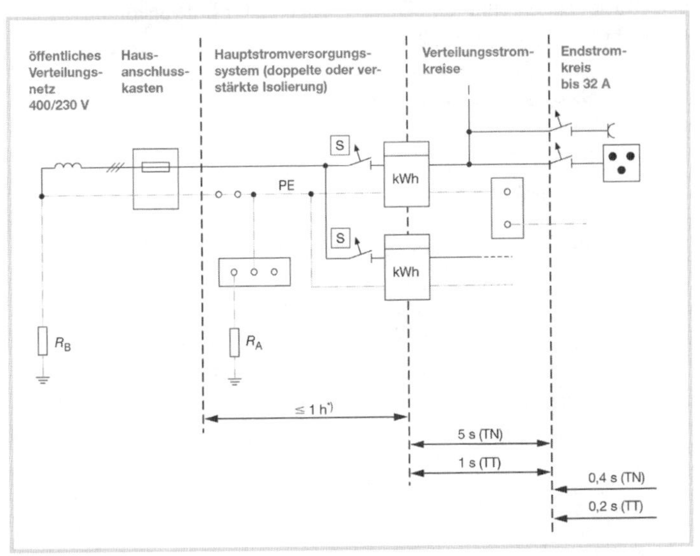

Bild 2

Abschaltzeiten für Stromkreise in TN- und TT-Systemen mit einer Nennwechselspannung von 400/230 Volt

* In Verteilungsnetzen, die als Freileitungen oder als im Erdreich verlegte Kabel ausgeführt sind, sowie in Hauptstromversorgungssystemen nach DIN 18015-1 mit der Schutzmaßnahme „Doppelte oder verstärkte Isolierung“ ist es ausreichend, wenn am Anfang des zu schützenden Leitungsabschnittes eine Überstrom-Schutzeinrichtung vorhanden ist und wenn im Fehlerfall mindestens der Strom zum Fließen kommt, der eine Auslösung der Schutzeinrichtung unter den in der Norm für die Überstrom-Schutzeinrichtung für den Überlastbereich festgelegten Bedingungen (großer Prüfstrom) bewirkt. Es ergeben sich dann Abschaltzeiten der Überstrom-Schutzeinrichtung von bis zu einer Stunde Dauer.

Berührungsspannung im TN-System (Abschnitt 411.4)

Im TN-System wird die Fehlerschleife durch einen Außenleiter und durch den PEN bzw. PE gebildet. Diese Leiter sind in Länge, Querschnitt und Material in vielen Fällen weitestgehend identisch. Deshalb sind die Widerstände der jeweiligen Leiter nahezu gleich. Die daraus resultierende Fehlerspannung nimmt dann etwa die halbe Leiter-Erde-Spannung U_0 an.

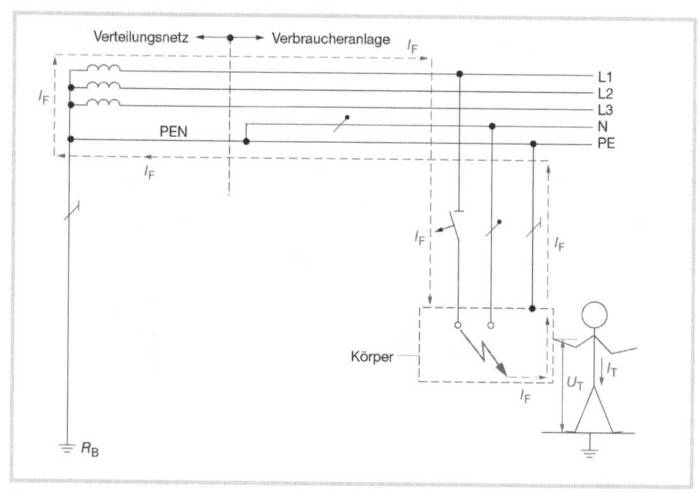

Bild 3

Berührungsspannung und skizzenhafter Weg des Fehlerstroms (I_F) im TN-System

Berührungsspannung im TT-System (Abschnitt 411.5)

Im TT-System wird die Fehlerschleife durch einen Außenleiter und den Weg über R_A und R_A gebildet.

Die Fehlerspannung entspricht nahezu der Leiter-Erde Spannung, weil der Widerstandswert von R_A wesentlich höher als die Summer der übrigen Widerstände im Fehlerkreis ist.

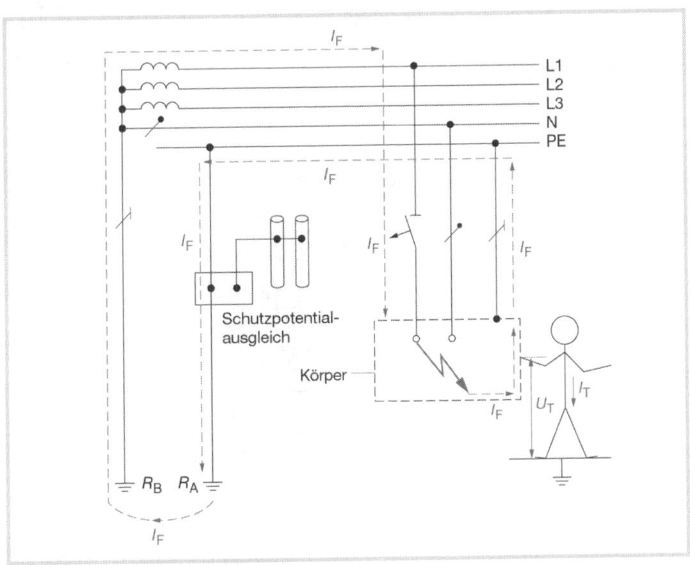

Bild 4
Berührungsspannung und skizzenhafter Weg des Fehlerstroms (I_F) im TT-System

Maximale Abschaltzeiten (Tabelle 41.1)

Tabelle 1 zeigt den deutlichen Unterschied bezüglich Berührungsspannung und daraus resultierenden Berührungsströmen im TN- und TT-System. Damit lässt sich erklären, dass die maximal zulässigen Abschaltzeiten im TT-System kürzer sein müssen als im TN-System, um denselben Schutz zu bieten.

Die in Tabelle 41.1 in Gleichspannungssystemen festgelegten höheren Abschaltzeiten resultieren aus der geringeren Empfindlichkeit des Menschen gegen Durchströmung mit Gleichstrom.

Kenngrößen	**Werte im TN-System**	**Werte im TT-System**
Impedanz der Fehlerschleife Z_S (Messwerte)	einige 10 mΩ bis etwa 2 Ω	bis 100 Ω
Fehlerstrom $I_F = \frac{230V}{Z_S}$	etwa 115 A bis zu einigen 1000 A	mindestens 2,3 A
maximal zulässige Abschaltzeit t_a nach Tabelle 41.1	**0,4 s**	**0,2 s**
Berührungsspannung U_T (Erfahrungswerte)	80 V bis 115 V	160 V bis 230 V
Berührungsstrom $I_T = \frac{U_T}{1000\Omega}$ Körperimpedanz bei Hand-Fuß-Durchströmung (Richtwert)	80 mA bis 115 mA	160 mA bis 230 mA

Tabelle 1
Kenngrößen für die Abschaltbedingungen in Endstromkreisen bis 32 A im TN-System und im TT-System mit Nennspannungen AC 400/230 V

	TN-System			**TT-System**		
Abschaltströme I_a von Überstrom-Schutzeinrichtungen zur Sicherstellung der geforderten Abschaltzeit t_a	$I_a = \frac{230V}{Z_S}$			$I_a = \frac{230V}{Z_S}$		
	Schutz-einrichtung	I_a	t_a 1)	*Die notwendigen Abschaltströme I_a von Überstrom-Schutzeinrichtungen werden durch die Fehlerströme I_F im Allgemeinen nicht erreicht.*		
	LS-Schalter Typ B	$\geq 5\ I_n$	< 0,1 s			
	LS-Schalter Typ C	$\geq 10\ I_n$	< 0,1 s			
	Schmelz-sicherung gG	ca. $> 14\ I_n$	< 0,4 s			
Abschaltbedingungen von Fehlerstrom-Schutzeinrichtungen zur Sicherstellung der geforderten Abschaltzeit t_a	$I_a = \frac{230V}{Z_S}$ *Im TN-System sind die Fehlerströme I_F wesentlich höher als 5 $I_{\Delta n}$*			$I_{\Delta n} = \frac{50V}{R_A}$ *Im Fehlerfall stehen 230V an der Fehlerstelle an. Damit gilt für den Auslösestrom I_a:* $I_a = \frac{230V}{50V} I_{\Delta n} = 4{,}6 I_{\Delta n}$		
	Typ	I_a	t_a 1)	*Typ*	I_a	t_a 1)
	FI allgemein	$> 5\ I_{\Delta n}$	$\leq 0{,}04$ s	*FI allgemein*	$> 2\ I_{\Delta n}$	$\leq 0{,}15$ s
	FI selektiv	$> 5\ I_{\Delta n}$	$\leq 0{,}15$ s	*FI selektiv*	$> 2\ I_{\Delta n}$	$\leq 0{,}2$ s

1) Die Werte für t_a beziehen sich auf die Festlegungen in den relevanten Produktnormen.
R_A – die Summe der Widerstände in Ω des Erders und des Schutzleiters der Körper;
$I_{\Delta n}$ – der Bemessungsdifferenzstrom in A der Fehlerstrom-Schutzeinrichtung.

Tabelle 2
Auswahl der Schutzeinrichtungen im TN-System und im TT-System mit Nennspannungen AC 400/230 V

Zusätzlicher Schutz für Endstromkreise für den Außenbereich und Steckdosen (Abschnitt 411.3.3)

Allgemeine Erläuterungen

In einphasigen und in mehrphasigen Wechselspannungssystemen muss ein zusätzlicher Schutz durch Fehlerstrom-Schutzeinrichtungen (RCDs) mit einem Bemessungsdifferenzstrom von nicht größer 30 mA vorgesehen werden für:

- alle Steckdosen mit einem Bemessungsstrom bis einschließlich 20 A, die für die Benutzung durch Laien und zur allgemeinen Verwendung bestimmt sind;
- alle Endstromkreise für im Außenbereich verwendete tragbare Betriebsmittel mit einem Bemessungsstrom bis einschließlich 32 A.

Die Notwendigkeit des zusätzlichen Schutzes durch Fehlerstrom-Schutzeinrichtungen mit einem Bemessungsdifferenzstrom kleiner oder gleich 30 mA ergibt sich aus dem erhöhten Risiko bei der allgemeinen Verwendung und Benutzung von Steckvorrichtungen durch Laien.

Dort, wo Verbrauchsmittel in der Hand gehalten (die Eigenschaft „tragbar" weist darauf hin) und betrieben werden, insbesondere durch Laien, die den sicherheitstechnischen Zustand eines solchen Verbrauchsmittels im allgemeinen nicht beurteilen können, muss zusätzlich zur Basis- oder Fehlerschutzvorkehrung ein Schutz vorhanden sein, der auch dann noch wirksam ist, wenn die eigentliche Schutzmaßnahme aufgrund besonderer Umstände nicht wirksam ist. Der zusätzliche Schutz mit Fehlerstrom-Schutzeinrichtungen ergänzt insofern die Basis- oder Schutzvorkehrung der Schutzmaßnahme „Automatische Abschaltung der Stromversorgung". Man bietet damit den Benutzern von Steckdosen einen zusätzlichen Schutz auch dann noch, wenn leichtfertig oder unwissend die Fehlerschutzvorkehrung umgangen oder außer Funktion gesetzt wird.

Nicht der Schutz des Stromkreises, sondern der Schutz der Person, die elektrische Verbrauchsmittel an eine Steckdose anschließt und betreibt, steht im Vordergrund dieser Maßnahme. Das gilt sowohl für Steckdosen im Außenbereich als auch im Innenbereich eines Gebäudes.

Nach DIN VDE 0100-300 (VDE 0100 Teil 300):1996-01 müssen, soweit erforderlich, die Stromkreise aufgeteilt werden, um Gefahren zu vermeiden, die Folgen von Fehlern zu begrenzen, Kontrolle, Prüfung und Instandhaltung zu erleichtern und Gefahren zu berücksichtigen, die durch einen Fehler in nur einem Stromkreis entstehen können, z. B. Ausfall der Beleuchtung.

DIN 18015-1:2007-09 „Elektrische Anlagen in Wohngebäuden Teil 1: Planungsgrundlagen" fordert die Zuordnung von Anschlussstellen für Verbrauchsmittel zu einem Stromkreis so vorzunehmen, dass durch das automatische Abschalten der diesem Stromkreis zugeordneten Schutzeinrichtung (z. B. Überstrom-Schutzeinrichtung, Fehlerstrom-Schutzeinrichtung) im Fehlerfall oder bei notwendiger manueller Abschaltung nur ein kleiner Teil der Kundenanlage abgeschaltet wird. Hiermit wird die größtmögliche Verfügbarkeit der elektrischen Anlage für den Nutzer erreicht.

Diese Forderungen bedingen, dass in einer elektrischen Anlage die Stromkreise immer auch auf mehrere Fehlerstrom-Schutzeinrichtungen verteilt werden müssen.

Je nach Art und Komplexität der Anlage können für die Umsetzung der Forderung nach zusätzlichem Schutz für Steckdosenstromkreise und Stromkreise im Außenbereich unterschiedliche Ausführungen von Fehlerstrom-Schutzeinrichtungen eingesetzt werden.

Fehlerstrom-Schutzeinrichtungen gewährleisten den geforderten Schutz gegen elektrischen Schlag. Sie schalten bei einem Körperschluss die Stromversorgung auch bei hohen Schleifenimpedanzen zuverlässig ab. Beträgt der Bemessungsdifferenzstrom nicht mehr als 30 mA, ist auch ein zusätzlicher Schutz, z. B. beim direkten Berühren und entsprechender Durchströmung gegeben. Solche Fehlerstrom-Schutzeinrichtungen werden in unterschiedlichen Ausführungsformen im Markt angeboten.

Werden Fehlerstrom-Schutzeinrichtungen als „selektive" Schutzeinrichtungen mit der Kennzeichnung „S" – beispielsweise für den Fehlerschutz oder zu Brandschutzzwecken – ausgewählt, erreicht man selektives Verhalten zwischen dieser Schutzeinrichtung und einer nachgeschalteten Fehlerstrom-Schutzeinrichtung – z. B. für den zusätzlichen Schutz – und damit die notwendige hohe Verfügbarkeit für den Anlagennutzer. Der Bemessungsdifferenzstrom der vorgeschalteten Fehlerstrom-Schutzeinrichtung muss dabei mindestens das Dreifache desjenigen der nachgeschalteten Fehlerstrom-Schutzeinrichtung betragen (meist 100 mA oder 300 mA).

Einsatz von Fehlerstrom-Schutzschaltern (RCCBs)

RCCBs sind Fehlerstrom-Schutzeinrichtungen ohne integrierten Schutz bei Überstrom (Überlast und/oder Kurzschluss). Ihnen muss deshalb für den Überstrom-Schutz jeweils eine entsprechende Überstrom-Schutzeinrichtung zugeordnet werden. Der zu erwartende Betriebsstrom des Stromkreises kann als Bemessungsgrundlage für den Überlastschutz herangezogen werden. Die Überstrom-Schutzeinrichtung muss nach den Angaben des Herstellers der Fehlerstrom-Schutzschalter ausgewählt werden.

Um die beschriebenen Anforderungen in Bezug auf die Verfügbarkeit der elektrischen Anlage zu erfüllen, sind Endstromkreise auf mehrere Fehlerstrom-Schutzschalter aufzuteilen.

Bei Auslösung der Schutzeinrichtung im Fehlerfall oder bei notwendiger manueller Abschaltung werden dem Fehlerstrom-Schutzschalter nachgeordnete Stromkreise abgeschaltet. Fehlerstrom-Schutzschalter trennen die Außenleiter und den Neutralleiter der nachgeschalteten Stromkreise. Das ist von Vorteil bei der Fehlersuche in einer Anlage mit fehlerbehaftetem Neutralleiter.

Bei Verwendung von Fehlerstrom-Schutzschaltern mit einem Bemessungsdifferenzstrom nicht über 30 mA für den zusätzlichen Schutz soll der Fehlerschutz mit einer selektiven Fehlerstrom-Schutzeinrichtung höheren Bemessungsdifferenzstromes oder mit einer Überstrom-Schutzeinrichtung realisiert werden. Die Schutzeinrichtung muss dabei am Anfang des Stromkreises installiert werden.

Einsatz von FI/LS-Schaltern (RCBOs)

FI/LS-Schalter sind kombinierte Einheiten, die aus einem Fehlerstrom-Schutzschalter und aus einem Leitungsschutzschalter bestehen. Sie gewährleisten Schutz gegen elektrischen Schlag und Leitungsschutz in einem Gerät.

Der vermehrte Einsatz von Geräten mit elektronischen Komponenten und EMV-Filtern erhöht die Gefahr von unerwünschten Auslösungen in Folge der Aufsummierung von betriebsbedingten Ableitströmen oder durch transiente Stromimpulse bei Schalthandlungen. Durch die Zuordnung jeweils eines FI/LS-Schalters zu jedem einzelnen Endstromkreis können solche unerwünschten Abschaltungen schon im Voraus durch fachgerechte Planung einer Anlage vermindert werden. Außerdem wird die Planung vereinfacht, da eine Berücksichtigung von Gleichzeitigkeitsfaktoren für die Belastung von Fehlerstrom-Schutzschaltern nicht erforderlich ist.

Bei Auslösung der Schutzeinrichtung im Fehlerfall (auch bei einem Fehler zwischen Neutralleiter und Schutzleiter auf der Verbraucherseite) oder bei notwendiger manueller Abschaltung wird nur der betroffene Stromkreis abgeschaltet. FI/LS-Schalter trennen die Außenleiter und den Neutralleiter eines Stromkreises. Die fehlerfreien Stromkreise sind davon nicht betroffen und können uneingeschränkt weiter betrieben werden. Damit erhöht sich einerseits die Verfügbarkeit der in Wohngebäuden oder gewerblichen Anlagen verwendeten Verbrauchsmittel, zum anderen vereinfacht sich die Fehlersuche.

Diese Vorteile führten im Abschnitt 411.3.3 der DIN VDE 0100-410 in einer Anmerkung zu der Empfehlung, zur Realisierung des zusätzlichen Schutzes für Endstromkreise für den Außenbereich und für Steckdosen FI/LS-Schalter zu verwenden.

Betrachtet man die Vorgaben der DIN 18015-2:2004-08 und RAL-RG 678:2004-09 für den Ausstattungsumfang 1 jeweils mit einer Wohnfläche bis 125 m^2 (siehe **Tabelle 3**) zeigt sich, dass der zusätzliche Platzbedarf im Stromkreisverteiler bei der empfohlenen Verwendung von FI/LS-Schaltern gegenüber einer Installation mit getrennten Fehlerstrom-Schutzschaltern und Leitungsschutzschaltern nur geringfügig höher ist.

Bei Verwendung von FI/LS-Schaltern mit einem Bemessungsdifferenzstrom nicht über 30 mA kann der zusätzliche Schutz und der Fehlerschutz mit demselben FI/LS-Schalter realisiert werden. Der FI/LS-Schalter muss am Anfang des zu schützenden Stromkreises installiert werden.

Einsatz von Steckdosen mit Fehlerstrom-Schutzeinrichtung (RCD)

Wird in besonderen Fällen gewünscht, die zusätzliche Fehlerstrom-Schutzeinrichtung möglichst in der Nähe des zu schützenden elektrischen Verbrauchsmittels anzuordnen, ist der Einbau einer Steckdose mit integrierter Fehlerstrom-Schutzeinrichtung möglich. Im Fehlerfall wird nur das über diese Steckdose betriebene elektrische Verbrauchsmittel abgeschaltet. Die übrige elektrische Anlage, die von dem Fehler nicht betroffen ist, bleibt weiterhin in Betrieb.

Wird eine bestehende Anlage erweitert oder geändert, werden beispielsweise zusätzliche Steckdosen errichtet, müssen auch diese einen zusätzlichen Schutz mit Fehlerstrom-Schutzeinrichtungen haben. Hierfür können Steckdosen mit eingebauten Fehlerstrom-Schutzeinrichtungen eingesetzt werden. Diese bieten insbesondere dann Vorteile, wenn der vorhandene Platz im Stromkreisverteiler nicht ausreichend ist, um Fehlerstrom-Schutzeinrichtungen nachzurüsten oder wenn die Installation der Stromkreise noch im TN-C-System (ohne PE-Leiter) ausgeführt ist.

Auch wenn eine Anpassung einer bestehenden elektrischen Anlage an das aktuelle sicherheitstechnische Niveau gewünscht wird, beispielsweise in Kinderzimmern, ist das ohne große Installationsarbeit durch Austausch der vorhandenen Steckdosen gegen solche mit eingebauten Fehlerstrom-Schutzeinrichtungen möglich.

Werden Steckdosen mit eingebauten Fehlerstrom-Schutzeinrichtungen für den zusätzlichen Schutz vorgesehen, so muss der vorgeschaltete Stromkreis trotzdem mit Schutzeinrichtungen im Rahmen der Schutzvorkehrung für den Fehlerschutz versehen werden. Diese Schutzeinrichtungen können nur am Anfang des zu schützenden Stromkreises, also im Stromkreisverteiler installiert werden.

Ausnahmeregelungen: Abschnitt 411.3.3

Die genannten Ausnahmen vom zusätzlichen Schutz der Steckdosen durch Fehlerstrom-Schutzeinrichtungen sind lediglich informative Anmerkungen zur Erläuterung des normativen Textes.

Die nachfolgenden Ausführungen können diesbezüglich als Entscheidungshilfe für Planer und Errichter herangezogen werden:

Steckdosen, die für die Benutzung durch Laien und zur allgemeinen Verwendung bestimmt sind, müssen generell mit einem zusätzlichen Schutz durch Fehlerstrom-Schutzeinrichtungen mit Bemessungsdifferenzstrom von nicht mehr als 30 mA geschützt werden (normativ gefordert!).

Steckdosen, die ausschließlich durch Elektrofachkräfte und elektrotechnisch unterwiesene Personen benutzt werden (trifft in Deutschland z. B. für elektrische Betriebsstätten zu), dürfen im Einzelfall von dieser Forderung ausgenommen werden.

Die Anmerkung, dass eine Steckdose, die jeweils für den Anschluss nur eines „bestimmten Betriebsmittels“ errichtet wird, von dem zusätzlichen Schutz durch Fehlerstrom-Schutzeinrichtungen ausgenommen werden darf, sollte nicht in Anspruch genommen werden, wenn in Zweifel gezogen wird, dass diese Steckdose dauerhaft für ein „bestimmtes Betriebsmittel“ genutzt wird. Da die Entscheidung über den Betrieb der Anlage nicht vom Errichter derselbigen beeinflusst werden kann, wird empfohlen dieses „bestimmte Betriebsmittel“, das von dem zusätzlichen Schutz ausgenommen werden soll, fest anzuschließen.

Anlagenausstattung	**Konzepte für den Einsatz von Schutzeinrichtungen nach**							
	DIN VDE 0100-410: 2007-06						DIN VDE 0100-410: 1997-01	
	neu						**bisher**	
Stromkreise bzw. Gerätestromkreise für	mit getrennten FI- und LS-Schaltern		mit FI/LS-Schaltern gemischte Stromkreise für Steckdosen und Beleuchtung		mit FI/LS-Schaltern getrennte Stromkreise für Steckdosen und Beleuchtung		mit FI-Schutz-schaltern nur dort, wo vorgeschrieben gemischte Stromkreise für Steckdosen und Beleuchtung	
	Art	TE	Art	TE	Art	TE	Art	TE
Gruppen-FI	2 FI 4-pol. [1)]	8					1 FI 2-pol. [3)]	2
Bad und Außensteckdosen	2 LS	2	2 FI/LS	4	2 FI/LS	4	2 LS	2
Steckdosen und Beleuchtung	4 LS	4	4 FI/LS	8			4 LS	4
Steckdosen					2 FI/LS [2)]	4		
Beleuchtung					2 LS	2		
Mikrowelle Geschirrspülmaschine Waschmaschine Wäschetrockner	4 LS	4	4 FI/LS	8	4 FI/LS	8	4 LS	4
Elektroherd	3 LS	3	3 LS	3	3 LS	3	3 LS	3
Platzbedarf		**21**		**23**		**21**		**15**

TE= Teilungseinheiten; FI= Fehlerstrom-Schutzeinrichtung; LS= Leitungsschutzschalter; FI/LS=FI/LS-Schalter

1) um DIN 18015-1 und DIN VDE 0100-300 zu erfüllen, sind mind. 2 Fehlerstrom-Schutzeinrichtungen erforderlich

2) um eine zu starke Belastung der Steckdosenstromkreise zu vermeiden, sollte die Anzahl der Steckdosenstromkreise von 2 auf 4 erhöht werden

3) Fehlerstrom-Schutzschutzeinrichtung für Stromkreise Bad und Außensteckdosen

Anmerkung: Grundlage für die Tabelle sind die Mindestausstattung nach DIN 18015-2:2004-08 bzw. der Ausstattungswert 1 nach RAL-RG 678:2004-09 bei einer Wohnfläche bis 125 m². Die Zahlen gelten für das TN-System, für das TT-System können die Zahlen abweichen.

Tabelle 3

Platzbedarf im Stromkreisverteiler bei Umsetzung verschiedener installationstechnischer Konzepte

Ungeerdete IT-Systeme in der praktischen Anwendung

Wolfgang Hofheinz

Die Anwendungen von ungeerdeten Stromversorgungen (IT-Systemen) nehmen zu. Diese Tendenz ist begründet in der Vielzahl der Vorteile dieser Netzform. Eine wichtige, besonders wirtschaftliche Bedeutung erlangt dabei für viele Anwendungen der Weiterbetrieb von angeschlossenen Betriebsmitteln im ersten Fehlerfall. Auch die Möglichkeit der automatischen Fehlerorterkennung und die damit verbundene hohe Wartungsfreundlichkeit steigern die Beliebtheit dieser Systeme. Besonders in der präventiven Instandhaltung, beschrieben in DIN EN 13306: 2001-09, bietet diese Schutzmaßnahme dem Anwender von elektrischen Anlagen besondere Vorteile in der Umsetzung der zustandsorientierten Instandhaltung.

Ein Beispiel soll das verdeutlichen.

In einem Betrieb der mittelständischen Elektroindustrie werden elektronische Überwachungseinrichtungen entwickelt, hergestellt und geprüft. Ein Qualitätsmanagement nach ISO 9001 ist vorhanden. Für mehrere Bereiche ist ein modernes Stromversorgungssystem zu installieren.

Kundenwünsche

- In den Bereichen Produktion, Entwicklung und Qualitätsmanagement soll ein Höchstmaß an elektrischer Sicherheit für die beschäftigten Mitarbeiter erreicht werden. Um diese Forderung des Kunden zu erfüllen, wird die Errichtung eines IT-Systems vorgeschlagen und umgesetzt.
- Die Umsetzung von Teilen der Instandhaltungsstrategie nach DIN EN 13306 soll ermöglicht werden, z. B. kann ein erster Isolationsfehler über eine Schnittstelle gemeldet werden.
- Es sollen die Voraussetzung für eine kontinuierliche Isolationsüberwachung der elektrischen Anlage und die frühzeitige Meldung einer Isolationsverschlechterung geschaffen werden.
- Die variable Festlegung von Prüffristen nach der Betriebssicherheitsverordnung (BetrSichV) und BGV A3, § 15 „Wiederkehrende Prüfungen", soll berücksichtigt werden.

Umsetzung der strategischen Kundenwünsche

Errichten eines IT-Systems

Nach DIN HD 60364-4-41 (VDE 0100-410) müssen in IT-Systemen die aktiven Teile entweder gegen

Erde isoliert sein oder über eine ausreichend hohe Impedanz mit Erde verbunden werden. In Deutschland wird die Isolierung der aktiven Teile bevorzugt.

Der *Fehlerstrom* ist bei Auftreten eines Einzelfehlers gegen einen Körper oder gegen Erde niedrig, und die automatische Abschaltung ist nicht gefordert, vorausgesetzt, die Bedingungen an R_A und I_d sind erfüllt. Es müssen jedoch Vorkehrungen getroffen werden, um das Risiko gefährlicher pathophysiologischer Einwirkungen auf Personen, die in Verbindung mit gleichzeitig berührbaren Körpern stehen, im Fall von zwei gleichzeitig auftretenden Fehlern zu vermeiden.

Die Körper müssen einzeln, gruppenweise oder gemeinsam geerdet sein. Die folgende Bedingung muss erfüllt sein:

- in Wechselstromsystemen
  $R_A \cdot I_d \leq 50\,\mathrm{V}$,
- in Gleichstromsystemen
  $R_A \cdot I_d \leq 120\,\mathrm{V}$;

R_A Summe der Widerstände des Erders und des Schutzleiters zum jeweiligen Körper in Ω,

I_d Fehlerstrom in A beim ersten Fehler mit vernachlässigbarer Impedanz zwischen einem Außenleiter und einem Körper; I_d berücksichtigt die Ableitströme und die Gesamtimpedanz der elektrischen Anlage gegen Erde.

In IT-Systemen dürfen die folgenden Überwachungs- und Schutzeinrichtungen verwendet werden:

- Isolationsüberwachungseinrichtungen (IMDs),
- Differenzstrom-Überwachungseinrichtungen (RCMs),
- Isolationsfehler-Sucheinrichtungen,
- Überstrom-Schutzeinrichtungen,
- Fehlerstrom-Schutzeinrichtungen (RCDs).

Instandhaltungsstrategien in IT-Systemen

Die vorbeugende Instandhaltung nach DIN EN 13306:2001-09, Abschnitt 7.5, ist zustandsabhängig und wird „nach einer Vorhersage, abgeleitet von der Analyse und Bestimmung von Parametern, welche die Verschlechterung der Einheit kennzeichnen, durchgeführt." Außerdem erlaubt die Strategie der ferngesteuerten Instandhaltung die „Instandhaltung einer Einheit, ausgeführt ohne physischen Zugriff des Personals auf die Einheit". Diese Strategie kann mit überwachten IT-Systemen realisiert werden.

Kontinuierliche Isolationsüberwachung

Durch die Isolationsüberwachung und die selektive Isolationsfehlerort-Erkennung kann bei IT-Systemen die ferngesteuerte Instandhaltung ausgeführt werden. Die Gesamtisolation der Anlage wird durch Isolationsüberwachungsgeräte gemessen, die die Isolationswiderstände anzeigen; Tendenzen können erkannt werden. Diese Maßnahmen in Verbindung mit der Isolationsfehlerort-Erkennung können online mittels einer Schnittstelle an die entsprechenden Stellen der Einheit übertragen werden. Dort können entweder die Ansprechzeiten und Ansprechwerte der Isolationsüberwachungsgeräte geändert oder andere Maßnahmen festgelegt werden. Damit ist ein effektives Instandhaltungsmanagement möglich.

Prüffristen nach UVV-BGV A3

Elektrische Anlagen und Betriebsmittel gelten entsprechend der Durchführungsanweisung zu § 5 der Unfallverhütungsvorschrift (UVV) für „elektrischeAnlagen und Betriebsmittel“ (BGV A3) als ständig überwacht, wenn sie kontinuierlich

- von einer Elektrofachkraft instand gehalten und
- durch messtechnische Maßnahmen im Rahmen des Betreibens – z. B. Überwachen des Isolationswiderstandes – geprüft werden.

Diese Forderungen können mit IT-Systemen erfüllt werden.

Wird durch eine Messung während der Benutzung der ortsveränderlichen elektrischen Betriebsmittel der gerätespezifische Sicherheitszustand – z. B. der Isolationswiderstand oder der Differenzstrom – der angeschlossenen Betriebsmittel/Arbeitsmittel ermittelt und auch dokumentiert, so kann anhand der ausgewerteten Ergebnisse die Prüffrist bedarfsbezogen ermittelt und ausgewählt werden.

Diese praxisorientierte Ermittlung der notwendigen Prüffristen sieht auch die BetrSichV konkret in § 10 (Prüfung von Arbeitsmitteln) bzw. § 3 (Gefährdungsbeurteilung) vor. Dabei ist zwingend zu berücksichtigen, dass die erforderlichen Prüffristen von einer befähigten Person nach § 2 (7) BetrSichV ermittelt werden.

Die Anwendung eines IT-Systems entbindet aber keinesfalls von der Verpflichtung zur wiederkehrenden Prüfung elektrischer Anlangen und Betriebmittel – z. B. durch Besichtigung, Prüfung der Durchgängigkeit der Schutz- und Potentialausgleichsleiter sowie der Wirksamkeit der Abschaltbedingungen. Entsprechend der notwendigen Gefährdungsbeurteilung müssen Art, Umfang und Prüfschärfe sowie das Zeitintervall zur Wiederholungsprüfung festgelegt werden.

Die Umsetzung des IT-Systems in den Bereichen Produktion, Entwicklung und Qualitätsmanagement

Für diesen Kundenauftrag wurde eine spezielle Variante des IT-Systems gewählt – kein standardmäßiges, da die Abschaltung im Fall eines ersten Fehlers vorgesehen ist. Für diese Variante sprechen folgende Gründe:

- Dank der kontinuierlichen Isolationsüberwachung (**Bild 1**) der installierten IT-Systeme können die Netze auf einem besonders hohem Isolationsniveau gehalten werden. Selbst geringfügige Isolationsminderungen können frühzeitig erkannt und beseitigt werden. Die Wahrscheinlichkeit eines ersten Isolationsfehlers durch schleichende Isolationsminderung wird daher deutlich reduziert.
- Da die IT-Systeme in Räumen angewendet werden, in denen Arbeiten unter Spannung durchgeführt werden, wurde die Abschaltung im Fall eines ersten Fehlers vorgesehen (**Bilder 2, 3** und **4**). Die Isolationsüberwachungsgeräte sind dabei so eingestellt, dass bei Isolationsfehlern $\leq 50\ k\Omega$ das IT-System nach Zeiten ≤ 1 s abgeschaltet wird.
- Die Leistungen der IT-Systeme sind auf 6,3 kVA begrenzt. In den einzelnen Abteilungen sind daher bis zu vier IT-Systeme installiert (**Bild 5**). Aufgrund der sich dadurch ergebenden Leitungslängen wird die maximale Berührungsspannung ≤ 50 mV im Fall eines ersten Fehlers nicht überschritten.

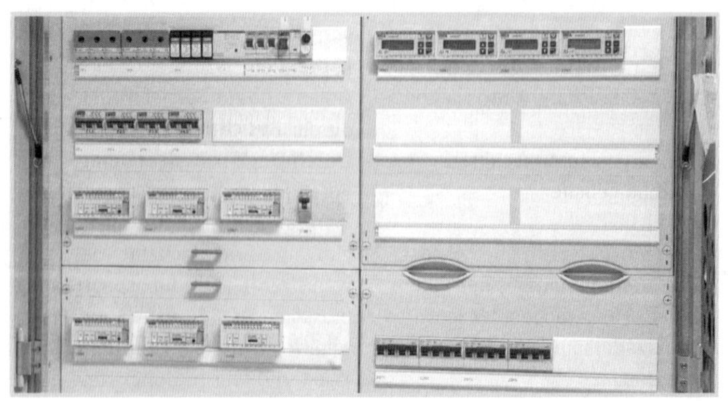

Bild 1
Verteilerschrank mit Isolationsüberwachungsgeräten

Zusammenfassung

Trotz der gewählten Technik der Nutzung von IT-Systemen mit Abschaltung im Fall eines ersten Isolationsfehlers können die Anlagen auf einem konstant hohem Isolationsniveau gehalten werden. Schleichende Isolationsminderungen werden von den Isolationsüberwachungsgeräten erkannt und Instandsetzungsmaßnahmen umgehend eingeleitet. Kombiniert mit dem Schutz gegen elektrischen Schlag, hat sich die hohe Verfügbarkeit der Stromversorgungssysteme als besonders wirtschaftlich erwiesen.

Bild 2
Überwachter Bereich Prüffeld

Bild 3
Überwachter Bereich Fertigung

Bild 4
Überwachter Bereich Qualitätsmanagement

Bild 5
Transformatoren des IT-Systems

6 Elektroinstallation

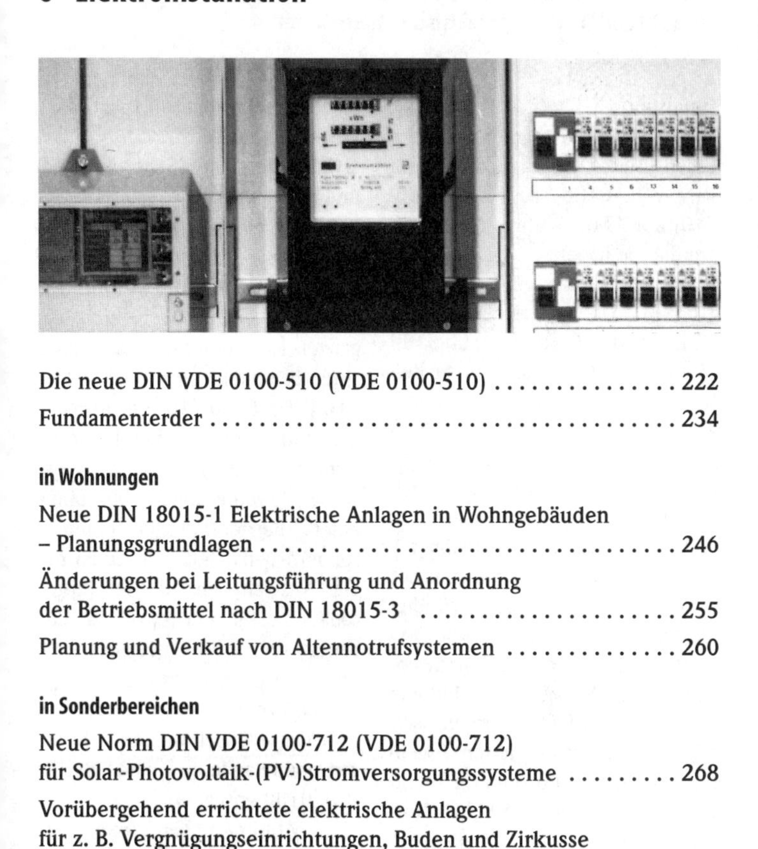

in Wohnungen

in Sonderbereichen

Die neue DIN VDE 0100-510 (VDE 0100-510)

Auswahl und Errichtung elektrischer Betriebsmittel

Werner Seitz

Einleitung

Dem Leser wird empfohlen, beim Lesen dieses Beitrags die Norm DIN VDE 0100-510 (VDE 0100-510):2007-06 zum Nachlesen greifbar zu haben.

Diese Norm gilt ab dem 1.6.2007. Die bisherige Norm DIN VDE 0100-510 (VDE 0100-510): 1997-01 und das zugehörige Beiblatt 1 zu dieser Norm vom Juni 2003 dürfen noch mit einer Übergangsfrist bis zum 1.9.2008 weiter angewendet werden. Inhaltlich bringt die jetzige Norm aber nicht viel Neues, da mit dem Beiblatt 1 alle wesentlichen Neuerungen der jetzigen Norm bereits angekündigt wurden.

Wie den meisten Normenanwendern heute bekannt ist, sind die elektrotechnischen Normen seit mittlerweile vielen Jahren Ergebnisse der internationalen (IEC) und der europäischen (CENELEC) Normungsarbeit. Insoweit ist mancher Inhalt in deutschen DIN VDE-Bestimmungen nur aus diesem Zusammenhang heraus verständlich.

Dieser Beitrag befasst sich nicht mit allen Hauptabschnitten der Norm, sondern im Wesentlichen mit denen, wo es Änderungen gegenüber der vorigen Ausgabe gibt und wo der Verfasser Erläuterungsbedarf sieht.

Zu den Abschnitten 510.1 Anwendungsbereich, 510.3 Allgemeines (Generalklausel) und Inhaltsübersicht

Für das Errichten von Niederspannungsanlagen, wie sie in DIN VDE 0100-100 (VDE 0100-100) im Abschnitt 11 (Geltungsbereich der ganzen Normenreihe) beschrieben sind, behandelt DIN VDE 0100-510 (VDE 0100-510) die Auswahl der Betriebsmittel und deren Errichtung. Diese Norm enthält also keine Anforderungen im Sinne einer Betriebsmittelbestimmung, sondern behandelt zum einen nur die Auswahl der Betriebsmittel, sodass sie für den jeweiligen Einbauort und Zweck geeignet sind, und nennt zum zweiten einige Grundsätze für deren Errichtung. Speziellere Errichtungsanforderungen sind in anderen Teilen von DIN VDE 0100 enthalten.

Die Anforderungen dienen dem Ziel, dass die Niederspannungsanlage nach der Errichtung und der Erstprüfung sicher im Sinne des Personen- und Sachschutzes ist und eine zufriedenstellende Gebrauchstauglichkeit hat. Die Formulierung „zufriedenstellender Betrieb bei bestimmungsgemäßer Verwendung“ bedeutet, dass bei der Ersterrichtung eine mögliche Änderung der Verwendung der Anlage, z. B. durch gravierende Änderung der Raumnutzung, nicht berücksichtigt zu werden braucht. Das ist anders als bei manchen Geräten, wo nach europäischem Recht häufig ein vorhersehbarer Missbrauch mitberücksichtigt werden muss.

Um das genannte Ziel zu erreichen, fordert die „Generalklausel", Abschnitt 510.3, Allgemeines, dass jedes Betriebsmittel so ausgewählt und errichtet werden muss, dass die Anforderungen dieser Norm DIN VDE 0100-510 (VDE 0100-510) und die relevanten Anforderungen in anderen Teilen der Normenreihe DIN VDE 0100 eingehalten werden.

Diese Anforderungen sind in folgenden Hauptabschnitten enthalten, zu denen teilweise umfangreiche Anhänge gehören:

511 Übereinstimmung mit Normen,
512 Betriebsbedingungen und äußere Einflüsse,
513 Zugänglichkeit,
514 Kennzeichnung,
515 Vermeidung gegenseitiger Beeinflussung,
516 Maßnahmen bezüglich Schutzleiterströme.

Zu Abschnitt 511 Übereinstimmung der Betriebsmittel mit Normen

Die in diesem Abschnitt der vorigen Ausgabe der Norm enthaltene Bezugnahme nur auf internationale IEC-Normen wurde an die europäische und deutsche Normungssituation angepasst.

Demnach müssen elektrische Betriebsmittel, die in eine nach DIN VDE 0100 zu errichtende Niederspannungsanlage eingebaut werden,

- den einschlägigen europäischen Normen (EN) oder einschlägigen europäischen Harmonisierungsdokumenten (HD) oder
- einschlägigen nationalen Normen, in die die HD übernommen worden sind,

entsprechen.

Die europäischen Normen (EN) werden in das deutsche Normenwerk unverändert übernommen und tragen die Bezeichnung DIN EN. Auch die elektrotechnischen Harmonisierungsdokumente für die Errichtung von elektrischen Niederspannungsanlagen werden weitgehend unverändert in das deutsche Normenwerk übernommen und tragen dann die Bezeichnung DIN VDE, wobei das übernommene HD nicht im Titel, sondern weiter unten auf dem Normendeckblatt genannt ist. Das heißt, dass sich in Deutschland der Errichter als Normenanwender keine originalen EN oder HD zu beschaffen braucht.

Wenn für ein Betriebsmittel weder EN noch HD existieren, wohl aber (nicht harmonisierte) einschlägige nationale Normen – was bei der inzwischen weit fortgeschrittenen Harmonisierung sehr selten sein dürfte –, müssen die Betriebsmittel diesen nationalen Normen entsprechen.

Wenn die beiden vorgenannten Fälle nicht zutreffen, aber für ein Betriebsmittel IEC-Normen, die nicht nach Europa übernommen wurden, oder ausländische nationale Normen existieren, dürfen diese nur angewendet werden, wenn das deutsche nationale Komitee dies zugelassen hat.

IEC-Normen sind meistens Grundlage für die europäische Normung und werden, ggf. mit Modifikationen, als EN bzw. HD nach Europa übernommen und dürfen hier, wie weiter oben gesagt, angewendet werden. Wenn aber eine solche Übernahme nicht geschehen ist, hat das gute Gründe. Eine ausländische Norm, die für die Bedingungen im Ausland durchaus geeignet sein kann, birgt möglicherweise Risiken, wenn sie in Deutschland angewendet wird. Da dem Normenanwender eine Beurteilung darüber nicht zugemutet werden kann, hat das nationale deutsche Komitee über solche Fälle eine Entscheidung zu treffen.

Entsprechend dieser Regelung sind z. B. spannungsabhängige Fehlerstrom-Schutzeinrichtungen (RCDs), für die es zwar eine IEC-Norm gibt, die aber bisher nicht nach Europa übernommen wurde, in Deutschland beim Fehlerschutz nicht zugelassen.

Zu betrachten ist noch der Fall, dass es für ein Betriebsmittel – z. B. ein ganz neuartiges Gerät – weltweit keine Norm gibt. Ein solches Betriebsmittel muss dann aufgrund einer besonderen Vereinbarung zwischen dem Planer bzw. Auftraggeber der Anlage und dem Errichter ausgewählt werden. Dabei greifen die gesetzlichen Anforderungen, dass elektrische Betriebsmittel den grundlegenden Sicherheitsanforderungen der *Europäischen Niederspannungsrichtlinie* (in Deutschland umgesetzt als *1. Verordnung zum Geräte- und Produktsicherheitsgesetz, 1.* GPSGV) und ggf. weiteren EU-Richtlinien genügen müssen. Ein entsprechender Konformitätsnachweis muss vom Hersteller oder Importeur erbracht werden, was ohne Norm recht aufwändig sein kann.

Die Konformität mit der Niederspannungsrichtlinie (*Richtlinienkonformität*) ist bei Betriebsmitteln, die nach DIN EN bzw. DIN VDE hergestellt sind, immer gegeben, weil der Hersteller den Nachweis der Richtlinienkonformität mittels dieser Normen erbracht und durch CE-Kennzeichnung bestätigt hat.

Die Forderung nach Übereinstimmung mit Normen (*Normen-*

konformität) steht also der gesetzlichen Anforderung nach Richtlinienkonformität nicht entgegen. Die Normenkonformität geht aber über die Richtlinienkonformität hinaus. Während sich die Richtlinienkonformität nur auf die grundlegenden Sicherheitsanforderungen der Niederspannungsrichtlinie bezieht, werden in den Normen außer der Sicherheit noch weitere Aspekte, wie Funktionszuverlässigkeit, Betriebseigenschaften, Toleranzen und Abmessungen, geregelt, sodass die Betriebsmittel ohne Probleme zu einer sicheren Niederspannungsanlage mit angemessener Gebrauchstauglichkeit zusammengefügt werden können. Deshalb ist die Forderung nach Normenkonformität berechtigt.

Zu Abschnitt 512.1 Betriebsbedingungen

In diesem Abschnitt werden die üblichen, bei der Auswahl von Betriebsmitteln zu beachtenden elektrischen Daten wie Spannung, Strom, Frequenz usw. behandelt. Hier soll nur auf einige Besonderheiten eingegangen werden.

Auswahl nach dem Kriterium Spannung

In IT-Systemen ohne Neutralleiter ist es trivial, dass die Betriebsmittel für die verkettete Spannung ausgelegt sein müssen, da sie zwischen den Außenleitern angeschlossen werden. In IT-Systemen mit verteiltem Neutralleiter ist zu beachten, dass die zwischen Außenleiter und Neutralleiter angeschlossenen Betriebsmittel ebenfalls für die verkettete Spannung ausgelegt sein müssen. Im fehlerfreien Betrieb ist zwar die Spannungsbeanspruchung nur gleich U_0, wird aber im Fehlerfall (Erd- oder Körperschluss eines Außenleiters irgendwo im System) für alle Betriebsmittel gleich $\sqrt{3} \cdot U_0$. Diese erhöhte Spannung kann längere Zeit bestehen bleiben, weil der Sinn des IT-Systems ist, das System im Fehlerfall so lange weiterbetreiben zu können, bis sich die nächste praktische Möglichkeit der Abschaltung zur Fehlersuche und Fehlerbeseitigung ergibt.

In einer Anmerkung im Abschnitt 512.1.1 ist ausgeführt, dass es erforderlich sein kann, die höchste oder niedrigste am Betriebsmittel auftretende Spannung zu berücksichtigen. Gemeint sind hier *länger andauernde Spannungserhöhungen* oder *-absenkungen*, keine transienten Vorgänge. Diese werden im Abschnitt 512.1.Z1, Stoßspannungsfestigkeit, durch Verweis auf DIN VDE 0100-443 (VDE 0100-443), Schutz bei Überspannungen infolge atmosphärischer Einflüsse oder von Schaltvorgängen, behandelt.

Länger andauernde Spannungserhöhungen gibt es in Netzen mit

starken Lastschwankungen, z. B. am Wochenende in einem Netz mit gewerblichen Verbrauchern oder in Industrieanlagen. Durch Spannungserhöhung auftretende Geräteausfälle, häufig bei Geräten mit Elektronik, stellen in der Regel nur ein Performanceproblem dar, in der Normung beginnt diesbezüglich aber auch eine Diskussion über dadurch verursachte Brandgefahren. Bei Anlagen für sensible Aufgaben sollte bei der Auswahl der Geräte diesem Gesichtspunkt Beachtung geschenkt und eine höhere positive Spannungstoleranz als die in vielen Gerätenormen üblichen + 10 % verlangt werden.

Bezüglich Spannungabsenkungen kann man DIN EN 50160: 2008-04, Merkmale der Spannung in öffentlichen Elektrizitätsversorgungsnetzen, entnehmen, dass die Spannung an der Anschlussstelle der Verbraucheranlage – 10 % betragen kann. Der Spannungsfall in der Verbraucheranlage kann nach DIN VDE 0100-520 (VDE 0100-520) – 4 % betragen. Am Betriebsmittel kann somit im Extremfall eine Spannungsabsenkung von – 14 % auftreten. Bei Betriebsmitteln, die üblicherweise nach ihrer Betriebsmittelnorm für eine Spannungstoleranz – 10 % ausgelegt sind, kann das zum Versagen führen.

In DIN EN 50160 ist dazu ausgeführt, dass die übliche Auslegung der Betriebsmittel in der Verbraucheranlage mit ± 10 % geeignet sei, um eine überwiegende Mehrzahl von Versorgungssituationen abzudecken. Dies ist in den vermaschten Netzen in Deutschland, abgesehen von Netzausläufern, üblicherweise zutreffend. Es sei weder technisch noch wirtschaftlich sinnvoll, Betriebsmittel generell so auszulegen, dass sie auch bei größeren Spannungsschwankungen als ± 10 % zufriedenstellend funktionieren. Wenn mit größeren Spannungsabsenkungen über längere Zeit zu rechnen ist, wird bei sensiblen Anwendungen empfohlen, auf der Basis einer Risikobeurteilung in Zusammenarbeit mit dem Versorger zusätzliche Maßnahmen durchzuführen. Dies kann z. B. eine Spannungsstabilisierung durch eine Umrichteranlage sein.

Auswahl nach dem Kriterium Strom

Nach Abschnitt 512.1.2 ist ein Betriebsmittel für den *vorgesehenen Betriebsstrom* auszuwählen, den es im ungestörten Betrieb führen soll.

Die Frage nach dem „vorgesehenen" Betriebsstrom stellt sich beispielsweise, wenn in einem Beleuchtungs und Steckdosenstromkreis einer Wohnung, der mit 16 A abgesichert ist, ein Lichtschalter mit Nennstrom I_n = 10 A eingesetzt wird. DIN VDE 0100-100 (VDE 0100-100), Abs. 131.4, verlangt einen Schutz bei Überstrom gegen Schäden, deren Ursache ein Überstrom ist, der „erwartungsgemäß" auftreten kann. Die Formulierung „erwartungsgemäß" (engl.: likely to arise) bedeutet, dass Maßnahmen zum Schutz bei Überstrom (Überlast oder/und Kurzschluss) nur dann erforderlich sind, wenn schädliche Überströme *mit hoher Wahrscheinlichkeit erwartet* werden müssen. In einem Beleuchtungsstromkreis mit einer nur kleinen Anzahl von Anschlussstellen für festinstallierte Leuchten ist für den Lichtschalter kein größerer Strom als 10 A zu erwarten. Deshalb braucht der Stromkreis auch keinen Überlastschutz, und die Absicherung mit 16 A gewährleistet den Schutz bei Kurzschluss. Insoweit ist der Lichtschalter mit Nennstrom I_n = 10 A richtig ausgewählt.

Die Forderung im 2. Absatz von Abschnitt 512.1.2, dass ein Betriebsmittel auch den Strom führen können muss, der unter „anomalen" Bedingungen während der durch die Ansprechkennlinien der Schutzeinrichtungen bestimmten Dauer fließen kann, bezieht sich im Wesentlichen auf die Kurzschlussfestigkeit der Betriebsmittel. Diese wird bei Schalt- und Steuergeräten nicht überschritten, wenn die vom Hersteller angegebene maximale Größe der dem Betriebsmittel vorgeschalteten Kurzschluss-Schutzeinrichtung eingehalten wird.

Bei vor Ort errichteten stromstarken Leitersystemen, z. B. unterspannungsseitige Verbindung vom Transformator zu einer Schaltanlage durch Schienen oder isolierte Einzelleiter, sind die dynamischen Kräfte zu berücksichtigen, die im Kurzschlussfall bis zur Abschaltung wirken. Dementsprechend sind die Leiter, Isolatoren und Befestigungen auszuwählen. Hierzu wird zur Kurzschlussstromberechnung auf die Normenreihe DIN EN 60909 (VDE 0102) und bez. der mechanischen und thermischen Wirkung der Kurzschlussströme auf die Normenreihe DIN EN 60865 (VDE 0103) hingewiesen.

Zu Abschnitt 512.2 Äußere Einflüsse und Anhängen A und ZA einschl. Tabelle ZA.1

Der Abschnitt 512.2 der Norm enthält lediglich einen Verweis auf die informativen Anhänge A und ZA. Der Anhang A ist eine Kurzfassung der Klassifizierung der äußeren Einflüsse. Der Anhang ZA enthält den Text des Abschnitts 512.2 aus der IEC-Publikation, jedoch modifiziert als nichtnormative Anforderung, sowie die Tabelle ZA.1, wo den klassifizierten äußeren Einflüssen Merkmale für die Auswahl der Betriebsmittel zugeordnet sind.

Dieser Komplex machte bei der Umsetzung von IEC nach CENELEC und nach DIN VDE gewisse Schwierigkeiten, weil die Anhänge A und ZA, die bei IEC normativ sind, bei CENELEC und DIN VDE nur informativ sein können, weil die Klassifizierung bei den Betriebsmittelnormen nur in Ansätzen verankert ist. Der Text von Abschnitt 512.2 der IEC-Publikation kann wegen des Verweises auf die nur informativen Anhänge A und ZA auch nur informativ sein und wurde deshalb als ZA.1 (512.2) in den informativen Anhang ZA eingestellt und so modifiziert, dass der Text nicht mehr normativ formuliert ist. Da aber die äußeren Einflüsse am Einbauort für die Auswahl der Betriebsmittel ganz wichtig sind und deren Beachtung normativ gefordert werden muss, wurde hilfsweise im Abschnitt 512.2 der Norm auf die entsprechende normative Forderung in DIN VDE 0100-100 (VDE 0100-100), Abschnitt 133.3, verwiesen.

Trotz des aus o. g. Gründen nur informativen Charakters enthält der Text von ZA.1 (512.2) einige wichtige Aussagen.

Grundsätzlich sollte ein Betriebsmittel durch seine Bauweise die entsprechenden Eigenschaften für die äußeren Einflüsse am Einbauort mitbringen. Ist dies ausnahmsweise nicht der Fall, kann es trotzdem verwendet werden, wenn durch Errichtungsmaßnahmen die erforderlichen Eigenschaften geschaffen werden. Dabei ist zu beachten, dass die Errichtungsmaßnahme andere Eigenschaften nicht nachteilig beeinflusst. Beispielsweise kann ein zusätzlicher Fremdkörperschutz leicht die Wärmeabfuhr des Betriebsmittels behindern.

Wichtig ist auch die Aussage in ZA.1.4 (512.2.4), Anmerkung 1 und 2, was als „normaler" äußerer Einfluss angesehen wird. Dies ist z. B. eine Umgebungstemperatur von −5 °C bis +40 °C bei einer relativen Luftfeuchte von 5 % bis 95 %.

Die Tabelle ZA.1 (informativ) ist ein umfangreiches Hilfsmittel, Betriebsmittel richtig auszuwählen, insbesondere dann, wenn die äußeren Einflüsse von „normal" abweichen. Insoweit ist sie hilfreich für Planer, die Ausschreibungen für größere Anlagen an ungewöhnlichen Orten zu machen haben. Die *Klassifizierung der äußeren Einflüsse* erfolgt durch ein Kurzzeichen, das aus zwei Buchstaben und einer Ziffer besteht.

Durch den 1. Buchstaben werden die äußeren Einflüsse in drei Kategorien unterteilt:

- A Einflüsse durch Umgebungsbedingungen,
- B Einflüsse durch Nutzungsbedingungen,
- C Einflüsse durch Art der Bauwerke.

Der 2. Buchstabe gibt das Merkmal des Einflusses in der jeweiligen Kategorie an, und die Ziffer klassifiziert die Stärke dieses Merkmals.

So ist z. B. ein äußerer Einfluss mit dem Kurzzeichen AH3 eine Umgebung (A), in der Schwingungen (H) eine hohe Beanspruchung (3) auf das dort einzubauende Betriebsmittel ausüben.

Beim äußeren Einfluss BA2 geht es um die Nutzung (B) der Betriebsmittel durch Personen (A) mit bestimmten Fähigkeiten, in diesem Fall Kinder (2). Die in der jetzigen Norm gegebene Auswahlempfehlung unterscheidet nicht, wo die Nutzung durch Kinder erfolgt. Bei IEC ist die Tabelle ZA.1 bereits insgesamt überarbeitet worden. Dort lautet die Empfehlung BA2 wie folgt:

„Orte, die für den Aufenthalt von Gruppen von Kindern, z. B. Kinderzimmer, Kindergarten usw., vorgesehen sind (Fußnote: Diese Klassifizierung ist nicht unbedingt anzuwenden für Familien-Wohngebäude):

- Betriebsmittel mit einer Schutzart gleich oder größer als IP2XC.
- Betriebsmittel mit einer Oberflächentemperatur über 60 °C dürfen nicht zugänglich sein.
- Steckdosen, Schalter und andere Betriebsmittel müssen mindestens in einer Höhe von 1,2 m über dem Fußboden angebracht sein.“

Zu Abschnitt 514 Kennzeichnung

Abschnitt 514.1 und 514.2

In den Abschnitten 514.1 und 514.2 ist wichtig, dass auf Schalt- und Steuergeräten nicht unbedingt eine Beschriftung oder Beschilderung angebracht werden muss. Wenn z. B. ein Leitungsschutzschalter in einer Verteilung eindeutig einem Stromkreis zugeordnet ist, der in einer Liste in der Verteilung bezeichnet ist, ist eine ausreichende Kennzeichnung gegeben.

Abschnitt 514.3 Kennzeichnung von Neutralleitern und Schutzleitern sowie sonstigen Leitern, und Anhang ZB und Anhang ZC

Ein wesentlicher Inhalt von DIN VDE 0100-510 (VDE 0100-510) ist immer die Kennzeichnung von elektrischen Leitern gewesen. Mit der Ausgabe der europäisch harmonisierten Norm DIN VDE 0100-510 (VDE 0100-510):1995-11 glaubte man, die früheren detaillierten Aussagen zur Kennzeichnung von Leitern, die für den Schutz gegen elektrischen Schlag wichtig sind, durch einen Verweis auf die bei IEC existierende Norm IEC 60446 ersetzen zu können. IEC 60446 ist aber eine „Pilotnorm“ mit breitem Anwendungsbereich, d. h., sie bietet Kennzeichnungsmethoden an, die in verschiedenen Normen, sowohl Betriebsmittel- als auch Errichtungsnormen, wahlweise angewendet werden können. Der reine Verweis war für die Errichtungspraxis schlecht handhabbar und hatte den Nachteil, dass die präzisen errichtungsspezifischen Festlegungen aufgeweicht wurden. Der Verweis war ein internationaler Kompromiss, weil das Thema „Leiterkennzeichnung" international sehr schwierig ist, da es unterschiedliche technische Traditionen gibt, und weil es durch die langlebigen vorhandenen Anlagen erschwert wird.

Das deutsche nationale Komitee hat sich in den letzten Jahren aber bemüht, zumindest für Europa wieder praxisgerechte Festlegungen für die Errichtung nach DIN VDE 0100 zustande zu bringen. Dass das bis Juni 2007 gedauert hat, zeigt, dass die Leiterkennzeichnung nicht nur international, sondern auch schon in Europa ein schwieriges Harmonisierungsthema ist.

Im Ergebnis sind in DIN VDE 0100-510 (VDE 0100-510):2007-06 neben dem Verweis auf die Pilotnorm DIN EN 60446 (VDE 0198) jetzt wieder detaillierte Regelungen für die Leiterkennzeichnung in nach DIN VDE 0100 zu errichtenden Niederspannungsanlagen enthalten, die der bisherigen deutschen Praxis entsprechen, wie sie auch im Beiblatt 1 zu DIN VDE 0100-510:2003-06 wiedergegeben waren.

Die grundsätzlichen Festlegungen für die Kennzeichnung von Leitern sind:

- 514.3.1.Z1: *Neutral- oder Mittelleiter:* durchgehend im ganzen Verlauf durch Farbe, *blau*.
- 514.3.1.Z2: *Schutzleiter:* (durchgehend im ganzen Verlauf) durch Farbe, *grün-gelb*. Diese Farbkombination darf für keinen anderen Zweck verwendet werden.
  Bei der Pilotnorm DIN EN 60446 ist eine Überarbeitung im Gange, um den Begriff „Schutzleiter" als Oberbegriff zu verwenden, sodass auch andere Leiter für Schutzzwecke, z. B. Schutzpotentialausgleichsleiter, unter diese Farbkennzeichnung fallen.
- 514.3.2: *PEN-Leiter:* in Deutschland durchgehend im ganzen Verlauf durch Farbe, *grün-gelb* mit *blauer Markierung* an den Leiterenden.
  Die blaue Markierung darf in öffentlichen und industriellen Verteilungsnetzen entfallen.
  Eine Farbkennzeichnung durchgehend blau mit grün-gelben Markierungen an den Leiterenden ist zulässig in Verteilungsnetzen, die von TT-System in TN-System geändert werden.
- 514.3.Z1: *Sonstige Leiter:* durch *Farbe oder numerische Zeichen*.

Über die Kennzeichnung der Leiter in bestimmten Arten von Kabeln und Leitungen informiert die **Tabelle 1.**

Ausnahmen von der Kennzeichnungspflicht gibt es für Leiter, wo eine Kennzeichnung technisch kaum machbar ist oder nicht dauerhaft sein wird, z. B.

- konzentrische Leiter oder metallene Schirme oder Bewehrungen von Kabeln und Leitungen,
- blanke Leiter von Freileitungen,
- blanke Leiter in aggressiver Atmosphäre oder bei großer Verschmutzung.

Tabelle 1
Farbliche Kennzeichnung von Leitern

	Art der Kabel/ Leitungen	Schutzleiter	PEN-Leiter	Neutralleiter	Sonstige Leiter
1	Mehradrige Kabel/Leitungen und flexible Leitungen mit 2 bis 5 Adern	grün-gelb	nach 514.3.2	blau	braun, schwarz oder grau
2	Dto. mit mehr als 5 Adern	grün-gelb	nach 514.3.2	blau oder Zahlen mit blauer Markierung an den Enden	Farben außer grün-gelb oder Zahlen
3	Einadrige Kabel/ Leitungen	grün-gelb	nach 514.3.2	blau	braun, schwarz oder grau
4	Einadrige Kabel/ Leitungen, die nach ihrer Betriebsmittelnorm nicht mit grün-gelber oder blauer Isolierung verfügbar sind	grün-gelbe Markierung an den Enden	grün-gelbe und zusätzlich blaue Markierung an den Enden	blaue Markierung an den Enden	
5	Blanke Leiter	grün-gelb über die ganze Länge oder grün-gelbe Markierung in jedem Teil bzw. in jeder Einheit/ Gehäuse bzw. an jeder zugänglichen Stelle	wie Schutzleiter mit zusätzlicher blauer Markierung	blau über die ganze Länge oder blaue Markierung (Streifen, 15 mm bis 100 mm breit) in jedem Teil bzw. in jeder Einheit/ Gehäuse bzw. an jeder zugänglichen Stelle	

Zu Abschnitt 515 Vermeidung gegenseitiger nachteiliger Beeinflussung

Hier geht es zum einen um die Beeinflussung zwischen der elektrischen Anlage und nichtelektrischen Einrichtungen und zum anderen um Beeinflussungen zwischen verschiedenen elektrischen Betriebsmitteln, insbesondere geht es um die Auswahl und Errichtung von Betriebsmitteln unter Gesichtspunkten der *elektromagnetischen Verträglichkeit* (EMV).

Bei der EMV sind die Störfestigkeit und die Störaussendung der einzubauenden Betriebsmittel zu betrachten. EMV ist zwar ein anspruchsvolles Betätigungsfeld, aber zwei Anmerkungen in den Abschnitten 515.3.1.1 und 515.3.1.2 sind geeignet, unnötigen Aufwand zu vermeiden.

Zur Störfestigkeit wird gesagt, dass Betriebsmittel, die keine elektronischen Bauteile enthalten, d. h. die meisten Installationsgeräte, selbst nicht empfindlich gegenüber einer elektromagnetischen Beeinflussung sind. Nur wenn sie mit Betriebsmitteln, die elektronische Bauteile enthalten, verbunden sind, sollte deren Störfestigkeit beachtet werden.

Zur Störaussendung wird gesagt, dass Betriebsmittel, die keine elektronischen Bauteile und keine automatischen Schaltfunktionen enthalten, hinsichtlich ihrer Störaussendung nicht betrachtet zu werden brauchen, sofern für ihre direkte elektromagnetische Umgebung keine besonderen Anforderungen festgelegt sind (z. B. nach Tabelle ZA.1 mit Kurzzeichen AM...). Das heißt, dass in vielen konventionellen Niederspannungsanlagen zur Erzielung von EMV kein besonderer Aufwand betrieben zu werden braucht.

Zu Abschnitt 516 Maßnahmen bezüglich Schutzleiterströme, und Anhang NA

Dieser Abschnitt aus der IEC-Publikation ist bei CENELEC noch nicht europäisch harmonisiert, wurde aber bereits im o. g. Beiblatt 1 wiedergegeben und nun als Empfehlung in die deutsche Norm übernommen, weil dieses Thema mit zunehmendem Einsatz von elektronischen Betriebsmitteln immer wichtiger wird.

Hier geht es um Ströme, die im Schutzleiter fließen, wenn die Betriebsmittel *normal* in Betrieb sind, und Probleme mit Fehlerstrom-Schutzeinrichtungen (RCDs) verursachen können. Erzeuger solcher Schutzleiterströme sind insbesondere elektronische Betriebsmittel.

Sind z. B. Filter gegen den Schutzleiter geschaltet, so können stationäre Ableitströme zu Fehlauslösungen von Fehlerstrom-Schutzeinrichtungen (RCDs) führen. Dasselbe kann passieren durch dynamische Ableitströme, wenn solche Betriebsmittel ein- oder ausgeschaltet werden.

Zur Vermeidung von Fehlauslösungen sollten hinter einer Fehlerstrom-Schutzeinrichtung (RCD) nur so viele Betriebsmittel eingesetzt werden, dass die Summe der von diesen erzeugten Schutzleiterströmen deutlich kleiner ist als der Nenn-Differenzstrom der Fehlerstrom-Schutzeinrichtung (RCD). Als Richtwert gilt weniger als 30 %. Wenn die Summe höher ist, müssen die Betriebsmittel z. B. auf mehrere Stromkreise verteilt oder getrennte Versorgungsbereiche durch Transformatoren mit getrennten Wicklungen geschaffen werden.

Wenn vom Hersteller des Betriebsmittels keine Angaben über Schutzleiterströme vorliegen, wird auf Grenzwerte verwiesen, die in IEC 61140, in Deutschland übernommen als DIN EN 61140 (VDE 0140-1):2007-03, festgelegt sind. Ein entsprechender Auszug aus dieser Norm ist als Anhang NA in der DIN VDE 0100-510 (VDE 0100-510):2007-06 wiedergegeben.

Enthält ein elektronisches Betriebsmittel bestimmte Schaltungen, so kann ein Ableit- oder Fehlerstrom als fast glatter Gleichstrom entstehen. Dieser kann von den grundsätzlich in Deutschland zugelassenen Fehlerstrom-Schutzeinrichtungen (RCD) Typ A (pulsstromsensitiv) nicht erkannt werden und ist möglicherweise auch zu klein für eine Abschaltung durch eine Überstrom-Schutzeinrichtung. Dieser Gleichstrom kann aber eine Vormagnetisierung der vorgeschalteten Fehlerstrom-Schutzeinrichtung (RCD) Typ A bewirken, sodass diese bei einem gleichzeitig auftretenden Fehler mit einem sinusförmigen Fehlerstrom, der sonst problemlos abgeschaltet wird, nicht mehr auslösen kann.

Es müssen also vom Hersteller elektronischer Betriebsmittel Angaben beachtet oder, falls nicht vorhanden, eingefordert werden, welche Art von Fehlerströmen das elektronische Betriebsmittel erzeugen kann, um den richtigen Typ der Fehlerstrom-Schutzeinrichtung (RCD), Typ A oder Typ B, auswählen zu können.

Fundamenterder

Hans Schultke

Normensituation

Im September 2007 erschien DIN 18014 „Fundamenterder“. Die Vorgängernorm vom Februar 1994 enthielt noch keine Aussagen für die Ausführung des Fundamenterders bei Wannenabdichtungen, Perimeterdämmung und bei Einzelfundamenten. Dagegen enthielt die von der Initiative „ELEKTRO+“ im September 2005 herausgegebene Broschüre „Der Fundamenterder“ bereits die fachlichen Aussagen der neuen Norm. Sie wurde deshalb in großen Stückzahlen bestellt bzw. aus dem Internet heruntergeladen.

Zuverlässigkeit der Erdungsanlage

Die Zuverlässigkeit der Erdungsanlage soll nicht von anderen Systemen im Gebäude abhängig sein. Wasserversorgungssysteme sind nicht als Erder zugelassen. Metallene Wasserverbrauchsleitungen (hinter dem Wasserzähler) können nur bedingt als Erder genutzt werden. Tiefenerder sind bei felsigem oder steinigem Untergrund problematisch. Oberflächenerder in Form von Rund- oder Banderdern können im sog. Arbeitsraum um das Bauvorhaben eingebracht werden. Sie unterliegen aber, je nach Erdreich, einer mehr oder weniger starken Korrosion. Nicht in allen Fällen ist feuerverzinktes Material ausreichend korrosionsfest, in diesen Fällen ist nichtrostender Edelstahl (z. B. V4A, Werkstoffnummer 1.4571) zu verwenden. Für Neubauten ist ein Fundamenterder hervorragend geeignet, da für ihn praktisch keine zusätzlichen Erdarbeiten notwendig sind. Zudem unterliegt der Fundamenterder – wegen seiner Einbettung in Beton – praktisch keiner Korrosion. Leider kann der Fundamenterder nicht in allen Bauausführungen eingesetzt werden. In Deutschland wird nach dieser Norm der Erder, der außerhalb des Gebäudefundaments liegt, als Ringerder bezeichnet.

Aufgaben des Fundamenterders

Der Fundamenterder kann für den Potentialausgleich und mehrere Erdungsaufgaben herangezogen werden, z. B. als Erder für

- die Schutzmaßnahmen gegen elektrischen Schlag,
- den Blitz- und Überspannungsschutz,
- die Kommunikationsanlagen,
- die Antennenanlage.

Wegen der Belange der verschiedenen Gewerke hat die Planung frühzeitig zu erfolgen. Nur so können die Anforderungen bezüglich der Blitzschutzanlage, der Abschirmung für informationstechnische

Anlagen und des Schutz- und Funktionspotentialausgleichs berücksichtigt werden.

Grundsätzliche Anforderungen an den Fundamenterder

Der Fundamenterder ist für alle Neubauten entsprechend den Technischen Anschlussbedingungen (TAB) der Verteilungsnetzbetreiber (VNB) und der Planungsnorm DIN 18015-1 vorgeschrieben. Er gilt als *Bestandteil der elektrischen Anlage* und erfüllt wesentliche Sicherheitsfunktionen. Seine Errichtung soll deshalb nur durch eine Elektrofachkraft oder unter Aufsicht einer Elektrofachkraft erfolgen.

Der Fundamenterder ist als *geschlossener Ring* in die Fundamente der Außenwände des Gebäudes einzubringen (**Bild 1**). Bei einer Fundamentplatte muss die Anordnung entsprechend erfolgen, d. h., der Fundamenterder ist als geschlossener Ring im äußeren Bereich der Fundamentplatte, dort wo die Außenmauern erstellt werden, anzuordnen. Bei Reihenhäusern wird je Reihenhaus ein geschlossener Ring gebildet (**Bild 2**). Bei größeren Gebäuden wird der Fundamenterder durch Querverbindungen so aufgeteilt, dass die Maschenweite nicht größer als 20 m x 20 m wird (**Bild 3**). Durch die Verbindung des Fundamenterders mit der Bewehrung in Abständen von etwa 2 m wird die Erderwirkung wesentlich verbessert.

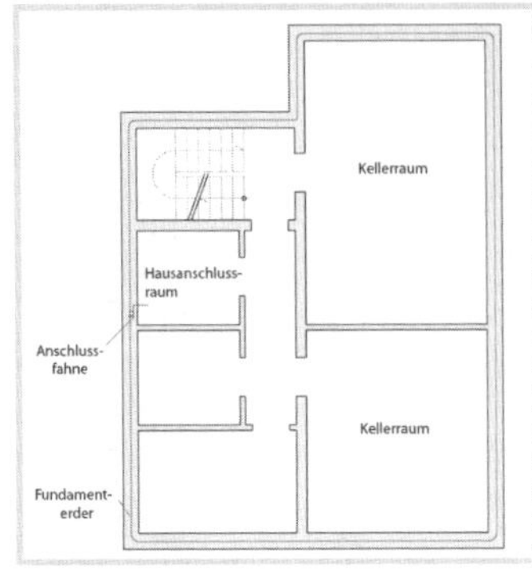

Bild 1
Anordnung des Fundamenterders in den Fundamenten bzw. in der Fundamentplatte
Quelle: HEA (Initiative Elektro +)

Als Verbindungen sind Schweiß-, Klemm- oder Pressverbindungen anzuwenden. Keilverbinder können sich lösen, wenn sie mechanisch beansprucht werden, z. B. wenn der Beton maschinell verdichtet wird.

Bei Nutzung des Fundamenterders für Blitzschutzanlagen sind je nach Schutzbedürftigkeit des Gebäudes auch geringere Maschenweiten erforderlich. Festlegungen über die Maschenweite und Anschlussfahnen/Erdungsfestpunkte für die Ableitungen sind in DIN EN 62305-3 (VDE 0185-305-3 „Blitzschutz – Teil 3: Schutz von baulichen Anlagen und Personen“ enthalten. In die Planung ist ein Blitzschutzfachmann einzubeziehen.

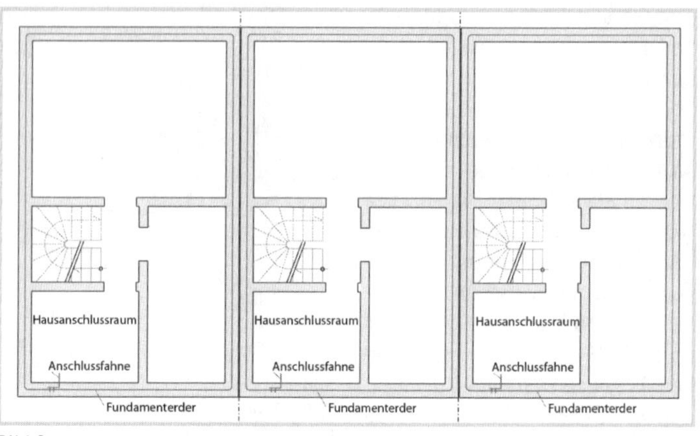

Bild 2
Anordnung eines Fundamenterders bei Reihenhäusern
Quelle: HEA (Initiative Elektro +)

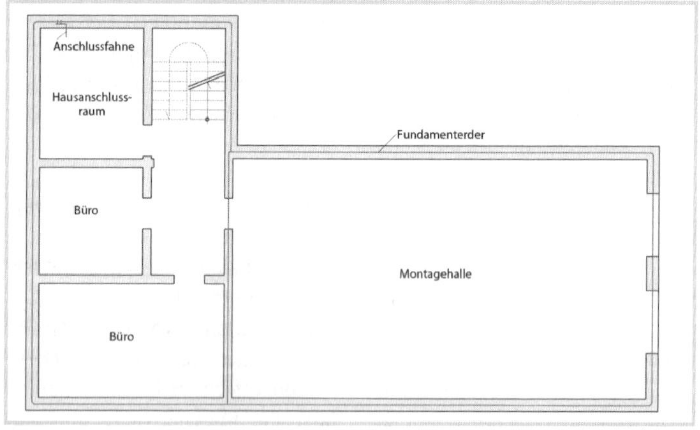

Bild 3
Anordnung des Fundamenterders bei einem größeren Gewerbebau (Beispiel)
Quelle: HEA (Initiative Elektro +)

Der Fundamenterder darf nicht über *Bewegungsfugen* geführt werden. Er ist an diesen Stellen aus dem Fundament herauszuführen und mit *Dehnungsbändern* zu verbinden. Alternativ können bei Betonwänden *Erdungsfestpunkte* eingebracht werden, die dann miteinander verbunden werden (**Bild 4**).

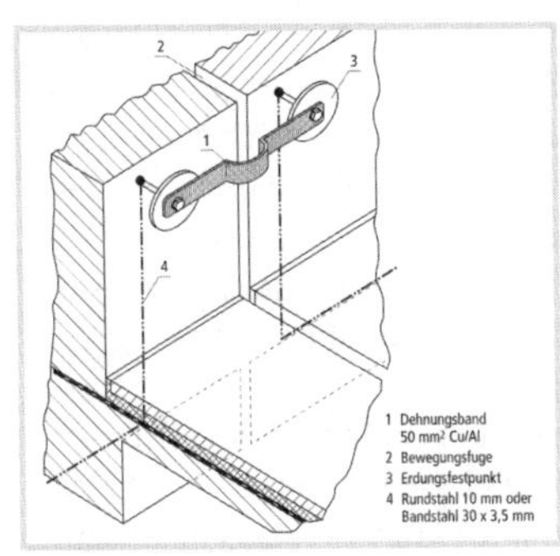

Bild 4
Überbrückung von Dehnungsfugen mittels Erdungsfestpunkten
Quelle: Dehn

Ausführung und Werkstoff des Fundamenterders und der Anschlussteile

Damit der Fundamenterder gegen Korrosion geschützt ist und dadurch eine nahezu unbegrenzte Lebensdauer hat, muss er allseitig von mindestens 5 cm Beton umschlossen sein. Als Werkstoff für den Fundamenterder kann Rundstahl mit mindestens 10 mm Durchmesser oder Bandstahl mit mindestens 30 mm x 3,5 mm verwendet werden. Der Stahl kann sowohl verzinkt als auch unverzinkt sein. Die Anschlussteile müssen entweder aus feuerverzinktem Stahl mit zusätzlicher Kunststoffummantelung oder aus nichtrostendem Edelstahl (V4A, Werkstoffnummer 1.4571) bestehen.

Ausführung und Werkstoff des Ringerders und der Anschlussteile

Der außerhalb der Gebäudefundamente liegende Ringerder und die Anschlussteile werden bezüglich Korrosion besonders beansprucht. Hier ist nichtrostender Edelstahl (z. B. V4A, Werkstoffnummer 1.4571) mit den Abmessungen eines Fundamenterders zu verwenden. Feuerverzinktes Material ist nicht zulässig.

Einfluss von Kunststofffolien auf den Erdungswiderstand

Messungen haben ergeben, dass Kunststofffolien, die als Trennlage zwischen Fundament und Sauberkeitsschicht eingebracht werden, den Erdungswiderstand zwar vergrößern, aber nicht so sehr, dass er nicht mehr ausreichend ist. Der Fundamenterder kann somit in das Streifenfundament bzw. die Fundamentplatte eingebaut werden. Wenn allerdings Kunststoff-Noppenbahnen aus Spezial-Polyethylen hoher Dichte mit 20 cm Überlappung unter der Fundamentplatte verwendet werden, verschlechtert sich der Erdungswiderstand deutlich. Bei Verwendung der Noppenbahnen auch an den Außenwänden wird er so groß, dass der Erder nicht mehr alle geforderten Erdungsaufgaben für die Blitzschutz-, Kommunikations- und Antennenanlagen erfüllen kann. In diesen Fällen ist ein Ringerder aus nichtrostendem Edelstahl (z. B. V4A, Werkstoffnummer 1.4571) unterhalb der Noppenbahnen einzubringen.

Anordnung des Fundamenterders im unbewehrten Fundament

Zur Lagefixierung des Fundamenterderstahls im unbewehrten Fundament (**Bild 5**) sind *Abstandhalter* (**Bild 6**) zu verwenden, damit der Stahl wegen des Korrosionsschutzes dicht von Beton umschlossen ist und auch beim Einbringen des Fundamentbetons nicht mit dem Erdreich in Berührung kommt. Die Abstandhalter sollen etwa 2 m Abstand voneinander haben. Sie fixieren den Bandstahl hochkant.

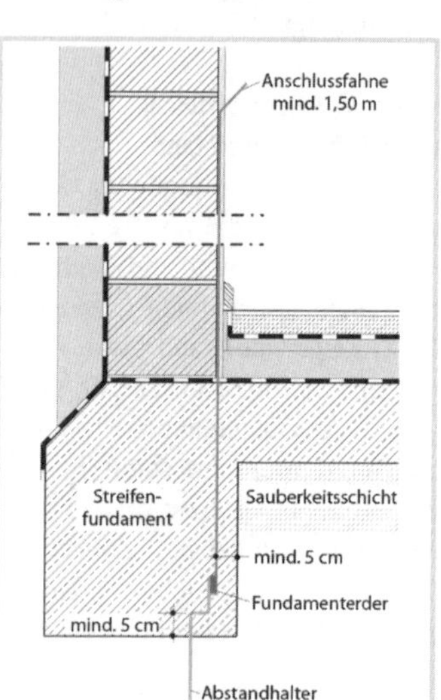

Bild 5
Anordnung eines Fundamenterders in unbewehrtem Fundament
Quelle: HEA (Initiative Elektro +)

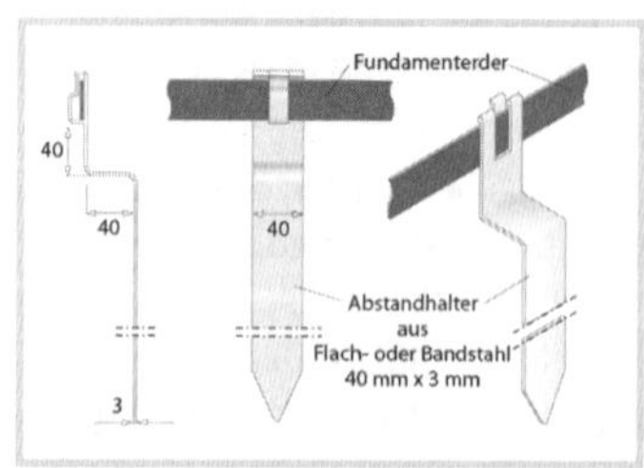

Bild 6
Abstandhalter aus Bandstahl
Quelle: HEA (Initiative Elektro +)

Anordnung des Fundamenterders im bewehrten Fundament

Bei bewehrten Fundamenten kann der Rund- oder Bandstahl auf der unteren Bewehrungslage eingebracht werden (**Bilder 7** und **8**). In diesem Fall ist auch waagerechte Montage möglich. Das Absinken des Stahls wird durch die Bewehrungseisen vermieden. Bei waagerechter Einbringung des Bandstahls muss besonders an den Ecken darauf geachtet werden, dass der Bandstahl allseits dicht von Beton umschlossen wird. Im bewehrten Fundament ist der Fun-

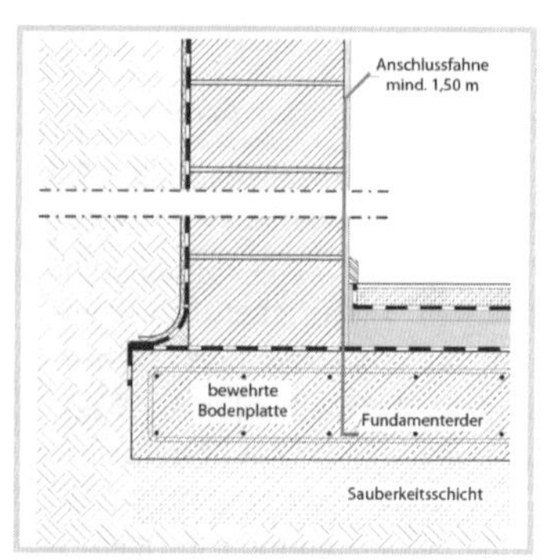

Bild 7
Anordnung des Fundamenterders in bewehrtem Fundament
Quelle: HEA (Initiative Elektro +)

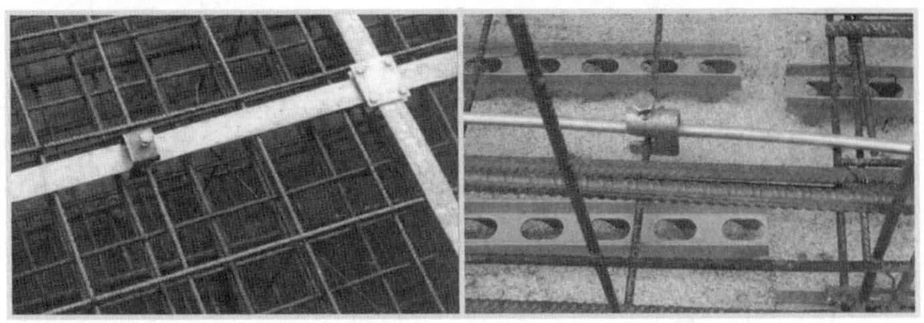

Bild 8
Ausführungsbeispiele für die Verbindung des Fundamenterders mit der Bewehrung
Quelle: Dehn

damenterder mit der Bewehrung in Abständen von etwa 2 m zu verbinden. Es sind Schweiß-, Klemm- oder Pressverbindungen anzuwenden. Keilverbinder können sich durch mechanische Beanspruchung, z. B. bei maschineller Verdichtung des Betons, lösen.

Besondere Anforderungen bei Fundamenten mit Wannenabdichtungen

Bei Wannenabdichtungen ist die Erdfühligkeit des Erders nicht gewährleistet. Deshalb ist ein *Ringerder* außerhalb der Wannenabdichtung einzubringen. Dauerhafter Korrosionsschutz wird mit nichtrostendem Edelstahl (V4A, Werkstoffnummer 1.4571) erreicht. In der Bautechnik gibt es zwei Verfahren, um gegen eindringendes Wasser abzudichten:

- Die **schwarze** Wanne ist eine wasserdruckhaltende Abdichtung des Gebäudes aus unterschiedlichen, mehrlagigen Kunststoff- bzw. Bitumenbahnen.
- Die **weiße** Wanne wird aus wasserundurchlässigem Beton (WU-Beton) hergestellt. Der Beton kann zwar Wasser aufnehmen, allerdings wird trotz langzeitigen Einwirkens des Wassers auf den Beton nicht die gesamte Dicke durchdrungen, d. h., auf der Wandinnenseite tritt keine Feuchtigkeit auf. Nach DIN 1045 darf bei wasserdichtem Beton eine größte Wassereindringtiefe von 5 cm nicht überschritten werden. Im Markt übliche Betonsorten lassen nach einer Abbindezeit von 12 Monaten nur noch 1,5 cm Wasser eindringen.

Anordnung des Erders bei schwarzer und weißer Wanne

Als Erder ist ein Ringerder in einer Sauberkeitsschicht unterhalb der Abdichtung bzw. des WU-Betons zu verlegen (**Bild 9**). Der Ringerder und die Anschlussteile müssen in korrosionsfester Ausführung, z. B. hochlegierter Edelstahl (V4A,

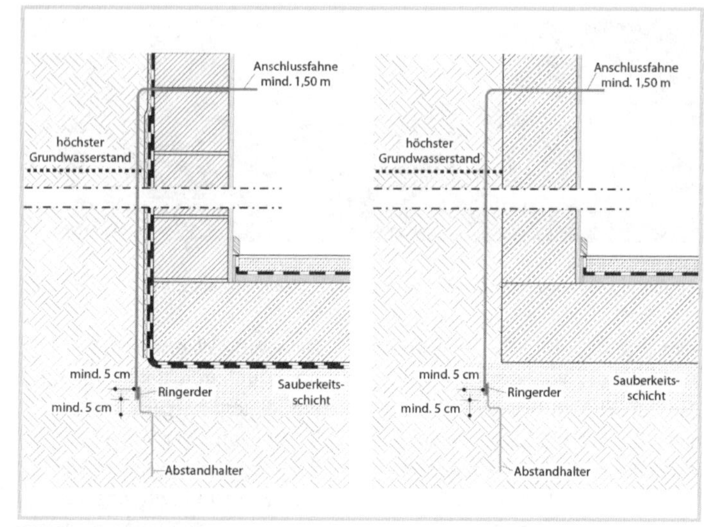

Bild 9
Anordnung des Fundamenterders bei Wannenabdichtung
links schwarze Wanne, rechts weiße Wanne
Quelle: HEA (Initiative Elektro+)

Werkstoffnummer 1.4571), erstellt werden.

Anordnung des Erders bei Perimeterdämmung

Wenn die Perimeterdämmung nur an den Umfassungswänden verwendet wird, ist eine ausreichende Erdfühligkeit für den Fundamenterder noch gegeben. Der Fundamenterder kann wie bei „Anordnung des Fundamenterders im bewehrten Fundament" beschrieben, ausgeführt werden. Bei einer Perimeterdämmung sowohl an den Umfassungswänden als auch unter der Bodenplatte ist die Erdfühligkeit dagegen nicht mehr gegeben. Der Erder ist dann wie unter „Anordnung des Erders bei schwarzer und weißer Wanne" beschrieben, zu errichten.

Anordnung des Fundamenterders bei Perimeterdämmung am Streifenfundament

Ist das Streifenfundament nur an den Seiten mit einer Perimeterdämmung versehen (**Bild 10**), so kann der Fundamenterderstahl in das Streifenfundament eingebracht werden. Der erforderliche Ausbreitungswiderstand wird noch ausreichend niedrig sein.

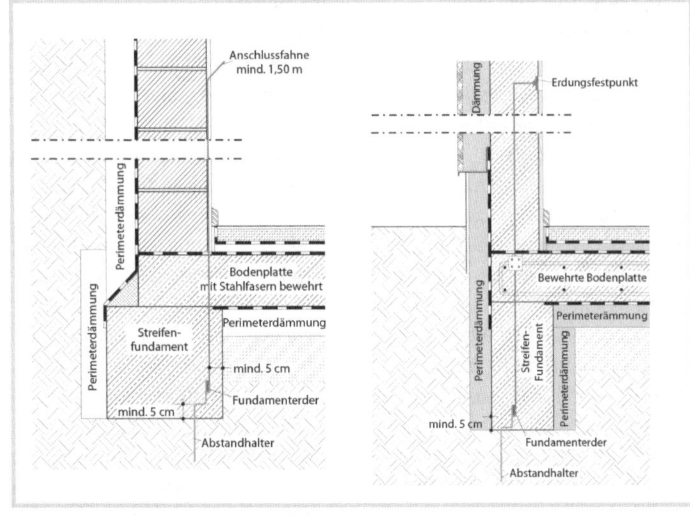

Bild 10
Anordnung des Fundamenterders bei einseitiger (links) und beidseitiger (rechts) Anordnung der Perimeterdämmung an einem Streifenfundament
Quelle: HEA (Initiative Elektro+)

Anordnung des Erders bei Perimeterdämmung seitlich und unterhalb der Fundamentplatte

Sind die im Erdreich liegenden Außenwände und auch die Fundamentplatte mit einer Perimeterdämmung versehen, so ist der Erder in der Bodenplatte wirkungslos. Deshalb ist es notwendig, einen Ringerder unterhalb der Perimeterdämmung in der Sauberkeitsschicht zu positionieren (**Bild 11**). Als Erdermaterial ist korrosionsfestes Material, z. B. nichtrostender Edelstahl (V4A, Werkstoffnummer 1.4571) zu verwenden.

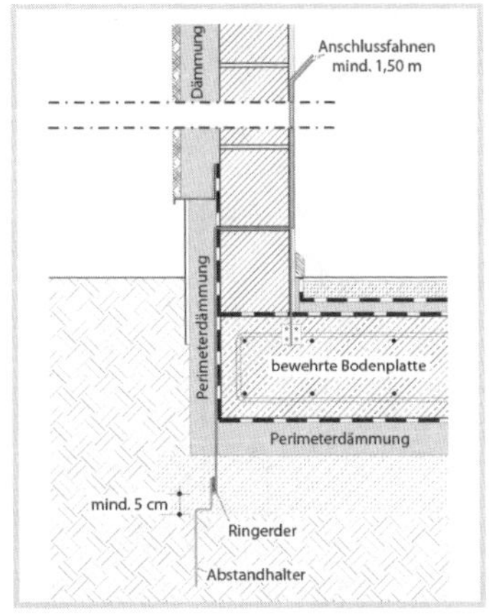

Bild 11
Anordnung eines Ringerders bei Anordnung der Perimeterdämmung seitlich und unterhalb der Fundamentplatte
Quelle: HEA (Initiative Elektro+)

Besonderheiten bei Einzelfundamenten

Bei Bauwerken mit Einzelfundamenten für Bauwerksstützen sind diese Fundamente mit einem Fundamenterder, dessen Länge im Fundament mindestens 2,5 m betragen muss, zu versehen. Die Verbindung der Fundamenterder dieser Einzelfundamente zu einem geschlossenen Ring sollte im untersten Geschoss oberhalb der Gründung erfolgen. Die Verbindungsleitungen müssen erdfühlig und korrosionsgeschützt verlegt werden. Als Werkstoff eignet sich z. B. Rundstahl 10 mm aus nichtrostendem Stahl (V4A, Werkstoffnummer 1.4571). Bei Fundamentabständen bis 5,0 m ist jedes zweite Einzelfundament, ab 5,0 m jedes Einzelfundament mit einem Fundamenterder auszurüsten.

Anschlussteile

Die Anschlussteile für den Anschluss an die Potentialausgleichsschiene (Haupterdungsschiene) sind in der Nähe des Hausanschlusskastens anzuordnen. Sollen Konstruktionsteile aus Metall, z. B. Führungsschienen von Aufzügen, direkt mit dem Fundamenterder verbunden werden, so sind zusätzliche Anschlussteile an den erforderlichen Stellen zu berücksichtigen. Anschlussteile können als *Erdungsfestpunkte* oder als *Anschlussfahnen* ausgeführt werden (**Bild 12**). Anschlussfahnen sollen ab der Eintrittstelle in den Raum mindestens 1,5 m lang sein. Sie sind während der Bauzeit auffällig zu kennzeichnen, damit sie nicht versehentlich abgeschnitten werden. Anschlussteile für die Blitzschutzanlage sind nach außen zu

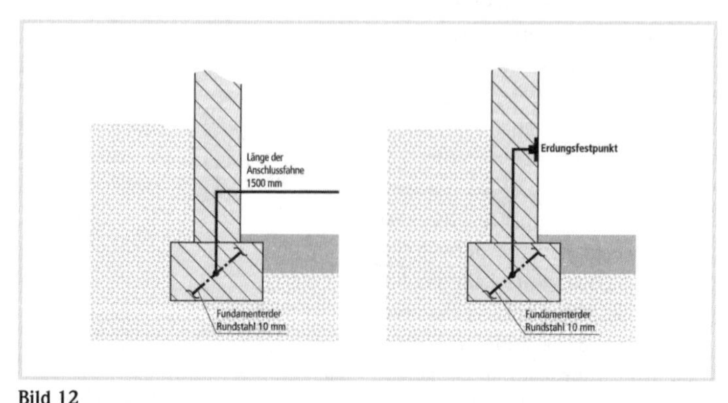

Bild 12
Beispiele für die Anordnung der nach innen geführten Anschlussfahne bzw. des nach innen geführten Anschlussteils (Erdungsfestpunkt)
Quelle: Dehn

führen, damit die Ableitungen bzw. Erdungsleitungen der Blitzschutzanlage nicht nach innen geführt werden müssen. Die benötigten Anschlussteile für die Blitzschutzanlage können deshalb nur bei rechtzeitiger Planung vorgesehen werden. Die Anzahl und die Lage von Ableitungen der Blitzschutzanlage und damit die Anschlussteile können nur objektbezogen durch Blitzschutzfachkräfte festgelegt werden.

Verbindungsstellen

Die Verbindung von Teilen des Fundamenterders miteinander und die Verbindung mit den Anschlussfahnen ist mithilfe von Schraub- oder Klemmverbindern herzustellen. Rödelverbindungen mithilfe von Bindedraht gelten nicht als Verbindungen im elektrotechnischen Sinne und sind deshalb nicht zulässig. Keilverbinder können sich lösen, wenn sie mechanisch beansprucht werden, z. B. wenn der Beton maschinell verdichtet wird. Möglich sind auch Schweißverbindungen, wenn der Monteur eine Ausbildung zum Schweißen an Armierungen hat. Alle Anschlussteile untereinander und an den Fundament- oder Ringerder müssen einen niederohmigen Durchgang haben (Richtwert: $< 1\,\Omega$).

Soll der Fundamenterder auch für das Blitzschutzsystem verwendet werden, so sind zusätzliche Anschlussteile zum Anschluss der Ableitungen nach außen zu führen. Festlegungen zu Anzahl und Ausführung dieser Anschlussteile enthält DIN EN 62305-3 (VDE 0185-305-3). Im Fall eines Blitzeinschlags dürfen keine Überschläge von der Fundamentbewehrung zur Erdungsanlage stattfinden. Deshalb ist im Fundament ein Rund- oder Bandstahl zu verlegen, der mit der Bewehrung und der Potentialausgleichsschiene zu verbinden ist.

Zuständigkeit und Dokumentation

Soll der Fundamenterder auch für andere Erdungsaufgaben genutzt werden, so muss die Planung frühzeitig erfolgen. Nur so können die notwendigen Anschlussfahnen, z. B. für die Blitzschutzanlage, eingeplant werden. Der Fundamenterder wird von einer Elektrofachkraft oder einer Baufachkraft – unter Aufsicht einer Elektrofachkraft – errichtet.

Das Anschließen des Fundamenterders an die Haupterdungsschiene (Potentialausgleichsschiene) sowie das Herstellen des Schutzpotentialausgleichs darf *ausschließlich* durch eine Elektrofachkraft erfolgen. Die anderen Anlagen, wie Antennen- und Telekommunikationsanlage, werden durch den jeweiligen Anlagenerrichter an die Potentialausgleichsschiene (Haupterdungsschiene) angeschlossen.

Zur Dokumentation gehören das Ergebnis der Durchgangsmessung und auch Pläne und/oder Fotografien. Im Anhang der Norm findet sich ein Formblatt für diese Dokumentation (**Bilder 13** und **14**). Dem Anwender dieses Formblattes ist dessen Vervielfältigung gestattet.

Dokumentation der Erdungsanlage nach DIN 18014 (Seite 1)

Bericht-Nr.:	**Datum:**		**Verfasser:**
Angaben zum Gebäude	Straße:		
	PLZ, Ort:		
	Nutzung:		
	Bauart:		
	Art des Fundamentes:		
Angaben zum Planer der Erdungsanlage	Name:		
	Straße:		
	PLZ, Ort:		
Angaben zum Errichter der Erdungsanlage	❒ Elektro-Fachbetrieb	❒ Blitzschutz-Fachbetrieb	❒ Bauunternehmen
	Firma, Name:		
	Straße:		
	PLZ, Ort:		
Verwendung der Erdungsanlage	❒ Schutzerdung für elektrische Sicherheit		
	❒ Funktionserdung für		
Angaben zur Ausführung der Erdungsanlage	❒ Fundamenterder ❒ Ringerder	❒ Stahl blank ❒ Stahl verzinkt ❒ Edelstahl, Werkstoff-Nr.: ❒	
	❒ Rundmaterial ❒ Bandmaterial ❒		
	Anschlussteile innen	❒ Stahl verzinkt mit Kunststoffummantelung ❒ Edelstahl, Werkstoff-Nr.: ❒ Erdungsfestpunkt: ❒	
	Anschlussteile außen	❒ Stahl verzinkt mit Kunststoffummantelung ❒ Edelstahl, Werkstoff-Nr.: ❒ Erdungsfestpunkt ❒	

Bild 13
Dokumentation der Erdungsanlage nach DIN 18014 (Seite 1)
Quelle: DIN

Dokumentation der Erdungsanlage nach DIN 18014 (Seite 2)

Bericht Nr.:	Datum:	Verfasser:		
Zweck der Dokumentation	❐ Abnahme/Übergabe	❐		
Ergebnisse	Die Anlage stimmt mit den vorliegenden Plänen überein		❐ ja	❐ nein
	Die Durchgangsmessung aller inneren und äußeren Anschlussteile ergab Werte kleiner 1 Ohm (nach 5.7)		❐ ja	❐ nein
	Bemerkungen:			
Beschreibung, Zeichnungen, Bilder für die Erdungsanlage	❐ Zeichnung Nr.:	❐		
	❐ Bild Nr.:	❐		
Die Dokumentation besteht aus ... Blättern und nebenstehenden Anlagen, z. B. Zeichnungen, Fotos. (bei umfangreichen Anlagen mit verschiedenen Materialien können mehrere dieser Dokumentationen ausgefüllt werden)				
Ort	Datum	Unterschrift		

Bild 14
Dokumentation der Erdungsanlage nach DIN 18014 (Seite 2)
Quelle: DIN

Neue DIN 18015-1 Elektrische Anlagen in Wohngebäuden – Planungsgrundlagen

Hans Schultke

Die Norm DIN 18015 besteht aus 3 Teilen:

- Teil 1: Planungsgrundlagen,
- Teil 2: Art und Umfang der Mindestausstattung,
- Teil 3: Leitungsführung und Anordnung der Betriebsmittel.

DIN 18015-1 erschien im Mai 1955 zum ersten Mal und wurde inzwischen mehrfach überarbeitet. Sie gilt nicht nur für die Planung von elektrischen Anlagen in Wohngebäuden und den damit im Zusammenhang stehenden Anlagen außerhalb der Gebäude, sondern ist auch sinngemäß für Gebäude mit vergleichbaren Anforderungen anzuwenden.

Allgemeine Planungshinweise

Bei der *Planung* der Elektroinstallationsanlage sind zu berücksichtigen:

- die bauordnungsrechtlichen Anforderungen des jeweiligen Bundeslandes,
- die Muster-Richtlinie über brandschutztechnische Anforderungen an Leitungsanlagen (Muster-Leitungsanlagenrichtlinie – M-LAR) bzw. die jeweilige Landes-Leitungsanlagenrichtlinie,
- die Einbringung von Fundamenterdern,
- die Befestigungspunkte für Antennenträger und Einführungen von Antennenleitungen, insbesondere bei Flachdächern,
- der Schutz der elektrischen Anlagen vor Hochwasser,
- die elektromagnetische Verträglichkeit (EMV) der Systeme,
- der Raum- und Flächenbedarf von Anschlusseinrichtungen nach DIN 18012.

Erforderliche *Schlitze, Aussparungen und Öffnungen* dürfen die Standfestigkeit sowie den Brand-, Wärme- und Schallschutz nicht unzulässig mindern. In tragenden Wänden aus Mauerwerk ist DIN 1053-1 zu beachten.

Starkstromanlagen

Kabel und Leitungen von Starkstromanlagen sind in Räumen, die Wohnzwecken dienen, grundsätzlich im Putz, unter Putz, in Wänden oder hinter Wandbekleidungen sowie auf, in und unter Decken oder in Rohren oder Elektroinstallationskanälen zu installieren. Ihre Anordnung sowie die von Schaltern, Steckdosen, Auslässen und Verbindungsdosen ist nach DIN 18015-3 vorzunehmen, ebenso die Koordination mit anderen Gewerken.

In hochwassergefährdeten Gebieten sind Hausanschlusskasten, Zählerplätze mit Mess- und Steuereinrichtungen sowie Stromkreisverteiler oberhalb der zu erwartenden hundertjährigen bzw. örtlich festgelegten Überschwemmungshöhe anzubringen. Darunter liegende Stromkreise erhalten einen zusätzlichen Schutz durch Fehlerstrom-Schutzeinrichtungen (RCDs) mit einem Bemessungsfehlerstrom von höchstens 30 mA.

Hauptstromversorgung und Hauptleitungen

Hauptstromversorgungssysteme bzw. Hauptleitungen sind in allgemein zugänglichen Räumen anzuordnen. Hauptleitungen sind als Drehstromleitungen auszuführen. Die Leitungsquerschnitte sind auf der Grundlage eines Diagramms zu bemessen, dessen Inhalt hier in Form von Tabellen wiedergegeben wird (**Tabellen 1** und **2**). Die Mindestbelastbarkeit beträgt 63 A, der Leitungsquerschnitt dementsprechend mindestens 10 mm^2 Cu.

Bei der Ausführung eines TN-Systems im Gebäude ist aus Gründen der elektromagnetischen Verträglichkeit (EMV) ein TN-S-System, d. h. eine Aufteilung des PEN-Leiters auf N- und PE-Leiter im Hausanschlusskasten, vorteilhaft.

Der *zulässige Spannungsfall* in der elektrischen Anlage zwischen der Übergabestelle (Hausanschlusskasten) des Netzbetreibers (NB) und der Messeinrichtung (Zähleranlage) ist in der Niederpannungsanschlussverordnung – NAV sowie in den „Technischen Anschlussbedingungen für den Anschluss an das Niederspannungsnetz, VDEW/BDEW TAB 2007“ festgelegt (**Tabelle 3**).

Tabelle 1
Bemessungsgrundlage für Hauptleitungen in Wohngebäuden ohne Elektroheizung, Nennspannung 230/400 V, ***mit*** *elektrischer Warmwasserbereitung für Bade- oder Duschzwecke*

Anzahl der Wohnungen	Zulässige Belastbarkeit des Kabels bzw. der Leitung in A
1	63
2	80
3	100
4 bis 6	125
7 bis 11	160
12 bis 22	200

Tabelle 2
Bemessungsgrundlage für Hauptleitungen in Wohngebäuden ohne Elektroheizung, Nennspannung 230/400 V, ***ohne*** *elektrische Warmwasserbereitung für Bade- oder Duschzwecke*

Anzahl der Wohnungen	Zulässige Belastbarkeit des Kabels bzw. der Leitung in A
1 bis 5	63
6 bis 10	80
11 bis 17	100
18 bis 37	125
38 bis 100	160

Tabelle 3
Spannungsfall nach NAV bzw. TAB 2007

Leistungsbedarf in kVA	Zulässiger Spannungsfall in %
bis 100	0,50
über 100 bis 250	1,00
über 250 bis 400	1,25
über 250 bis 400	1,50

Hinter der Messeinrichtung bis zu den Anschlusspunkten der Verbrauchsmittel (Steckdosen bzw. Anschlussdosen) soll der Spannungsfall 3 % insgesamt nicht überschreiten. Für die Berechnung des Spannungsfalls ist dabei der Bemessungsstrom der jeweils vorgeschalteten Überstromschutzeinrichtung zugrunde zu legen.

Mess- und Steuereinrichtungen

Mess- und Steuereinrichtungen sind an leicht zugänglicher Stelle, z. B. in besonderen Zählerräumen, in Hausanschlussräumen, Hausanschlussnischen und an Hausanschlusswänden nach DIN 18012, oder in Treppenräumen – jedoch nicht über bzw. unter Stufen – vorzusehen. Mit dem Netzbetreiber bzw. dem Messstellenbetreiber sind Art und Umfang der Mess- und Steuereinrichtungen sowie ihr Anbringungsort abzustimmen. Als Trennvorrichtungen sind vor jeder Messeinrichtung im unteren Anschlussraum von Zählerplätzen laienbedienbare, sperr- und plombierbare selektive Überstromschutzeinrichtungen vorzusehen, die nach DIN VDE 0100-530 (VDE 0100-530) auszuwählen sind. Zählerschränke nach DIN 43870-1 werden mit Türen verwendet, die in Treppenräumen wegen der Einhaltung der erforderlichen Rettungswegbreite vorzugsweise in Nischen nach DIN 18013 installiert werden.

Aufteilung der Stromkreise und Koordination von Schutzeinrichtungen

Anschlussstellen für Verbrauchsmittel (Steckdosen und Geräteanschlussdosen) sind einem Stromkreis so zuzuordnen, dass durch das automatische Abschalten der entsprechenden Schutzeinrichtung (z. B. Leitungsschutzschalter, Fehlerstrom-Schutzschalter) im Fehlerfall oder bei notwendiger manueller Abschaltung nur ein kleiner Teil der Kundenanlage abgeschaltet wird. So soll der Nutzer eine größtmögliche Verfügbarkeit der elektrischen Anlage haben.

Um Selektivität bei einer Hintereinanderschaltung von Schutzgeräten zum Überstromschutz und zum Schutz gegen elektrischen Schlag (wie Leitungsschutzschalter und Fehlerstrom-Schutzschalter) zu erreichen, sind Geräte mit Selektiveigenschaften einzusetzen, z. B. selektive Haupt-Leitungsschutzschalter am Zählerplatz, selektive Fehlerstrom-Schutzschalter (RCDs).

Gemeinschaftsanlagen

Damit der Stromverbrauch von Gemeinschaftsanlagen in Gebäuden mit mehr als einer Wohnung gesondert erfasst werden kann, ist die Installation entsprechend zu planen.

Wohnungsanlagen

Stromkreisverteiler für die erforderlichen Überstrom- und Fehlerstrom-Schutzeinrichtungen sowie gegebenenfalls weitere Betriebsmittel sind innerhalb jeder Wohnung in der Nähe des Belastungsschwerpunktes – das ist in der Regel im Flur – vorzusehen. Der Stromkreisverteiler ist mit Reserveplätzen zu dimensionieren, bei Mehrraumwohnungen sind nach DIN 18015-2 mindestens zweireihige Stromkreisverteiler einzuplanen, für Reihenhäuser und Einfamilienhäuser entsprechend größer.

Die *Leitung* vom Zählerplatz zum Stromkreisverteiler ist als Drehstromleitung für eine Belastung von mindestens 63 A auszulegen. Dabei ist die Selektivität zu vor- und nachgeschalteten Überstrom-Schutzeinrichtungen zu berücksichtigen.

Für Beleuchtungs- und Steckdosenstromkreise sind als *Überstromschutzeinrichtungen* Leitungsschutzschalter vorzusehen. In ein- und mehrphasigen Wechselspannungssystemen muss nach DIN VDE 0100-410 ein zusätzlicher Schutz durch Fehlerstrom-Schutzeinrichtungen (RCDs) mit einem Bemessungsfehlerstrom von höchstens 30 mA vorgesehen werden für

- alle Steckdosen mit einem Bemessungsstrom bis einschließlich 20 A, die für die Benutzung durch Laien und zur allgemeinen Verwendung bestimmt sind,
- alle Endstromkreise für im Außenbereich verwendete tragbare Betriebsmittel mit einem Bemessungsstrom bis einschließlich 32 A.

Die Anzahl von Stromkreisen, Steckdosen, Auslässen, Anschlüssen und Schaltern muss mindestens DIN 18015-2 entsprechen. Auf RAL-RG 678 wird hingewiesen.

Für elektrische Durchlauferhitzer für Bade- und/oder Duschzwecke ist eine Drehstromleitung mit einer zulässigen Strombelastbarkeit von mindestens 35 A, für den Elektroherd ein Drehstromanschluss für eine zulässige Strombelastbarkeit von mindestens 20 A vorzusehen.

Telekommunikationsanlagen, Hauskommunikationsanlagen sowie sonstige Melde- und Informationsverarbeitungsanlagen

Telekommunikationsanlagen

Kabel und Leitungen sind auswechselbar, z. B. in Rohren oder Kanälen, zu führen. Nur im Kellergeschoss und in besonderen Fällen dürfen sie auf der Wandoberfläche installiert werden (siehe T-Com 731 TR 1). Bei unsichtbarer Verlegung sind sie in den Installationszonen nach DIN 18015-3 anzuordnen.

Nach DIN 18015-1 dürfen in Ausnahmefällen – wenn aus konstruktiven Gründen der Einbau von Rohrnetzen nicht möglich ist – sowohl bei Gebäuden bis zu zwei Wohnungen als auch innerhalb der Wohnungen von größeren Gebäuden Installationsleitungen im Putz oder unter Putz angeordnet werden. Doch sollte bedacht werden, dass dann ein Auswechseln der Leitungen nicht möglich ist. Für die Montage von Telekommunikationsdosen sind 60 mm tiefe Unterputz-Geräteverbindungsdosen zu verwenden.

Rohrnetze

Für die Telekommunikationsanlagen und für die Verteilanlage für Radio und Fernsehen (Rundfunk) ist jeweils ein getrenntes Rohrnetz vorzusehen.

Für den Wohnungsanschluss an das öffentliche Telekommunikationsnetz ist in dem Gebäude ein Leerrohrsystem (**Bilder 1** und **2**) vom *Abschlusspunkt Liniennetz* (APL) bis zur 1. TAE jeder Wohnung vorzusehen. Das Leerrohrnetz muss folgende Anforderungen erfüllen:

- Hoch- und niederführende Rohre müssen mindestens einen Innendurchmesser von 32 mm haben.
- Bei unterirdischer Hauseinführung ist 1 Rohr vom Kellergeschoss aus bis zum letzten zu versorgenden Geschoss zu führen.
- Bei Hauseinführung in den Dachraum sind 2 Rohre bis zum Keller durchzuführen.

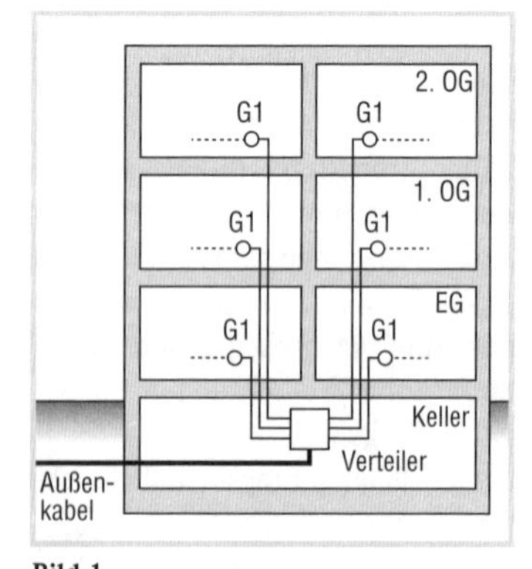

Bild 1
Beispiel für ein Rohrnetz als Sternnetz (senkrechter Schnitt durch ein Gebäude)
G1 Geräteverbindungsdose für 1. TAE bzw. Wohnungsübergabepunkt

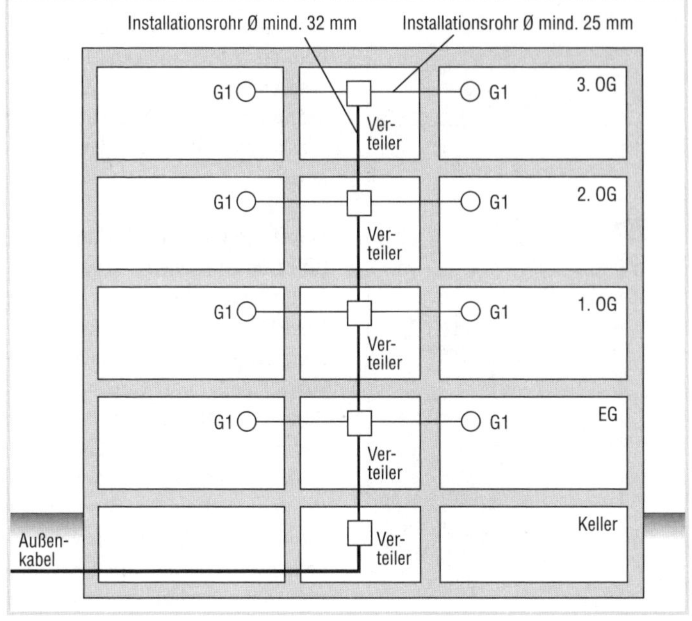

Bild 2
Beispiel für ein Rohrnetz als Etagensternnetz (senkrechter Schnitt durch ein Gebäude)
G1 Geräteverbindungsdose für 1. TAE bzw. Wohnungsübergabepunkt

- Die Hoch- oder Niederführung ist in allgemein zugänglichen Räumen vorzusehen.
- Bei mehrgeschossigen Gebäuden sind in jedem Geschoss Aussparungen für Installationsdosen nach Bild 2 anzuordnen.

In Gebäuden mit bis zu 8 Wohnungen darf das Rohrnetz auch sternförmig ausgeführt werden (s. Bild 1). Dabei sind durchgehende Rohre zu den Wohnungen ohne Installationsdosen vorzusehen, sofern sie nicht länger als 15 m sind und in ihrem Verlauf nicht mehr als 2 Bögen aufweisen. Der Innendurchmesser dieser Rohre muss mindestens 25 mm betragen. Für Gebäude mit mehr als 8 Wohneinheiten ist die Verteilung über Etagensternnetze vorzunehmen. Im **Bild 3**, das den Grundriss einer Wohnung beispielhaft zeigt, sind – weitergehend als im Beispiel der DIN – alle Geräteverbindungsdosen von der 1. TAE stichförmig angefahren.

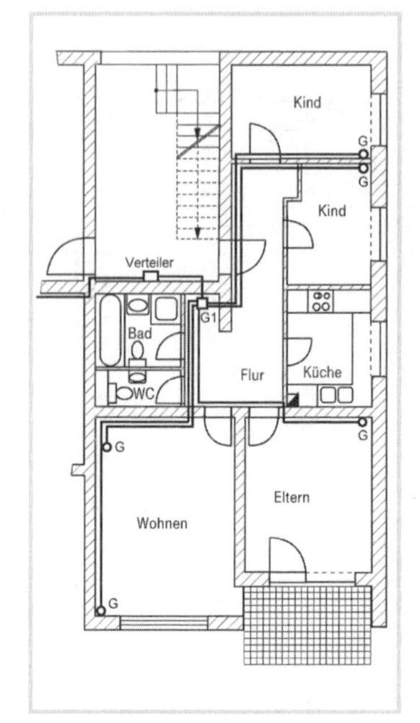

Bild 3
Beispiel für ein Rohrnetz als Etagensternnetz (Grundriss)
G Geräteverbindungsdose
G1 Geräteverbindungsdose für 1. TAE bzw. Wohnungsübergabepunkt

Hauskommunikationsanlagen und sonstige Melde- und Informationsverarbeitungsanlagen

Entsprechend DIN 18015-2 ist eine Türöffneranlage in Verbindung mit einer Sprechanlage vorzusehen. Die Sprechanlage kann auch mit Bildübertragung ausgestattet werden.

Zur Übertragung und Anzeige von Zuständen von Türen, Toren, Fenstern bzw. Messgrößen für Temperatur, Windstärke, Rauch können Meldeanlagen installiert werden. In mehreren Landesbauordnungen ist für Neuanlagen der Einsatz von Rauchmeldern gefordert.

Empfangs- und Verteilanlagen für Radio und Fernsehen sowie für interaktive Dienste

Über Dach angeordnete Antennenträger sind über Erdungsleiter anzuschließen. Bei Gebäuden mit Blitzschutzanlagen sind besondere Bedingungen nach DIN EN 62305-3 (VDE 0185-305-3) zu berücksichtigen. Für die Stromversorgung ist ein eigener Stromkreis vorzusehen. Der Platz für Verstärkeranlagen sollte erschütterungsfrei und trocken sowie allgemein zugänglich sein, dabei sind die für die Komponenten zulässigen Umgebungstemperaturen zu beachten.

Für die Versorgung der Wohnungen ist ein Leerrohrsystem (s. Bilder 1 und 2) vorzusehen, das Kabel und Leitungen vor Beschädigung schützt und sie auswechselbar macht. Eine Installation von Koaxialleitungen direkt im oder unter Putz ist nicht zulässig. Die Umgebungstemperatur der Leitungen darf im Regelfall +55 °C nicht überschreiten, dies ist insbesondere bei der Installation in Heizungskanälen oder -schächten und Dachräumen zu beachten.

Für die Telekommunikationsanlagen und für die Verteilanlage für Radio und Fernsehen (Rundfunk) sind getrennte Rohrnetze vorzusehen.

Um alle Empfangsmöglichkeiten über terrestrische Antenne, Satellitenantenne und Breitband-Kommunikationseinspeisung nutzen zu können, sind zwischen oberstem und unterstem Geschoss mindestens 2 Leerrohre mit einem Innendurchmesser von je mindestens 32 mm vorzusehen, für die Wohnungszuführung solche mit mindestens 25 mm. Vom zentralen Verteilpunkt sind Stern- (s. Bild 1) oder Etagensternnetze (s. Bilder 2 und 3) auszuführen.

Die Verteilung innerhalb einer Wohnung beginnt mit dem Wohnungsübergabepunkt (WÜP), in den vom Hausverteilnetz eingespeist wird. Für die Montage von Antennensteckdosen sind 60 mm tiefe Unterputz-Geräteverbindungsdosen zu verwenden. Im Bild 3, das den Grundriss einer Wohnung beispielhaft zeigt, sind – weitergehend als im Beispiel der DIN – alle Geräteverbindungsdosen vom WÜP stichförmig angefahren.

Fundamenterder, Potentialausgleich

Ein Fundamenterder nach DIN 18014 ist für jeden Neubau vorzusehen (Einzelheiten siehe gesonderten Beitrag). Die Haupterdungsschiene ist im Hausanschlussraum bzw. in der Nähe der Hausanschlüsse vorzusehen.

Blitzschutzanlagen und Überspannungsschutz

Dem vorbeugenden Brand-, Personen- und Sachschutz dienen Maßnahmen zum äußeren und inneren Blitzschutz sowie Überspannungsschutz. Wird eine Blitzschutzanlage gefordert, erfolgt die Planung und Ausführung nach DIN EN 62305-x (VDE 0185-305-x). Die Notwendigkeit von Blitzschutzanlagen ergibt sich entweder aus

- der Landesbauordnung und nutzungsbedingten Verordnungen,
- einer Risikoanalyse nach DIN EN 62305-2 (VDE 0185-305-2) oder aus
- Anforderungen des Versicherers (VdS-Merkblatt 2010).

Äußerer Blitzschutz

Der äußere Blitzschutz besteht aus Fangeinrichtungen, Ableitungen und Erdungsanlage. Bei der Installation ist der Trennungsabstand zwischen elektrisch leitenden Teilen und der Blitzschutzanlage zu beachten. Wird der Fundamenterder als Blitzschutzerder verwendet, so sind die dafür erforderlichen Anschlusspunkte an der Gebäudeaußenseite vorzusehen.

Innerer Blitzschutz und Überspannungsschutz
Der innere Blitzschutz besteht aus dem Blitzschutzpotentialausgleich und dem Überspannungsschutz. Er ist sowohl für die Energie- als auch für die Informationstechnik vorzusehen. Für den Einsatz und die Auswahl von Überspannungsschutzeinrichtungen sind DIN V VDE V 0100-534 (VDE V 0100-534) und DIN EN 62305-4 (VDE 0185-305-4) zu berücksichtigen.

Blitzschutz-Potentialausgleich
Der Blitzschutz-Potentialausgleich ist nach DIN EN 62305-3 (VDE 0185-305-3) durchzuführen. Dabei sind alle elektrisch leitenden Teile am Gebäudeeintritt mit der Haupterdungsschiene zu verbinden. Bei energie- und informationstechnischen Systemen wird dies in der Regel durch Einsatz von *Blitzstromableitern* erreicht (Ableiter Typ 1 für die Energietechnik und Typ D1 für die Informationstechnik).

Für den Einsatz von Blitzstromableitern in Hauptstromversorgungssystemen ist die VDEW-/BDEW-Richtlinie „Überspannungs-Schutzeinrichtungen Typ 1 — Richtlinie für den Einsatz von Überspannungs-Schutzeinrichtungen (ÜSE) Typ 1 (bisher Anforderungsklasse B) in Hauptstromversorgungssystemen“ zu berücksichtigen.

Der Einsatz von Blitzstromableitern ist auch bei Gebäuden ohne äußeren Blitzschutz zu empfehlen, wenn Dachantennen installiert sind, die Einspeisungen oberirdisch erfolgen oder bei Gebäuden, in deren unmittelbarer Nähe Gebäude die vorgenannten Bedingungen erfüllen.

Überspannungsschutz
Der Überspannungsschutz soll elektrische/elektronische Endgeräte gegen schädliche Überspannungen durch Schalthandlungen und ferne Blitzeinschläge schützen. Er wirkt unabhängig von Blitzschutzmaßnahmen und wird mit *Überspannungsableitern* (Ableiter Typ 2 für die Energietechnik und Typ C2 für die Informationstechnik nach DIN EN 61643-11 (VDE 0675-6-11) und DIN EN 61643-21 (VDE 0845-3-1) in Verteilungen erreicht.

Änderungen bei Leitungsführung und Anordnung der Betriebsmittel nach DIN 18015-3

Hans Schultke

Einleitung

Besonders im Deckenbereich haben sich die Installationsgewohnheiten bei den Gewerken Heizungs- und Sanitärtechnik geändert. Durch die Norm wird die Nutzung gemeinsamer Installationszonen oder -trassen möglich, wenn eine frühzeitige Koordinierung der Installationsarbeiten der verschiedenen Gewerke – vor allem wegen der Abstimmung notwendiger Leitungskreuzungen – erfolgt. Durch die Installationszonen werden nachträgliche Arbeiten vereinfacht und die Risiken der Leitungsbeschädigung minimiert.

Anwendungsbereich

Die Norm gilt für die Installation von unsichtbar (Schreibfehler in der Norm wurde im Januar 2008 berichtigt) – d. h. verdeckt – angeordneten elektrischen Leitungen sowie von Auslässen, Schaltern und Steckdosen elektrischer Anlagen. Für sichtbar installierte Leitungen (Aufputzinstallationen, Installationskanalsysteme) und für Installationsdoppelböden nach DIN EN 12825 braucht die Norm nicht angewendet zu werden.

Es wird aber auch künftig Fälle geben, in denen eine freie Leitungsführung außerhalb der Installationszonen notwendig ist, z. B. wenn Betriebs- oder Verbrauchsmittel außerhalb der Installationszonen angeordnet werden.

Die festgelegten Installationszonen sind für die Installation elektrischer Leitungen vorgesehen, können aber auch für Leitungen oder Rohre anderer Gewerke (z. B. Heizung, Sanitär) verwendet werden. Dann ist eine Koordination bereits bei der Planung erforderlich. Dabei sind auch die Bestimmungen und Richtlinien des „Zentralverbands Sanitär Heizung Klima – ZVSHK" zu berücksichtigen.

Für barrierefreie Wohnungen sind in der Normenreihe DIN 18025 Festlegungen getroffen, die notwendigerweise von DIN 18015-3 abweichen und die gegebenenfalls zu berücksichtigen sind.

Leitungsführung in Wänden

Für die Anordnung der elektrischen Leitungen in Wänden, z. B.

- in gemauerten und betonierten Wänden,
- in Leichtbauwänden,
- bei Vorwandinstallationen oder
- in Ständerwänden,

werden *Installationszonen* festgelegt (**Bilder 1** und **2**).

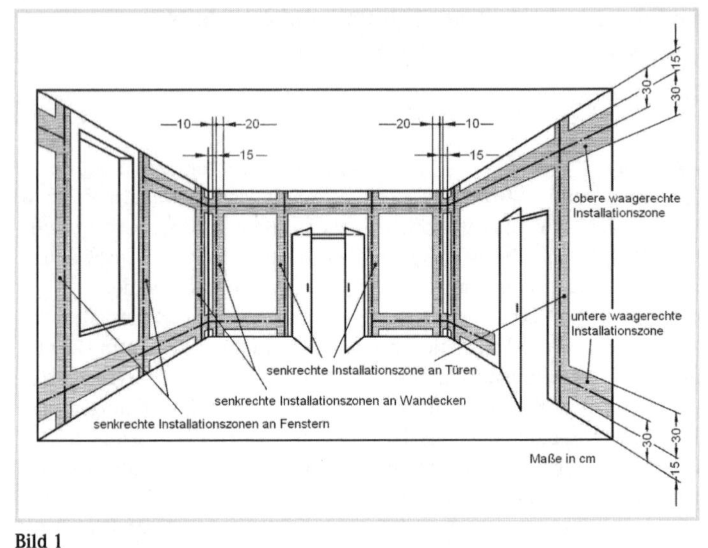

Bild 1
Senkrechte sowie obere und untere waagerechte Installationszonen
senkrechte Installationszonen an Türen: 10 cm ... 30 cm neben den Rohbaukanten (ZS-t)
senkrechte Installationszonen an Fenstern: 10 cm ... 30 cm neben den Rohbaukanten (ZS-f)
senkrechte Installationszonen an Wandecken: 10 cm ... 30 cm neben den Rohbauecken (ZS-e)
untere waagerechte Installationszone: 15 cm ... 45 cm über dem Fußboden (ZW-u)
obere waagerechte Installationszone: 15 cm ... 45 cm unter der Deckenbekleidung (ZW-o)

In Fertigbauteilen und Leichtbauwänden darf nur dann von der Leitungsführung in den festgelegten Installationszonen abgewichen werden, wenn eine Überdeckung der Leitungen von mindestens 6 cm sichergestellt ist. Werden Leitungen in ausreichend großen, unverfüllten Hohlräumen so installiert, dass sie gegebenenfalls beim Bohren, Schrauben oder Nageln ausweichen können, brauchen die Installationszonen nicht beachtet zu werden. Demnach sind aber in Ständerwänden, die beplankt sind und in denen Dämm- oder Schallschutzmatten die Leitungen fixieren, die Installationszonen einzuhalten. In Ständerwänden dürfen Leitungen nicht innerhalb der Metallprofile angeordnet werden, damit Schädigungen von Kabeln und Leitungen vermieden werden. Notwendige Durchführungen durch Metallprofile sind mit einem Kantenschutz zu versehen.

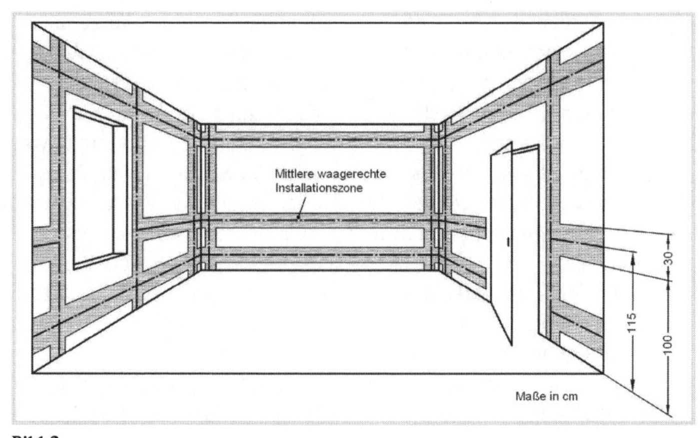

Bild 2
Mittlere waagerechte Installationszone
mittlere waagerechte Installationszone: 100 cm ... 130 cm über dem Fußboden (ZW-m)

Waagerechte und senkrechte Installationszonen (ZW, ZS)

Die Maße können den Bildern 1 und 2 entnommen werden. Die mittlere waagerechte Installationszone (ZW-m) wird nur für Räume festgelegt, in denen Arbeitsflächen vor den Wänden vorgesehen sind, z. B. in Küchen, Kochnischen, Hausarbeitsräumen.

Die senkrechten Installationszonen reichen jeweils von der Unterkante der oberen Decke bis zur Oberkante der unteren Decke. Für Fenster, zweiflügelige Türen und Wandecken werden die senkrechten Installationszonen beidseitig, für einflügelige Türen jedoch nur an der Schlossseite festgelegt.

In Räumen mit schrägen Wänden, z. B. in ausgebauten Dachgeschossen, verlaufen die von oben nach unten führenden Installationszonen parallel zu den Bezugskanten. Diese „schrägen" Installationszonen werden wie senkrechte Installationszonen behandelt.

Anordnung der Leitungen

Innerhalb der Installationszonen sind die elektrischen Leitungen vorzugsweise mittig anzuordnen. Werden Gerätedosen bzw. Geräteverbindungsdosen und Leitungen auf einer Linie angeordnet, so sollte bei der Zuführung der Leitungen darauf geachtet werden, dass eine Beschädigung der Leitungen durch die Krallen der Geräteeinsätze verhindert wird.

Leitungen zu Stromkreisverteilern sind senkrecht zu den Verteilern zu führen. Es ist darauf zu achten, dass die Leitungen nicht an scharfen Kanten der Mauersteine oder -stürze beschädigt werden.

Müssen Leitungen in Wänden zu Betriebsmitteln, wie Auslässen, Schaltern, Steckdosen, notwendigerweise außerhalb der Installationszonen angeordnet werden, so sind sie als senkrecht geführte Stichleitungen (von oben oder unten) aus einer waagerechten Installationszone zu führen.

Übergänge von den Installationszonen auf bzw. unter der Decke sind rechtwinklig zu den senkrechten Installationszonen an Wänden auszuführen.

Anordnung der Auslässe, Schalter und Steckdosen

Schalter sind vorzugsweise neben den Türen in senkrechten Installationszonen anzuordnen. Senkrechte Schalterkombinationen sind so auszuführen, dass die Mitte des obersten Schalters nicht höher als 105 cm über dem Fußboden liegt. Für barrierefreie Wohnungen sind in der Normenreihe DIN 18025 abweichende Schalterhöhen festgelegt, auch für den Abstand der Schalter zu den Türen gelten andere Maße.

Steckdosen in der unteren waagerechten Installationszone sind in einer Vorzugshöhe von 30 cm über dem Fußboden anzuordnen. Steckdosen und Schalter über Arbeitsflächen vor Wänden sind innerhalb der mittleren waagerechten Installationszone in einer Vorzugshöhe von 115 cm über dem Fußboden anzuordnen. Bei individuell geplanter Inneneinrichtung, z. B. in Küchen, kann die Anordnung von Auslässen, Schaltern und Steckdosen außerhalb der Installationszonen notwendig werden. Dies kann z. B. für Anschlüsse von Dunstabzugshauben und Arbeitsplatzbeleuchtungen zutreffen.

Leitungsführung auf der Decke

Hier erfolgt die Installation der Leitungen unmittelbar auf der Rohdecke. Über den Leitungen befinden sich z. B. Trittschallschutz, Estrich und Bodenbelag. Um die Stabilität des Estrichs sicherzustellen, sind Mindestwerte für Wandabstände, Zonenbreiten und Zonenabstände festgelegt. Elektrische Leitungen werden auf der Decke parallel zu den Wänden installiert (**Bild 3**). Sind mehrere elektrische Leitungen vorhanden, so sind diese grundsätzlich bündig nebeneinander anzuordnen. Hier sei auch auf die Mindestabstände zu informationstechnischen Leitungen hingewiesen. Elektrische Leitungen und Leitungen/Rohre anderer Gewerke sind geradlinig, parallel und möglichst kreuzungsfrei anzuordnen. Mindestens eine separate Zone für elektrische Leitungen ist immer bereitzustellen. Sind mehrere Installationszonen nebeneinander erforderlich (auch für unter-

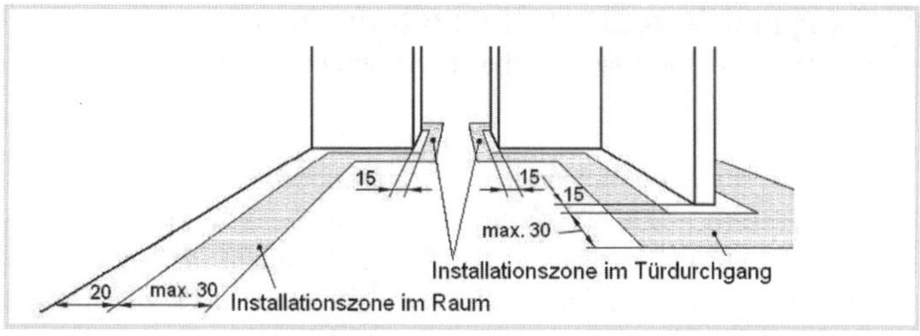

Bild 3
Leitungsführung auf der Decke (ausschließlich elektrische Leitungen)
Installationszone im Raum: Breite max. 30 cm, Wandabstand min. 20 cm (ZD-r)
Installationszone im Türdurchgang: Breite max. 30 cm, Wandabstand min. 15 cm (ZD-t)

schiedliche Gewerke), so ist zwischen den Zonen ein Mindestabstand von 20 cm einzuhalten (**Bild 4**), um die Tragfähigkeit des Estrichs nicht zu beeinträchtigen.

Bei Leitungsinstallationen im Zusammenhang mit Fußbodenheizungen ist DIN 18560-2 zu beachten.

Da für Heizungs- und Wasserleitungen meist weniger Spielraum bei der Leitungsführung vorhanden ist und größere Biegeradien erforderlich sind, sollte ihnen Priorität vor elektrischen Leitungen und Leerrohren eingeräumt werden. Dies ist schon bei der Planung zu beachten.

Für notwendige Bauwerksabdichtungen im Bereich der Leitungsführung ist die Normenreihe DIN 18195 zu beachten.

Leitungsführung in der Decke

Leitungsführung in der Decke liegt vor, wenn die Installation direkt

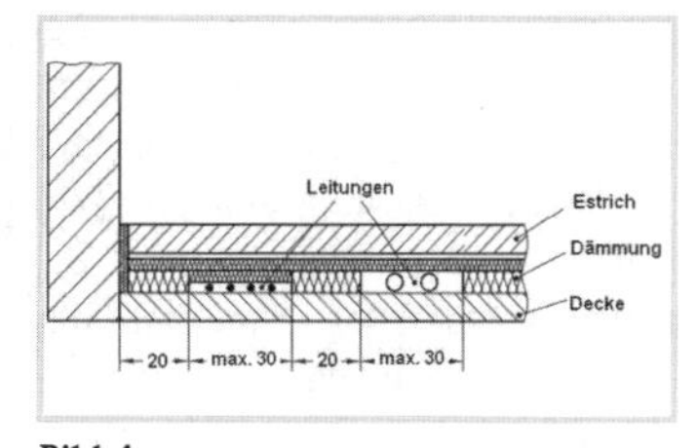

Bild 4
Leitungsführung auf der Decke bei mehreren Gewerken

oder innerhalb von Leerrohren in der Rohdecke ausgeführt wird. Hier sind – wie früher in DIN 18015-1 – keine Installationszonen festgelegt.

Leitungsführung unter der Decke

Leitungen unter Decken, z. B. unter Putz, im Putz, in Hohlräumen und in abgehängten Decken, müssen einen Mindestabstand von 20 cm parallel zu den Raumwänden aufweisen. Damit sollen Beschädigungen, z. B. durch Vorhangschienen, vermieden werden.

Planung und Verkauf von Altennotrufsystemen

Kombination mit weiteren Sicherheitsfunktionen möglich

Joachim Lang

Altennotrufsysteme kommen dem Freiheitsbedürfnis älterer Menschen entgegen und erfreuen sich wachsender Nachfrage. Was ist bei Verkauf und Installation zu beachten?

Das Pflegeheim ist „out" – der Bedarf nach neuen Wohn- und Lebensformen für ältere Menschen nimmt zu. Sie wollen gerne möglichst lange unabhängig bleiben, gleichzeitig registrieren Forscher auch eine Lockerung familiärer Bindungen und die abnehmende Bereitschaft zur Pflege innerhalb der Familie. Parallel dazu steigen die Ansprüche der „Generation 60+", v. a. unter den gut situierten Senioren. Das muffige Pflege- oder Seniorenheim ist also out, während Altersresidenzen, betreutes Wohnen oder die technische Aufrüstung der Wohnung oder des Hauses im Trend liegen.

Welches Altennotrufsystem ist sinnvoll?

Vor diesem Hintergrund ist leicht nachzuvollziehen, dass der Markt für Altennotrufsysteme das Wachstum der vergangenen Jahre fortsetzten dürfte. Je nach Wohnform, Anspruch und Budget können Wohnheimbetreiber oder die Senioren selbst aus einer Fülle verschiedener Systeme auswählen.

„Wenn Sie über ein Altennotrufsystem nachdenken, hat es Sinn, den Wohnraum auch gleich gegen Feuer und Einbruch zu schützen", rät *Joe Stiefel,* Produktmanager beim Sicherheitselektronik-Hersteller Security-Center. Zudem sollten Produkte zum Einsatz kommen, die leicht und intuitiv bedienbar sind.

Da die Anlagen im Regelfall erst im Nachhinein eingebaut werden und auch eine mobile Alarmauslösung möglich sein muss, bieten sich funkbasierte Systeme an. Außerdem lassen sich viele funkbasierte Systeme modular erweitern, z. B. mit Rauch- Bewegungs- oder Öffnungsmeldern.

Planung eines Funk-Hausnotrufsystems

Bei der Planung und Einrichtung eines Funk-Hausnotrufsystems, das an einer Alarmzentrale angeschlossen ist, gibt es einige Punkte zu beachten. Zunächst sollte man zusammen mit dem Kunden einige Fragen beantworten, wie z. B.:

Welcher Telefonanschluss ist vorhanden?

Bei einem analogen Telefonanschluss kann die Zentrale einfach an die Telefonbuchse angeschlossen werden. Ist eine ISDN-Leitung vorhanden, benötigt die Zentrale ein ISDN-Steckmodul. Ähnlich verhält es sich, wenn es gar keinen Telefonanschluss gibt: Dann ist der Einsatz eines GSM-Moduls nötig, der die stille Alarmierung über Mobilfunk ermöglicht. Zusätzlich gibt das Modul weitere Sicherheit, da es beim Ausfall des öffentlichen Telefonnetzes „einspringen“ kann.

Wie viele Personen wohnen in dem Gebäude?

Von dieser Frage hängt ab, wie viele Notfallsender eingesetzt werden müssen, und wie man die Scharf-/Unscharfschaltung regelt.

Wer soll im Notfall angerufen werden und kann schnell vor Ort sein?

Wird der Notrufsender ausgelöst, kann z. B. die Alarmzentrale „Secvest 868“ bis zu zwei Rufnummern für Protokolle (AWUG) und vier Rufnummern für Sprachmitteilungen (AWAG) anwählen. Entscheidend ist dabei, dass Personen oder Stellen angerufen werden, die schnell vor Ort sein können oder schnell Hilfe anfordern können. Man sollte darauf achten, dass eine dauerhafte Erreichbarkeit der Zielrufnummern gewährleistet ist.

Ist gleichzeitig ein Ausbau auf Brand- und Einbruchschutz gewünscht, und in welchem Umfang?

Zwar lassen sich Funkalarmsysteme i.d.R. auch nachträglich problemlos aufrüsten, aber rechtzeitige Planung ist auch hier von Vorteil. Wird eine Außenhautsicherung bevorzugt, bietet sich der Einsatz von Öffnungs- und Glasbruchmeldern an, baut man auf Fallensicherung, werden lediglich Bewegungsmelder benötigt. Für den Brandschutz stehen optische Funkrauchmelder zur Verfügung.

Gibt es Haustiere im Haushalt?

Diese Frage ist v. a. dann wichtig, wenn Bewegungsmelder zum Einsatz kommen sollen. Keinesfalls sollte man Gefahr laufen, dass die Haustiere einen Fehlalarm auslösen können. Gibt es Haustiere, kann man entweder auf Außenhautsicherung setzen oder tierimmune Bewegungsmelder über die zwei Drahtzonen der Secvest 868 einbinden.

Sind diese Fragen beantwortet, kann man mit der Planung und Installation der Anlage beginnen.

Installation der Zentrale

Die Zentrale (**Bild 1**) sollte mindestens in 1m Bodenhöhe angebracht werden und muss an eine Telefonbuchse und die 230-V-Stromversorgung angeschlossen werden. Dabei sollte man einen leicht zugänglichen, zentralen Ort bevorzugen. Das „Verstecken“ in Schränken etc. bietet sich nicht an, da einerseits die Funkverbindung gestört ist und zweitens die Sprachausgabe und die Gegensprechfunktion behindert werden.

Besteht kein Telefonanschluss, so muss mit einem GSM-Modul der öffentliche Telefonanschluss simuliert werden, und eine Übertragung der Protokolle und Sprachmitteilungen über Mobilfunk wird möglich.

Ist ein ISDN-Anschluss vorhanden, benötigt man ein entsprechendes ISDN-Modul. Diese Platz sparenden Steckmodule lassen sich einfach in die Anlage integrieren (**Bild 2**).

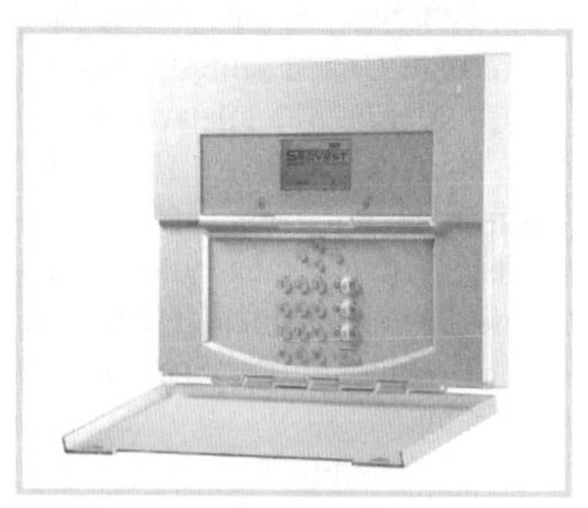

Bild 1
Die Zentrale sollte an einem leicht zugänglichen Ort installiert werden
Quelle: alle Bilder Security Center

Bild 2
Steckbares ISDN-Modul für entsprechende Telefonanschlüsse

Die integrierte Notstromversorgung gewährleistet die Überbrückung bei Stromausfällen für bis zu 12 h. Zugleich erfolgt eine Sprachmitteilung über das Störungsereignis.

Funkübertragung muss sicher sein

Nun kann man die Melder in die Anlage einlernen. Bei der Installation der Melder kommt es entscheidend darauf an, dass die Funkübertragung jederzeit gesichert ist. Die Verwendung der schmalbandigen, reservierten Security-Frequenz auf 868,663 MHz und Duplexantennen-Technologie sorgen für stabilen Funkempfang.

Bei der Duplexantennen-Technologie sind beim Empfänger zwei Antennen im Abstand der halben Wellenlänge $\lambda/2$ angebracht (**Bild 3**). Dies gewährleistet, dass die Stärke der Funksignale nie unter 50 % der Maximalleistung fallen kann, egal in welchem Abstand der Sender innerhalb des Funkbereiches platziert ist. Die Zentrale wählt immer die Antenne mit dem stärkeren Empfang aus.

Zusätzliche Sicherheit bei der Installation von Zentrale und Meldern bietet der Einsatz einer Funktestbox, welche die Signalstärke misst und genaue Aussagen darüber treffen kann, ob der gewählte Standort geeignet ist oder nicht (**Bild 4**). Zudem liefert die Funktestbox Informationen über die

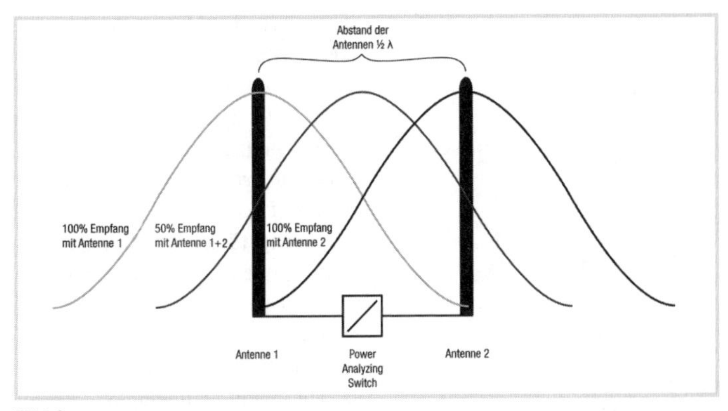

Bild 3
Durch die zwei Antennen im Abstand 1/2 beträgt die Stärke der empfangenen Funksignale immer mindestens 50 %

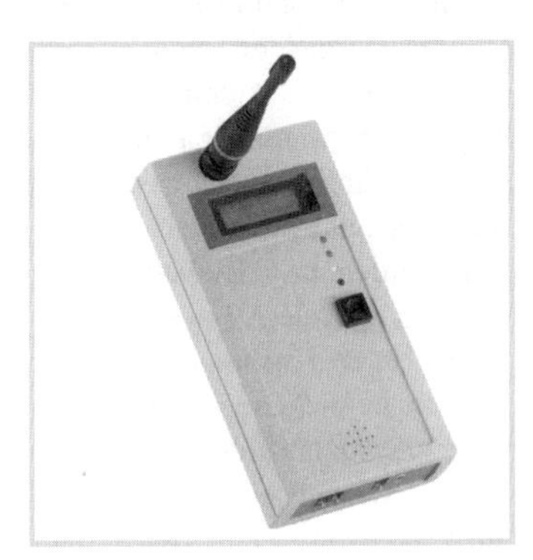

Bild 4
Die Funktestbox gibt Auskunft über Signalstärken und Störsender vor Ort

Belegung des Frequenzbandes durch andere Quellen, die Sendeleistung und die Beschaffenheit des modulierten Signals. Der Anschluss an einen Laptop ermöglicht ggf. eine genaue Analyse der Daten über einen Zeitverlauf. So lässt sich die beste Position ermitteln und eventuelle Störquellen wie Fremdsender und bauliche Hindernisse identifizieren.

Maximal lässt sich mit der Funkalarmanlage „Secvest“ eine Übertragungsweite von 40 m innerhalb von Gebäuden realisieren. Sollte das Objekt größer sein oder bestimmte bauliche Gegebenheiten wie die Verbauung von Armierungsstahl die Funkübertragung zusätzlich behindern, kann man mit dem Einsatz eines Funkrepeaters größere Distanzen überbrücken.

Notfallsender als Herzstück

Beim Funkalarmsystem Secvest 868 ist der portable Notfallsender das Herzstück des Hausnotrufsystems (**Bild 5**). Er lässt sich als Armband, Halskordel oder am Gürtel tragen und ist somit immer und

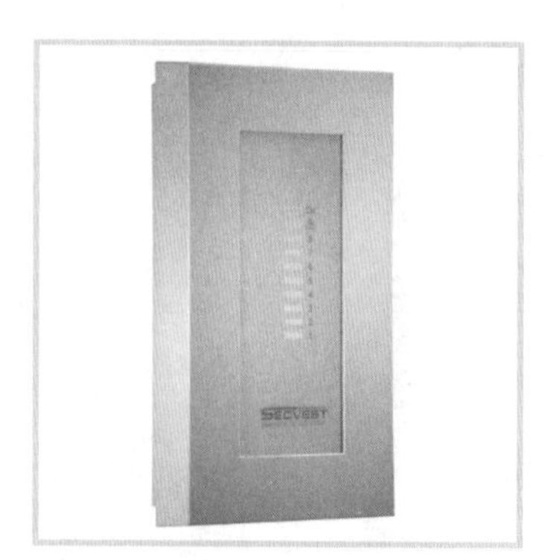

Bild 5
Der Notfallsender lässt sich als Armband, Halskordel oder am Gürtel tragen

überall dabei. Eine große orangefarbene Taste sorgt für schnelle, einfache Bedienbarkeit im Notfall, auch bei eingeschränkter Beweglichkeit. Der Funkhandsender ist wasserdicht und stoßsicher. Eine Leuchtdiode signalisiert den Sendevorgang. Bei zu Hause lebenden Paaren oder in Wohngemeinschaften können auch mehrere Notrufsender verwendet werden.

Über Bewegungsmelder lässt sich eine weitere Notruf-Funktionalität realisieren: Man kann die Anlage so programmieren, dass ein Alarm abgesetzt wird, wenn ein bestimmter Bewegungsmelder (z. B. im Schlafzimmer) innerhalb eines definierbaren Zeitraumes keine Bewegung registriert. Da sich Personen auch im Schlaf immer bewegen, kann man dann davon ausgehen, dass etwas passiert ist.

Erweiterung auf Einbruch und Feuerschutz

Der Vorteil bei der Planung eines Funksystems ist, dass man sich nicht endgültig festlegen muss: Alarmanlage, Hausnotrufsystem oder beides? Jederzeit kann modular nachgerüstet werden, und das ohne großen Aufwand. So lässt sich die Anlage schnell und einfach auf Funktionen wie Einbruch- und Brandschutz erweitern.

Zur Einbruchmeldung stehen verschiedene Detektoren-Typen zur Verfügung. Akustische Glasbruchmelder, Öffnungsmelder, Erschütterungsmelder und Bewegungsmelder können den Wohnraum zuverlässig und umfassend vor Einbruch schützen. Jeder Melder kann dabei einzeln identifiziert werden, da jeder Melder eine eigene Zone belegt.

Die Zonen lassen sich maximal vier Teilbereichen zuordnen, die getrennt voneinander scharf geschaltet werden können. Ein Vorteil z. B. dann, wenn das System zwei getrennte Wohnungen überwachen soll.

Zudem kann man jedem Melder die Eigenschaft extern oder intern scharf zuweisen. „Intern scharf" heißt, dass alle Melder der Außenhautsicherung (z. B. Öffnungsmelder) einen Alarm auslösen können, nicht jedoch die Bewegungsmelder im Innenraum. Somit steht einer sicheren Nachtruhe nichts mehr im Wege, während sich die Bewohner ungestört im Innenraum bewegen können. Bei „extern scharf" werden alle Melder überwacht.

Optische Funkrauchmelder erkennen Rauchentwicklung und schlagen an der Zentrale Alarm, auch wenn diese unscharf geschaltet ist. Als optimal gilt ein eigener Rauchmelder pro Zimmer, wichtig aber ist, dass das Schlafzimmer und alle Räume mit potentiellen Feuerquellen wie z. B. Wohnzimmer mit Rauchmeldern ausgestattet sind. Als Minimum gilt ein Rauchmelder pro Stockwerk.

In der Küche sollte man aufgrund der üblichen Dampfentwicklung keine optischen Rauchmelder einsetzen. Hier bieten sich Thermodifferenzial- oder Maximaltemperaturmelder an, die über die verdrahteten Zonen eingebunden werden können.

Der Panikalarm an der Funkfernbedienung und natürlich der Notrufsender können immer alarmieren, auch wenn die Anlage nicht scharf geschaltet ist.

Bei der Alarmierung zählt Schnelligkeit

Wird ein Alarm ausgelöst, ist Schnelligkeit gefragt. Bei Herzinfarkten oder Stürzen etwa zählt jede Minute. Daher ist es wichtig, die Alarmierung perfekt zu konfigurieren und auf die jeweilige Risikoklasse und Lebenssituation anzupassen.

Unabdingbar hierfür ist ein Telefonwahlgerät, das einen so genannten „stillen Alarm" auslöst. Je nach Alarmereignis (Feueralarm, Einbruchalarm oder Notruf) werden verschiedene, vorher aufsprechbare Textmitteilungen an bis zu vier Zielrufnummern abgesetzt. Gleichzeitig kann ein entsprechendes Alarmprotokoll (AWUG) an bis zu zwei Zentralen übertragen werden.

Das ermöglicht eine sehr schnelle und adäquate Reaktion auf das Alarmereignis. Durch die integrierte Gegensprechfunktion kann der Alarmierte auch Kontakt mit dem Alarmierenden aufnehmen und in den Raum hineinhorchen.

Die Gefahr, dass eine Alarmmeldung nicht entgegengenommen wird, besteht nicht, da die Secvest 868 so lange anruft, bis der Empfänger den Anruf quittiert. Grundsätzlich hat die Telefonalarmierung nur Sinn, wenn der Teilnehmer immer direkt telefonisch erreichbar ist. Die beste, aber eine kostenpflichtige Lösung ist die Aufschaltung auf eine rund um die Uhr besetzte Notrufleitstelle. Eine Alternative stellt ein lauter Alarm über eine Sirene dar. Dies ist jedoch nur sinnvoll, wenn die Nachbarschaft informiert ist und man sicher sein kann, dass der Alarm stets gehört wird.

Vertrauen entscheidet

Eine Alarmanlage mit integriertem Notrufsystem für Senioren muss ganz spezielle Anforderungen erfüllen. Ganz wichtig ist es, das Vertrauen des Anwenders zu gewinnen. Jemandem gegen seinen Widerstand ein Sicherheitssystem aufzwingen zu wollen, funktioniert nicht, wie die Praxis zeigt.

Daher setzen einige Hersteller auf eine benutzerfreundliche Menüführung und Sprachausgabe, um sicher zu gehen, dass jeder Anwender immer versteht, was an der Anlage gerade passiert und welcher Schritt als nächstes kommt. Unsicherheit über den Status der Anlage ist ebenfalls sehr kontraproduktiv. Die Installation von Infomodulen in allen Stockwerken kann hier Abhilfe schaffen.

Errichter sollten den Menschen zudem die Skepsis gegenüber der Funktechnik nehmen. Wer erklären kann, dass das Frequenzband von 868 MHz nur für Sicherheitsanwendungen reserviert ist (**Bild 6**) und somit nicht von Handys oder anderen elektronischen Geräten gestört werden kann, gewinnt das Vertrauen der Leute in die Technik, auf die sie sich verlassen müssen.

Trendforscher stellen überdies fest, dass die Technikfeindlichkeit der älteren Generationen bald der Vergangenheit angehören wird. Man bedenke: Die Internet-Nutzer von heute sind die Rentner von morgen.

Großes Marktpotenzial

Gut informierte Elektrohandwerksbetriebe positionieren sich rechtzeitig in diesem Wachstumsmarkt, denn der größte Schub steht erst noch bevor.

Ein Blick auf aktuelle Altersstrukturdiagramme verdeutlicht

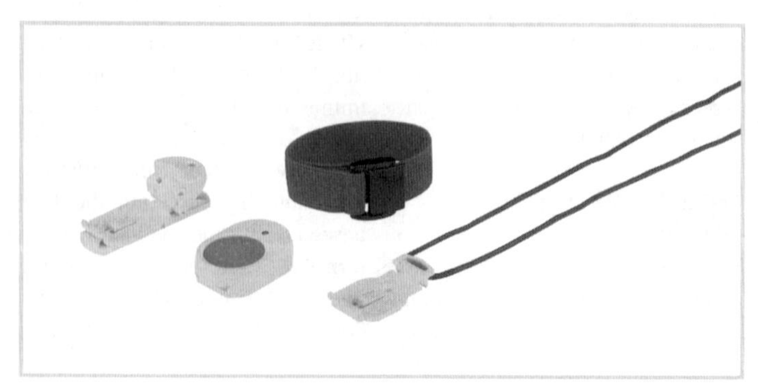

Bild 6
Zur Alarmierung wird ein schmales, sicheres Frequenzband genutzt

dies. Bereits heute gibt es 16,5 Mio. Menschen über 65, in den nächsten zehn Jahren wächst die Altersgruppe 65+ um 1,4 Mio. Menschen an. In 30 Jahren hat die Altersgruppe 65+ mit 23,8 Mio. einen Anteil an der Bevölkerung von über 30 % und wird dann seit 2007 um 7,3 Mio. Menschen zugelegt haben.

Entscheidend für den Verkaufs- und Installationserfolg wird es sein, bestehende Kundenkontakte auszunutzen, selbst aktiv zu werden und mit wertvollen Informationen und dem nötigen Hintergrundwissen dienen zu können. Sind die ersten Anlagen installiert, tut eine gute Mund-zu-Mund-Propaganda ihr Übriges dazu.

Neue Norm DIN VDE 0100-712 (VDE 0100-712) für Solar-Photovoltaik-(PV-)Stromversorgungssysteme

Werner Hörmann

Eine lang erwartete und notwendige Norm, die sich mit der Errichtung von Solar-Photovoltaik-(PV-) Stromversorgungssystemen befasst, wurde zum 1. Juni 2006 als Teil 712 von DIN VDE 0100 (VDE 0100) veröffentlicht. Da sie in die Gruppe 700 der Normen der Reihe DIN VDE 0100 (VDE 0100) eingeordnet ist, gilt, dass – wie auch bei den anderen Teilen der Gruppe 700 – die in diesem Teil enthaltenen Änderungen, Ergänzungen und Streichungen sich auf die Basisnormen, d. h. auf die Normen der Gruppe 100 bis 600, beziehen; daher wurde auch in der Abschnittsnummerierung die jeweilige Nummer der Basisnorm hinter der Teile-Nr. 712 angefügt. Somit gelten alle nicht aufgeführten Anforderungen der Abschnittsnummern aus der Gruppe 100 bis 600 weiterhin. Gerade diese Festlegung, dass alles andere gilt, was in der Gruppe 700 nicht angeführt ist, ist von vielen Fachleuten noch nicht erkannt worden, deshalb hier nochmals der Hinweis.

Da sich aufgrund der kurzen Zeit seit der Veröffentlichung der Norm noch keine großen Erfahrungen bei der Anwendung ergeben haben, werden hier nur einige wichtige Anforderungen aus DIN VDE 0100-712 (VDE 0100-712) aufgeführt und kommentiert. Am Ende des Beitrages sind einige Hinweise angefügt. Es ist aber jetzt schon klar, dass diese Norm noch großen Interpretationsspielraum enthält, d. h., manches ist noch nicht eindeutig festgelegt.

Beginn der Gültigkeit

Die Norm muss für alle PV-Neuanlagen und für Erweiterungen vorhandener PV-Anlagen (nur für den Teil der Erweiterung), bei denen am 1. Juni 2006 oder später mit der Planung begonnen wurde, angewendet werden. Für PV-Anlagen, die am 1. Juni 2006 bereits in Planung oder in Bau waren, gilt eine **Einführungsfrist** bis zum 1. März 2008. Der Begriff „Einführungsfrist" hat zu großer Verunsicherung bei den Fachleuten geführt, weil der sonst verwendete Begriff „Übergangsfrist" vermisst und angenommen wurde, dass diese Norm sofort – auch für in Planung oder Bau befindliche PV-Anlagen – anzuwenden sei. Das trifft jedoch nicht zu. Vielmehr waren die Erarbeiter der Norm der Meinung, dass es in DIN VDE 0100 (VDE 0100) noch keine Anforderungen gegeben habe (was eigentlich nicht stimmt, da die allgemeinen Anforderungen der Teile 100 bis 600 anzuwenden waren), so dass es für diesen Teil auch keine Übergangsfrist, sondern nur eine Einführungsfrist geben könne. Diese läuft bis zum 1. März 2008, danach muss die Norm für alle PV-Anlagen angewendet werden, und zwar auch für solche neuen PV-Anlagen, die sich – aus welchem Grunde auch immer – nach dieser Zeit noch im Bau befinden. Altanlagen müssen nicht angepasst werden.

Es sei darauf hingewiesen, dass auch in anderen Teilen der Normenreihe, z. B. im Teil 711, eine „Einführungsfrist" festgelegt wurde, ohne dass es jemand bemerkt hat.

Allgemeines

Dass es sich bei Teil 712 um eine europäische harmonisierte Norm (HD) handelt, ist zwar interessant, hat aber für den Errichter wenig Bedeutung, da die Erfahrung gezeigt hat, dass die anderen europäischen Länder die Harmonisierung nicht so genau nehmen, so dass eine Errichtung nach dieser Norm außerhalb Deutschlands nicht ohne weiteres möglich sein dürfte. Das Gleiche gilt auch umgekehrt, weil es auch in der deutschen Fassung grau schattierte Zusätze gibt, die nur für Deutschland relevant sind. Diese grauen Schattierungen sind im Teil 712 völlig überflüssig, da keinerlei Sachstände enthalten sind. Außerdem sind die Anforderungen der Netzbetreiber zu beachten.

Abschnitt 712.1: Anwendungsbereich

Der Teil 712 gilt für die Errichtung von PV-Anlagen, die über Wechselrichter (mit oder ohne Transformator) an das (öffentliche) Versorgungsnetz fest angeschlossen sind. Er gilt aber **nicht** für PV-Zellen und PV-Module selbst, für die eine eigene Betriebsmittelnorm in Vorbereitung ist. Der Teil 712 gilt auch nicht für PV-Anlagen, die ohne Netz, d. h. netzunabhängig, betrieben werden, was sich allerdings nur aus der Anmerkung 2 ergibt, in der steht: *„Anforderungen für PV-Stromversorgungssysteme, die für einen unabhängigen Betrieb vorgesehen sind, sind in Bearbeitung."*

Soweit solche Anlagen fest errichtet werden, müssen hierfür die allgemeinen Anforderungen der Gruppen 100 bis 600 von DIN VDE 0100 (VDE 0100) berücksichtigt werden, wobei es sicher nicht falsch ist, den Teil 712 ebenfalls zu beachten.

Da nur „netzgeführte" Wechselrichter vorgesehen sind, ist auch kein Netzersatzbetrieb möglich, da der Wechselrichter ohne Netzführung nicht „arbeitet". Bei Verwendung spezieller Wechselrichter (z. B. mit Speicher) wäre es möglich, auch ohne Netz – in Abhängigkeit von der Anordnung der ENS – Verbraucher durch den PV-Generator/-Wechselrichter zu versorgen, d. h. einen Inselbetrieb zu realisieren. Bei einem solchen Inselbetrieb müssen die Verbraucherabgänge (sofern es sich nicht um SELV- oder PELV-Stromkreise handelt) unbedingt durch Fehlerstrom-Schutzeinrichtungen (RCDs) geschützt werden, damit im Fehlerfall eine automatische Abschaltung der Stromversorgung erfolgt (siehe hierzu DIN VDE 0100-551 (VDE 0100-551).

Der Teil 712 wäre auch für Systeme mit AC-Modulen (AC-Module sind PV-Generatoren, bei denen der Wechselrichter im Modul integriert ist, so dass in die Anlage kein Gleichstrom fließt) anzuwenden; allerdings kommen AC-Module in Deutschland derzeit nicht zum Einsatz.

Abschnitt 712.312.2: Systeme nach Art der Erdverbindungen

Auf die „Systeme nach Art der Erdverbindungen" (TN-,TT- und IT-Systeme) auf der Wechselspannungsseite (hinter dem Wechselrichter) hat der Errichter kaum einen Einfluss, da das System, an den der Wechselrichterausgang angeschlossen wird, meist vom Netzbetreiber oder vom vorhandenen Netz (z. B. Industrienetz) vorgegeben wird.

Auf der Gleichspannungsseite dürfen alle Systeme nach Art der Erdverbindungen (TN- und IT-Systeme, das TT-System lässt sich nur bedingt einsetzen) angewendet werden, sofern es im/am Wechselrichter einen Transformator mit mindestens „einfacher Trennung" (galvanisch getrennte Wicklungen) gibt. Somit ist auch eine Erdung (z. B. die Verbindung mit einem Anlagenerder) des Mittelpunktes des gleichspannungsseitigen PV-Systems oder auch eines Außenleiters (L+ oder L–) des Gleichspannungssystems zulässig. In den Bildern 1 und 2 im Anhang von Teil 712 wurde allerdings dem ungeerdeten System auf der Gleichspannungsseite der Vorzug gegeben (siehe auch den nächsten Abschnitt), da durch Erdungen u. a. häufig Korrosionsprobleme (auch an anderen Teilen der übrigen elektrischen Anlage, die nicht mit der PV-Anlage in Verbindung stehen) auftreten können. Bei Wechselrichtern ohne galvanische Trennung vom vorhandenen Netz ergibt sich auf der Gleichspannungsseite das gleiche System nach Art der Erdverbindung wie im Versorgungsnetz, so dass der Schutz durch automatische Abschaltung mit den „besonderen" Anforderungen, wie im nächsten Punkt beschrieben, angewendet werden muss. Dies nur, soweit nicht Schutz durch Schutzklasse-II-Betriebsmittel zur Anwendung kommt. Da kein Transformator vorhanden ist, lassen sich SELV und PELV in diesem Fall nicht anwenden.

Abschnitt 712.41: Schutz gegen elektrischen Schlag

Für den *Schutz gegen direktes Berühren* gibt es keine zusätzlichen Anforderungen, daher ist er nach Teil 410 von DIN VDE 0100 (VDE 0100) auszuführen, d. h., es ist entweder der „Schutz durch Abdeckungen oder Umhüllungen“ oder der „Schutz durch Isolierung“ anzuwenden. „Schutz durch Hindernisse“ oder „Schutz durch Abstand“ ist mit Einschränkungen ebenfalls möglich.

Der *Schutz bei indirektem Berühren* auf der Gleichspannungsseite durch automatische Abschaltung der Stromversorgung lässt sich praktisch nicht realisieren, da die PV-Einrichtungen (PV-Generatoren) keinen ausreichenden Abschaltstrom liefern können und Fehlerstrom-Schutzeinrichtungen (RCDs), die direkt im Gleichstromkreis eingesetzt sind, nicht funktionieren – auch nicht der Typ B –, so dass bei einem Körperschluss (z. B. Schluss eines gleichstromseitigen Außenleiters zu einer leitfähigen Tragkonstruktion) eine Abschaltung in den sonst geforderten Zeiten (0,4 s bzw. 5 s) nicht realisiert werden kann. Aus diesem Grunde wurden im Teil 712 keine Maßnahmen für den Schutz bei indirektem Berühren durch den „Schutz durch automatische Abschaltung der Stromversorgung“ festgelegt. Außerdem lässt sich in letzter Konsequenz die Spannung als solche nicht abschalten, da die PV-Anlage, solange Sonneneinstrahlung vorliegt, eine Spannung (zumindest eine Gleichspannung) liefert. Daher lässt sich auch eine Trennung von den Quellen, wie sie im Teil 460 bzw. im Teil 537 gefordert wird, nur eingeschränkt realisieren (siehe aber Abschnitt 712.536.2.1.1). Dafür wären Abschalt-/Trenneinrichtungen direkt an den Modulen – Schutzklasse II vorausgesetzt – notwendig, was jedoch wegen der schwierigen Zugangsverhältnisse nicht praktikabel ist. Außerdem müssten diese Einrichtungen für Gleichspannung geeignete Lasttrennschalter sein (siehe hierzu aber Abschnitt 712.53).

Der Schutz bei indirektem Berühren ließe sich am einfachsten mit einem *PELV-System* erfüllen, was jedoch einen Sicherheits-Kleinspannungstransformator am Wechselrichter erforderte. Auch SELV-Systeme wären erlaubt, dabei könnte es jedoch Probleme wegen der geforderten Erdfreiheit für Stromkreis und Körper der PV-Komponenten geben – es sei denn, sie sind zusätzlich in Schutzklasse II ausgeführt –, außerdem ist auch hierfür ein Sicherheitstransformator nach DIN EN 61558-2-6 (VDE 0570-2-6) gefordert.

PV-Generatoren in *Schutzklasse II* erfüllen den Schutz bei indirektem Berühren derzeit am einfachsten. Daher wird (zumindest derzeit) empfohlen, möglichst nur PV-Generatoren in Schutzklasse II zu verwenden. Aber auch hierbei darf es nicht zu Schutzleiter-/Erdverbindungen der leitfähigen Konstruktionsteile der PV-Generatoren kommen, es sei denn, sie sind zusätzlich vom PV-Modul der Schutzklasse II durch eine Isolierung gleichwertig der Schutzklasse II getrennt. Nach Aussagen der PV-Modul-Hersteller existiert diese Isolierung bei den meisten PV-Modulen, so dass einer Verbindung der Konstruktionsteile in solchen Fällen nichts im Wege steht (siehe auch in diesem Abschnitt unter „Überspannungsschutz"). Sofern jedoch PV-Modul und Rahmen gemeinsam als Betriebsmittel der Schutzklasse II zu betrachten sind, gilt wieder, dass Schutzleiter oder andere Erdverbindungen nicht angeschlossen werden dürfen.

Formal lässt sich derzeit also nur SELV (bedingt), PELV oder Schutzklasse II anwenden. Bei SELV und PELV muss U_n durch U_{STC} für die maximal zulässigen Spannungsgrenzen eingesetzt werden, darf aber DC 120 V nicht übersteigen. Der Schluss, weil es bezüglich des Schutzes durch automatische Abschaltung der Stromversorgung im Teil 712 noch keine Festlegungen gibt, gelte die Basisnorm DIN VDE 0100-410 (VDE 0100-410), ist falsch. In der Anmerkung 3 von Abschnitt 413.1 in DIN VDE 0100-410 (VDE 0100-410):1997-01 ist nämlich der Hinweis gegeben, dass „weitere Anforderungen für Gleichspannung in Vorbereitung sind" und somit allgemein noch keine Lösungen gefunden wurden.

Wo weder SELV, PELV noch Schutzklasse II auf der Gleichspannungsseite zur Anwendung kommen kann, kann nur in **Eigenverantwortung** in Anlehnung an Teil 410 gehandelt werden.

Am einfachsten ist es, auf der **Gleichspannungsseite** ein **ungeerdetes System** (IT-System) – sofern zumindest eine galvanische Trennung zum Versorgungsnetz vorliegt – vorzusehen, weil dann bei einem ersten Fehler an einem PV-Modul der Schutzklasse I noch keine gefährliche Berührungsspannung gegen ein zweites PV-Modul oder gegen geerdete Teile – soweit auf einem Dach überhaupt vorhanden – auftreten kann. Es ist zu empfehlen, dass beim ersten Fehler gegen geerdete Teile die PV-Anlage so ausgeführt wird, dass ein TN-System entsteht (siehe hierzu Abschnitt 413.1.5.5 b) von DIN VDE 0100-410 (VDE 0100-410)). Ein TT-System lässt sich aus praktischen Gründen nach einem ersten Fehler nicht realisieren, da hierfür Einzelerdungen oder Gruppenerdungen für die Körper der PV-Anlage vorhanden sein müssten. Erst bei einem zweiten Fehler in einem zweiten gleichspannungsseitigen Außenleiter gegen die Konstruktion eines zweiten PV-Moduls wäre es möglich, zwischen den beiden Modulen der Schutzklasse I eine Spannung abzugreifen. Gegen geerdete Teile könnte eine gefährliche Spannung nur beim zweiten Fehler abgegriffen werden, wenn einer der Fehler gegen geerdete Teile (fremde leitfähige Teile) aufträte. Es muss daher im ungeerdeten Gleichspannungssystem (IT-System) eine *Isolationsüberwachungseinrichtung* (siehe Abschnitt 413.1.5.4 von DIN VDE 0100-410 (VDE 0100-410):1997-01) vorgesehen werden, die einen ersten Fehler gegen Erde/geerdete Teile meldet. Ob der Betreiber – der ja Laie ist – daraus die richtigen Schlüsse ziehen kann, ist fraglich. Da eine Abschaltung der Stromversorgung auch beim zweiten Fehler nicht möglich ist, muss ein *zusätzlicher (örtlicher) Potentialausgleich* nach Abschnitt 413.1.2.2 von DIN VDE 0100-410 (VDE 0100-410):1997-01 vorgesehen werden, der verhindert, dass unterschiedliche Potentiale überbrückt werden können.

Achtung: Diese Maßnahme lässt sich nur nach Abschnitt 413.1.3.3 der derzeit gültigen DIN VDE 0100-410 (VDE 0100-410):1997-01 anwenden, da es in der zukünftigen Norm (Ende 2006) Einschränkungen gibt/geben wird.

Keineswegs darf aber der Schutz durch erdfreien örtlichen Potentialausgleich angewendet werden. Diese Schutzmaßnahme wird in Abschnitt 413.3 von DIN VDE 0100-712 (VDE 0100-712):2006-06 explizit ausgeschlossen.

In der Praxis bedeutet das, dass alle Körper (leitfähige nicht aktive Teile der PV-Module und die Körper anderer elektrischer Betriebsmittel/Verbrauchsmittel, z. B. Klimaanlage, Antennenmast) im Handbereich untereinander mit Potentialausgleichsleitern verbunden werden müssen, deren Querschnitt nach Abschnitt 413.1.2.2 und 413.1.6 von DIN VDE 0100-410 (VDE 0100-410):1997-01 oder nach Abschnitt 9.1.2 von DIN VDE 0100-540 (VDE 0100-540):1991-11 auszuwählen ist.

Die Einbeziehung der PV-Anlage in den *Hauptpotentialausgleich* des Gebäudes wird dadurch aber nicht notwendig, auch nicht, wenn fremde leitfähige Teile im Handbereich zu den PV-Modulen in den zusätzlichen (örtlichen) Potentialausgleich für nicht erfüllte Abschaltbedingung einbezogen werden.

Sind Überspannungsschutzeinrichtungen am PV-Generator/an der PV-Anlage vorgesehen, so werden hierfür Schutzleiter benötigt (siehe hierzu DIN VDE 0100-534 (VDE 0100-534), die dann vorzugsweise getrennt von den DC-Leitungen zu verlegen sind, vorzugsweise auf kürzestem Weg außerhalb der Gebäude. Für den Schutz bei Überspannung kann es außerdem notwendig sein, die leitfähigen Konstruktionsteile – sofern sie nicht Teile von SELV- oder Schutzklasse-II-Betriebsmitteln sind – mit einem *Potentialausgleich für den Schutz bei Überspannung* zu verbinden.

Dieser „Potentialausgleich für den Schutz bei Überspannung", für den es noch keine Begriffserklärung und auch noch keine Festlegungen in den relevanten Normen gibt, muss mindestens einen Querschnitt von 16 mm^2 Cu aufweisen, sollte vorzugsweise massiv, ggf. mehrdrähtig sein und außerhalb des Gebäudes zum Erder (Fundamenterder oder zum zusätzlichen Erder/Tiefenerder) geführt werden. Beim zusätzlichen Erder/Tiefenerder ist auch eine Verbindung mit der Hauptpotentialausgleichsschiene notwendig.

Wenn auf dem Dach eine *Blitzschutzanlage* vorhanden ist oder errichtet werden soll, muss die PV-Anlage durch gegen die PV-Generatoren isoliert angeordnete Fangstangen unter Einhaltung eines *Trennungsabstandes* geschützt werden. Zusätzlich müssen alle im Handbereich zu den PV-Modulen befindlichen Fangstangen und Ableitungen isoliert werden (selbst wenn der Trennungsabstand eingehalten wurde), um eine direkte Berührung dieser mit Erde in Verbindung stehenden Teile zu verhindern. Das gilt auch für Antennenmasten, sofern sie mit der Blitzschutzanlage verbunden sind. Eine Verbindung von Dachständern im Handbereich mit dem zusätzlichen Potentialausgleich wird nicht gefordert, da bei Dachständern nach Teil 470 grundsätzlich auf einen Schutzleiteranschluss verzichtet werden darf und damit kein Erdpotential abgegriffen werden kann. Sollte der Mast mit einem Schutzleiter-/Potentialausgleichsleiter verbunden sein und sich im Handbereich zur PV-Anlage befinden, ist eine Verbindung mit dem zusätzlichen Potentialausgleich für nicht erfüllte Abschaltbedingung notwendig.

Bei Gebäuden mit einer Blitzschutzanlage, bei der der Trennungsabstand zur PV-Anlage absolut **nicht eingehalten** werden kann, sollten die leitfähigen Konstruktionsteile – soweit ein Anschluss zulässig ist, siehe oben – direkt (auf kürzestem Wege) mit der Blitzschutzanlage verbunden werden. In solchen Fällen darf nicht der „Schutz durch automatische Abschaltung der Stromversorgung mit zusätzlichem Potentialausgleich" zur Anwendung kommen.

In einem *geerdeten Gleichspannungssystem* (üblicherweise ein TN-System, da sich ein TT-System auf der Gleichspannungsseite bei galvanischer Trennung, auch wenn die Körper gemeinsam mit einem Schutzleiter verbunden werden, nicht realisieren lässt) könnte schon bei einem ersten Fehler eine gefährliche Berührungsspannung gegen geerdete Teile (andere Körper oder fremde leitfähige Teile) abgegriffen werden. Wegen der nicht erfüllbaren Abschaltbedingung gelten die gleichen Anforderungen bezüglich des Potentialausgleichs wie bei den ungeerdeten PV-Systemen.

Im Bereich der Gleichstromhauptleitungen sind keine besonderen Maßnahmen hinsichtlich Abschaltung und/oder Potentialausgleich gefordert, da im Abschnitt 712.522.8.1 von Teil 712 gefordert ist, dass PV-Strang-, PV-Teilgenerator- und PV-DC-Hauptkabel bzw. -Hauptleitungen in einer solchen Weise ausgewählt und errichtet werden müssen, dass das Risiko eines Erd- oder Kurzschlusses auf ein Minimum reduziert ist, was üblicherweise durch eine erd- und kurzschlusssichere Verlegung nach Abschnitt 521.13 von DIN VDE 0100-520 (VDE 0100-520): 2003-06 erreicht werden kann, z. B. bei Verwendung von Einleiterkabeln/-leitungen (NYY oder NYM). Die Einleiterkabel sind im engen Kontakt miteinander zu verlegen.

Auf der Wechselspannungsseite (hinter dem Wechselrichter, vor oder hinter dem Transformator, so vorhanden) dürfte es keine Probleme mit dem Schutz durch automatische Abschaltung der Stromversorgung geben, da auf dieser Leitung nur Strom fließt, wenn auch das Netz vorhanden ist, so dass die Abschaltbedingung – bei entsprechender Dimensionierung (Länge, Querschnitt, Schutzeinrichtung) – durch die Schutzeinrichtung(en) im Verteiler (z. B. Sicherungen, Fehlerstrom-Schutzeinrichtungen (RCDs), an dem diese Kabel/Leitungen angeschlossen sind, erfüllt werden kann.

Bezüglich der in den Bildern von Teil 712 dargestellten „optionalen" *Fehlerstrom-Schutzeinrichtung (RCD)* gilt Folgendes: Im Stromkreis hinter dem Wechselrichterausgang (Wechselspannungsseite) ist auch bei Schutz durch automatische Abschaltung der Stromversorgung keine Fehlerstrom-Schutzeinrichtung (RCD) gefordert, sofern die Abschaltbedingung durch Überstrom-Schutzeinrichtungen – in Zusammenwirken mit dem Versorgungsnetz – erfüllt wird. In TT-

Systemen und gegebenenfalls in feuergefährdeten Bereichen ist dagegen in den meisten Fällen eine Fehlerstrom-Schutzeinrichtung (RCD) notwendig. Dafür kann eine Fehlerstrom-Schutzeinrichtung (RCD) vom *Typ A* ausgewählt werden, wenn eine galvanische (einfache) Trennung zur Gleichspannungsseite vorhanden ist. Fehlt diese Trennung, dann muss eine Fehlerstrom-Schutzeinrichtung (RCD) vom *Typ B* ausgewählt werden. Aber anders, als in den beiden normativen Bildern 712.1 und 712.2 von Teil 712 dargestellt, müssen nach meiner Meinung die Fehlerstrom-Schutzeinrichtungen (RCDs) im Stromkreisverteiler (in Speiserichtung vom Wechselrichter kommend) vor der notwendigen Sicherung (**Bild 1**) angeordnet werden. Auf jeden Fall muss sie in „Einspeiserichtung" hinter der selbsttätigen Schaltstelle (ENS) für PV-Anlagen nach DIN V VDE V 0126-1-1 (VDE V 0126-1-1) angeordnet werden. Nur so kann auch das Kabel/die Leitung zum Wechselrichter geschützt werden. Diese Fehlerstrom-Schutzeinrichtungen (RCDs) können zusätzlich als Trenneinrichtungen eingesetzt werden. Die Anforderungen von Abschnitt 712.536.2.1.1 für das „Trennen" sollen aber auch durch die ENS erfüllt werden können (was so nicht im Teil 712 steht), obwohl sie eigentlich nicht die Trennfunktion als solche erfüllen kann, siehe hierzu weitere Aussagen im Abschnitt „Trennen".

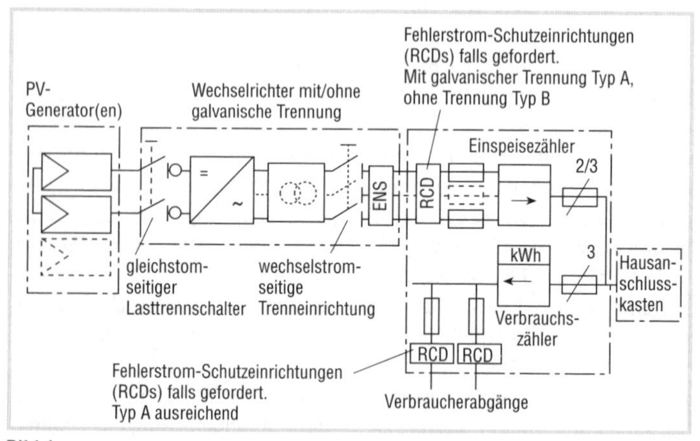

Bild 1
Schematische Darstellung der PV-Anlage
(nicht ganz im Einklang mit Teil 712, jedoch praxisnäher, da ENS integriert und korrektes Symbol für DC-Lasttrennschalter verwendet)

Bei PV-Anlagen ohne galvanische Trennung zwischen Wechsel- und Gleichspannungsseite gilt analog das Gleiche wie oben. Wenn es bei einem Körperschluss auf der Wechselspannungsseite zu einem Ansprechen der Schutzeinrichtungen [Überstrom-Schutzeinrichtungen und/oder Fehlerstrom-Schutzeinrichtungen (RCDs)] kommt/kommen kann, wird u. U. auf die Fehlerstelle durch die Gleichspannung (Speisung auch auf die Wechselspannungsseite über eine noch durchgesteuerte Diode/Thyristor) weiter gespeist, so dass auch hier die oben angeführten Maßnahmen (z. B. zusätzlicher Potentialausgleich) greifen müssen.

Bei galvanischer Trennung besteht diese Forderung nicht.

Abschnitt 712.433: Schutz bei Überlast auf der Gleichspannungsseite

Der Schutz bei Überlast darf für PV-Strang- und PV-Teilgeneratorkabel bzw. -leitungen und PV-Gleichstromhauptkabel bzw. -leitungen entfallen, wenn die Dauerstrombelastbarkeit dieser Kabel/Leitungen mindestens dem jeweils zutreffenden 1,25-fachen Wert von $I_{SC\ STC}$ entspricht. Mehr Strom, als die PV-Zellen, -Module oder -Generatoren liefern, kann in den Kabeln/Leitungen – selbst bei einem Fehler – nicht fließen. Wo eine solche Bemessung nicht realisiert werden kann, müssen entsprechende Schutzeinrichtungen (z. B. Sicherungen, abgestimmt auf den Querschnitt) zum Schutz bei Überlast vorgesehen werden

Abschnitt 712.434: Schutz bei Kurzschlussströmen

Da der Schutz bei Kurzschluss auf der Gleichspannungsseite nicht durch Überstrom-Schutzeinrichtungen erfüllt werden kann, müssen – wie bereits erwähnt – die Kabel/Leitungen „kurz- und erdschlusssicher" verlegt werden.

Auf der Wechselspannungsseite sind Überstrom-Schutzeinrichtungen im Verteiler ausreichend, da bei einem Fehler hinter dem Wechselrichter die Sicherung im Verteiler (an den die PV-Versorgungskabel bzw. -leitungen angeschlossen sind) anspricht, so dass der Wechselrichter wegen der dadurch sich ergebenden Trennung von der Netzversorgung keinen Wechselstrom mehr liefern kann. Wegen des Transformators kann auch keine Gleichspannung auftreten. Weil PV-Anlagen ohne galvanische Trennung aber noch Gleichspannung auf die Fehlerstelle speisen könnten, müssten eigentlich in solchen Fällen die Wechselspannungszuleitungen „erd- und kurzschlusssicher" verlegt werden. Das wird jedoch im Teil 712 nicht gefordert.

Abschnitt 712.444: Schutz gegen elektromagnetische Beeinflussung (E-MI) in Gebäuden

Hierbei handelt es sich um allgemeingültige EMI-Forderungen (besser bekannt als EMV-Forderungen). Es soll erreicht werden, dass nach Schaltvorgängen und nahen Blitzeinschlägen in den einzelnen Leitern (wegen der kurz- und erdschlusssicheren Verlegung werden üblicherweise Einleiterkabel bzw. -leitungen verwendet) möglichst geringe Überspannungen auftreten können. Von einigen „Fachleuten" werden geschirmte Kabel/Leitungen empfohlen, ohne genauer festzulegen, wie das realisiert werden soll, normativ gibt es keine Forderung.

Abschnitt 712.511: Übereinstimmung mit Normen

PV-Module müssen den Anforderungen der entsprechenden Betriebsmittelnormen genügen. Für kristalline PV-Module ist das DIN EN 61215 (VDE 0126-31). Außerdem wird nochmals indirekt darauf hingewiesen, dass der Schutz durch automatische Abschaltung zu Problemen führen kann, so dass bei Spannungen $U_{OC\,STC}$ am PV-Generator, die den Wert DC 120 V übersteigen, oder wenn keine sichere Trennung zwischen DC- und AC-Seite gegeben ist, vorzugsweise PV-Module der Schutzklasse II oder mit gleichwertiger Isolierung zu verwenden sind.

Wenn die elektrischen Betriebsmittel, z. B. Wechselrichter, Trenneinrichtungen, in ein zusätzliches Gehäuse eingebaut werden, muss dieses Gehäuse DIN EN 60439-1 (VDE 0660-500) entsprechen. Die Schutzart dieser Gehäuse ist entsprechend den Umgebungsbedingungen am Errichtungsort auszuwählen.

Abschnitt 712.512: Betriebsbedingungen und äußere Einflüsse

Dass die elektrischen Betriebsmittel auf der Gleichspannungsseite (einschließlich der Trenneinrichtung, siehe Abschnitt 712.536.2.2.5) für Gleichspannungen und -ströme geeignet sein müssen, dürfte klar sein.

Abschnitt 712.513: Zugänglichkeit

Diese Anforderungen gelten immer und für alle elektrischen Anlagen. Allerdings dürfte der PV-Generator selbst – aufgrund seiner Anordnung auf dem Dach – nicht so ohne weiteres zugänglich sein.

Abschnitt 712.52: Kabel- und Leitungsanlagen

Wegen der nicht zu erfüllenden Abschaltung im Fehlerfall müssen alle PV-Kabel und -Leitungen auf der Gleichspannungsseite so ausgewählt und errichtet werden, dass das Risiko eines Erd- oder Kurzschlusses auf ein Minimum reduziert ist. Das kann durch einen verstärkten Schutz der Kabel- oder Leitungsanlagen erfüllt werden, z. B. durch Verwenden von Einleiterkabeln bzw. -leitungen und mechanisch geschützte Verlegung (siehe hierzu auch Abschnitt 521.13 von DIN VDE 0100-520 (VDE 0100-520):2003-06).

Außerdem müssen besondere Einflüsse, wie Wind, Eisbildung, hohe und niedrige Temperaturen sowie Sonneneinstrahlung, berücksichtigt werden.

Abschnitt 712.536.2: Trennen

Um Wartungsarbeiten am PV-Wechselrichter durchführen zu können, müssen Einrichtungen vorhanden sein, die den PV-Wechselrichter von der Gleichspannungs- und der Wechselspannungsseite trennen. Auf der Wechselspannungsseite der PV-Anlage muss in Deutschland eine selbsttätige Schaltstelle (ENS) nach DIN V VDE V 0126-1-1 (VDE V 0126-1-1) vorhanden sein, die als Trenneinrichtung betrachtet werden darf, was aber fragwürdig ist, siehe auch am Ende von Abschnitt 712.41. Außerdem muss bezüglich der Trennung der PV-Anlage vom Netz des Netzbetreibers der Abschnitt 551.7 von DIN VDE 0100-551 (VDE 0100-551):1997-08 berücksichtigt werden. In diesem Abschnitt wird im Wesentlichen auf die selbsttätige Schalteinrichtung verwiesen, die verhindern muss, dass das öffentliche Netz negativ beeinflusst wird. Diese Schalteinrichtung muss jederzeit zugänglich sein. Sofern die normativ geforderte Trenneinrichtung vorgesehen wird, dürfen hierfür alle im Teil 537 von DIN VDE 0100 (VDE 0100) aufgeführten Einrichtungen verwendet werden, d. h., es ist nicht – wie auf der Gleichspannungsseite – ein Lasttrennschalter gefordert.

Auf der *Gleichspannungsseite* der PV-Anlage muss ein **Lasttrennschalter** vorgesehen werden, der für das Schalten von Gleichspannung geeignet ist. Für den Zeitraum der Einführungsfrist, d. h. bis zum 1. März 2008, ist es für in Planung oder Bau befindliche PV-Anlagen ausreichend, wenn diese Einrichtungen auf der Gleichspannungsseite die Anforderungen in DIN VDE 0100-537 erfüllen. Das bedeutet z. B., dass die bisher verwendeten Steckverbinder ausreichen.

Sowohl die gleichstromseitige als auch die wechselstromseitige Trenneinrichtung sind in der Nähe des Wechselrichters – vorzugsweise im selben Gehäuse – zu errichten. Wegen der Forderung nach einem **Lasttrennschalter** lassen sich aber die bisher häufig verwendeten Steckverbinder auf der Gleichspannungsseite nicht mehr verwenden.

Abschnitt 712.536.2.2.5.1

Auf allen Anschlusskästen (PV-Generator-Anschlusskasten und PV-Teilgenerator-Anschlusskasten) müssen gut sichtbare Warnhinweise vorhanden sein, die darauf hinweisen, dass die aktiven Teile in den Anschlusskästen auch nach dem Trennen vom PV-Wechselrichter unter Spannung stehen können. Einen Vorschlag für ein solches Schild gibt es allerdings im Teil 712 nicht. Um diesen Bereich spannungslos zu machen, müsste der PV-Generator so abgedeckt (beschattet) werden, dass keine Spannung durch die PV-Zellen mehr erzeugt werden kann.

Abschnitt 712.54: Erdungsanlagen, Schutzleiter und Schutzpotentialausgleichsleiter

Die Festlegungen in diesem Abschnitt sind unverständlich. Es stellt sich die Frage, welche Schutzpotentialausgleichsleiter – aus welchen Gründen auch immer – vorgesehen werden sollen. Außerdem ist die Forderung der Verlegung im engen Kontakt nur bedingt zu begründen, siehe jedoch „Potentialausgleich für den Schutz bei Überspannung", weiter oben im Text.

Hinweise

1. Der Einsatz einer PV-Anlage auf einem Gebäude ist kein Grund dafür, eine *Blitzschutzanlage* zu errichten. Wenn aber eine Blitzschutzanlage auf einem Gebäude vorhanden ist oder errichtet werden soll, gilt, dass die Konstruktionsteile/Körper der PV-Anlage **nicht** mit der Blitzschutzanlage verbunden werden sollen. „Sollen" wurde gewählt, weil in den meisten Fällen keine Verbindung mit dem Blitzschutzsystem oder geerdeten Teilen und Schutzleitern hergestellt werden darf. Das ist der Fall, wenn die PV-Anlage der Schutzklasse II entspricht oder wenn sie gleichwertig der Schutzklasse II angesehen werden kann oder wenn im Gleichstromkreis SELV zur Anwendung kommt (bei PELV wäre eine Erdung zulässig).

In allen Fällen – ob die Erdung zulässig ist oder nicht – sind, sofern eine Blitzschutzanlage errichtet wird, eine isoliert gegen die Konstruktionsteile des PV-Generators angeordnete Blitzschutz-Fangstange mit ausreichendem Schutzwinkel und die Einhaltung der Trennungsabstände die beste Lösung, um die PV-Anlage in den Blitzschutz einzubeziehen, (**Bild 2**). Unabhängig von einem Blitzschutzsystem kann die Errichtung von Überspannungs-Schutzeinrichtungen – wie in den Bildern 712.1 und 712.2 strichliert dargestellt – sinnvoll, ja notwendig sein. Dass diese Einrichtungen nicht im Text angeführt sind, bedeutet, dass sie nicht zwingend sind. Es soll nur ge-

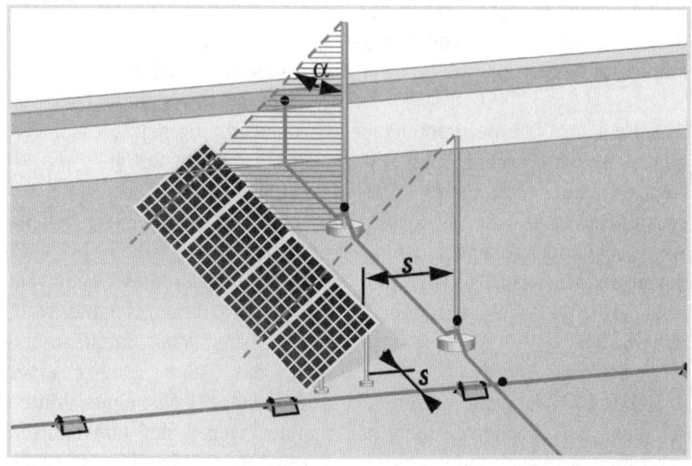

Bild 2
Isoliert angeordnete Blitzfangstangen bei PV-Anlagen unter Beachtung des Schutzwinkels α und des notwendigen Trennungsabstandes S
Quelle: Firma DEHN + SÖHNE, Neumarkt

zeigt werden, wo solche Einrichtungen vorteilhaft errichtet werden können. Entsprechendes gilt auch für die in den Bildern im Teil 712 beispielhaft dargestellten Sperrdioden und Bypassdioden.

Festlegungen zu diesem Thema sind im „Bereich Blitzschutz" noch in der Diskussion, so dass sich geringfügige Änderungen ergeben können, die dann in der Fachpresse, z. B. im „de – Der Elektro- und Gebäudetechniker", veröffentlicht werden.

2. Zum Schutz durch Schutztrennung gibt es im Teil 712 keine Aussagen. Somit wäre der Teil 410 von DIN VDE 0100 (VDE 0100) zutreffend. Weil aber eine automati-sche Abschaltung – die ja auch bei Schutztrennung mit mehreren Betriebsmitteln gefordert ist – nicht erreicht werden kann, der zusätzliche Potentialausgleich nach Abschnitt 413.1.2.2 von DIN VDE 0100-410 (VDE 0100-410) aber wegen der nicht zulässigen Verbindung mit Schutzleitern und geerdeten Teilen nicht durchführbar ist, ist Schutztrennung mit mehreren Betriebsmitteln nicht möglich. Bei nur einem PV-Modul wäre Schutztrennung mit einem Betriebsmittel bedingt anwendbar, wenn sich im Wechselrichter ein Trenntransformator nach DIN EN 61558-2-4 (VDE 0570-2-4) befände und die Erdfreiheit des PV-Moduls gewähr-

leistet wäre. Es sollte daher auf diese Schutzmaßnahme vollständig verzichtet werden.

3. Seitens der VDE-Bestimmungen gibt es keine Einschränkung, PV-Anlagen auf *brennbaren Dächern/Gebäuden* zu errichten, wenn die entsprechenden Anforderungen, z. B. aus DIN VDE 0100-482 (VDE 0100-482), berücksichtigt werden.

4. Der Teil 712 ist nicht nur für PV-Anlagen auf Dächern, sondern auch für PV-Anlagen auf *ebenerdigem Gelände* anzuwenden. Dort dürfte allerdings die Verwendung von PV-Generatoren der Schutzklasse II problematischer sein, und zwar wegen der unzulässigen Schutzleiterverbindungen/Erdverbindungen der leitfähigen Konstruktionsteile; ggf. ist zu solchen Teilen eine Isolierung gleichwertig der Schutzklasse II vorzusehen. Die oben erwähnte Maßnahme Schutz durch automatische Abschaltung der Stromversorgung lässt sich – in Eigenverantwortung – auch bei solchen Anlagen anwenden.

5. Da mit den im Teil 712 behandelten PV-Anlagen in das Netz der *Netzbetreiber* gespeist wird, müssen auch die Anforderungen der Netzbetreiber berücksichtigt werden. Dafür verbindlich ist „Energieerzeugungsanlagen am Niederspannungsnetz“ – Richtlinie für den Anschluss und Parallelbetrieb von Energieerzeugungsanlagen am Niederspannungsnetz“, 4., erweiterte Ausgabe 2004.

6. Die von mir ausgesprochene Empfehlung im Abschnitt 712. 413, ein ungeerdetes System auf der Gleichspannungsseite zu realisieren, hängt auch damit zusammen, dass eine Erdung eines Außenleiters bzw. eines Mittelpunktes wegen der notwendigen Verbindung mit dem Fundamenterder/Anlagenerder notwendig ist. Bei einem möglichen Blitzeinschlag würde – sofern diese Verbindung nicht außerhalb des Gebäudes geführt wird – der Blitzstrom in das Gebäude verschleppt werden. Letztlich ist das ja der Grund, dass man solche Teile nicht direkt mit dem Blitzschutz-Ableitsystem verbindet.

Vorübergehend errichtete elektrische Anlagen für z. B. Vergnügungseinrichtungen, Buden und Zirkusse DIN VDE 0100-740

Gerd Schimmelfennig

Die Norm „Vorübergehend errichtete elektrische Anlagen für Aufbauten, Vergnügungseinrichtungen und Buden auf Kirmesplätzen, Vergnügungsparks und für Zirkusse" wurde mit Beginn der Gültigkeit am 1.10.2007 veröffentlicht.

Die Norm ist Ersatz für DIN VDE 0100-722 „Fliegende Bauten, Wagen und Wohnwagen nach Schaustellerart" und teilweiser Ersatz für VDE 0100g:1976-07 § 57 f.

Sie legt Mindestanforderungen für die Errichtung von vorübergehend errichteten Anlagen für Aufbauten fest, d. h. für den Bereich von der fest errichteten Anlage (Festplatzanschluss, Speisepunkt) bis zum Beginn der fliegenden Bauten. Der Speisepunkt ist der Übergabepunkt zwischen dem öffentlichen Netz und der vorübergehend errichteten elektrischen Anlage (Anhang ZA).

Als Schutzmaßnahme unter Berücksichtigung äußerer Einflüsse und bei indirektem Berühren (Abschnitt 740.481.3.1.3) müssen am Anfang der elektrischen Anlage Fehlerstrom-Schutzeinrichtungen (RCDs) mit einem Bemessungsdifferenzstrom nicht größer als 300 mA vorgesehen werden. Um eine Selektivität zu erreichen, müssen diese RCDs zeitverzögert sein, oder es müssen S-Typen ausgewählt werden. Der Schutz gegen elektrischen Schlag unter normalen Bedingungen erfordert einen zusätzlichen Schutz durch Fehlerstrom-Schutzeinrichtungen (RCDs) (Abschnitt 740.412.5) mit einem Bemessungsdifferenzstrom ≤ 30 mA für

- alle Licht-Endstromkreise,
- Steckdosen bis 32 A Bemessungsstrom und
- ortsveränderliche Betriebsmittel, die über Kabel oder Leitungen mit einer Strombelastbarkeit bis 32 A angeschlossen sind.

Fehlerstrom-Schutzeinrichtungen können, je nach Anlagenart, im Speisepunkt, im Verteiler oder in den Aufbauten selbst eingebaut werden. Betriebsmittel, wie Leuchten und Steckdosen, die zwischen dem Speisepunkt und den Aufbauten errichtet werden, erfordern ebenfalls Schutzmaßnahmen nach Abschnitt 740.412.5. Bei Anwendung des TN-Systems (740.413. 1.3) muss hinter dem Speisepunkt ein TN-S-System errichtet werden. Ein zusätzlicher Schutzpotentialausgleich (740.413.1.6.1) ist in

Bereichen, die für Tiere vorgesehen sind, einzuplanen. Alle Körper und fremde leitfähige Teile, die gleichzeitig berührt werden können, sind miteinander zu verbinden.

Alle Betriebsmittel (740.512.2) müssen mindestens der Schutzart IP 44 entsprechen.

Kabel und Leitungen (740.521.6) müssen ab Speisepunkt – ausgenommen für die Vergnügungseinrichtungen selbst – mindestens eine Berührungsspannung von 450/700 V aufweisen. Leitungen H07RNF erfüllen diese Anforderungen.

Die Anlage zwischen Speisepunkt und Aufbauten muss vor Ort nach DIN VDE 0100-600:2008-06 besichtigt und geprüft werden. Die interne elektrische Verdrahtung von Aufbauten, z. B. Autoskootern, muss nicht geprüft werden, da diese Aufbauten nach DIN EN 13814:2005-06 zu errichten und zu prüfen sind.

7 Leitungen und Kabel, Verlegesysteme

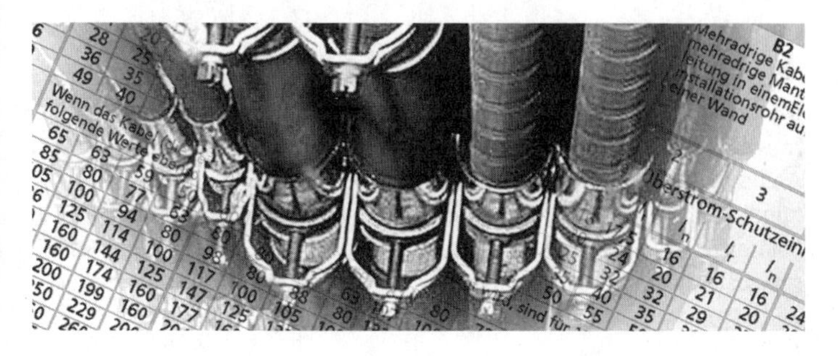

Mustererlass für Brandschutz MLAR 2005

Heinz-Dieter Fröse

Nachdem die letzte Änderung der Muster-Leitungsanlagen Richtlinie im März 2000 erfolgte, war eine Änderung seit einiger Zeit angekündigt. Die Konferenz der für Städtebau, Bau- und Wohnungswesen zuständigen Minister und Senatoren der Länder (Argebau) hat die MLAR 2000 überarbeitet und im Internet zur Verfügung gestellt (siehe **Kasten**).

Was ändert sich durch die neue MLAR für den Installateur? Der folgende Beitrag erörtert diese Frage.

Wie die MLAR entsteht

Zuständig für Erarbeitung und Veröffentlichung von Musterordnungen für den Bausektor ist die Bauministerkonferenz. Sie nennt sich Konferenz der für Städtebau, Bau- und Wohnungswesen zuständigen Minister und Senatoren der Länder (Argebau).

Das Informationssystem der Argebau ist im Internet unter folgender Adresse zu finden: www.is-argebau.de

Hier stehen unter der Rubrik Mustervorschriften/Mustererlasse die von der Bauministerkonferenz veröffentlichten Vorschriften und Erlasse.

Mustererlasse der Bauministerkonferenz

Von der Bauministerkonferenz verabschiedete Mustervorschriften und Mustererlasse dienen als Grundlage für die Umsetzung in spezifisches Landesrecht. Sie entfalten somit keine unmittelbare Rechtswirkung.

Die Mustererlasse stellen aber quasi einen Standard dar, der in Recht umgesetzt werden sollte und nach dem sich einige Bundesländer richten. Jedes Bundesland entscheidet, in welchem Umfang die Landesregelung dem Muster folgt.

Daher kann in jedem Bundesland eine abweichende Regel für die Brandschutzmaßnahmen im Hochbau bestehen. Sinn der Musterrichtlinien ist es, hier zu einer Vereinfachung in der Anwendung technischer Maßnahmen zu kommen.

Aktuelle MLAR

Die aktuell veröffentlichte Musterrichtlinie über brandschutztechnische Anforderungen an Leitungsanlagen (Muster-Leitungsanlagen-Richtlinie MLAR) hat den Stand vom 17.11.2005.

Das Dokument dieser MLAR lässt sich als PDF-Datei herunterladen unter: www.is-argebau.de/Dokumente/4236865.pdf

Geltungsbereich

Der Geltungsbereich wurde eingeschränkt. Die Richtlinie gilt nicht mehr für notwendige Flure in offenen Gängen vor Außenwänden.

Eine weitere Änderung stellt die Beschreibung des Geltungsbereichs für das Führen von elektrischen Leitungsanlagen dar. Hier gibt es den neuen Begriff *raumumschließende Bauteile* für Wände und Decken. Die Bestimmungen für den Funktionserhalt von elektrischen Leitungsanlagen im Brandfall sind unverändert, sie werden aber durch erweiterte Forderungen im Hinblick auf die Verteilung ergänzt.

Im Bereich Begriffe entfielen die Begriffserklärungen der bautechnischen Einrichtungen. Es werden ausschließlich Leitungsanlagen definiert.

Darüber hinaus ist der Begriff *elektrische Leitung mit verbessertem Brandverhalten* präzisiert worden. Mit dem Begriff sind Leitungen gemeint, welche die Prüfanforderungen nach DIN 4102-1:1998-05 in Verbindung mit DIN 4102-16:1998-05 Baustoffklasse B 1 (schwer entflammbar) auch mit einer Beschichtung erfüllen und nur eine geringe Rauchentwicklung aufweisen.

Leitungen die nach DIN VDE 0472-804 Prüfart C geprüft sind, führt die MLAR nicht mehr auf, sie erfüllen so die Anforderungen nicht.

Die Nachfrage nach Bereitstellung entsprechender Beschichtungen richtet sich an Hersteller, die Produkte liefern können, welche diese Anforderung erfüllen. Für die verwendeten Leitungen und deren Beschichtungsprodukte ist natürlich auch – wie für alle anderen Bauprodukte – ein entsprechendes Prüfzeugnis erforderlich.

Leitungsanlagen in Rettungswegen

Die bautechnischen Begriffe „notwendige Treppenräume" und „notwendige Flure" lassen sich mit den Begriffen der MBO erklären. Aus der MBO, Fünfter Abschnitt; Rettungswege, Öffnungen, Umwehrungen; § 33, erster und zweiter Rettungsweg, können diese abgeleitet werden.

Ein notwendiger Flur führt zu einem ins Freie führenden Rettungsweg. Der Weg ins Freie führt über eine notwendige Treppe. Hiervon können zwei Stück je Etage vorhanden sein. Alternativ gibt es die Möglichkeit, dass eine mit Rettungsgerät der Feuerwehr erreichbare Stelle in der Nutzungsebene zur Verfügung steht.

Die Beschreibung von Fluren und Treppen geringer Nutzung ist entfallen. Bei der Installation von Leitungsanlagen ist die Feuerwiderstandsfähigkeit der Bauteile zu berücksichtigen. Wandschlitze und Einbauten dürfen diese nicht beeinträchtigen.

Die Anforderungen an elektrische Leitungsanlagen in Rettungswegen sind erweitert worden (**Bild 1**). Sie müssen

- einzeln oder nebeneinander angeordnet voll eingeputzt,
- in Schlitzen von massiven Bauteilen, die mit mindestens 15 mm dickem mineralischem Putz auf nichtbrennbarem Putzträger oder mit mindestens 15 mm dicken Platten aus mineralischen Baustoffen verschlossen werden,
- innerhalb von mindestens feuerhemmenden Wänden in Leichtbauweise, jedoch nur Leitungen, die ausschließlich der Versorgung der in und an der Wand befindlichen elektrischen Betriebsmittel dienen,
- in Installationsschächten und -kanälen nach Abschnitt 3.5,
- über Unterdecken nach Abschnitt 3.5,
- in Unterflurkanälen nach Abschnitt 3.5 oder
- in Systemböden (siehe hierzu die Richtlinie über brandschutztechnische Anforderungen an Systemböden)

verlegt werden.

Das Neue besteht in der Anforderung, dass innerhalb von feuerhemmenden Wänden in Leichtbauweise nur Leitungen für diejenigen elektrischen Betriebsmittel verlegt werden dürfen, die in der Wand installiert sind. Damit

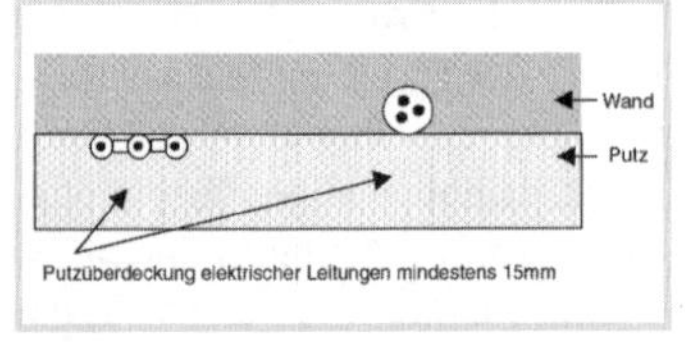

Bild 1
Verlegung von Leitungen unter Putz

soll die Führung von Leitungsbündeln verhindert werden. Dies erschwert eine Installation in Gebäuden ohne abgehängter Decke oder ohne Doppelboden erheblich.

Feuerwiderstandsfähigkeit

Die Bauordnung unterscheidet hinsichtlich der Feuerwiderstandsfähigkeit in

- feuerbeständige,
- hoch feuerhemmende und
- feuerhemmende Bauteile.

Dabei kann man die Definition der Feuerwiderstandsklasse nach DIN 4102 vergleichend heranziehen. Die MLAR verwendet nur die beiden Anforderungen *feuerhemmend* und *feuerbeständig:*

- F30B = feuerhemmend
- F30AB = feuerhemmend sowie in wesentlichen Teilen aus nichtbrennbaren Baustoffen
- F90B = feuerbeständig aus brennbaren Baustoffen
- F90AB = feuerbeständig und in den wesentlichen Teilen aus nichtbrennbaren Baustoffen
- F90A = feuerbeständig aus nichtbrennbaren Baustoffen.

Hinsichtlich der Baustoffe trifft die

Bauordnung folgende Unterscheidung:
- A = nichtbrennbar
- B = brennbar
- B2 = normalentflammbar
- B1 = schwerentflammbar.

Offen verlegte Leitungen in Rettungswegen

Leitungen dürfen in Rettungswegen auch offen verlegt werden, wenn sie
- nicht brennbar sind (mineralisolierte Leitungen),
- ausschließlich der Versorgung der jeweiligen Räume und Flure dienen oder
- mit verbessertem Brandverhalten in notwendigen Fluren von Gebäuden der Gebäudeklassen 1 bis 3, deren Nutzungseinheiten eine Fläche von jeweils 200 m² nicht überschreiten und die keine Sonderbauten sind.

Außerdem darf man in notwendigen Fluren einzelne kurze Stichleitungen offen verlegen.

Unter Leitungen mit verbessertem Brandverhalten versteht man Leitungen, die die Prüfanforderungen nach DIN 4102-1:1998-05 in Verbindung mit DIN 4102-16: 1998-05 Baustoffklasse B 1 (schwerentflammbare Baustoffe), auch in Verbindung mit einer Beschichtung, erfüllen und ein nur geringes Maß an Rauchentwicklung aufweisen.

Gebäudeklassen

Die Musterbauordnung MBO 2000 teilt Gebäude in Gebäudeklassen ein. Dies erfolgt nach Höhe, Lage und Nutzung der Gebäude:
- Gebäudeklasse 1:
  – freistehende Gebäude mit einer Höhe bis zu 7 m und nicht mehr als zwei Nutzungseinheiten von insgesamt nicht mehr als 400 m²
  und
  – freistehende land- oder forstwirtschaftlich genutzte Gebäude.
- Gebäudeklasse 2:
  Gebäude mit einer Höhe bis zu 7 m und nicht mehr als zwei Nutzungseinheiten von insgesamt nicht mehr als 400 m².
- Gebäudeklasse 3:
  Sonstige Gebäude mit einer Höhe bis zu 7 m.
- Gebäudeklasse 4:
  Gebäude mit einer Höhe bis zu 13 m und Nutzungseinheiten mit jeweils nicht mehr als 400 m².
- Gebäudeklasse 5:
  Sonstige Gebäude einschließlich unterirdischer Gebäude.

Messeinrichtungen und Verteiler

Messeinrichtungen und Verteiler müssen durch mindestens feuerhemmende Bauteile aus nichtbrennbaren Baustoffen von Rettungswegen abgetrennt werden. In notwendigen Fluren sind die Verteiler aus nichtbrennbaren Baustoffen mit geschlossener Oberfläche zu verschließen.

Installationsschächte

Öffnungen für Leitungen in Installationsschächten und Kanälen müssen entsprechend der Feuerwiderstandsfähigkeit verschlossen werden. Bei geschossübergreifenden Schächten ist dies in der Regel die Feuerwiderstandsfähigkeit der Decke mit F90. Sind die Schächte und Kanäle nur in dem jeweiligen Geschoss angeordnet, so genügt eine feuerhemmende Ausführung (F30) aus nichtbrennbaren Baustoffen. Der Installateur sollte jedoch bei der Wahl der Kanäle auf eine entsprechende Zulassung nach DIN 4102 achten.

Installationsschächte und Kanäle in notwendigen Fluren der Gebäudeklassen 1 bis 3, deren Nutzungseinheiten 200 m^2 nicht überschreiten, brauchen nur aus nichtbrennbaren Baustoffen zu bestehen.

Die Oberflächen müssen jedoch geschlossen sein. Einbauten wie Lautsprecher und Leuchten bleiben dabei unberücksichtigt (**Bilder 2 und 3**). Werden unter einem Rettungsweg estrichbündige oder überdeckte Unterflurkanäle verlegt, so sind diese mit einer Abdeckung aus nichtbrennbarem Material zu versehen. Sie dürfen außer Revisionsöffnungen über keine Öffnungen verfügen. Die Revisionsöffnungen sind mit dichtschließenden Verschlüssen aus nichtbrennbaren Baustoffen zu versehen.

Leitungsführung durch Wände

Während bei der Vorgängerrichtlinie besondere Maßnahmen nur für Bauteile vorgeschrieben waren, die feuerbeständig sind, gelten heute besondere Maßnahmen immer dann, wenn für das zu durchdringende Bauteil eine Feuerwiderstandsfähigkeit vorgeschrieben ist. Das bedeutet also, dass für alle Wände und Decken sowie Installationsschächte, deren Feuerwiderstandsfähigkeit F30 und höher beträgt, eine Durchführung von Leitungen nur mit zugelassenen Schottungen erfolgen darf. Die Funktionsdauer der Schottung entspricht dabei der Feuerwiderstandsdauer.

Abstände zu anderen Öffnungen sind, wenn die Zulassungen der Schottung nichts anderes aussagt, mit mindestens 50 mm einzuhalten.

Einzeln geführte Leitungen

Für einzeln geführte Leitungen gelten dabei Erleichterungen. Diese einzeln geführten Leitungen müssen durch jeweils separate Durchbrüche geführt werden. Der verbleibende Freiraum muss mit einer Mineralfaser mit einem Schmelzpunkt über 1000 °C oder mit einem aufschäumenden Brandschutzmaterial verschlossen werden. Dabei darf der Freiraum um die Leitungen bei der Verwendung von Mineralfasern nicht größer als 50 mm und bei der Verwendung von aufschäumenden Baustoffen nicht größer als 15 mm sein. Diese Verringerung des Freiraums liegt in der späten Reaktion der aufschäumenden Baustoffe, die bei kaltem Rauch nicht reagieren.

Elektrische Leitungen über gemeinsame Durchbrüche

Hier sind die Mindestdicken der Wände und Decken ergänzt worden. Danach muss die Wand oder Deckendicke für einen Durchbruch mindestens

- 80 mm bei feuerbeständigen,
- 70 mm bei hochfeuerhemmenden und
- 60 mm bei feuerhemmenden

Bauteilen sein. Der Raum zwischen den Leitungen und dem Bau-

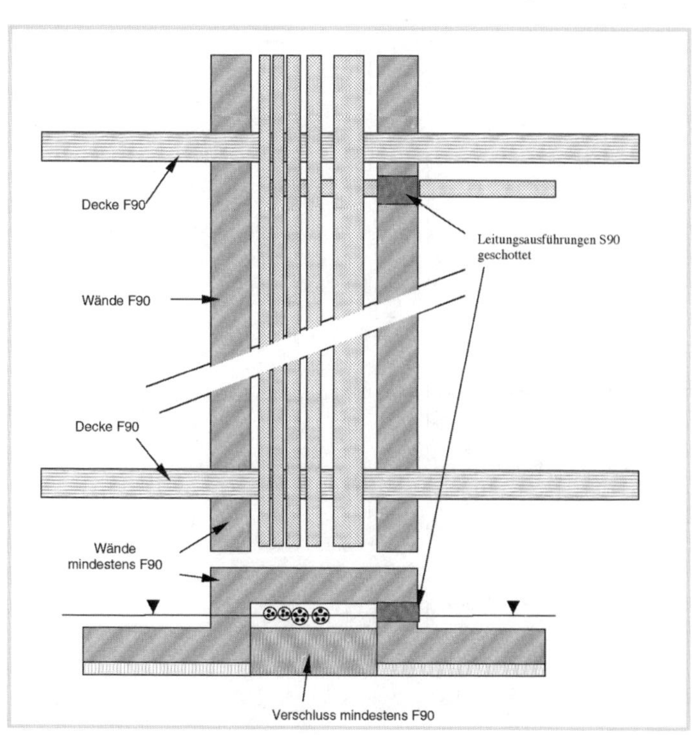

Bild 2
Installationsschacht etagenverbindend

teil muss vollständig mit Zementmörtel oder Beton ausgefüllt sein. Das **Bild 4** veranschaulicht die Situation.

Funktionserhalt

Der Funktionserhalt erstreckt sich, wie bereits bei der Vorgängerrichtlinie, auf die Leitungen und die Verteiler. Beide müssen im Brandfall eine entsprechende Zeit funktionsfähig bleiben. Der Funktionserhalt muss auch gewährleistet bleiben, wenn andere Systeme oder Anlagen auf die Leitungsanlage mit Funktionserhalt einwirken können.

Als einfachstes Beispiel hierzu lässt sich natürlich die Verlegung der Funktionserhaltstrasse heranziehen. Diese darf niemals so verlegt werden, dass andere Anlagenteile im Brandfall auf die Leitungen fallen können und diese vor Ablauf der Funktionsdauer zerstören. Ähnliches gilt auch für Leitungen

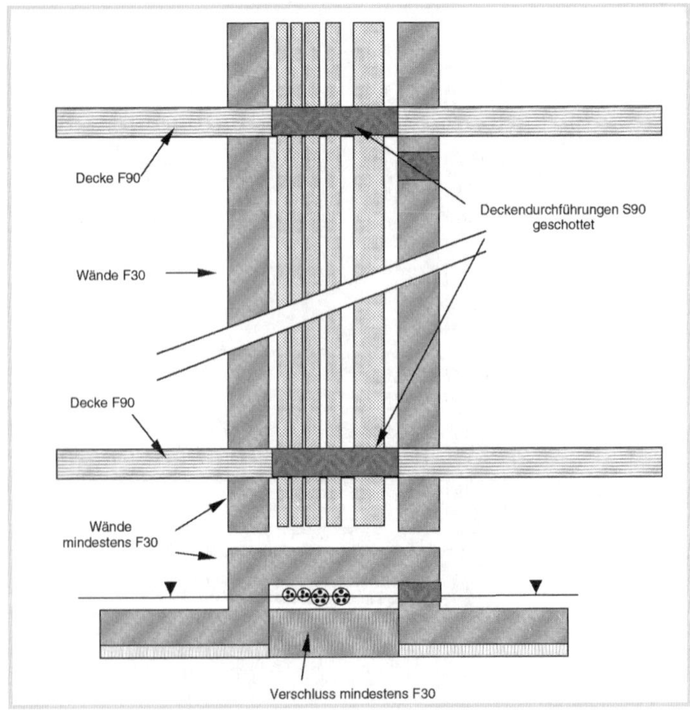

Bild 3
Installationsschacht in der Etage

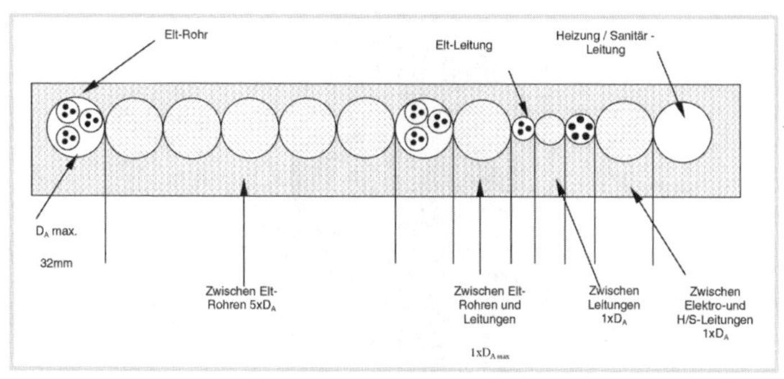

Bild 4
Abstände einzeln verlegter Leitungen im gemeinsamen Durchbruch

in Steigschächten. Darüber hinaus ist die Erlaubnis, an Verteiler mit Funktionserhalt auch andere Systeme anzuschließen, ähnlich kritisch zu betrachten.

Der Funktionserhalt von Leitungen im Brandfall ist gewährleistet, wenn die Leitungen nach DIN 4102-12:1998-11 geprüft sind und entsprechend den Prüfvorschriften verlegt werden. Darüber hinaus gelten Leitungen auf dem Fußboden unter einer mindestens 30 mm dicken Estrichschicht und im Erdreich als mit Funktionserhalt verlegt.

Die elektrischen Leitungsanlagen für bauordnungsrechtlich vorgeschriebene sicherheitstechnische Anlagen und Einrichtungen müssen so beschaffen oder durch Bauteile abgetrennt sein, dass die sicherheitstechnischen Anlagen und Einrichtungen im Brandfall ausreichend lang funktionsfähig bleiben (Funktionserhalt). Dieser Funktionserhalt muss bei möglicher Wechselwirkung mit anderen Anlagen, Einrichtungen oder deren Teilen gewährleistet bleiben. Das **Bild 5** stellt eine mögliche Anordnung dar. Zu beachten ist hier jedoch, dass die notwendigen Entlastungsbögen oder -elemente nicht eingezeichnet sind, da sie entsprechend den Prüfanforderungen der Leitungsanlagen nach DIN 4102 dazugehören.

Funktionserhalt von Verteilern

Verteiler elektrischer Anlagen, die einen Funktionserhalt erfüllen, müssen ebenfalls während der Funktionserhaltzeit der Anlage funktionsfähig bleiben.

An die Verteiler der elektrischen Leitungsanlagen für bauordnungsrechtlich vorgeschriebene sicherheitstechnische Anlagen und Einrichtungen dürfen auch andere betriebsnotwendige sicherheitstechnische Anlagen und Einrich-

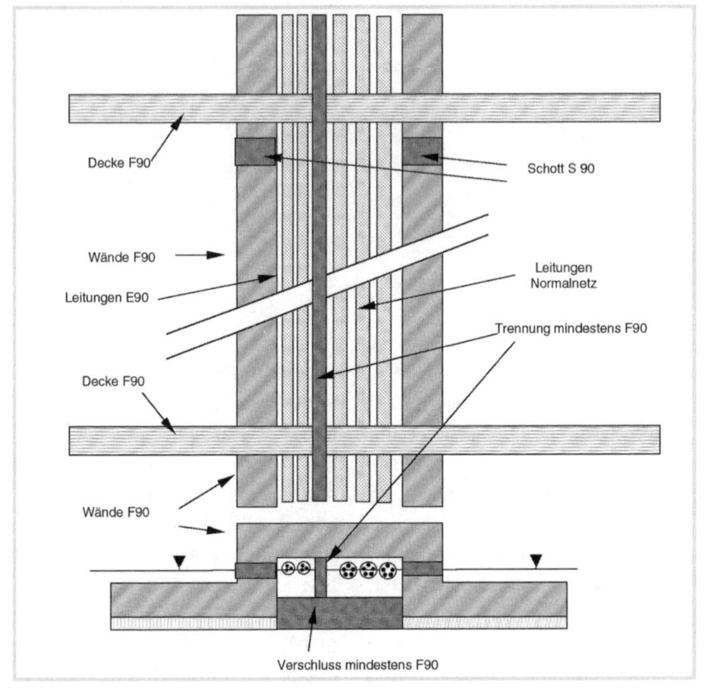

Bild 5
Installationsschacht mit Sicherheitsleitungen E90 über mehrere Etagen

tungen angeschlossen werden. Dabei ist sicherzustellen, dass die bauaufsichtlich vorgeschriebenen sicherheitstechnischen Anlagen und Einrichtungen nicht beeinträchtigt werden – was in letzter Konsequenz Probleme aufwirft.

Die Verteiler müssen dazu in eigenen, für andere Zwecke nicht genutzten Räumen untergebracht werden, die gegenüber anderen Räumen durch Wände, Decken und Türen mit einer Feuerwiderstandsfähigkeit entsprechend des notwendigen Funktionserhalts und – mit Ausnahme der Türen – aus nichtbrennbaren Baustoffen abgetrennt sind. Sie können auch durch Gehäuse abgetrennt werden, für die durch einen bauaufsichtlichen Verwendbarkeitsnachweis die Funktion der elektrotechnischen Einbauten des Verteilers im Brandfall für die notwendige Dauer des Funktionserhalts nachgewiesen ist. Eine weitere Möglichkeit besteht darin, den Verteiler mit Bauteilen (einschließlich ihrer Abschlüsse) einzuhausen. Dabei ist sicherzustellen, dass die Funktion der elektrotechnischen Einbauten des Verteilers im Brandfall für die Dauer des Funktionserhalts gewährleistet ist (**Bild 6**). Ein besonderes Augenmerk ist den Schutzeinrichtungen im Brandfall zu widmen. Steigt z. B. die Umgebungstemperatur eines Leitungsschutzschalters auf 60 °C, sinkt der Bemessungsstrom auf 10 A (**Tabelle**).

Werden sicherheitsrelevante Systeme mit Überstromschutzeinrichtungen geschützt, so sind die reduzierten Auslöseströme zu berücksichtigen. Das führt im Endeffekt auch zu einer größeren Dimensionierung der Leitungsanlage. Im Brandfall treten in eingehausten Verteilern Temperaturen von mehr als 100 °C auf, abhängig von der Bauart und der Funktionserhaltdauer.

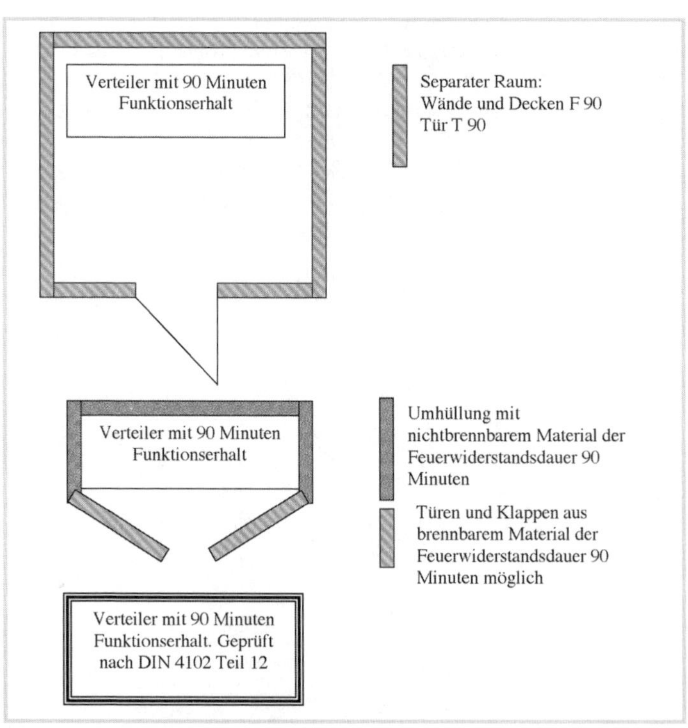

Bild 6
Varianten für Verteiler und Funktionserhalt

Hinsichtlich der Dauer des Funktionserhalts haben sich keine Änderungen ergeben.

Fazit

Grundsätzlich findet man bereits in einigen landesspezifischen Leitungsanlagenrichtlinien gleich lautende Anforderungen. Dies gilt insbesondere für die Anforderung an Schottungen in F30-Wänden. In anderen Ländern gibt es hier noch Abweichungen.

Wann die einzelnen Bundesländer die Regeln der MLAR 2005 verbindlich übernehmen, bleibt abzuwarten. Wichtig ist, vor jedem Projekt in einem anderen Bundesland Informationen über den Geltungsstand der baurechtlichen Regeln einzuholen.

Tabelle

Auslöseströme von Leitungsschutzschaltern bei höheren Temperaturen als 30 °C (Die Zeile 10 A bezieht sich auf das Beispiel im Text.)

I_n (A)	30 °C	35 °C	40 °C	45 °C	50 °C	55 °C	60 °C
0,5	0,5	0,47	0,45	0,4	0,38	–	–
1	1	0,95	0,9	0,8	0,7	0,6	0,5
2	2	1,9	1,7	1,6	1,5	1,4	1,3
3	3	2,8	2,5	2,4	2,3	2,1	1,9
4	4	3,7	3,5	3,3	3	2,8	2,5
6	6	5,6	5,3	5	4,6	4,2	3,8
10	10	9,4	8,8	8	7,5	7	6,4
16	16	15	14	13	12	11	10
20	20	18,5	17,5	16,5	15	14	13
25	25	23,5	22	20,5	19	17,5	16
32	32	30	28	26	24	22	20
40	40	37,5	35	33	30	28	25
50	50	47	44	41	38	35	320
63	63	59	55	51	48	44	40

8 Schaltanlagen und Verteiler

Kein Problem: RCD vor Frequenzumrichter

Günter Grünebast

Dieser Beitrag befasst sich mit der komplexen Thematik, die sich rund um den Einsatz von Fehlerstrom-Schutzeinrichtungen (RCD), angeordnet vor Frequenzumrichtern, ergeben. Es gilt bei Planung, Errichtung und Betrieb solcher Anlagen eine Reihe von Dingen zu beachten.

Mehrphasig betriebene elektronische Betriebsmittel wie Frequenzumrichter (FU) oder Wechselrichter können im Fehlerfall einen glatten Gleichfehlerstrom erzeugen (**Bild 1**).

Dieser durch die B6-Schaltung im Eingang des FU hervorgerufene glatte Gleichfehlerstrom würde eine herkömmliche RCD vom Typ A oder AC nicht auslösen, da im Summenstromwandler der RCD keine zeitlich veränderliche Magnetisierung erfolgt. Diese wäre jedoch für eine induktive Energieübertragung auf das Auslöserelais der RCD notwendig.

Je nach Höhe bewirkt der Gleichfehlerstrom stattdessen eine Vormagnetisierung des Wandlerkerns und erhöht so noch die Auslöseschwelle der RCD für bezüglich möglicherweise noch vorhandener Wechselfehlerströme. Im ungünstigsten Fall löst eine RCD unter diesen Bedingungen überhaupt nicht aus.

Man unterscheide zwischen Fehler- und Ableitstrom

Fehlerströme weisen überwiegend ohmschen Charakter auf und entstehen durch Isolationsfehler zwischen spannungsführenden Teilen und Erde – beispielsweise aufgrund von Schmutz und Feuchtigkeit in einem Gerät (**Bild 2**). Ein anderes

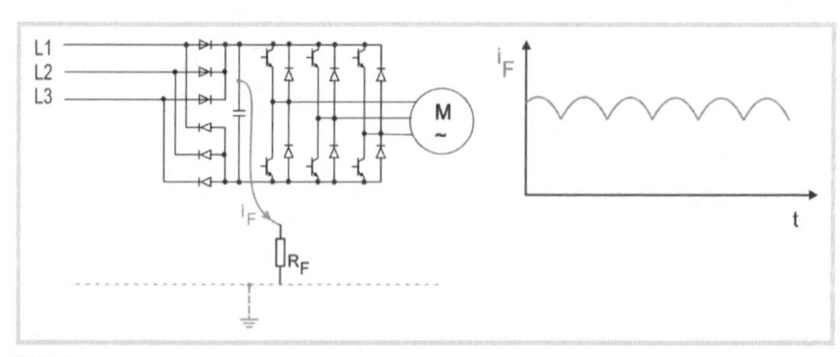

Bild 1
Erzeugung eines nahezu glatten Gleichfehlerstroms (vereinfachte Darstellung eines FU mit B6-Brückengleichrichter, Zwischenkreiskondensator, Ausgangsstufe und Motor)
Quelle: Doepke

Beispiel wäre ein Stromfluss zur Erde, wenn eine Person direkt einen aktiven Leiter des Netzes berührt.

Ableitströme sind betriebsbedingte Ströme überwiegend kapazitiver Art und fließen z. B. aufgrund von Entstörmaßnahmen durch Kondensatoren in EMV-Filtern oder über die Kapazität langer abgeschirmter Leitungen zur Erde (**Bild 3**).

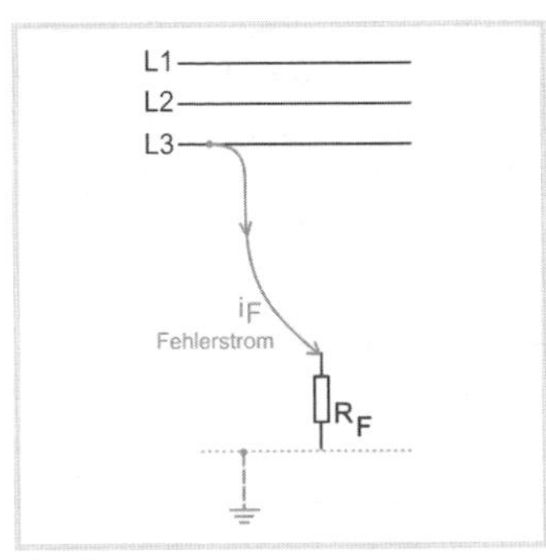

Bild 2
Wechselfehlerstrom
Quelle: Doepke

Sowohl Fehlerströme als auch Ableitströme können – je nach Anwendung und elektrischer Anlage – mehrere, von der Netzfrequenz 50Hz deutlich verschiedene Frequenzanteile gleichzeitig aufweisen. Die RCD kann Fehler- und Ableitströme nicht voneinander unterscheiden und bewertet sie deshalb gleichermaßen. So kann eine Auslösung bereits erfolgen, wenn die Summe aller fließenden Ableitströme die Auslöseschwelle der RCD überschreitet. Und dies, obwohl kein Fehler (Fehlerstrom) in der elektrischen Anlage vorliegt.

Fehlerströme in elektrischen Anlagen mit Frequenzumrichtern

Beim Betrieb einer Asynchronmaschine mit einem Frequenzumrichter hängt die Kurvenform des Fehlerstroms von der Fehlerstelle ab (**Bild 4**).

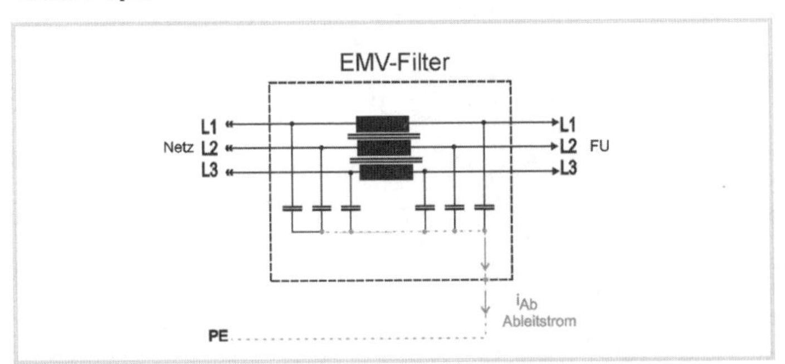

Bild 3
Kapazitiver Ableitstrom (vereinfachte Darstellung eines EMV-Filters)
Quelle: Doepke

Isolationsfehler am Eingang des Frequenzumrichters

Kommt es zu einem Erdschlussfehler am Eingang des Frequenzumrichters, so fließt ein rein sinusförmiger 50-Hz-Fehlerstrom. Bei entsprechender Höhe des Fehlerstroms erfolgt eine Auslösung der RCD (**Bild 5**).

Isolationsfehler am Zwischenkreiskondensator

Tritt z. B. ein Isolationsfehler vom Pluspol des Zwischenkreiskondensators zum Gehäuse des Frequenzumrichters auf. Dieser Fehler könnte z. B. durch Schmutz und Feuchteeinwirkung verursacht sein. Hier fließt ein nahezu glatter Gleichfehlerstrom. Eine Auslösung bei Verwendung einer RCD vom Typ B ist bei entsprechender Höhe des Gleichfehlerstroms gewährleistet (**Bild 6**).

Isolationsfehler am Motoranschlusskabel

Beispiel: Der Motor wird mit einer Ausgangsfrequenz (auch als Maschinen- oder Motorfrequenz bezeichnet) von 30 Hz betrieben. Die Schaltfrequenz (auch als Chopper- oder Taktfrequenz bezeichnet) des FU beträgt 8 kHz. Aufgrund einer

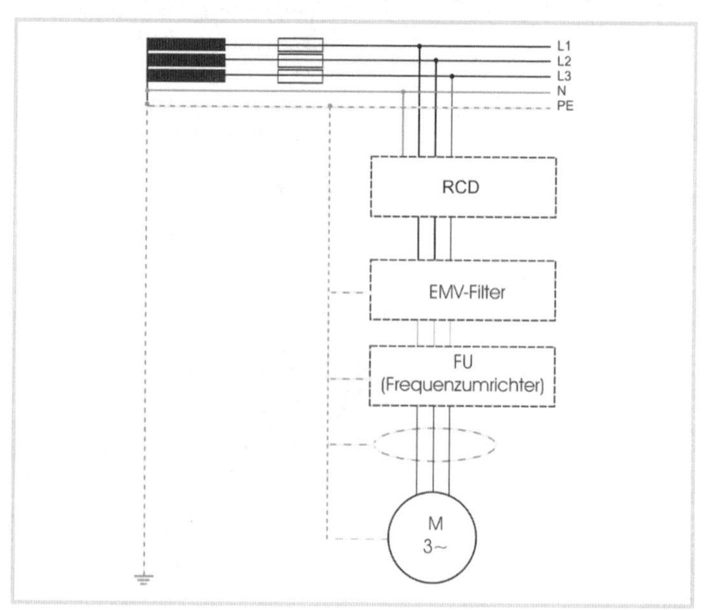

Bild 4
Anschlussbeispiel mit einem Asynchronmotor Quelle: Doepke

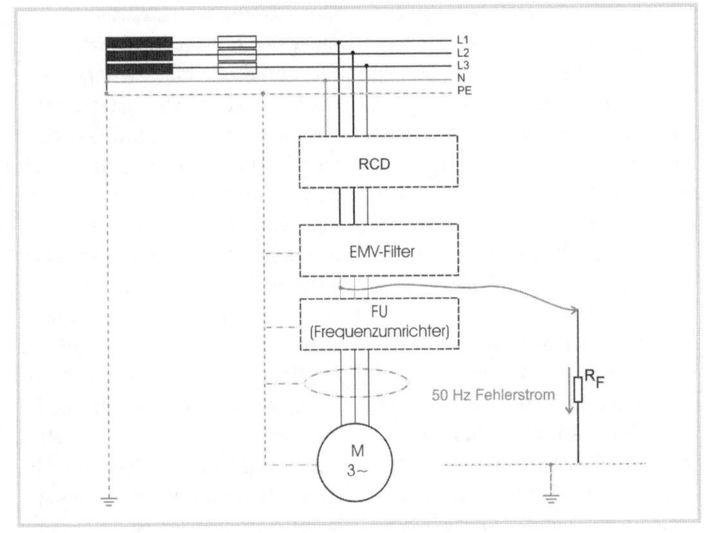

Bild 5
Fehlerstrom 50 Hz

Quelle: Doepke

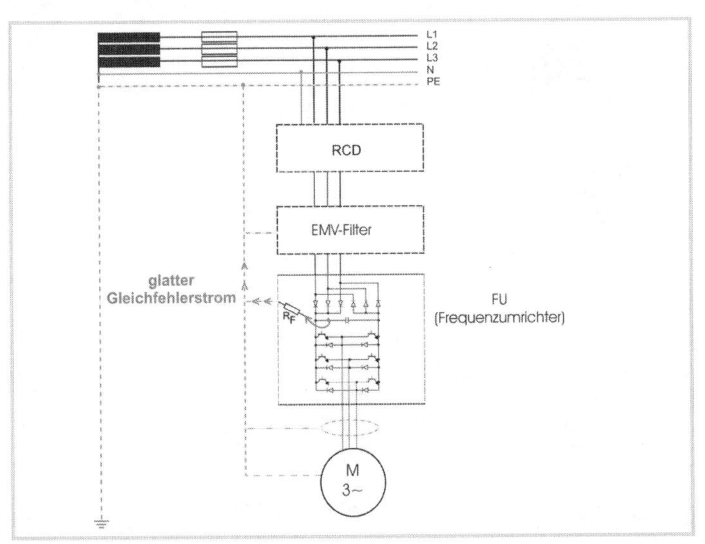

Bild 6
Gleichfehlerstrom

Quelle: Doepke

schadhaften Motorzuleitung entsteht ein Isolationsfehler. Es fließt jetzt ein Fehlerstrom, der aus sehr vielen Frequenzanteilen besteht. Dieser enthält neben der Ausgangsfrequenz 30 Hz mit geringerer Amplitude auch die Schaltfrequenz des FU mit 8 kHz und deren Oberschwingungen 16 kHz, 24 kHz, 32 kHz usw. mit erheblichem Anteil sowie einem geringen 150-Hz-Anteil, welcher durch die eingangsseitige Sechspuls-Brückengleichrichtung des FU generiert wird. Eine Auslösung durch eine RCD Typ B ist gewährleistet, wenn diese den Fehlerstrom bei hohen Frequenzen und ausreichender Empfindlichkeit erfasst (**Bild 7**).

Ableitströme in elektrischen Anlagen mit Frequenzumrichtern

Man unterscheidet zwischen stationären, variablen und transienten Ableitströmen. Zur Erläuterung hierzu dient noch einmal das Beispiel einer Anlage mit einem Asynchronmotor, der mit einem Frequenzumrichter (FU) betrieben wird (Bild 4).

Zur Einhaltung der einschlägigen EMV-Vorschriften darf der FU nur über ein vorgeschaltetes EMV-Filter, welches auch schon im FU integriert sein kann, betrieben werden. Da die pulsweitenmodulierte Ausgangsspannung des FU äußerst steilflankig ist und somit Oberschwingungen hoher Ampli-

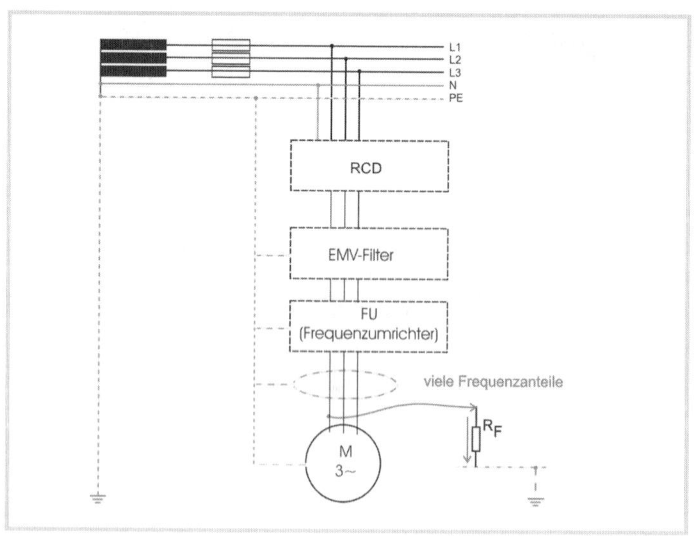

Bild 7
Fehlerstrom mit Frequenzgemisch Quelle: Doepke

tuden und Frequenzen enthält, darf man den Motor, ebenfalls zur Einhaltung der EMV-Vorschriften, nur über eine abgeschirmte Leitung mit dem FU verbinden.

Stationäre Ableitströme

Das EMV-Filter besteht in der einfachsten Ausführung aus LC-Tiefpässen, deren Kondensatoren im Stern zum Schutzleiter geschaltet sind. In einem idealen Netz mit einer streng sinusförmigen Spannung ergibt die Summe aller kapazitiven Ströme durch diese Kondensatoren null. Durch die mittlerweile starken Verzerrungen der Netzspannung ergibt sich jedoch in der Praxis ein kapazitiver Gesamtstrom ungleich null. Dieser fließt fortwährend über den Schutzleiter ab und wird daher als stationärer Ableitstrom bezeichnet.

Auch die Kommutierung der B6-Brückenschaltung im Eingang des FU führt zu Ableitströmen durch die internen Kondensatoren des EMV-Filters. Der stationäre Ableitstrom ist auch bei nichtlaufendem Motor vorhanden (Reglersperre des FU) und weist dann typischerweise Frequenzanteile von 100 Hz bis 1 kHz sowie Frequenzanteile im Bereich der Eigenresonanzfrequenz des EMV-Filters (typisch im Bereich von 2 bis 4 kHz) auf. Besonders einfache und preiswerte EMV-Filter mit kleinen Induktivitäten und großen Kondensatoren bewirken hohe Ableitströme und können zur ungewollten Auslösung einer RCD führen.

Einsatz einphasig betriebener Frequenzumrichter

Einphasig betriebene FU statten die Hersteller oft mit einem integrierten EMV-Filter aus. Bei diesem Filter sind die Filterkondensatoren von L nach PE und N nach PE geschaltet. Dadurch entstehen hier nicht unerhebliche 50-Hz-Ableitströme. Bei Verwendung mehrerer FU muss der Planer bzw. Anlagenerrichter deshalb darauf achten, diese zur Kompensation der Ableitströme möglichst gleichmäßig auf die drei Außenleiter L1, L2 und L3 zu verteilen. So lässt sich i. d. R. eine Auslösung der RCD vermeiden.

Variable Ableitströme

Wird der Motor durch den FU in seiner Drehzahl geregelt, so treten noch weitere Frequenzanteile oberhalb von 1 kHz im Gesamtableitstrom auf. Besonders die Schaltfrequenz des FU (typische Werte: 2 kHz, 4 kHz, 8 kHz und 16 kHz) und auch die dazugehörigen Oberschwingungen sind mit sehr hoher Amplitude vorhanden. Eine lange Motorleitung mit einer geerdeten Abschirmung wirkt wie ein gegen Erde geschalteter Kondensator. Er leitet Ströme mit entsprechender

Frequenz und deren harmonische Oberschwingungen dorthin ab.

Zudem können die Frequenzanteile im Bereich der Eigenresonanzfrequenz des EMV-Filters stark ansteigen, wenn die Schaltfrequenz des FU etwa gleich ist oder einem Vielfachen der Eigenresonanzfrequenz des EMV-Filters entspricht. Das EMV-Filter wird durch die Schaltfrequenz des FU zum Schwingen angeregt und kann sehr hohe Ableitströme im Bereich der Eigenresonanzfrequenz generieren.

Der FU kann bei niedrigen Ausgangsfrequenzen die Schaltfrequenz deutlich verringern. Das geschieht aufgrund seines geänderten Modulationsverfahrens und tritt etwa im Bereich unterhalb von 20 ... 30 Hz auf (auch beim Hoch- und Herunterfahren des Motors). Dies gilt auch dann, wenn am FU eine sehr hohe Schaltfrequenz eingestellt ist (z. B. 16 kHz). Im ungünstigsten Fall ist die dann verringerte Schaltfrequenz etwa gleich oder ein Vielfaches der Eigenresonanzfrequenz des EMV-Filters, so dass sich der Ableitstrom stark erhöht und somit die Gefahr einer unerwünschten Auslösung einer RCD erheblich steigt.

Stationäre und variable Ableitströme verlaufen bei konstanter Drehzahl des Motors nahezu periodisch. Eine RCD reagiert auf diese Ableitströme mit einer Abschaltung, wenn sie in ihrer Höhe die Ansprechschwelle der RCD bei der jeweiligen Frequenz überschreiten. Veränderungen der Drehzahl bewirken auch eine Veränderung der variablen Ableitströme sowohl im Frequenzspektrum als auch in der Amplitude und können möglicherweise dann eine Auslösung der RCD bewirken.

Transiente Ableitströme

Bei Ausschaltvorgängen treten im Netz infolge der Induktivitäten in den Strompfaden Spannungsspitzen auf, die aufgrund der steilen Anstiegsflanken sehr hohe Frequenzanteile enthalten. Auch durch Einschaltungen bei ungünstigen Phasenwinkeln der Netzspannung enthält das Spektrum der Netzspannung kurzzeitig Hochfrequenzanteile infolge des schnellen Spannungsanstiegs. Diese hochfrequenten Spannungsanteile treiben, über die o. a. Kapazitäten der EMV-Schutzmaßnahmen, transiente Ströme zur Erde, die eine unerwünschte Abschaltung von RCDs bewirken können.

Bei Aufschaltung der Netzspannung mit Schaltern ohne Sprungschaltfunktion werden – je nach Schaltgeschwindigkeit – die drei Außenleiter zeitlich zueinander versetzt zugeschaltet. Solange nicht alle drei Leiter Spannung führen, fließt dann über die Filterkondensatoren des EMV-Filters der bereits zugeschalteten Leiter ein erhöhter Ableitstrom zur Erde.

Unerwünschte Auslösungen infolge transienter Ableitströme kann man vielfach mittels des Einsatzes von RCD mit Ansprechverzögerung vermeiden. Um die Schutzwirkung nicht unzulässig zu beeinträchtigen, darf die Ansprechverzögerung nur in engen Grenzen wirken. Hieraus folgt, dass sich die RCD auch gegen transiente Ableitströme nicht beliebig immunisieren lässt. RCD vom Typ B weisen in der Regel eine erhöhte Ansprechverzögerung auf. Überschreiten die transienten Ableitströme in ihrer Dauer jedoch die durch die Vorschriften vorgegebene höchstzulässige Abschaltzeit der RCD, so kommt es dennoch bei entsprechender Höhe zu deren Auslösung.

Ableitströme reduzieren

Wie in den Abschnitten zuvor deutlich wurde, geht eine Ertüchtigung der RCD gegen Fehlauslösungen durch Ableitströme in den meisten Fällen zu Lasten der Schutzwirkung. Es ist daher immer zu empfehlen, Ableitströme durch die folgenden Maßnahmen kleinstmöglich zu halten.

Gemäß DIN VDE 0100-530 (Auswahl und Einrichtung elektrischer Betriebsmittel) Absatz 531.3.3 ist die elektrische Anlage so auszulegen, dass der Ableitstrom das 0,4-fache des Bemessungsfehlerstromes der RCD nicht überschreitet.

Reduzierung stationärer Ableitströme

- Viele FU-Hersteller bieten mittlerweile auch sogenannte ableitstromarme EMV-Filter an. Bei diesem Filtertyp treten bauartbedingt deutlich niedrigere Ableitströme auf als bei Standardfiltern. Die Herstellerangaben bezüglich einer maximal zulässigen Länge der geschirmten Motorzuleitung sind zu beachten.
- In elektrischen Netzen, in denen der Neutralleiter vorhanden ist, kann ein Vier-Leiter-Filter eingesetzt werden. Dieser Filtertyp weist die geringsten Ableitströme auf. (Der Hauptanteil der Ableitströme wird jetzt über den Neutralleiter abgeführt.)
- Durch weitere Maßnahmen sollte gewährleistet werden, dass die Netzspannung möglichst unverzerrt bleibt.
- Auf gar keinen Fall darf am Ausgang eines dreiphasigen EMV-Filters (ohne Neutralleiteranschluss) ein einphasiger Verbraucher wie z. B. eine Glühlampe gegen den Neutralleiter angeschlossen werden. Durch die unsymmetrische Belastung des Filters werden die Ableitströme weiter erhöht und die Filterwirkung wird stark beeinträchtigt, so dass die zulässigen

Grenzen zur Einhaltung der EMV-Vorschriften deutlich überschritten werden.

- Werden mehrere einphasig betriebene FU verwendet, sollten diese zur Kompensation der Ableitströme gleichmäßig auf alle Außenleiter verteilt werden.

Reduzierung variabler Ableitströme

- Die abgeschirmte Motorzuleitung ist möglichst kurz zu halten.
- Sinus-Filter, EMV-Sinus-Filter, d*u*/d*t*-Filter oder Ausgangsdrosseln direkt hinter dem Ausgang des FU (vor der Motorzuleitung) installieren. Diese verringern durch eine Reduzierung der Flankensteilheit der Ausgangsspannung des FU die Ableitströme oberhalb von 1 kHz auf der Leitung zum Motor erheblich. Besonders niedrige Ableitströme lassen sich mit einem d*u*/d*t*-Filter erreichen.
- Werden mehrere FU mit eigenem (integrierten) EMV-Filter eingesetzt, kann man durch ein zusätzlich vorgeschaltetes, gemeinsames Vier-Leiter-Filter die variablen Ableitströme erheblich reduzieren.

Weitere Reduzierungsmöglichkeiten für stationäre und variable Ableitströme

- Netzdrosseln, welche noch vor das EMV-Filter gesetzt werden, reduzieren die Stromwelligkeit samt Oberschwingungen und erhöhen zudem die Lebensdauer von Bauelementen im FU.
- In elektrischen Anlagen mit mehreren FU sollte anstelle der einzelnen EMV-Filter eines jeden FU ein Sammelfilter verwendet werden. Die Ableitströme der einzelnen EMV-Filter addieren sich. Hierbei ist die Summe der Ableitströme aller Einzelfilter i. d. R. größer als der Ableitstrom eines größeren, gemeinsamen Filters. Die Angaben des Filterherstellers bezüglich der maximal zulässigen Längen der geschirmten Motorleitungen sind zu beachten.
- Verwendet der Betreiber mehrere FU in einer elektrischen Anlage, sollte er es vermeiden, diese gleichzeitig hochzufahren. Bei gleichzeitiger Reglerfreigabe mehrerer FU entstehen kurzzeitig hohe und sich addierende Ableitströme, welche zu einer ungewollten Auslösung führen können.

Die in diesem Abschnitt beschriebenen Filter sind in der Regel als Zubehör bei den Herstellern der elektronischen Betriebsmittel (Frequenzumrichter, Wechselrichter usw.) erhältlich. Hier kann der Anwender ggf. nähere technische Einzelheiten erfragen.

Transiente Ableitströme beim Ein- und Ausschalten

In einer elektrischen Anlage mit elektronischen Betriebsmitteln treten beim Ein- und Ausschalten transiente Ableitströme auf. Wie bereits weiter oben erwähnt, müssen beim Einsatz elektronischer Betriebsmittel zur Einhaltung der EMV-Vorschriften Filter verwendet werden. Diese Filter enthalten z. B. bei einem Drei-Leiter-Standard-EMV-Filter u. a. mindestens eine Sternschaltung dreier Kondensatoren gegen Erde.

Die meisten RCD enthalten ein einfaches Schaltwerk. Die zeitliche Schließung und Öffnung der einzelnen Strompfade hängt ab von der Schaltgeschwindigkeit des Bedieners und kann u. U. eine Zeitdifferenz von 10 ... 40 ms ergeben. Während dieser Zeit ist die Symmetrierung des Sternpunktes der drei Kondensatoren nicht mehr gegeben. So kann ein erheblicher kapazitiver Ableitstrom über den Schutzleiter fließen und die RCD sofort wieder zum Auslösen bringen. Daher sollte eine Zuschaltung und Trennung nur mit Hilfe eines zusätzlichen schnellschaltenden Schaltorgans – z. B. Trennschalter mit Sprungschaltfunktion oder allpolig schaltendes Schütz –, nicht aber mit der RCD selbst erfolgen.

In elektrischen Anlagen mit höherer Netzimpedanz oder stark verzerrter Netzspannung kann es in Ausnahmefällen besonders beim Einschalten von sehr vielen FU mit eigenem Filter trotz Zuschaltung mit einem schnellschaltenden Schaltorgan zu einer Auslösung kommen. In diesem Fall fließen – bedingt durch die ungeladenen Filterkondensatoren – sehr hohe Ableitströme über einen Zeitraum, der die höchstzulässige Abschaltzeit der RCD überschreitet. Ein Sammel-EMV-Filter für mehrere FU kann somit auch den hohen Einschaltableitstrom deutlich reduzieren (siehe oben).

Resonanz eines EMV-Filters

Zu einer heftigen Erhöhung von Ableitströmen kann es infolge der Schwingneigung (Resonanz) eines EMV-Filters kommen. Wie bereits oben beschrieben, besteht die erhöhte Gefahr einer unerwünschten RCD-Auslösung (oft auch in Verbindung mit langen geschirmten Motorzuleitungen), wenn die Schaltfrequenz des FU etwa gleich oder ein Vielfaches der Eigenresonanzfrequenz des EMV-Filters beträgt.

Hierzu folgendes Beispiel: Die Eigenresonanzfrequenz des EMV-Filters beträgt 2,1 kHz. Eine möglicherweise gewählte oder vom FU selbsttätig reduzierte Schaltfrequenz von 2 kHz liegt in unmittelbarer Nähe der Eigenresonanzfrequenz und kann ggf. zu sehr hohen Ableitströmen führen. Selbst eine

Schaltfrequenz von 4 kHz kann noch zu hohen Ableitströmen führen, da sie fast den zweifachen Wert der Eigenresonanzfrequenz beträgt. Höhere Schaltfrequenzen und besonders Nichtvielfache der Eigenresonanzfrequenz (in diesem Fall z. B. 6 kHz oder besser 7 kHz) verringern die Gefahr der Schwingneigung des EMV-Filters und die damit verbundenen hohen Ableitströme.

Nach Möglichkeit sollten hohe Schaltfrequenzen gewählt werden und eine selbsttätige Reduzierung der Schaltfrequenz vom FU deaktiviert sein. Zudem ist die vom FU- bzw. Filterhersteller maximal zulässige Länge der geschirmten Motorzuleitung zu beachten.

Weitere Einzelheiten bezüglich der Eigenresonanzfrequenz des EMV-Filters sowie eine mögliche Deaktivierung der selbsttätigen Änderung der Schaltfrequenz eines FU bei niedrigen Ausgangsfrequenzen sollten ggf. bei den Herstellern dieser Betriebsmittel erfragt werden.

FU mit integrierten EMV-Filtern

Viele FU sind bereits mit einem internen EMV-Eingangsfilter ausgestattet, so dass die Verwendung eines externen Filters entfallen kann.

Wichtig ist es hierbei zu wissen, dass diese integrierten Filter oft nur eine maximale Länge der geschirmten Motorzuleitung von 5 ... 10 m zulassen. Die in den Bedienungsanleitungen der FU angegebenen Konformitätserklärungen zu den EMV-Richtlinien (z. B. EN 55011, Klasse A oder B) gelten meistens nur für diese relativ kurzen Leitungslängen. Häufig sind auch Leitungslängen von 50 ... 100 m angegeben. Diese Leitungslängen beziehen sich jedoch meist nicht auf die EMV-Konformität, sondern auf eine maximal zulässige kapazitive Last (Kapazität der geschirmten Motorzuleitung), welche die Ausgangsstufe des FU noch problemlos treiben kann.

Längere Zuleitungen bewirken durch die Zunahme der asymmetrischen kapazitiven Ströme eine magnetische Sättigung der EMV-Filterdrossel. Extrem hohe Ableitströme und eine Filterresonanz sind die Folge. Eine gesättigte Filterdrossel führt zur Unwirksamkeit des Filters, so dass die zulässigen Grenzwerte der einschlägigen EMV-Richtlinien weit überschritten werden und der FU somit meist unbemerkt zur hochgradigen Störquelle für andere Verbraucher wird.

Verwendet man den FU mit integriertem EMV-Filter und langer geschirmter Motorzuleitung (> 10 m), so ist das integrierte Filter nach Möglichkeit zu deaktivieren und ein externes EMV-Filter zu wählen, welches sich für den Betrieb mit langen Motorzuleitungen eignet. Das passende Filter muss man ggf. durch eine EMV-Messung an der gesamten elektrischen Anlage ermitteln.

Allstromsensitiver Fehlerstromschutz

Sind in elektrischen Anlagen glatte Gleichfehlerströme (keine Nullpunktberührung) – bedingt durch den Einsatz bestimmter elektronischer Betriebsmittel – zu erwarten, so fordern die Normen bereits in mehreren Bereichen den Einsatz von allstromsensitiven Fehlerstrom-Schutzeinrichtungen. Auch wenn die elektronischen Betriebsmittel der elektrischen Anlage fest (ohne Steckvorrichtung) angeschlossen sind, kann eine RCD vom Typ B gefordert sein.

Dieses trifft z. B. für dreiphasig betriebene FU zu, welche eingangsseitig in der Regel zur Gleichrichtung der Netzspannung eine Sechspuls-Brückenschaltung verwenden (**Bild 8**).

Folgende Forderungen finden sich in geltenden Normen:

- VDE 0160/EN 50178 „Ausrüstung von Starkstromanlagen mit elektronischen Betriebsmitteln“: Gemäß Abs. 5.2.11.2 und 5.3.2.3 ist zum Schutz bei direktem und indirektem Berühren eine RCD vom Typ B einzusetzen, wenn ein elektronisches Betriebsmittel einer elektrischen Anlage im Fehlerfall einen glatten Gleichfehlerstrom erzeugen kann.
- VDE 0100 Teil 530 „Errichten von Niederspannungsanlagen - Auswahl und Errichtung elektrischer Betriebsmittel – Schalt- und Steuergeräte“: Die Abschnitte 531.3.2 und 532.2 fordern RCD vom Typ B, wenn auf der RCD-Lastseite ein elektronisches Betriebsmittel im Fehlerfall einen glatten Gleichfehlerstrom erzeugen kann. Das gilt auch dann, wenn das elektronische Betriebsmittel fest angeschlossen ist. Zum vorbeu-

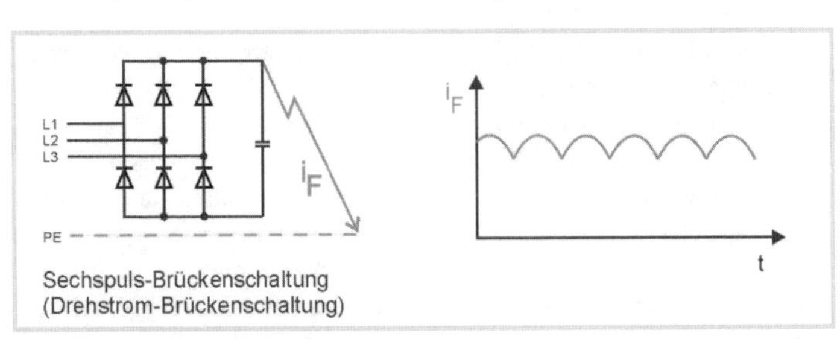

Bild 8
Sechspuls-Brückenschaltung (Drehstrom-Brückenschaltung) Quelle: Doepke

genden Brandschutz ist eine RCD mit einem Bemessungsfehlerstrom von nicht mehr als 300 mA einzusetzen.

Schutzmaßnahmen beim Betrieb von EB auf Baustellen

Aus der Norm VDE 0100 Teil 704 „Errichten von Niederspannungsanlagen – Anforderungen für Betriebsstätten, Räume und Anlagen besonderer Art – Baustellen“ sowie der BGI 608 „Auswahl und Betrieb elektrischer Anlagen und Betriebsmittel auf Bau- und Montagestellen“ lassen sich die nachstehenden Aussagen ableiten:

- Einphasig betriebene elektronische Betriebsmittel (AC 230 V/16 A) darf man über pulsstromsensitive RCDs mit $I_{\Delta N} \leq 30$ mA oder Schutztrenntransformatoren betreiben, wenn keine glatten Gleichfehlerströme zu erwarten sind. Über eine einphasige Brückengleichrichtung kann im Falle eines Erdschlusses kein glatter Gleichfehlerstrom fließen, auch wenn im Brückenzweig ein Glättungskondensator angeordnet ist. Verfügt das elektronische Betriebsmittel jedoch eingangsseitig über eine Einweggleichrichtung mit Glättungskondensator, so kann dann im Falle eines Erdschlusses ein glatter Gleichfehlerstrom entstehen.
- Dreiphasig betriebene elektronische Betriebsmittel mit Steckvorrichtungen ≤ 32 A dürfen nur über allstromsensitive RCD mit $I_{\Delta N} \leq 30$ mA oder Schutztrenntransformatoren betrieben werden.
- Dreiphasig betriebene elektronische Betriebsmittel mit Steckvorrichtungen von 32 bis 63 A dürfen nur über allstromsensitive RCD mit $I_{\Delta N} \leq 500$ mA oder mit Schutztrenntransformatoren betrieben werden.
- Dreiphasig betriebene elektronische Betriebsmittel mit Steckvorrichtungen von 63 A dürfen nur über allstromsensitive RCDs oder Schutztrenntransformatoren betrieben werden.
- Elektronische Betriebsmittel mit Festanschluss, ohne Steckverbindung, darf man ohne RCDs oder Schutztrenntransformatoren betreiben, jedoch sind hier die Schutzmaßnahmen nach DIN VDE 0100-410 anzuwenden.

Weitere Einsatzgebiete der RCDs Typ B

Gemäß VDE 0100 Teil 712 „Errichten von Niederspannungsanlagen – Anforderungen für Betriebsstätten, Räume und Anlagen besonderer Art – Solar-Photovoltaik (PV) Stromversorgungssysteme“, Abschnitt 712.413.1.1.1.2, muss der Errichter in elektrischen Anlagen mit PV-Stromversorgungssystemen eine RCD vom Typ B vorsehen, wenn

- durch die Bauart des Wechselrichters nicht mindestens eine einfache Trennung zwischen der Wechsel- und Gleichspannungsseite besteht und
- der Fehlerschutz durch automatische Abschaltung mit Überstromschutzeinrichtungen (Leitungsschutzschalter) aufgrund unzureichender Erdungsbedingungen (hohe Schleifenwiderstände) nicht gegeben ist.

Das trifft beispielsweise zu, wenn ein transformatorloser PV-Wechselrichter in einem TT- oder TN-System mit hohen Schleifenwiderständen verwendet wird. Das gilt auch dann, wenn eine externe oder im Wechselrichter integrierte selbsttätige Schaltstelle mit Fehlerstrom-Überwachungseinheit (RCMU) zum zusätzlichen Personenschutz nach VDE V 0126-1-1 vorhanden ist.

Häufig verwendet man einphasig einspeisende Wechselrichter. In diesem Fall genügt der Einsatz eines zweipoligen Fehlerstromschutzschalters vom Typ B.

Die Norm VDE 0100 Teil 723 „Errichten von Niederspannungsanlagen – Anforderungen für Betriebsstätten, Räume und Anlagen besonderer Art – Unterrichtsräume mit Experimentiereinrichtungen" fordert in ihrem Abschnitt 723.412.5 für Stromkreise von Experimentiereinrichtungen in einem TN- oder TT-System zum zusätzlichen Schutz RCD vom Typ B mit einem Bemessungsfehlerstrom ≤ 30mA. In der Richtlinie zur Schadenverhütung VdS 3501 „Isolationsfehlerschutz in elektrischen Anlagen mit elektronischen Betriebsmitteln – RCD und FU" findet man im Abschnitt 4.4 die Forderung, dass zum Sachschutz in feuergefährdeten Betriebsstätten eine RCD vom Typ B vorzusehen ist. Diese muss Fehlerströme in einem Frequenzbereich von 0 bis mindestens 100 kHz erfassen und eine maximale Auslösegrenze von 300 mA aufweisen, welche im gesamten Frequenzbereich nicht überschritten werden darf.

Anmerkung: Die bisher genannten Einsatzgebiete allstromsensitiver Fehlerstrom-Schutzeinrichtungen erheben keinen Anspruch auf Vollständigkeit.

Aufteilung der Stromkreise

Stromkreisen mit elektronischen Betriebsmitteln – z. B. FU – dürfen nach VDE 0160/EN 50178 Abschnitt 5.3.2.3 keine pulsstromsensitiven Schutzeinrichtungen vorgeschaltet sein, da diese, wie bereits oben beschrieben, durch einen glatten Gleichfehlerstrom in ihrer Funktion beeinträchtigt werden. Dieses Phänomen ist konkret auf die Vormagnetisierung des Wandlerkerns zurückzuführen.

Das **Bild 9** zeigt folgende verschiedene Beschaltungsmöglichkeiten der Stromkreise mit RCD:

a) Stromkreise mit elektrischen Betriebsmitteln, bei denen im Fehlerfall Wechselfehlerströme und/oder pulsierende Gleichfehlerströme auftreten können.

b) Stromkreise mit elektronischen Betriebsmitteln, bei denen im Fehlerfall Wechselfehlerströme und/oder pulsierende und/oder glatte Gleichfehlerströme auftreten können.

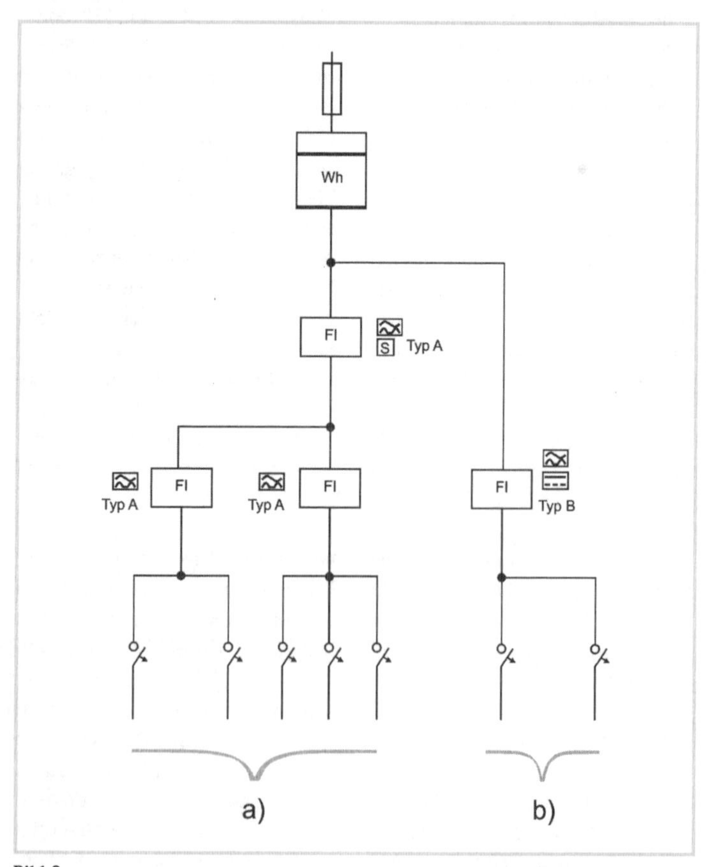

Bild 9
Aufteilung der Stromkreise
Quelle: DIN VDE 0160/EN 50178

Schutz durch automatische Abschaltung

Nur wegen der Erhöhung der Anlagenverfügbarkeit ist eine Überwachung eines Stromkreises bzw. eine Fehlermeldung ohne Abschaltung mit Hilfe eines RCM (Differenzstrom-Überwachungsgerät) als Schutzeinrichtung in TT- und TN-Systemen gemäß VDE 0100-530 nicht zulässig. Diese sind oft mit einer Anzeigefunktion ausgestattet, so dass der Anwender eine Information über den aktuell vorhandenen Differenzstrom erhält. Jedoch verfügen sie nicht über ein eigenes Schaltorgan. Für Brandschutzzwecke darf man RCM in Verbindung mit einem Schaltgerät mit Trennfunktion ausnahmsweise nur dann verwenden, wenn sich eine RCD aufgrund eines zu hohen Betriebsstroms nicht mehr einsetzen lässt. Eine Abschaltung des zu überwachenden Stromkreises muss jedoch erfolgen, wenn es zum Ausfall der Hilfsspannung des RCM kommt. Dies reduziert die Anlagenverfügbarkeit. Eine RCD schaltet hingegen i. d. R. bei Ausfall der Netzspannung nicht ab.

In elektrischen Anlagen mit elektronischen Betriebsmitteln, in denen glatte Gleichfehlerströme zu erwarten sind, ist zum Schutz durch automatische Abschaltung der Stromversorgung nur eine RCD vom Typ B zulässig. Dies gilt z. B. für Fehlerstrom-Schutzschalter (RCCB des Typs B). RCM sind generell für Überwachungsaufgaben bestimmt und zum Schutz durch automatische Abschaltung der Stromversorgung nicht zulässig. Prinzipiell steht der Anlagenschutz durch Abschaltung im Fehlerfalle vor der Anlagenverfügbarkeit.

Die Grundschaltungen elektrischer Betriebsmittel und daraus resultierende mögliche Fehlerströme sind in einer umfassenden Übersicht im Anhang B der Norm DIN VDE 0100-530 (VDE 0100-530):2005-06 dargestellt. Dieser informative Anhang stellt für elektrische Betriebsmittel mit verschiedenen Basisschaltbildern (Schaltungen mit Halbleiter-Bauelementen) den zeitlichen Verlauf des Last- und Fehlerstroms grafisch dar und benennt die für einen umfassenden Schutz geeigneten RCD-Typen.

Fehlerstromschutzschalter in industrieller Umgebung

Detlef Kruse

In industriellen Umgebungen treten mehr oder weniger hohe Ableitströme auf. Da ein FI-Schutzschalter nicht zwischen Fehlerströmen und Ableitströmen unterscheidet, kann er auch in einer fehlerfreien Anlage auslösen. Durch geeignete Maßnahmen lässt sich dieses Fehlauslösen verhindern.

Historisch gesehen wurden alle elektrischen Betriebsmittel und Geräte für eine Frequenz von 50 Hz entwickelt. Vorschriften und Bedingungen für Sicherheitsprüfungen sind auf diese Frequenz abgestimmt – und zwar hinsichtlich ihrer Fähigkeiten, Ströme zu beherrschen, als auch den Menschen und Sachen zu schützen (z. B. Personenschutz, Brandschutz). Das automatische allpolige Abschalten des fehlerhaften Stromkreises ermöglicht die Erreichung dieses Schutzziels. Dabei sollte der Schutzleiter nur im Fehlerfall Strom führen. Jedoch werden vermehrt betriebsbedingte höherfrequente Ableitströme über den Schutzleiter abgeführt – hauptsächlich wegen der erforderlichen EMV-Maßnahmen für elektronische Betriebsmittel.

Daraus ergibt sich folgende Wirkungskette:

- Netzfilter mit gegen den PE-Leiter geschalteten Entstörkondensatoren: Dies kann zu hohen transienten Einschaltstromspitzen und hohen stationären Ableitströmen führen.
- Diese betriebsbedingten Ableitströme stellen für die Fehlerstrom-Schutzeinrichtung (FI-Schutzeinrichtung) einen Differenzstrom dar.
- Dies kann zu Auslösungen führen, die nicht im Sinne des Schutzzieles sind. Man bezeichnet sie auch als ungewollte Auslösungen.

Neben diesem betriebsmäßigen Verhalten muss man beim Einsatz von elektronischen Betriebsmitteln wie Frequenzumrichtern im Fehlerfall zusätzliche Gesichtspunkte betrachten:

- Der Frequenzbereich des Fehlerstromes wird durch den Frequenzumrichter vorgegeben und weicht deutlich von der Netzfrequenz ab.
- Die konventionellen FI-Schutzeinrichtungen des Typs A sind auf netzgetriebene 50-Hz-Fehlerströme abgestimmt.
- Ströme verschiedener Frequenzen haben unterschiedliche Wirkungen auf den Menschen. Diese Wirkung auf den menschlichen Körper beschreiben IEC

60479-1 und -2. Die sich daraus ergebenen Schutzziele beziehen sich auf 50 Hz Netzfrequenz; insbesondere für den zusätzlichen Schutz (Schutz bei direktem Berühren) wurde als Grenzwert ein Fehlerstrom 30 mA festgelegt. Diese Schutzwirkung ist auf erweiterte Frequenzbereiche zu übertragen.
- Die IEC 60479-2 beschreibt den Einfluss von sinusförmigen Wechselfehlerströmen für die Gefahr des Herzkammerflimmerns bei Frequenzen bis 1 kHz und bis 10 kHz, wobei die jeweiligen Grenzwerte bezüglich der Wahrnehmbarkeit und der Loslassgrenze mit Faktoren bezogen auf 50 Hz dargestellt sind. Diese Angaben beruhen auf experimentellen Untersuchungen und gelten für sinusförmige Wechselströme.
- Für Fehlerströme mit Mischfrequenzen (nicht sinusförmige Verläufe), wie sie z. B. durch Frequenzumrichter entstehen können, gibt es hinsichtlich der Gefährdung von Personen und Sachen keine einfach festzulegenden Grenzwerte.

Gleichfehlerströme, die im Fehlerfall vom Gleichspannungszwischenkreis erzeugt werden, erfordern entsprechend DIN VDE 0100-530 automatisch einen FI-Schutzschalter Typ B.

Zielsetzung der Untersuchungen

Ziel der Untersuchungen war der Nachweis der Wirksamkeit von FI-Schutzeinrichtungen des Typs B nach E DIN VDE 0664-100 (FI-Schutzschalter) und E DIN VDE 0664-200 (FI/LS-Schalter) bezüglich der Schutzziele in Verbindung mit Frequenzumrichtern nach bisherigem Wissensstand.

Unter Berücksichtigung des Zusammenwirkens des speisenden Netzes und aller verwendeten Betriebsmittel (Frequenzumrichter, Netzfilter, EMV-Filter, verwendete Leitung, Motor usw.) wurden vorgeschaltete FI-Schutzschalter untersucht, unter der Annahme, dass ein Fehlerstrom am Ausgang eines Frequenzumrichters auftritt (z. B. durch Isolationsschaden oder direktes Berühren verursacht). In Abhängigkeit der Motor- und Taktfrequenz eines Frequenzumrichters wurden die Fehlerstrom-Effektivwerte gemessen, die zur Auslösung führten.

Versuche an einem Frequenzumrichter

Versuchsaufbau

Der Versuchsaufbau bestand aus einem kompletten Antriebssystem, bestehend aus:
- Wechselrichter mit Reglereinheit (Anschluss über aktiven Zwischenkreis)
- Synchronservomotor für 0 … 200 Hz (dreiphasig)

- Vorschalt-Netzdrosseln (Darstellung als EMV-Filter)
- Vorschalt-Netzfilter (Darstellung als EMV-Filter)
- Modulare Gleichstromzwischenkreisversorgung (dreiphasiger Netzanschluss, erzwungener sinusförmiger Netzstrom durch „Clean Power Technologie")
- Modulare 24-V-Versorgung als Hilfsstromversorgung

Diese Konstellation wurde im bfe-Oldenburg untersucht, eine gleiche Konstellation mit einphasigem Netzanschluss im etz Stuttgart. Durch den im **Bild 1** gezeigten Aufbau wurde erzwungen, dass ausschließlich die Wirkung der Fehlerströme und nicht der Ableitströme zum Auslösen führen können.

Dieser Aufbau basiert auf einer Empfehlung des VdS zur Vermeidung von ungewollten Auslösungen durch Betriebsableitströme. Die in **Bild 1** realisierte Schaltung arbeitet mit Shuntwiderständen und einem einstellbaren Fehlerwiderstand, der mit an die Motorklemme angeschlossen wurde. Die Shuntwiderstände (1 Ω) dienen alleine zur besseren Darstellung auf einem Speicheroszilloskop als Spannungssignal.

Der vorgeschaltete FI-Schutzschalter wurde ausschließlich durch Fehlerströme belastet. Fehlerströme sind überwiegend ohmsch. Sie entstehen durch Isolationsfehler zwischen spannungsführenden Teilen gegen Erde, z. B. aufgrund von Schmutz und Feuchtigkeit in einem Gerät. Ein anderes Beispiel wäre ein Stromfluss zur Erde, wenn eine Person direkt einen Außenleiter des Netzes berührt.

Dagegen sind Ableitströme häufig kapazitiv und fließen z. B. auf-

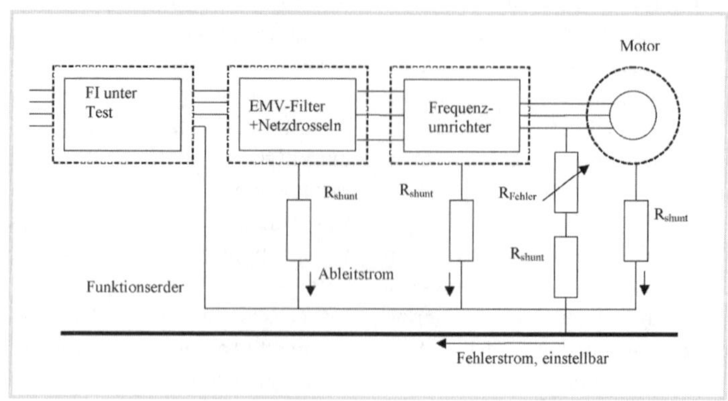

Bild 1
Aufbau nach einem Vorschlag des VdS mit Fehlerstromkreis und Messeinrichtung

grund von Entstörmaßnahmen durch Kondensatoren in EMV-Filtern oder über die Kapazität langer abgeschirmter Leitungen zur Erde.

Fehlerströme und auch Ableitströme können je nach Anwendung und elektrischer Anlage mehrere, von der Netzfrequenz 50 Hz deutlich verschiedene Frequenzanteile gleichzeitig aufweisen. Der FI-Schutzschalter unterscheidet nicht zwischen Fehlerströmen und Ableitströmen. So kann eine Auslösung bereits in einer fehlerfreien Anlage erfolgen, wenn die Summe aller fließenden Ableitströme die Auslöseschwelle des FI-Schutzschalters überschreitet.

Durchführung der Messungen und Messergebnisse

Shunt-Widerstände (Auftrennen der PE-Verbindung und Wiederherstellung durch einen Mess-Shunt) dienen zur Umwandlung der Fehlerströme in ein Stromäquivalent (R_{Shunt} = 1 Ω, 1 mV entspricht 1 mA). Simuliert wurde die Verbindung eines Motor-Außenleiters über einen Widerstand (0 ... 50 kΩ) mit Erde (PE).

Die Bilder 2 bis 4 zeigen beispielhaft die Fehlerstromkomponenten in verschiedenen Darstellungen.

Der Effektivwert des Fehlerstromes beträgt hier 97 mA bei einer Motorfrequenz von 20 Hz und Taktfrequenz 2,5 kHz, dargestellt im **Bild 2.** Das Bild zeigt eine Überlagerung aus niederfrequenten und hochfrequenten Stromanteilen.

Die daraus ausgefilterte Niederfrequenz (Grenzfrequenz 1 kHz) liefert das in **Bild 3** gezeigte Ergeb-

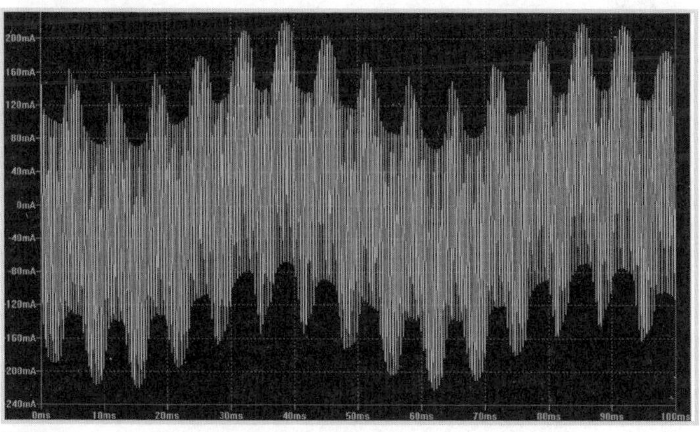

Bild 2
Strom-Zeit-Verlauf des Gesamtfehlerstromes (R_{Fehler} = 1 kΩ)

nis: Deutlich zu erkennen sind die niederfrequenten Anteile aus Motorfrequenz 20 Hz und einer Frequenz von 150 Hz mit dem Gesamteffektivwert von 54 mA.

Die FFT-Analyse (Normierungsgröße ist der Gesamteffektivwert) von Bild 2 zeigt folgendes Frequenzspektrum in **Bild 4**: Dieses Bild bestätigt qualitativ das Vorhandensein einer Motorfrequenz (20 Hz), einer Netzsystemfrequenz (150 Hz) und einer hochfrequenten Taktfrequenz mit deren Oberschwingungen sowie Frequenzanteilen, die aus der Erzwingung sinusförmiger Stromaufnahme aus dem Netz resultieren.

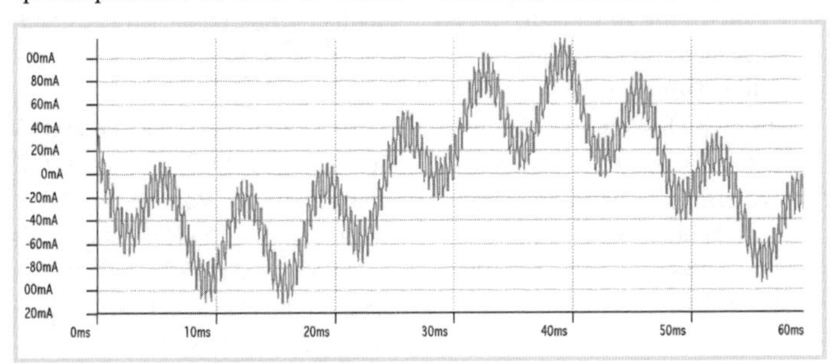

Bild 3
Ausgefilterte niederfrequente Anteile

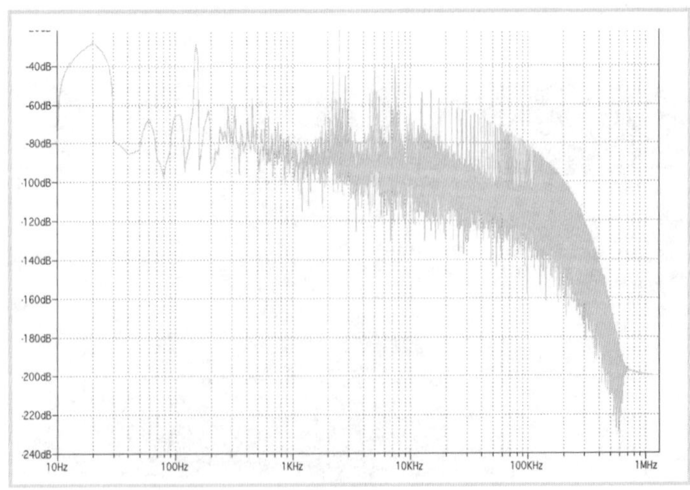

Bild 4
FFT-Analyse eines Fehlerstromes von Bild 2

Aus den Bildern 2 bis 4 lassen sich folgende Schlüsse ziehen:

- Der hochfrequente Anteil im Fehlerstrom hängt entscheidend davon ab, wie gut die Hf-Trennung vom Netz ist (EMV-Filterung bzw. Netzdrosseln als Tiefpass, Relationen zwischen Bild 2 und Bild 3).
- Der niederfrequente Anteil im Fehlerstrom arbeitet mit einer festen 150-Hz-Stromkomponente.
- Der motorfrequente Anteil ist vorhanden und nicht zu vernachlässigen.

Zur Klärung der Abhängigkeiten der beschriebenen Frequenzanteile vom Aufbau der Anlage und der Funktionsweise der Einzelkomponenten wurden ergänzende Simulationen durchgeführt (siehe Abschnitt „Simulation").

Beispielhaft zeigt **Bild 5** das Auslöseverhalten am Frequenzumrichter bei verschiedenen Motorfrequenzen: Deutlich ersichtlich ist, dass die 30-mA-Grenze nicht überschritten wird.

Der gesamte Fehlerstrom-Effektivwert ($I_{\Delta ges,\ eff}$) berechnet sich nach:

$$I_{\Delta ges,\ eff} = \sqrt{I^2_{eff,\ f1} + I^2_{eff,\ f2} + I^2_{eff,\ f3}}$$

Gemessen wurde mit TRUE-RMS-Messgeräten, wenn es um Gemische ging; mit Standard-Geräten, wenn es um sinusförmige Größen ging.

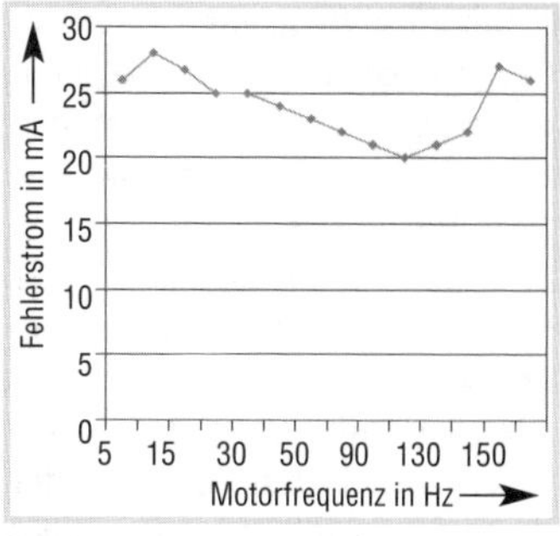

Bild 5
Typische Werte auf Basis obigen Versuchsaufbaus, die zur Auslösung führten (Taktfrequenz 4 kHz, FI von Siemens und ABB Typ B 63A/30mA, Ströme als Gesamteffektivwert)

Für die Messungen traten folgende Frequenzbänder auf:

- f_{Motor} = 0 … 200 Hz (Motorbetriebsfrequenz)
- f_{150} = 150 Hz Festfrequenz (durch B6-Schaltung festgelegte Fehlerstromfrequenz)
- f_{Takt} = 2 … 8 kHz (Taktfrequenz des Frequenzumrichters)

Getestet wurde bei verschiedenen Amplituden und Frequenzen im o. g. Bereich. Ohne Beschränkung des Frequenzbereiches für f_1 nach unten, also im Bereich für f_1 von 0 … 200 Hz (allstromsensitiv), lösten alle Schutzschalter Typ B, Nennstrom 300 mA und 30 mA, im Bereich $I_{\Delta N} < I_{\Delta ges,\ eff}$ aus.

Simulation des Versuchsaufbaus durch ein Modell

Es hat sich innerhalb der Simulation Folgendes gezeigt:

- Der hochfrequente Anteil im Fehlerstrom hängt entscheidend davon ab, wie gut die Hf-Trennung vom Netz ist (EMV-Filterung bzw. Netzdrosseln oder durch Leistungselektronik nachgebildete Filter). Eine einfache Unterdrückung dieser Anteile im Fehlerstrom ist in Grenzen durch Vergrößerung der jeweils beteiligten Induktivitäten (hohe Güte vorausgesetzt) möglich oder bei schon vorhandenen Netzdrosseln durch Vergrößerung der Taktfrequenz (ebenfalls in Grenzen). Allerdings treibt eine höhere Taktfrequenz auch kapazitive Ableitströme in die Höhe.
- Der niederfrequente Anteil im Fehlerstrom arbeitet mit einer nahezu festen 150-Hz-Stromkomponente (I_{150} = konst.). Die Stärke wird dabei durch das Verfahren der Bereitstellung der Zwischenkreisspannung (Modulation und Taktfrequenz, hier durch Clean Power Technologie) festgelegt.
- Der motorfrequente Anteil hängt geringfügig ab vom Steuerverfahren und der Taktfrequenz, hauptsächlich aber von der *U/f*-Zuordnung im Wechselrichter (gemessen wurde mit linearer Zuordnung, also $I_{\text{Fehler, Motorfrequenz}} \sim f_{\text{Motor}}$).
- Logischerweise sind das „indirekte Berühren“ und das „direkte Berühren“ der Zwischenkreisspannung – ohne Hf-Abkopplung vom Netz – frei von Motor- und Taktfrequenzen.
- Eine Schutzfunktion ist umso besser erreichbar, je kleiner der hochfrequente Stromanteil im Fehlerstrom ist, da eine Gefährdung durch Hochfrequenzanteile gemindert wird. Das Vorschalten von Netzdrosseln stellt hier eine einfach durchzuführende Maßnahme dar.

Der Versuchsaufbau wurde modelliert und durch ein P-Spice-basiertes Programm simuliert. Realisiert wurde dabei eine Modulation nach dem Verfahren „Sinusbewertete Pulsweitenmodulation“, die sich gut in Übereinstimmung mit der zur Verfügung stehenden Anlage bringen ließ. Das stark vereinfachte Modell zeigt **Bild 6.**

Hiermit war es möglich, das Verhalten der Gesamtanlage nachzubilden und die Gesetzmäßigkeiten abzuleiten. Als Beispiel zeigt **Bild 7** den niederfrequenten Teil im Fehlerstrom.

Bewertung der Ergebnisse

Die Untersuchungen erbrachten den Nachweis, dass unter den folgenden Voraussetzungen Fehlerstrom-Schutzschalter des Typ B nach E DIN VDE 0664-100 und E DIN VDE 0664-200 innerhalb der Auslösegrenzen im Anwendungsbereich der genannten Norm beschriebene Schutzziele erreichen. Dabei gilt es zu beachten, dass der Schutz bei Frequenzen über 100 Hz nicht vollständig erforscht ist.

Ein FI-Schutzschalter, der den Menschen auch bei direktem Berühren eines spannungsführenden Teiles schützen soll, muss deshalb auch im Frequenzbereich oberhalb von 1 kHz noch eine ausreichende Empfindlichkeit aufweisen. Die Untersuchungen bestätigen die ausreichende Empfindlichkeit nach dem Gefährdungskurvenverlauf. Zurückzuführen ist dies auf eine ausreichend bemessene Netzinduktivität, respektive gleiches Verhalten hervorrufende elektronische Schaltung, die entweder Teil eines EMV-Filters ist oder als Zusatzbauelement vorhanden sein kann. In der untersuchten Anlage realisiert durch das aktive Zwischenkreismodul mit erzwungener sinusförmiger Stromaufnahme aus dem Netz. Als Denkmodell ist dieses Verhalten wie eine große Netzinduktivität zu sehen. Der Ein-

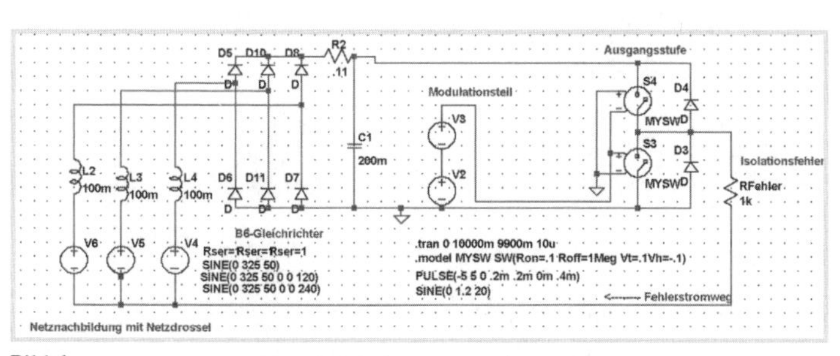

Bild 6
Stark vereinfachtes Simulationsmodell

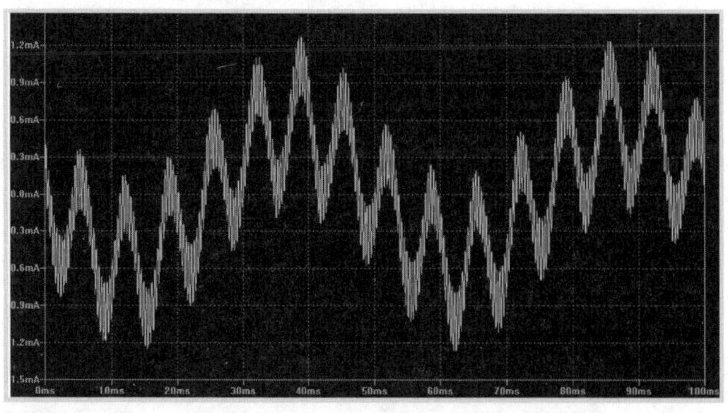

Bild 7
Darstellung des Simulationsergebnisses (stark vereinfachtes Modell für 20 Hz Motorfrequenz)

fluss dieser „Induktivität“ deckt dabei zwei Wirkungsbereiche ab:

- Reduktion der zwangsläufig auftretenden taktfrequenten Fehlerstromanteile im Fehlerstromschutzgerät
- Als Haupteffekt: Reduktion der Oberschwingungsbelastung von Netzen (Für öffentliche Netze siehe DIN EN 61000-3-2 bzw. VDE 0838)

Die **Bilder 8** und **9** zeigen die Einflüsse dieser Induktivität (Vorstellungshilfe) auf den Netzstrom. Stark vereinfacht lässt sich das Gesamtverhalten der untersuchten Anlage durch dieses Denkmodell ersetzen: Die Anlage reagiert auf

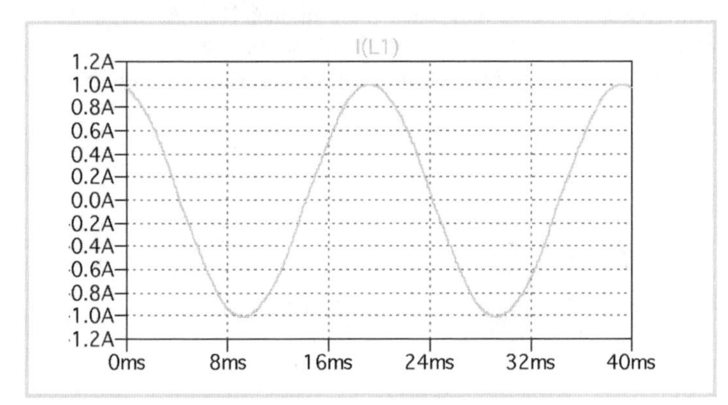

Bild 8
Prinzipieller Verlauf des Netzstromes mit Clean Power Technologie, Denkmodell große Netzinduktivität

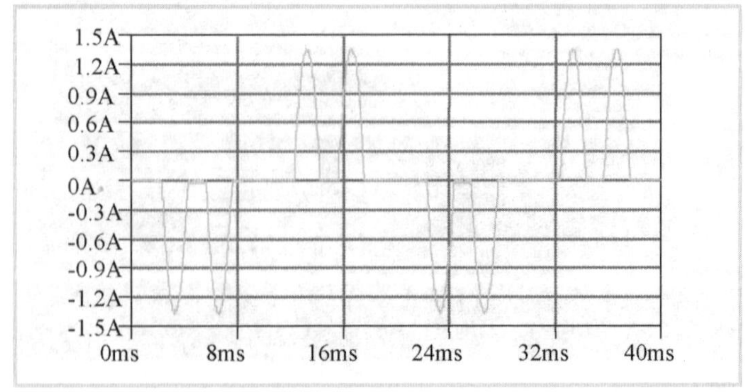

Bild 9
Verlauf des Netzstromes ohne Netzdrossel, konventioneller Frequenzumrichter

Fehlerströme wie ein Frequenzumrichter mit großer vorgeschalteter Netzinduktivität (aktive Filterung). Dies bedingt folgendes, in **Bild 10** dargestelltes Verhalten:

Bild 10 beschreibt die Verhältnismäßigkeit der Stromkomponenten untereinander. Durch Vorschalten von Netzdrosseln (als Denkmodell, realisiert durch Leistungselektronik), zusätzlich zu den EMV-Filtern, werden alle Wechselstromkomponenten bedämpft. Aufgrund der verschiedenen Frequenzanteile fällt auch die Bedämpfung unterschiedlich aus. Ganz besonders stark tritt sie für Taktfrequenzen auf, da hier die weitaus größte Frequenz vorliegt (grüner Verlauf). Der 150-Hz-Anteil, der durch die Gleichrichtung zustande kommt, wird gleichermaßen bedämpft, allerdings durch die in Relation tiefe Frequenz nicht so stark. Motorfrequente Ströme erfahren eine variable Dämpfung, da durch den Frequenzumrichter natürlich verschiedene Motorstromfrequenzen einstellbar sind. Hier wurde eine im Frequenzumrichter hinterlegte lineare *f-U*-Zuordnung angenommen.

Insbesondere die Reduktion der Oberschwingungsbelastung von Netzen (Einhaltung der Forderung der DIN EN 61000-3-2 bzw. VDE 0838) begünstigt das Auslöseverhalten. Diese Maßnahme reduziert hochfrequente Fehlerstromanteile überproportional (andeutungsweise in Bild 10 durch gestrichelte Linien dargestellt). Nachfolgend zeigen die **Bilder 11a** und **11b** die wirksame Reduktion der Fehler-

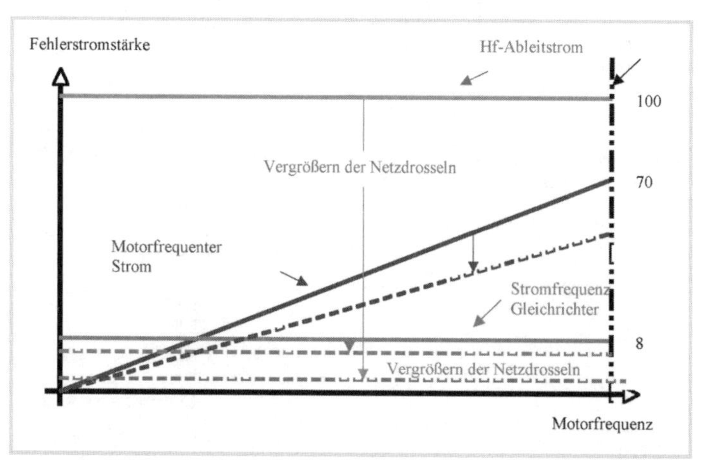

Bild 10
Fehlerstromkomponenten normiert auf Hf-Ableitstrom

stromstärke durch die Maßnahme „Netzdrossel“.

Falls diese Maßnahme „Netzinduktivität“, hier durch die Maßnahme erzwungener sinusförmiger Stromaufnahme realisiert (Clean Power Technologie), trotz der Forderungen nach DIN EN 61000-3-2 nicht für erforderlich erachtet wird, weil es sich z. B. um ein Industrienetz handelt, kann dies den Einsatz und Betrieb von FI-Schutzschaltern auf Grund der Ableitströme beeinträchtigen oder verhindern. Eine weitere denkbare Schutzmaßnahme zum Personen-/Brandschutz wäre die „Schutztrennung“, welche aber aus Kostengründen in den meisten Fällen keine Anwendung finden wird.

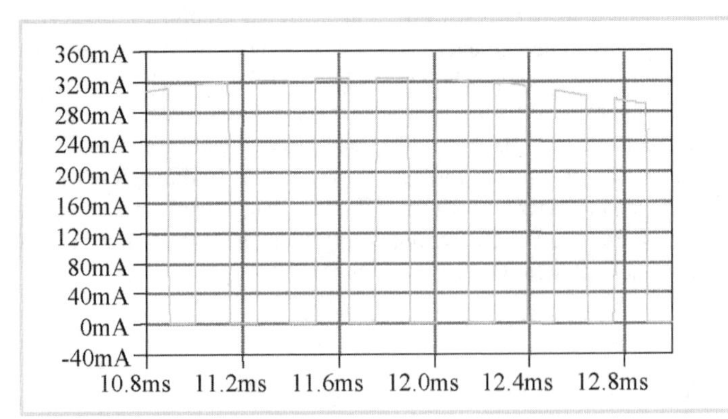

Bild 11a
Fehlerstromverlauf ohne Schutzmaßnahmen (konventioneller Umrichter 4 kHz, störungsbereinigt)

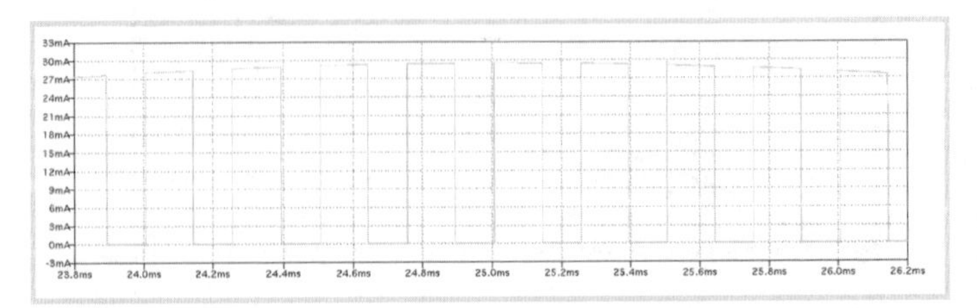

Bild 11b
Fehlerstrom der untersuchten Anlage (Stromstärke ca. Faktor 10 kleiner, störungsbereinigt) bei gleichen Fehlerbedingungen und Taktfrequenzen

9 Steuerungs- und Automatisierungstechnik

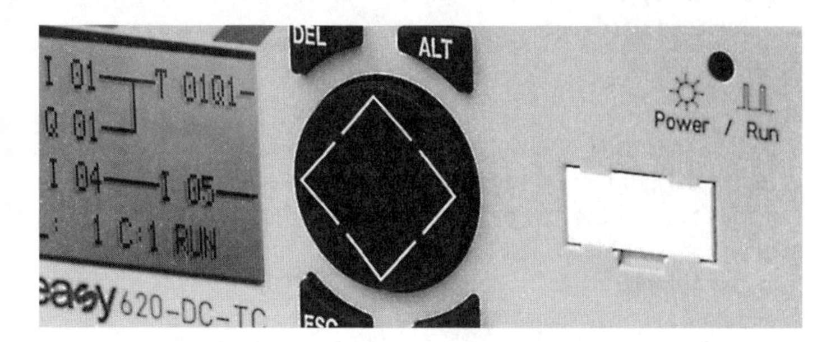

Hervorzuhebende Anforderungen aus DIN EN 60204-1 (VDE 0113-1)

Sicherheit von Maschinen

Siegfried Rudnik

Ziele

Die Ziele der DIN EN 60204-1 (VDE 0113-1):2007-06 „Sicherheit von Maschinen – Elektrische Ausrüstung von Maschinen, Teil 1: Allgemeine Anforderungen“ gelten in erster Linie der Sicherheit von Personen, die mit den Maschinen arbeiten, diese warten und reparieren oder zufällig mit ihnen in Berührung kommen können.

Die elektrische Ausrüstung einer Maschine beginnt an der Netzanschlussstelle. Für die Installation der elektrischen Versorgung gelten die Normen der Serie DIN VDE 0100. Dies bedeutet, dass an der Schnittstelle Gebäudeinstallation – Maschineninstallation insbesondere darauf geachtet werden muss, dass die Systeme nach Art ihrer Erdverbindung kompatibel sind.

Geltungsbereich

Die Anforderungen an die elektrische Ausrüstung gelten sowohl für eine Vielzahl verschiedener Maschinen als auch für Gruppen von Maschinen, die koordiniert zusammenarbeiten (maschinelle Anlagen). Welche Maschinen gemeint sind, ist im Anhang C beispielhaft aufgelistet. Elektromotoren und Generatoren sind zwar im Sprachgebrauch elektrische Maschinen, jedoch keine Maschinen im Sinne der DIN EN 60204-1 (VDE 0113-1) und auch nicht im Sinne der Maschinenrichtlinie.

Risikobeurteilung

Risiken, die auf Gefährdungen durch die elektrische Ausrüstung zurückzuführen sind (z. B. Fehlfunktionen), müssen im Rahmen der *Gesamtrisikobeurteilung* für die Maschine auch bewertet werden.

Die Risikobeurteilung (**Bild 1**) für eine Maschine wird in der Regel vom Maschinenhersteller durchgeführt. Risiken elektrotechnischer Natur (**Tabelle 1**) müssen durch den Lieferanten der elektrischen Ausrüstung ermittelt und durch angemessene risikomindernde Maßnahmen auf ein vertretbares Maß entsprechend DIN EN ISO 12100 und Nachfolger DIN EN ISO 14121: 2007 reduziert werden.

Die Methodik der Risikominderung erfolgt in folgenden Stufen:

1. Beseitigung der Gefahrenstellen,
2. Schutz vor Gefahren und Risiken, die nicht beseitigt werden können,

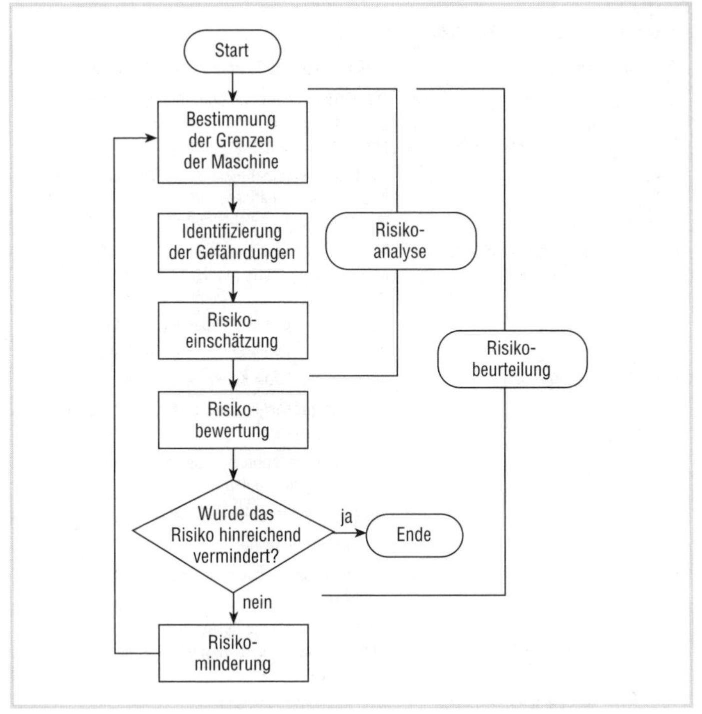

Bild 1
Risikobeurteilung als iterativer Prozess
Quelle: abgeleitet aus DIN EN ISO 14121:2007

3. Informationen über Restrisiken,
4. risikobewusster Betrieb.

Nach DIN EN ISO 12100 muss bei der Risikobeurteilung auch eine „vernünftigerweise vorhersehbare Fehlanwendung“ bedacht werden. Darunter sind folgende Situationen zu verstehen:

- Reflexverhalten bei unvorhergesehenen Ereignissen,
- Konzentrationsmangel oder Unachtsamkeit,
- Hast unter Zeitdruck usw.

Auswahl der Ausrüstung

Wegen des Bezugs zur DIN EN 60439-1 (VDE 0660-500) in DIN EN 60204-1 (VDE 0113-1) sind Anforderungen aus DIN EN 60439-1 (VDE 0660-500) auch für Schaltschränke, die für die elektri-

Tabelle 1
Risikobeurteilung der elektrischen Ausrüstung

Abschnitt	Thema	Maßnahmen auf Basis einer Risikobeurteilung
4.2.2	Schaltgerätekombinationen entsprechend DIN VDE 0660-500	Die elektrische Ausrüstung muss die Anforderungen erfüllen, die durch eine Risikobeurteilung der Maschine ermittelt wurden.
4.4.2	EMV	Festlegung von Maßnahmen zur Vermeidung unzulässiger elektromagnetischer Störungen sowie Herstellung einer ausreichenden Störfestigkeit.
5.4	Ausschalteinrichtungen zur Verhinderung von unerwartetem Anlauf	Auswahl einer geeigneten Abschalteinrichtung in Übereinstimmung mit der vorgesehenen Verwendung.
6	Schutz gegen elektrischen Schlag	Auswahl geeigneter Maßnahmen zum Schutz gegen direktes Berühren und bei indirektem Berühren.
9.2.5.3	Betriebs-Stopp	Auswahl der Stopp-Kategorie 0, 1 oder 2.
		Anschlussmöglichkeiten für Schutzeinrichtungen und Verriegelungen.
		Hierarchie der Stopp-Befehle bei Verwendung von mehreren Steuerstellen.
9.2.5.4.2	NOT-HALT	Auswahl der Stopp-Kategorie 0 oder 1.
9.2.6.2	Zweihandschaltung	Auswahl des Typs der Zweihandschaltung.
9.2.7.4	Freigabe mehrerer Bedienstationen	Hierarchie der Freigabe der einzelnen Bedienstationen.
9.4	Steuerfunktionen im Fehlerfall	Ermitteln eines angemessenen Grades der sicherheitstechnischen Leistungsfähigkeit der Steuerstromkreise.
16.2	nicht eindeutig erkennbare elektrische Betriebsmittel, heiße Oberfläche	Anbringen von Warnschildern.

sche Ausrüstung für Maschinen vorgesehen sind, zu berücksichtigen. Darüber hinaus müssen selbstverständlich auch die Anforderungen erfüllt werden, die sich aus dem spezifischen Einsatz der Maschine ergeben. Anforderungen für Schaltschränke gemäß DIN EN 60204-1 (VDE 0113-1) sind als zusätzliche Anforderungen zur DIN VDE 0660-500 zu verstehen.

Da die DIN EN 60439-1 (VDE 0660-500) unter der Niederspannungsrichtlinie und der EMV-Richtlinie gelistet ist, erhält man durch die Anwendung dieser Norm auch die Vermutungswirkung, dass die „grundlegenden Sicherheits- und Gesundheitsanforderungen" dieser beiden europäischen Richtlinien eingehalten werden. Der Schaltschrank darf dann mit einem

CE-Kennzeichen (z. B. auf dem Typenschild) gekennzeichnet und die Konformität mit der Niederspannungsrichtlinie mittels einer *Konformitätserklärung* dokumentiert werden. Eine Konformitätserklärung nach EMV-Richtlinie ist nicht erforderlich. Diese CE-Kennzeichnung gilt jedoch nicht als Bestätigung auf Übereinstimmung mit der Maschinenrichtlinie.

Bei Anwendung der DIN EN 60204-1 (VDE 0113-1) können bestimmte Anforderungen der Maschinenrichtlinie erfüllt werden, die im Anhang ZZ der DIN EN 60204-1 (VDE 0113-1) aufgelistet sind.

Elektromagnetische Verträglichkeit (EMV)

Entsprechend der EMV-Richtlinie 2004/108/EG gelten Anlagen, die vor Ort errichtet werden (ortsfeste Anlagen), als „Betriebsmittel" im Sinne der EMV-Richtlinie. Solche „ortsfesten Anlagen" müssen zwar auch die technischen Anforderungen der EMV-Richtlinie einhalten, bedürfen jedoch keiner Konformitätserklärung und keiner CE-Kennzeichnung nach der EMV-Richtlinie.

DIN EN 60204-1 (VDE 0113-1) enthält grundlegende Maßnahmen, Hinweise und Empfehlungen, wie man EMV-Problemen vorbeugen kann. Die alleinige Anwendung dieser Maßnahmen garantiert jedoch nicht die Einhaltung der Anforderungen der EMV-Richtlinie.

Es empfiehlt sich, weitestgehend nur Betriebsmittel einzusetzen, die für sich die Forderungen der EMV-Richtlinie erfüllen und CE-gekennzeichnet sind, z. B. Schaltschränke entsprechend DIN EN 60439-1 (VDE 0660-500). Die Einbauhinweise in Bezug auf EMV-gerechte Installation des Herstellers sind zu beachten. Jedoch ist auch bei der Verwendung von CE-gekennzeichneten Geräten noch zu prüfen, ob diese für den vorgesehenen Einsatzfall geeignet sind. Dies ist eine der Grundvoraussetzungen, dass später auch die komplette Anlage die Anforderungen der EMV-Richtlinie erfüllt, jedoch keine Garantie hierfür. Wertvolle Anforderungen an eine EMV-gerechte Installation enthält DIN VDE 0100-444 (in Vorbereitung).

Die Anforderungen an die elektromagnetische Verträglichkeit der elektrotechnischen Ausrüstung von Maschinen werden durch den Einsatzort festgelegt. Es wird zwischen Wohnbereich (einschließlich Geschäfts- und Gewerbebereich sowie Kleinbetrieben) und Industriebereich unterschieden. Die Unterscheidung orientiert sich an der Art der Stromversorgung. Ist eine Maschine an ein öffentliches Stromversorgungsnetz angeschlossen, so gelten sowohl für die Störausstrahlung als auch für die Störfestigkeit niedrige Werte. Wird eine Maschine dagegen von einem eigenen Stromversorgungsnetz mit eigenem Hochspannungstransformator versorgt, so gelten sowohl für die Störausstrahlung als auch für die Störfestigkeit höhere Werte. Soll eine Maschine universal einsetzbar sein, dann müssen die niedrigen Werte für die Störausstrahlung des Wohnbereichs und die hohen Werte für die Störfestigkeit des Industriebereichs erreicht werden (**Bild 2**).

Umgebungstemperatur

Bei der Dimensionierung der elektrischen Ausrüstung muss die Umgebungstemperatur am Betriebsmittel beachtet werden. Der Temperaturbereich, in dem die elektrotechnische Ausrüstung einwandfrei arbeiten muss, beträgt + 5 °C bis + 40 °C. Bei Mehrfachkapselung ist der Temperaturanstieg der Kühlluft am Betriebsmittel zu beachten (**Bild 3**), ggf. müssen Zusatzmaßnahmen wie Lüftung oder Klimatisierung vorgesehen werden.

Netz-Trenneinrichtung

Jeder Netzanschluss an eine Maschine muss über eine Netz-Trenneinrichtung erfolgen. Die Netz-Trenneinrichtung ermöglicht, die elektrische Ausrüstung gemäß DIN VDE 0105-100 freizuschalten. Sie ist insbesondere für Wartungs- und Instandsetzungsarbeiten am mechanischen Teil der Maschine notwendig und muss deshalb auch durch elektrotechnische Laien bedienbar sein.

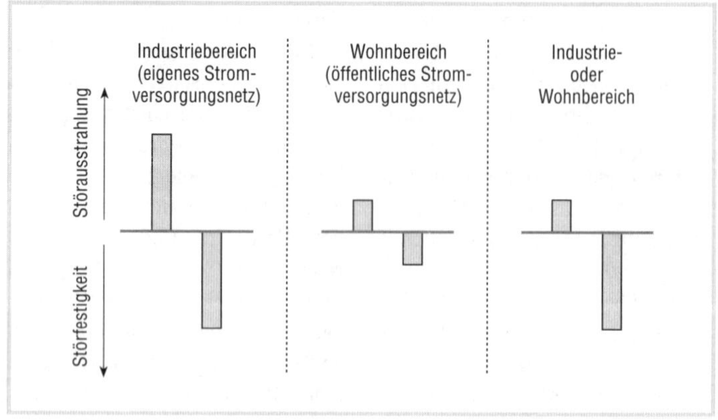

Bild 2
Zuordnung der Störausstrahlung/Störfestigkeit in Abhängigkeit vom Einsatzort

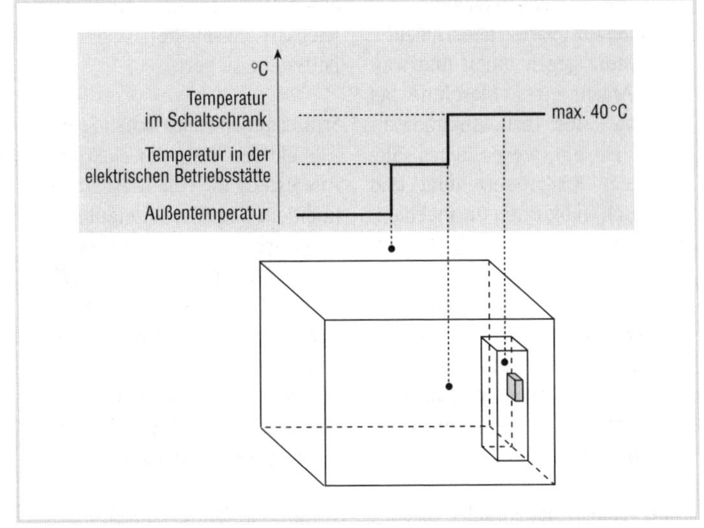

Bild 3
Temperaturgefälle der Kühlluft

Ausgenommene Stromkreise

Unter „ausgenommenen Stromkreisen" werden Stromkreise verstanden, die auch dann, wenn die Maschine über die Netz-Trenneinrichtung komplett stillgesetzt und abgeschaltet wird, in Betrieb bleiben. Entweder, weil sie für notwendige Wartungs- und Instandsetzungsarbeiten benötigt werden oder fremdgespeiste Verriegelungsstromkreise mit anderen Einrichtungen sind. „Fremdgespeist" bedeutet, dass die Versorgung für diesen Steuerstromkreis hinter einer anderen Netz-Trenneinrichtung (**Bild 4**) (z. B. einer anderen Maschine) abgegriffen wird.

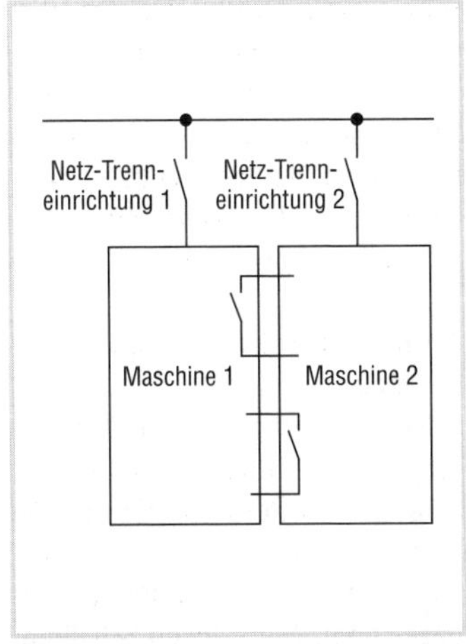

Bild 4
Fremdgespeiste Signalleitung durch Verriegelung mit einer anderen Maschine

Ausschalteinrichtungen zur Verhinderung von unerwartetem Anlauf

Der Schutz gegen einen unerwarteten Anlauf einer Maschine bei Wartungs- und Instandhaltungsarbeiten ist ein wesentliches Element der Risikobeurteilung und wird auch in Normen für mechanische Anforderungen, z. B. DIN EN 1037, behandelt.

Im einfachsten Fall erfüllt die Netz-Trenneinrichtung die Anforderungen zum Schutz gegen den unerwarteten Anlauf. Sie muss deshalb auch von elektrotechnischen Laien bedienbar sein.

Schutz vor unbefugtem, unbeabsichtigtem und/oder irrtümlichem Schließen

Schaltgeräte, mit denen eine Maschine zum Zwecke von Arbeiten abgeschaltet wird, müssen von den Personen, die mit Arbeiten an der Maschine betraut werden, gegen unbefugtes, unbeabsichtigtes oder irrtümliches Wiedereinschalten gesichert werden können.

Abschalten zum Einrichten und Beschicken

Schalteinrichtungen zum Einrichten und Beschicken sind oft als Schlüsselschalter ausgeführt. Sie werden häufig als *Vor-Ort-Steuerung* oder *Reparaturschalter* bezeichnet. Mit solchen Schalteinrichtungen kann das Maschinenpersonal die jeweilige Arbeitsstelle abschalten oder eine spezielle Betriebsart einschalten und die Arbeitsstelle sichern.

Schutz gegen elektrischen Schlag

Alle aktiven Teile der elektrischen Ausrüstung für eine Maschine sind in einem Gehäuse unterzubringen. Beim Schutz durch Gehäuse kann entsprechend DIN EN 60204-1 (VDE 0113-1) aus drei Varianten gewählt werden. Welche Variante angewendet werden soll, ist gemeinsam mit dem Betreiber bei der Beantwortung der Fragen im Anhang B festzulegen.

Variante a: Öffnen durch Verwendung eines Schlüssels oder Werkzeugs

Das Gehäuse kann bei eingeschalteter Stromversorgung nur mit einem Schlüssel oder einem Werkzeug geöffnet werden. Dadurch wird der Zugang auf bestimmte Personenkreise begrenzt, z. B. auf Elektrofachkräfte und unterwiesene Personen.

Alle aktiven Teile an Geräten, die zurückgesetzt oder eingestellt werden, müssen mindestens im Schutzgrad IP2X oder IPXXB (Fingersicherheit) ausgeführt sein. Alle anderen Teile, die bei der Zurücksetzung oder Einstellung von Geräten berührt werden können, sollten mindestens den Schutzgrad IP1X oder IPXXA (Handrückensicherheit) aufweisen.

Variante b: Öffnen durch jedermann nach Abschaltung aller aktiven Teile im Gehäuse
Das Gehäuse darf nur geöffnet werden können, wenn alle aktiven Teile innerhalb des Gehäuses abgeschaltet sind. Diese Methode kann nur angewendet werden, wenn die gesamte elektrische Ausrüstung einschließlich des Trennschalters, der die aktiven Teile abschaltet, in **einem** Schrank (Gehäuse) untergebracht ist oder jeder Schrank seinen eigenen Trennschalter hat.

Der Trennschalter darf sich bei geöffneter Tür nicht einschalten lassen. Auch eine evtl. Fernbetätigung muss unterbunden sein. Der Trennschalter darf erst wieder eingeschaltet werden können, wenn die Tür geschlossen ist.

Für die Inbetriebnahme kann es erforderlich sein, die elektrische Ausrüstung bei geöffneten Türen wieder einzuschalten. Für diesen Fall ist es zulässig, mit einer Spezialeinrichtung den Trennschalter bei geöffneter Tür/Abdeckung wieder einzuschalten.

Variante c: Öffnen durch jedermann ohne Abschaltung
Das Gehäuse darf jederzeit und von jedermann ohne Verwendung eines Schlüssels oder Werkzeugs geöffnet werden, wenn **alle** aktiven Teile innerhalb des Gehäuses gegen direktes Berühren mindestens mit dem Schutzgrad IP2X oder IPXXB (Fingersicherheit) ausgeführt sind.

Der Schutzgrad kann auch durch eine *Abdeckung* erreicht werden. Diese Abdeckung darf jedoch nur mit einem Werkzeug entfernt werden können. Solche Abdeckungen sollten in die Dokumentation mit dem Hinweis aufgenommen werden, dass die Abdeckung eine Schutzmaßnahme darstellt. Für spätere Gewährleistungsansprüche sind Fotos vom Auslieferzustand der Gehäuse, auf denen die Abdeckung erkennbar ist, hilfreich.

Schutz durch Isolierung aktiver Teile

Die Isolierung eines aktiven Teils ist ein Basisschutz im Sinne von DIN VDE 0100-410 gegen direktes Berühren. Farbanstriche oder Ähnliches sowie Isolierbänder erfüllen grundsätzlich nicht die Anforderungen eines Basisschutzes.

Schutz gegen Restspannung

In Umrichtern und Kompensationsanlagen werden Kondensatoren mit großer Kapazität eingesetzt. Deren gespeicherte Ladung ist eine Gefahrenquelle, weil nach dem Abschalten einer Anlage noch einige Zeit eine hohe Berührungsspannung ansteht. Kann die Restspannung nicht innerhalb von 5 s auf unter 60 V abgebaut werden, so muss ein Hinweisschild angebracht werden, das auf diese Gefährdung hinweist. Der Zeitverzug sollte bei der Erst-Inbetriebsetzung gemessen werden. Die tatsächliche Zeit oder die pauschale Zeitangabe „länger als 1 min" entsprechend DIN 4844-2 ist dann auf dem Hinweisschild anzugeben (**Bild 5**).

Eine weitere Möglichkeit ist die Blockade des Türöffnungsmechanismus, der ein Öffnen so lange verhindert, bis die Restspannung unter 60 V gesunken ist. Solche Verriegelung kann zeitgesteuert oder restspannungsabhängig wirken.

Bei Steckern oder bei abklappbaren Stromabnehmern von Schleifleitungen rechnet man bereits nach 1 s mit einer möglichen Berührung. Klingt die Restspannung nicht innerhalb dieser Zeit auf Werte ≤ 60 V ab, so müssen von außen zugängliche spannungsführende Teile fingersicher (IP 2X oder IP XXB) geschützt sein.

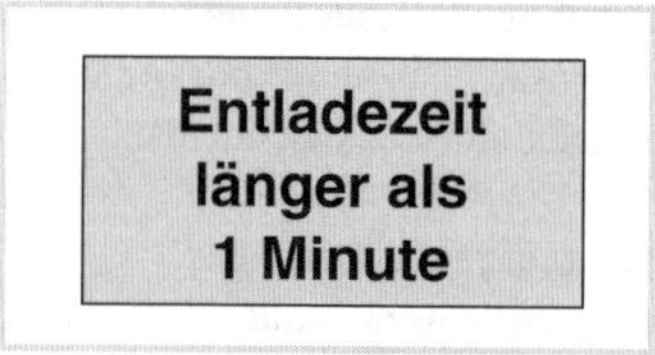

Entladezeit länger als 1 Minute

Bild 5
Hinweiszeichen für Restspannung

Schutz durch automatische Abschaltung

Der Schutz gegen elektrischen Schlag unter Fehlerbedingungen kann durch den Schutz durch automatische Abschaltung erreicht werden. Diese Schutzmaßnahme hat Vorteile, wenn es sich um allgemeine elektrische Anlagen handelt, in denen viele Betriebsmittel mit der Schutzklasse I eingesetzt werden.

Die erforderliche *Abschaltzeit* ist abhängig vom Anschluss und von der Verwendungsart des elektrischen Betriebsmittels sowie von der Höhe der Betriebsspannung (**Tabelle 2**).

Bei Steckdosen muss man grundsätzlich davon ausgehen, dass Betriebsmittel angeschlossen werden, die während des Betriebes in der Hand gehalten werden. Deshalb gelten hierfür dieselben Abschaltzeiten.

Tabelle 2
Abschaltzeiten zum Schutz bei indirektem Berühren

Betriebsmittel; Verwendungsart Anschluss	Nennspannung gegen Erde in V	Erforderliche Abschaltzeit in s
Maschinen, stationär betrieben, fest installiert	alle Spannungen	5,0
in der Hand gehaltene Maschinen in Schutzklasse I, die direkt angeschlossen sind; Maschinen in Schutzklasse I, die über eine Steckdose angeschlossen sind; Steckdosen	120	0,8
	230 (bis 277)	0,4
	400	0,2
	> 400	0,1

Zusätzlicher Potentialausgleich

Kann eine Überstromschutzeinrichtung die geforderte Abschaltzeit zum Schutz gegen elektrischen Schlag nicht erreichen, so sind andere Maßnahmen zur Reduzierung der Berührungsspannung im Fehlerfall auf max. AC 50 V oder DC 120 V notwendig, z. B. durch die Errichtung eines zusätzlichen Schutzpotentialausgleichssystems.

Schutz durch PELV

Eine weitere Möglichkeit zum Schutz gegen elektrischen Schlag ist die Verwendung des *Schutzes durch Kleinspannung* PELV (Herkunft der Abkürzung: *Protective Extra Low Voltage*). Dieser Schutz wird durch Kleinspannung mit sicherer Trennung mittels eines bestimmten Transformatortyps erreicht.

Die Spannungsgrenzen betragen

- unter trockenen Bedingungen: AC 25 V bzw. DC 60 V,
- bei Verwendung von Flüssigkeiten, z. B. Kühlflüssigkeit beim Bohren, Fräsen und Schleifen: AC 6 V bzw. DC 12 V.

Überstromschutzeinrichtungen

Überstromschutzeinrichtungen müssen so dimensioniert sein, dass sie den Leiter entsprechend seinem Querschnitt, der Verlegeart, der Umgebungstemperatur und der Betriebsart bei der vorgesehenen Belastung schützen. Beim Übergang auf einen geringeren Querschnitt darf die Überstromschutzeinrichtung bis 3 m vom Abzweig in Lastrichtung angeordnet werden. Werden mehrere Überstromschutzeinrichtungen hintereinander installiert, so ist die Selektivität der Abschaltungen sicherzustellen.

Fehlerstromschutz

Fehlerstromschutzeinrichtungen (RCDs) *sind in elektrischen Ausrüstungen* von Maschinen nicht gefordert. Kann das Bedienpersonal zwischen einer Steckdose der Gebäudeinstallation, die mit einer Fehlerstromschutzeinrichtung (RCD) ausgerüstet ist, und einer Steckdose an einer Maschine auswählen, so sollte auch die Steckdose an der betroffenen Maschine mit einer Fehlerstromschutzeinrichtung (RCD) ausgerüstet werden.

Spannungsfestigkeit

Je nach Einsatzort müssen elektrische Betriebsmittel eine bestimmte Festigkeit gegen Überspannung aufweisen. Die Festigkeit ist in 4 *Überspannungskategorien* (I bis IV) eingeteilt. Dabei wird die Installationsanlage in Zonen nach der erforderlichen Festigkeit gegen möglicherweise auftretende Überspannungen unterteilt (**Tabelle 3**).

Potentialausgleich

Der Potentialausgleich kann in der elektrischen Installation einer Ma-

Tabelle 3
Überspannungskategorien

Überspannungskategorien			
IV	III	II	I
Betriebsmittel in der Nähe der Einspeisung	Betriebsmittel, die fester Bestandteil einer elektrischen Anlage sind und von denen ein höherer Grad an Verfügbarkeit erwartet wird, sowie Betriebsmittel für die industrielle Anwendung	Betriebsmittel, die für den Anschluss an eine elektrische Anlage geeignet sind (z. B. tragbare Werkzeuge)	Betriebsmittel, die für den Anschluss an eine elektrische Anlage geeignet sind und über eigene Überspannungsschutzeinrichtungen verfügen

schine zwei unterschiedliche Aufgaben übernehmen:

- *Schutz-Potentialausgleich,*
- *Funktions-Potentialausgleich,* um Betriebsstörungen als Folge von Isolationsfehlern zu vermeiden oder die elektromagnetische Verträglichkeit (EMV) zu verbessern.

Normalerweise wird der Funktions-Potentialausgleich mit dem Schutzleitersystem verbunden.

Schutzleitersystem

Damit ein wirksames Schutzleitersystem aufgebaut werden kann, sind alle leitfähigen Konstruktionsteile der Maschine durch Schutzpotentialausgleichsleiter in das Schutzleitersystem einzubeziehen.

Alle *Schutzleiter* müssen identifizierbar sein. Die Identifizierbarkeit kann durch Form, Anordnung, Kennzeichnung oder Farbe erfolgen. Die häufigste Kennzeichnung ist die durchgehende grün-gelbe Farbkennzeichnung.

Eine Unterbrechung des Schutzleiters durch Schaltgeräte oder Überstromschutzeinrichtungen ist grundsätzlich nicht zugelassen. Müssen betriebsbedingt Schutzleiterströme erfasst werden, so dürfen solche Erfassungen keine zusätzlichen Impedanzen im Schutzleitersystem hervorrufen.

Teile, deren Abmessungen kleiner als 50 mm x 50 mm sind, bei denen eine Umfassung mit der Hand mit Verhinderung des Loslassens nicht gegeben oder ein großflächiger Kontakt mit einem Teil des menschlichen Körpers nicht möglich ist, brauchen nicht mit dem Schutzleitersystem verbunden zu werden.

Schutzleiterströme > 10 mA, die über einen Schutzleiter zur Erde abgeführt werden, sind aus Sicht des Schutzleiterkonzepts unerwünscht. Schutzleiter dürfen betriebsmäßig keinen Strom führen, denn dies bedeutet den Fehlerfall.

Die Anforderungen an den *Mindestquerschnitt des Schutzleiters,* der einen Schutzleiterstrom > 10 mA führt, wurden von den Anforderungen für den PEN-Leiter abgeleitet, der betriebsmäßig Strom führen darf und aus mechanischen Gründen (Verhinderung eines Leiterbruchs) einen Mindestquerschnitt von 10 mm^2 Cu oder 16 mm^2 Al haben muss.

Bei kleineren Schutzleiterquerschnitten kann auch ein zusätzlicher Leiter parallel zum Schutzleiter verlegt werden, der den gleichen Querschnitt wie der Schutzleiter aufweisen muss. Für den zusätzlichen Leiter muss eine eigene Anschlussklemme vorgesehen werden.

Können beide Möglichkeiten nicht angewendet werden, so dürfen Ströme über den Schutzleiter nur dann gegen Erde abgeführt werden, wenn eine Einrichtung vorhanden ist, die eine Unterbrechung des Schutzleiters überwacht *(Schleifenüberwachung).*

Die Reduzierung von Schutzleiterströmen ins speisende Netz (Gebäudeinstallation) kann auch durch die galvanische Trennung der elektrischen Ausrüstung der Maschine von der elektrischen Versorgung mithilfe eines Transformators mit getrennten Wicklungen erreicht werden.

Da bei *steckerfertigen Geräten* (die in der Hand gehalten werden) i. d. R. der Schutzleiter keinen Querschnitt ≥ 10 mm^2 Cu aufweist und auch ein zusätzlicher Leiter nicht unabhängig vom Schutzleiter parallel angeschlossen werden kann, dürfen solche Maschinen keine Ströme ≥ 10 mA über den Schutzleiter abführen.

Warnhinweis und Angaben

Wenn eine Maschine Ströme über den Schutzleiter führt, muss der Hersteller der Maschine Angaben darüber machen. Die Höhe des Schutzleiterstromes und der erforderliche Mindestquerschnitt des externen Schutzleiters sind in der Nähe der PE-Anschlussklemme (**Bild 6**) und in der technischen Dokumentation anzugeben. Für den Planer der elektrischen Ausrüstung

Bild 6
Warnschild in der Nähe des PE-Anschlusses einer Maschine

einer Maschine sind Angaben über die Höhe des Schutzleiterstromes durch den Hersteller von elektrischen Betriebsmitteln, die für den Einbau vorgesehen sind, hilfreich.

Steuerstromkreise

Die Anforderungen in DIN EN 60204-1 (VDE 0113-1) gelten für die klassische Steuerung mit Hilfsschützen und Relais. Man unterscheidet Stromversorgungen für Steuerstromkreise, die direkt am Hauptstromkreis angeschlossen werden, von solchen, die über einen Transformator oder einen Gleichrichter versorgt werden.

Auf der Sekundärseite von Steuertransformatoren und vergleichbaren Stromquellen wird immer ein zusätzlicher *Überstromschutz* verlangt. Zur Verhinderung von Fehlfunktionen durch den Spannungseinbruch bei Kurzschluss sollte die Abschaltzeit deutlich unter 1 s liegen.

Der Überstromschutz in Steuerstromkreisen soll im Wesentlichen nur den Kurzschlussfall abdecken. Man geht davon aus, dass in Steuerstromkreisen Überströme infolge von Überlastungen der Betriebsmittel praktisch auszuschließen sind.

Transformatoren

Für die Stromversorgung von Steuerstromkreisen aus Wechselstromquellen müssen Transformatoren verwendet werden, die eine galvanische Entkopplung vom Hauptstromkreis aufweisen. Spartransformatoren oder Spannungsteiler, die keine galvanische Entkopplung haben, sind nicht zugelassen.

Auf einen Transformator für die Versorgung der Steuerung kann man nur bei sehr einfachen Steuerungen einer Maschine verzichten, bei der nur eine übersichtliche Ein-Aus-Steuerung mit maximal 2 Steuergeräten verwendet wird.

Werden mehrere Transformatoren für die Versorgung der Steuerkreise verwendet, so sind diese so an die Außenleiter anzuschließen, dass sekundär gleiche Phasenlage vorliegt.

Erdung

Ob der Sekundärkreis geerdet werden muss oder ungeerdet mit einer Isolationsüberwachung betrieben werden soll, ist abhängig von den Anforderungen an die Maschine.

Steuerstromkreise, die über einen Transformator versorgt werden, dürfen nur an einer Stelle geerdet werden. Die Verbindung sollte in der Nähe des Transformators erfolgen und für Isolationsmessungen leicht zugänglich und trennbar sein. Weitere Anforderungen an Hilfsstromkreise findet man in DIN VDE 0100-557:2007-06.

Steuerspannungen

Für einen ordnungsgemäßen Betrieb sind bei der Auswahl der

Spannungsart und Spannungshöhe die Einsatzbedingungen zu beachten. Bei Steuerstromkreisen mit Wechselspannungsversorgung müssen die Leitungskapazitäten bei langen Zuleitungen zu Relais, Schützen oder Ventilen berücksichtigt werden, weil Leitungskapazitäten das Abschalten eines Relais oder Magnetventils über einen längeren Zeitraum verhindern können.

Bei Steuerstromkreisen mit Gleichspannungsversorgung ist die Höhe des Nennwertes entsprechend DIN VDE 0100-557 auf 220 V begrenzt. Bei Steuerstromkreisen mit Wechselspannungsversorgung ist die Höhe abhängig von der Frequenz. Bei 50 Hz ist die Spannung auf 230 V und bei 60 Hz auf 277 V begrenzt.

$$\frac{50\,\text{Hz}}{60\,\text{Hz}} = \frac{230\,\text{V}}{277\,\text{V}}$$

Stopp-Kategorien

Muss eine Maschine angehalten werden, z. B. beim Anfahren einer Endlagenbegrenzung oder bei Auslösung eines NOT-HALT-Befehls, so ist eine Stillsetzung durch Abschalten der Energiezufuhr und sofortigen Einfall der Bremse nicht immer die beste Lösung, um eine Maschine schnellstmöglich zum Stehen zu bringen. In den meisten Fällen, bei denen eine Stopp-Funktion ausgelöst wird, liegt nämlich kein Fehler in der elektrischen Antriebstechnik vor, sondern äußere Umstände erfordern eine schnellstmögliche Stillsetzung. Man sollte deshalb auf die Möglichkeit einer motorischen Abbremsung nicht verzichten.

Welche *Stopp-Kategorie* (**Tabelle 4**) bei welchem Antrieb und unter welchen Umständen realisiert werden muss, ist durch eine Risikobeurteilung zu ermittelt.

Aufhebung von Sicherheitsfunktionen

Muss die Schutzwirkung von Schutzeinrichtungen betriebsbedingt aufgehoben werden, so sind ggf. andere Schutzmaßnahmen vorzusehen. Sicherheitseinrichtungen dürfen durch unsichere Einrichtungen weder abgeschaltet noch überbrückt werden.

Tabelle 4
Struktur der Stopp-Kategorien

Stopp-Kategorien		
0	1	2 (nicht für NOT-HALT)
ungesteuertes Stillsetzen	gesteuertes Stillsetzen	gesteuertes Stillsetzen
sofortige Unterbrechung der Energiezufuhr	Unterbrechung der Energiezufuhr erst nach dem Stillstand	Energiezufuhr bleibt erhalten

Handlungen im Notfall (NOT-HALT, NOT-AUS)

Ein NOT-HALT oder NOT-AUS wird durch eine einzelne menschliche Handlung mithilfe eines Befehlsgerätes ausgelöst. Die Befehlseinrichtung muss durch eine rote Betätigungseinrichtung mit gelbem Hintergrund gekennzeichnet sein. Ein NOT-HALT oder NOT-AUS ist eine ergänzende Schutzmaßnahme und kann nicht als risikomindernde Maßnahme eingesetzt werden.

Bei NOT-HALT werden die Antriebe der Maschine stillgesetzt, wo i. d. R. Gefahren einen mechanischen Ursprung haben.

Bei NOT-AUS wird die elektrische Ausrüstung der Maschine, wo die Gefahr eines elektrischen Schlags oder andere Gefahren elektrischen Ursprungs entstanden sind, abgeschaltet.

Start/Stopp-Befehlsgeräte

Drucktaster für die Befehle START und STOPP für eine Maschine sollten grundsätzlich nur mit den Symbolen „I“ und „O“ gekennzeichnet werden. Kann auf eine farbliche Kennung nicht verzichtet werden, so sind Drucktaster für den Start-Befehl vorzugsweise weiß und für den Stopp-Befehl vorzugsweise schwarz auszuführen.

Start-Stopp-Steuerung

Kann mit einer Taste eine Funktion gestartet und durch wiederholtes Betätigen die Funktion wieder ausgeschaltet werden, so spricht man von einer Start-Stopp-Steuerung. Solche Steuerungen sind bei Maschinen für Funktionen, die einen gefahrbringenden Zustand erzeugen, nicht zulässig, auch nicht, wenn der Ein-Zustand durch eine integrierte Meldelampe angezeigt wird.

Stopp bei kabellosen Bedienstationen

Eine grundsätzliche Anforderung an Bedienstationen für Maschinen ist das Vorhandensein eines NOT-HALT-Bedienteils, das zudem besonders gekennzeichnet sein muss (roter Taster, gelber Hintergrund). Abweichend hiervon dürfen Bedienstationen, die kabellos mit der Steuerung verbunden sind, nicht mit einem NOT-HALT-Bedienteil ausgerüstet sein. Sie müssen stattdessen ein Bedienteil aufweisen, das eine Stopp-Funktion auslöst. Der Stopp-Befehl darf in der Steuerung der Maschine den gleichen Befehl auslösen wie ein NOT-HALT-Befehl, darf aber trotzdem nicht als NOT-HALT gekennzeichnet sein. Die Farbe des Bedienteils sollte vorzugsweise schwarz sein.

Trennung von elektrischen und nichtelektrischen Betriebsmitteln

In Gehäusen oder Schaltschränken dürfen elektrische und nichtelektrische Betriebsmittel nicht gemeinsam aufgebaut werden

(**Bild 7**). Die geforderte Trennung zwischen rein elektrischen Bereichen eines Gehäuses bzw. Schaltschrankes und Bereichen mit nichtelektrischen Betriebsmitteln beruht auf zwei Überlegungen:

- Die Wartung und Justierung nichtelektrischer Betriebsmittel wird i. d. R. von elektrotechnischen Laien durchgeführt.
- Defekte an nichtelektrischen Betriebsmitteln dürfen keine Auswirkungen auf die elektrischen Betriebsmittel haben.

Induktive Energieübertragung

Die Technologie der induktiven Energieübertragung wurde in die jetzige Veröffentlichung der Norm erstmalig aufgenommen. Die Energie wird magnetisch mit einigen 10 kHz übertragen und in der Maschine wieder in die erforderliche Spannung umgeformt.

Bei einer Beschädigung/Unterbrechung der Leitung zwischen dem Ausgang des Aufnehmers und dem Umformer können – ähnlich wie bei einem Stromwandler – sehr hohe Spannungen auftreten. Um die Wahrscheinlichkeit für eine solche Unterbrechung so gering wie möglich zu halten, sind die Installationsregeln für Stromwandler-Sekundärkreise zu beachtet.

Identifizierung von Leitern

Die allgemeinen Anforderungen an die Identifizierung von Leitern richten sich an die Zuordnung eines Leiters zur technischen Dokumentation und umgekehrt. Die technische Dokumentation kann z. B. der Stromlaufplan, der Klemmenanschlussplan oder auch der Kabelplan sein. Hieraus kann eine bestimmte Art und Weise der

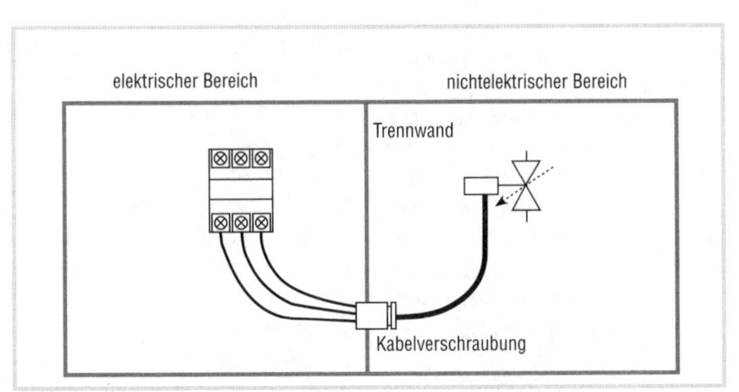

Bild 7
Räumliche Trennung von elektrischen und nichtelektrischen Bereichen

Identifizierung bestimmt werden. Durch die Nutzung des Fragebogens im Anhang B der Norm kann mit dem Betreiber eine Methode der Identifizierung festgelegt werden. Dies kann eine Kennzeichnung der Leiter mit dem jeweiligen Anschlusspunkt des Gerätes sein.

Schutzziel ist, dass die Wahrscheinlichkeit von Verdrahtungsfehlern beim späteren Austausch von Geräten minimiert wird. Verdrahtungsfehler können mit dieser Methode jedoch nicht verhindert werden. Deshalb entbindet auch die aufwändigste Identifizierung den Betreiber nicht von der Pflicht, nach einem Gerätetausch eine Funktionsprüfung durchzuführen.

Dokumentation

Im Exportgeschäft ist die Sprache der Dokumentation vertraglich zu vereinbaren. Es gibt Länder, in denen ist die Sprache der Dokumentation gesetzlich vorgeschrieben. Dies ist im europäischen Wirtschaftsraum für die verschiedenen Dokumente über die Maschinenrichtlinie unterschiedlich geregelt. Deshalb ist für Lieferungen für die Benutzung innerhalb der EU die Maschinenrichtlinie zu beachten. Bei Lieferungen außerhalb der EU ist bei Vertragsabschluss mit der Beantwortung der Frage 13.a) im Anhang B die Sprache der einzelnen Dokumente für die elektrische Ausrüstung der Maschine festzulegen.

In der Norm werden die Dokumente genannt, die erforderlich sind, damit Betrieb, Wartung und Reparatur der elektrotechnischen Ausrüstung möglich sind. Da die Dokumentation vom Umfang und von der Technologie der gelieferten elektrotechnischen Ausrüstung abhängig ist, sind in einigen Abschnitten auch Einschränkungen wie „falls zutreffend" genannt. Der Umfang der Dokumentation sollte deshalb vertraglich entsprechend dem Lieferumfang der elektrotechnischen Ausrüstung für die Maschine festgelegt werden.

Die Art der Dokumentation ist in einer Vielzahl von Normen festgelegt (**Tabelle 5**).

Prüfungen

In der vorliegenden Norm wurden die Anforderungen für die Prüfung der elektrischen Ausrüstung wesentlich erweitert bzw. konkretisiert. Es sind je nach Auslieferzustand der Maschine verschiedene Verfahren anzuwenden.

Verfahren A:
Die elektrische Ausrüstung wird komplett aus Einzelkomponenten vor Ort errichtet und verkabelt.

Verfahren B1:
Die elektrische Ausrüstung wird ab Werk komplett verkabelt, geprüft und als eine Einheit geliefert. Die Kabellängen auf der Lastseite ein-

zelner Schutzeinrichtungen überschreiten die Kabellängen in Tabelle 10 der Norm.

Verfahren B2:
Wie Verfahren B1, jedoch wird die elektrische Ausrüstung für den Versand in transportable Einheiten zerlegt.

Tabelle 5
Liste von Normen für die Dokumentation

Kennzeichnung	
DIN EN 61346	Strukturierungsprinzipien und Referenzkennzeichnung
DIN EN 61175	Industrielle Systeme, Anlagen und Ausrüstungen und Industrieprodukte – Kennzeichnung von Signalen
DIN EN 61666	Industrielle Systeme, Anlagen und Ausrüstungen und Industrieprodukte – Identifikation von Anschlüssen in Systemen
Symbole	
DIN EN 81714	Gestaltung von graphischen Symbolen zur Anwendung in der technischen Produktdokumentation
DIN EN 60617	Graphische Symbole für Schaltpläne
ISO 14617	Graphical symbols for diagrams
Dokumentationsregeln	
DIN EN 61335	Klassifikation und Kennzeichnung von Dokumenten für Anlagen, Systeme und Einrichtungen
ISO 10303-210	STEP-Datenmodell
DIN EN 61360	Datenelemententypen
Erstellung von Dokumenten	
DIN EN 60848	GRAFCET-Spezifikationssprache für Funktionspläne der Ablaufsteuerung
DIN EN 62082 (VDE 0040-1)	Dokumentation der Elektrotechnik
DIN EN 62027	Erstellen von Teilelisten
DIN EN 62079	Erstellen von Anleitungen
Datenorganisation	
DIN EN 82045-1	Dokumentationsmanagement Teil 1: Prinzipien und Methoden
DIN EN 82045-2	Dokumentationsmanagement Teil 2: Metadaten und Informationsreferenzmodelle
DIN EN 62023	Strukturierung technischer Informationen und Dokumentation

Verfahren C1:
Die elektrische Ausrüstung wird ab Werk komplett verkabelt, mit Prüfung 1 geprüft und als eine Einheit geliefert. Die Kabellängen auf der Lastseite einzelner Schutzeinrichtungen sind maximal gleich den Kabellängen der Tabelle 10.

Verfahren C2:
Wie Verfahren C1, jedoch muss die elektrische Ausrüstung für den Versand in transportable Einheiten zerlegt werden.

10 Beleuchtungstechnik

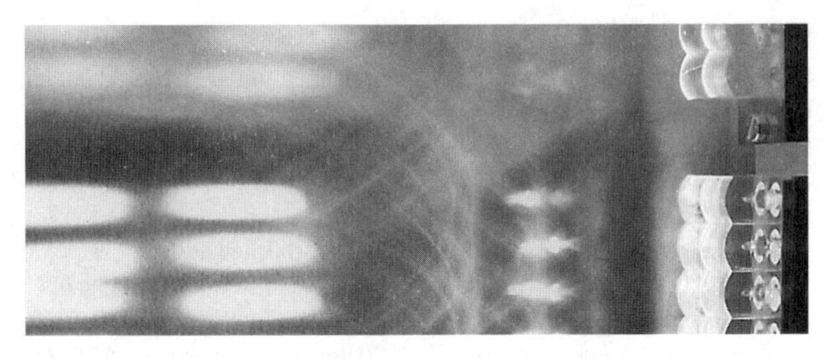

Lichttechnische Grundlagen

Licht und Strahlung

Licht ist ein kleiner Ausschnitt aus dem Spektrum der elektromagnetischen Strahlung, die beginnend bei den Feldern der technischen Wechselströme bis hin zur energiereichen kosmischen Strahlung reicht.

In vielen technischen Anwendungen wird diese Strahlung durch die Angabe der Frequenz (in Hertz, Hz) gekennzeichnet. In der Lichttechnik gehen wir einen anderen Weg und kennzeichnen das relevante Spektralgebiet durch Angabe der Wellenlänge. Frequenz und Wellenlänge sind über einen einfachen Zusammenhang miteinander verknüpft:

$$c = \lambda \cdot f$$

Hierin bedeuten:

- c Lichtgeschwindigkeit im Vakuum (299,792 km/s);
- λ Wellenlänge (m);
- f Frequenz (Hz)

Als optischen Bereich bezeichnet man den im Verhältnis zum gesamten Spektrum kleinen Ausschnitt von Wellenlängen zwischen 100 nm und 1 mm.

In der Mitte dieses Bereiches – zwischen 380 nm und 780 nm – liegt die sichtbare optische Strahlung, für die unser Auge empfindlich ist und die wir als Licht bezeichnen. Der angrenzende Bereich der kürzeren Wellenlängen wird als Ultraviolett-Strahlung (UV) bezeichnet, und den angrenzenden Bereich der Strahlung mit größeren Wellenlängen nennen wir Infrarot-Strahlung (IR).

Das menschliche Auge

In dem schmalen Wellenlängenbereich zwischen 380 nm und 780 nm ist unser Auge gemäß der in **Bild 1** gezeigten Hellempfindlichkeitskurve für das einfallende Licht empfindlich. Diese Kurve bezeichnet man auch als relativen spektralen Hellempfindlichkeitsgrad. Das Maximum dieser Kurve liegt bei 555 nm. Zu den beiden Enden hin geht die Empfindlichkeit gegen Null.

Unser Auge hat annähernd kugelförmige Gestalt und funktioniert ähnlich wie eine Kamera. Die Linse verleiht dem Auge die variable Brechkraft und erzeugt Bilder von unterschiedlich weit entfernten Gegenständen auf der Netzhaut. In der Netzhaut befinden sich die lichtempfindlichen Empfänger. Sie absorbieren die einfallenden Lichtstrahlen und wandeln sie in Nervenimpulse um.

Der Sehnerv leitet diese Nervenimpulse an das Gehirn weiter, wo letztendlich dem Menschen ein Bild seiner Umwelt in bunten Farben bewusst wird.

Unsere Netzhaut enthält insgesamt etwa 126 Millionen lichtempfindliche Empfänger. Diese Empfänger teilen sich auf in etwa 120 Millionen Stäbchen und rund 6 Millionen Zapfen. Die Stäbchen sind für das Sehen bei sehr geringer Helligkeit zuständig und einheitlich aufgebaut. Bei den Zapfen unterscheiden wir nach ihrer Empfindlichkeit drei unterschiedliche Typen.

Diese drei unterschiedlichen Zapfenarten produzieren bei gleichartigem Lichteinfall unterschiedliche Nervensignale, die von unserem Gehirn zum Sinneseindruck Farbe verarbeitet werden.

Dass wir unsere Welt in bunten Farben wahrnehmen können, beruht auf dieser unterschiedlichen Funktionsweise der drei Zapfenarten in unserer Netzhaut. Außerhalb unseres Auges hat der Begriff Farbe im Sinne von Lichtfarbe keine Bedeutung. Physikalisch betrachtet haben wir es immer mit Licht zu tun, das aus Strahlungen unterschiedlicher Wellenlängen zusammengesetzt ist. Erst unser Auge lässt uns in Kombination mit dem Gehirn an den verschiedenen Lichtern bunte Farben wahrnehmen.

Ein gesundes Auge ist unter günstigen Beobachtungsbedingungen

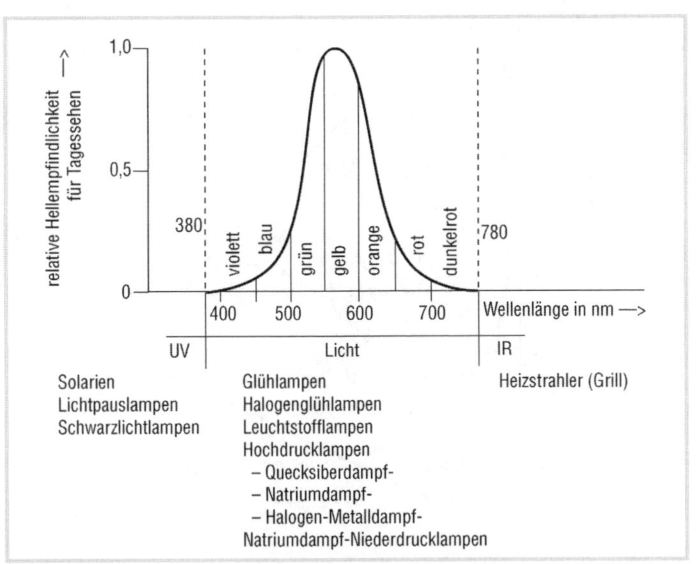

Bild 1
Hellempfindlichkeit des menschlichen Auges
Quelle: Beleuchtungstechnik für den Elektrofachmann

in der Lage, etwa eine Million Farben zu unterscheiden.

Wenn es nun zum Beispiel um die Charakterisierung eines ganz bestimmten Farbeindrucks im Sinne einer technischen Beschreibung geht, wird man mit Bezeichnungen wie „grasgrün“ oder „himmelblau“ mit Sicherheit nicht mehr auskommen. Deswegen wurde schon vor vielen Jahren eine Metrik der Farben eingeführt, die eine eindeutige Kennzeichnung ermöglicht.

In diesem System werden alle wahrnehmbaren Farben innerhalb eines räumlichen Gebildes angeordnet, dem so genannten Vektorraum der Farben. **Bild 2** zeigt einen ebenen Schnitt durch diesen Farbraum. Wir nennen diesen Schnitt „Farbtafel“, oder noch etwas genauer „Normfarbtafel“, da dieses System der Kennzeichnung der Farben in der Norm DIN 5033 festgelegt ist. Ist eine Farbe innerhalb der Farbtafel festgelegt, so nennt man eine solche Stelle den „Farbort“. Durch die Angabe von x und y ist dieser Farbort eindeutig gekennzeichnet.

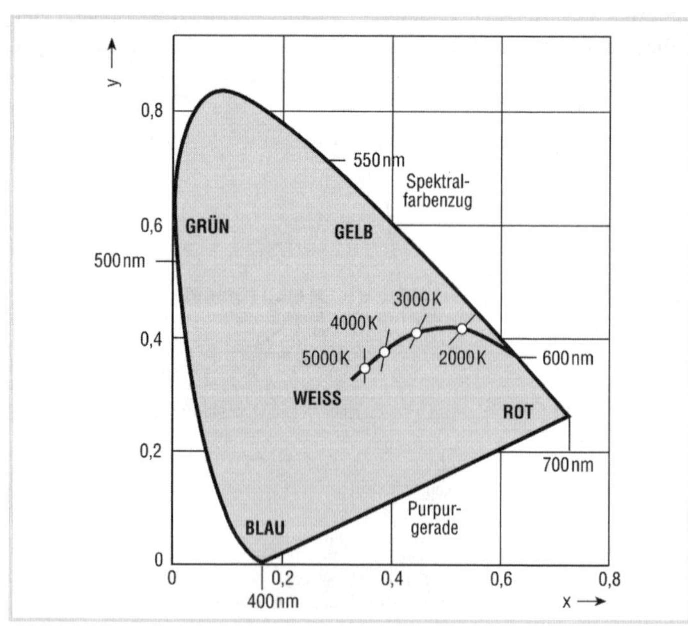

Bild 2
Darstellung der Normfarbtafel mit Planckschem Kurvenzug

Lichtfarbe

Wird ein Metall, z. B. der Glühfaden einer Glühlampe, langsam erhitzt, fängt er bei einer bestimmten Temperatur an zu glühen – eine rötlich-orange aussehende Farbe wird wahrgenommen. Wird der Draht kontinuierlich weiter erhitzt, ändert sich mit der Temperatur auch die Farbe des Lichtes. Sie wechselt über ein gelbliches Orange bis hin zum Weiß. Versucht man, die Temperatur über einen bestimmten Punkt hinaus weiter zu steigern, so schmilzt der Faden.

Der Physiker Max Planck hat einen besonderen Strahler mathematisch beschrieben, den so genannten „Schwarzen Strahler", mit dem sich das Experiment in der Theorie weiter fortsetzen lässt. Die Farbe, die wir an dem theoretisch immer heißer werdenden Glühfaden wahrnehmen würden, ist in Bild 2 durch die ausgezogene Kurve dargestellt. Zu seinen Ehren nennt man diese Kurve auch den Planckschen Kurvenzug. Er stellt einen Zusammenhang zwischen der Temperatur und der dazugehörenden Lichtfarbe her.

Wenn nun die Farbe einer Lichtquelle in der Farbtafel auf oder dicht neben dem Planckschen Kurvenzug liegt, kann man sie nicht nur durch die Angabe der Koordinaten (x, y) kennzeichnen, sondern auch durch die Angabe der Temperatur, die zu der Planckschen Kurve an dieser Stelle gehört. Wir nennen das dann die *ähnlichste Farbtemperatur* T_n der jeweiligen Lichtquelle. Sie wird in Kelvin angegeben. Genau dieser Weg ist gewählt worden, um die Farbe von Lichtquellen zu kennzeichnen.

Die Angabe der ähnlichsten Farbtemperatur, meistens nur Farbtemperatur genannt, findet man auch in den Katalogen der Lampenhersteller. Für eine etwas allgemeinere und vielleicht auch verständlichere Kennzeichnung der Lichtfarbe sind Bereiche der ähnlichsten Farbtemperatur eingeteilt worden. Diese Einteilung zeigt **Tabelle 1**.

Tabelle 1
Einteilung der Lichtfarben künstlicher Lichtquellen in Abhängigkeit von der ähnlichsten Farbtemperatur

Ähnliche Farbtemperatur T_n in K	Lichtfarbe
unter 3300	Warmweiß (ww)
von 3300 bis 5000	Neutralweiß (nw)
über 5000	Tageslichtweiß (tw)

Farbwiedergabe

Eine weitere wichtige Kenngröße bei künstlichen Lichtquellen ist die Farbwiedergabe. Darunter verstehen wir die Eigenschaft einer Lichtquelle, die beleuchteten Gegenstände in „natürlichen" Farben erscheinen zu lassen. Mit natürlichen Farben ist an dieser Stelle das Erscheinungsbild der

Gegenstände bei Beleuchtung mit uns vertrauten Lichtquellen gemeint, z. B. mit dem Tageslicht oder dem Licht der Glühlampe.

Für die Bewertung der Farbwiedergabeeigenschaft ist das so genannte Testfarbenverfahren entwickelt worden. Wie in **Bild 3** dargestellt, werden acht definierte Testfarben sowohl unter einer bestimmten Bezugslichtart als auch unter der jeweils zu kennzeichnenden künstlichen Lichtquelle betrachtet. Die sich dabei ergebenden Unterschiede im farblichen Erscheinungsbild der Testfarben werden nach einem mathematischen Verfahren bewertet. Das Ergebnis dieses Verfahrens ist ein Zahlenwert, der maximal den Wert 100 annehmen kann. Dieser Zahlenwert wird als *Allgemeiner Farbwiedergabeindex* R_a bezeichnet. Im Falle $R_a = 100$ treten überhaupt keine Farbabweichungen auf und die Farbwiedergabe ist optimal. Je kleiner der Zahlenwert wird, desto größer sind die Abweichungen und desto schlechter ist die Farbwiedergabe der jeweiligen Lichtquelle. Für die Einteilung dieser Kenngröße sind die in der **Tabelle 2** gezeigten Stufen festgelegt.

Tabelle 2
Einstellung der Lichtfarben künstlicher Lichtquellen in Abhängigkeit von der ähnlichsten Farbtemperatur

Allgemeiner Farbwiedergabeindex R_a	Stufe der Farbwiedergabe
$R_a \geq 90$	1 *A*
$\leq 80\ R_a < 90$	1 *B*
$\leq 70\ R_a < 80$	2 *A*
$\leq 60\ R_a < 70$	2 *B*
$\leq 20\ R_a < 40$	3
$\leq 20\ R_a < 40$	4

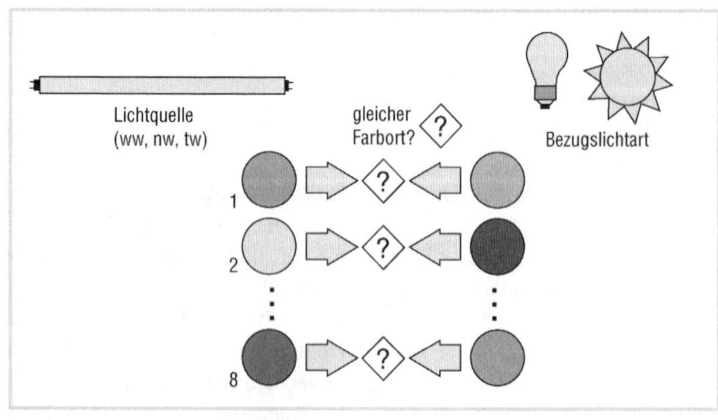

Bild 3
Darstellung desTestfarbenverfahrens
Quelle: Dr. Frank Lindemuth

Lichtstrom Φ

Lichtquellen für die künstliche Beleuchtung werden heute grundsätzlich mit elektrischem Strom betrieben. Um die aufgewendete elektrische Energie effektiv zu nutzen, müssen künstliche Lichtquellen möglichst viel Strahlung in dem Bereich erzeugen, in dem unser Auge empfindlich ist. Diese Strahlungsleistung wird genau wie die elektrische Leistung in Watt (W) gemessen.

Unser Auge bewertet die Strahlung gemäß der in Bild 1 dargestellten Hellempfindlichkeitskurve in der Mitte des sichtbaren Bereiches (380 nm bis 780 nm) deutlich stärker als an den beiden Enden. Die lichttechnische Größe Lichtstrom berücksichtigt diesen Zusammenhang und ergibt sich daher grundsätzlich durch die Bewertung der Strahlung mit dieser Hellempfindlichkeitskurve.

Zusätzlich erfolgt eine Bewertung mit einem konstanten Faktor, dem so genannten Maximalwert des photometrischen Strahlungsäquivalents $K_m = 683$ lm/W. Durch die Einheit dieses Faktors ergibt sich als Einheit für den Lichtstrom das Lumen (lm). Der Lichtstrom hat als Formelzeichen ein großes griechisches Phi (Φ). Wie in Bild 4 dargestellt, wird der Lichtstrom einer Lampe zunächst im Allgemeinen in den gesamten Raum abgestrahlt.

Lichtstärke *I*

Für die Berechnung der Lichtverteilung in einer Beleuchtungsanlage reicht die Angabe des Lichtstroms aber nicht aus. Hierfür ist es vielmehr erforderlich, dass die

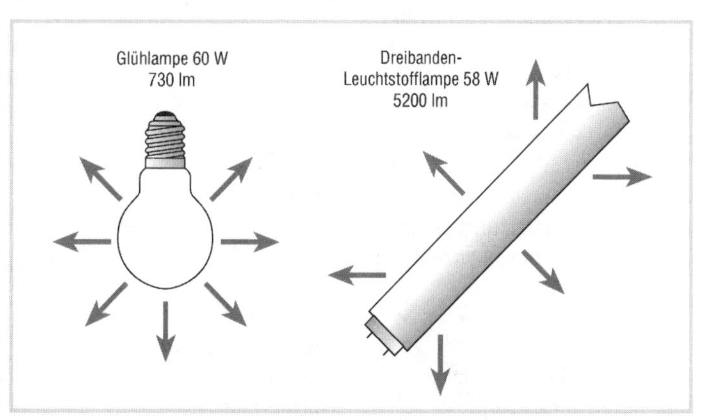

Bild 4
Lichtstrom am Beispiel einer Glühlampe und einer Leuchtstofflampe
Quelle: Dr. Frank Lindemuth

Verteilung des Lichtstroms in die einzelnen Richtungen des Raumes bekannt ist. Zur Beschreibung der entsprechenden lichttechnischen Größe benötigt man den Begriff des Raumwinkels, der nachfolgend erläutert wird:

Ein ebener Winkel kann in Winkelgraden angegeben werden, wobei 360° den Vollkreis, also den vollen Winkel beschreiben. Man kann einen ebenen Winkel aber auch im Bogenmaß angeben. Hierbei wird der jeweilige Kreisbogen eines Sektors auf den Radius bezogen. Diesen Zusammenhang zeigt **Bild 5**. Das Bogenmaß hat die Einheit Radiant (rad). Der volle Winkel beträgt daher im Bogenmaß 2 π rad.

Entsprechend dieser Definition des Winkels in der Ebene lässt sich auch ein Winkel im Raum definieren, der sogenannte Raumwinkel. Verbindet man die Durchstoßpunkte der in **Bild 6** eingezeichneten Radien, ergibt sich auf der Kugeloberfäche ein Kugelviereck. Der Raumwinkel mit dem Formelzeichen Ω ist nun definiert als Verhältnis des Flächeninhaltes dieses Kugelvierecks zum Quadrat des Radius der Kugel:

$$\Omega = \frac{A}{r^2}$$

Der Raumwinkel wird in Steradiant (sr) angegeben.

Die *Lichtstärke* mit dem Formelzeichen *I* ist nun definiert als Quotient aus einem Lichtstrom, der einen sehr kleinen Raumwinkel durchstrahlt, und diesem Raumwinkel (**Bild 7**):

$$I = \frac{\Phi}{\Omega}$$

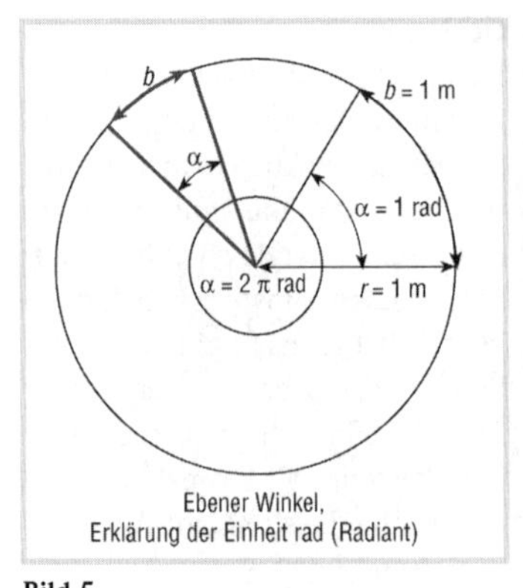

Bild 5
Darstellung des ebenen Winkels im Bogenmaß
Quelle: Handbuch für Beleuchtung

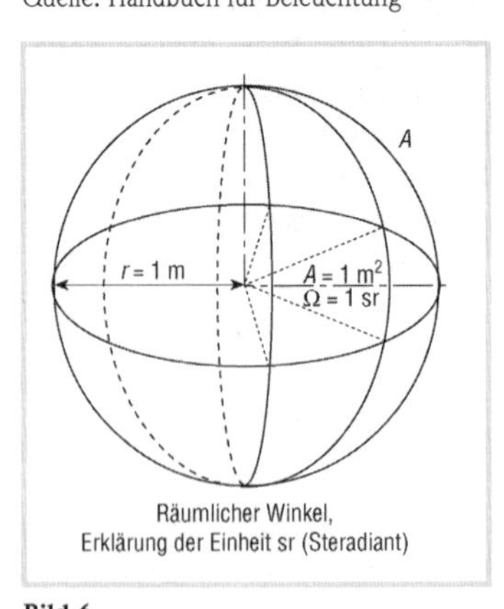

Bild 6
Darstellung des Raumwinkels
Quelle: Handbuch für Beleuchtung

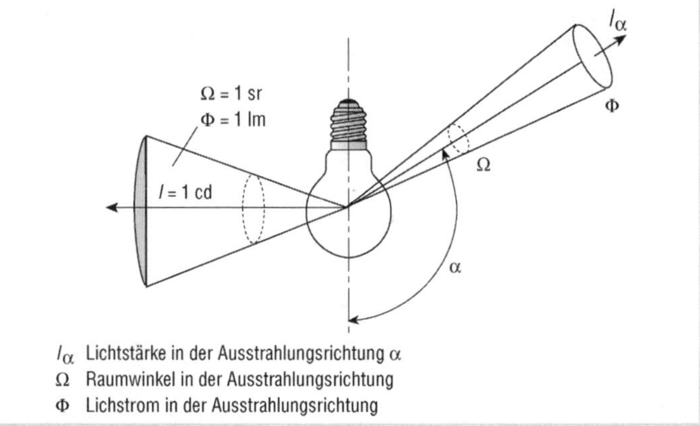

Bild 7
Definition der Lichtstärke
Quelle: Handbuch für Beleuchtung

Die Lichtstärke hat die Einheit Candela (cd) und gibt an, wie viel Lichtstrom in eine bestimmte Richtung des Raumes ausgestrahlt wird.

Beleuchtungsstärke *E*

Der von einer Lichtquelle ausgestrahlte Lichtstrom trifft im Allgemeinen auf die Oberflächen der Gegenstände unserer Umwelt. Um beschreiben zu können, wie viel Licht auf eine Fläche auffällt, bildet man den Quotient aus diesem Lichtstrom und der entsprechenden Fläche. In **Bild 8** ist diese Definition beispielhaft dargestellt:

$$E = \frac{\Phi}{\Omega}$$

Diesen Quotienten nennt man die *Beleuchtungsstärke* mit dem Formelzeichen *E*. Dabei nehmen wir an, dass der Lichtstrom gleichmäßig auf dieser Fläche verteilt ist. Durch die Definition ergibt sich als Einheit für die Beleuchtungsstärke Lumen pro m^2. Hierfür ist die Bezeichnung Lux (lx) üblich.

Bei der Berechnung dieser mathematisch definierten lichttechnischen Größe ist es nicht erforderlich, dass eine materielle Fläche wirklich vorhanden ist. Die Beleuchtungsstärke lässt sich in jeder virtuellen Ebene im Raum berechnen, z. B. in einem noch nicht möblierten Büroraum, in der angenommenen Bewertungsebene z. B. in 0,75 m Höhe über dem Boden.

Leuchtdichte *L*

Wenn das Licht einer Lampe auf eine Oberfläche fällt und dort eine Beleuchtungsstärke erzeugt, wird von dieser Oberfläche – abhängig

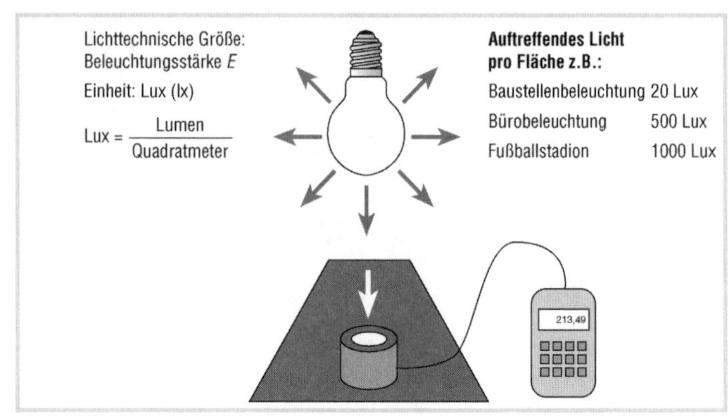

Bild 8
Beispielhafte Darstellung der Beleuchtungsstärke
Quelle: Dr. Frank Lindemuth

vom Material – mehr oder weniger viel Licht reflektiert. Wenn wir nun diese Fläche beobachten, fällt ein Teil des reflektierten Lichtes in unser Auge, und wir nehmen an dieser Fläche eine gewisse Helligkeit war. Die betrachtete Oberfläche wirkt nun selbst wie eine Lichtquelle und verteilt den auffallenden Lichtstrom in die verschiedenen Richtungen.

Nun kann man demjenigen Lichtstromanteil, der in die Richtung unseres Auges gestrahlt wird, auch eine Lichtstärke zuordnen. Bezieht man diese Lichtstärke auf die gesehene Fläche, erhalten wir die lichttechnische Größe *Leuchtdichte*. Sie erhält das Formelzeichen L und hat die Einheit Candela pro Quadratmeter (cd/m^2). Die Leuchtdichte ist das Maß für den Helligkeitseindruck, den die beleuchtete Fläche im Auge erzeugt.

Von den hier definierten vier lichttechnischen Grundgrößen ist die Leuchtdichte die einzige, die vom Menschen mit seinem Sinnesorgan Auge wahrgenommen werden kann. In **Bild 9** sind diese Zusammenhänge dargestellt.

Kennzahlen von Materialien

Wenn Licht auf Materie trifft, z. B. auf die Verglasung eines Fensters, so unterscheiden wir drei unterschiedliche Vorgänge. Das Licht wird zu einem Teil reflektiert, zu einem Teil absorbiert (von der Materie aufgenommen) und der Rest transmittiert.

Die so entstehenden Lichtstromanteile bezeichnet man als Φ_r (reflektierter Lichtstrom), Φ_a (absorbierter Lichtstrom) und Φ_t (transmittierter Lichtstrom). Um

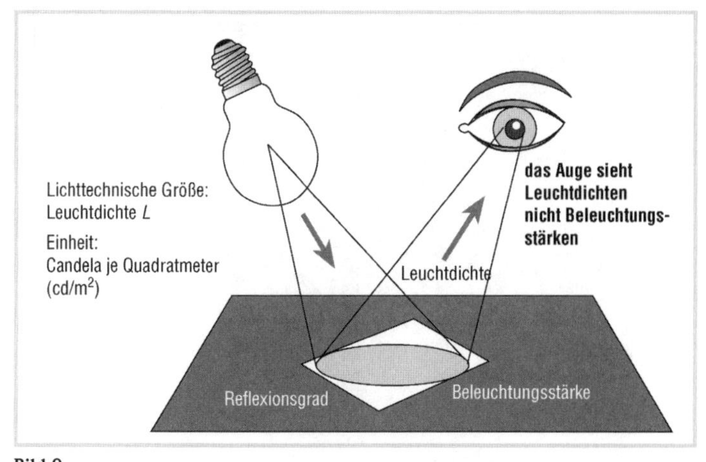

Bild 9
Zusammenhang zwischen Lichtstrom, Beleuchtungsstärke und Leuchtdichte
Quelle: Dr. Frank Lindemuth

diese Vorgänge quantitativ zu beschreiben, werden einfache Quotienten gebildet. Bezieht man die drei verschiedenen Anteile jeweils auf das insgesamt auffallende Licht Φ_0, so ergeben sich Quotienten, die wir als

- Reflexionsgrad $\rho = \Phi_r / \Phi_0$
- Absorptionsgrad $\alpha = \Phi_a / \Phi_0$
- Transmissionsgrad $\tau = \Phi_t / \Phi_0$

bezeichnen.

Die so definierten Grade beschreiben, wie sich die unterschiedlichen Anteile in ihrer Gesamtheit verhalten. Bei einer einfachen Glasscheibe mit 4 mm Dicke werden z. B. 8 % des auffallenden Lichtes reflektiert, 90 % transmittiert und der Rest wird absorbiert. Der von einem Körper absorbierte Lichtstrom wird letztendlich zu Wärme und erhöht die Temperatur des Materials.

Bei Reflexion und Transmission können wir unterschiedliche Verteilungen des reflektierten oder transmittierten Lichtes feststellen. Die auftretenden Extremformen sind die vollständig gerichtete oder die vollständig gestreute Reflexion oder Transmission. In **Bild 10** sind diese verschiedenen Vorgänge dargestellt.

Wie vorher bereits erwähnt, ist Licht ein Teil der elektromagnetischen Strahlung und damit eine Form der Energie. Ein ganz wesentlicher Grundsatz der Physik besagt, dass Energie nicht vernichtet und nicht erzeugt werden kann. Aus diesem Grund ergänzen sich die drei Anteile zum auffallenden

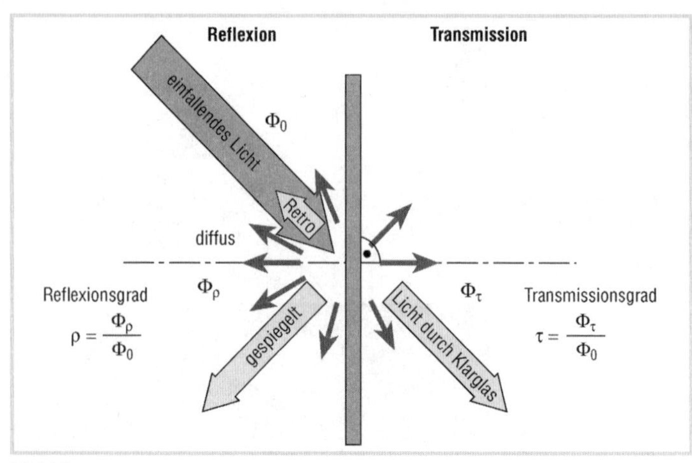

Bild 10
Darstellung von Reflexionen und Transmission
Quelle: Dr. Frank Lindemuth

Gesamtlichtstrom. Oder bezogen auf die in den Gleichungen definierten Grade ergibt sich als Summe 1:

$$\rho + \alpha + \tau = 1$$

oder

$$\Phi_r + \Phi_a + \Phi_t = \Phi_o$$

Für die Bestimmung der einzelnen Komponenten eines Materials bedeutet dies eine erhebliche Vereinfachung. Kennt man für ein Material den Reflexionsgrad und den Transmissionsgrad, kann man als dritte Komponente den Absorptionsgrad berechnen.

Beleuchtungsberechnung[1]

Die Berechnung von Innenraumbeleuchtungsanlagen erfolgt zweckmäßigerweise nach dem Wirkungsgradverfahren. Ausgehend von der Wirkungsgradformel

$$\eta_B = \frac{\Phi_N}{\Phi_{ges}} \quad \frac{\text{Nutzlichtstrom}}{\text{Gesamtlichtstrom}}$$

oder

$$\eta_B = \frac{\bar{E} \cdot A}{\Phi_0 \cdot n}$$

mit

- η_B Beleuchtungswirkungsgrad (aus Tabellen zu entnehmen)
- Φ_N Nutzlichtstrom, Lichtstrom (lm) auf der Fläche A
- Φ_{ges} Gesamtlichtstrom (lm) aller eingesetzten Lampen
- Φ_0 Lichtstrom einer Lampe (lm)
- n Anzahl der eingesetzten Lampen
- $\bar{E}$ Wartungswert der Beleuchtungsstärke auf der Bewertungsfläche (lx), früher mit E_m bezeichnet
- A gesamte Raumfläche (m²)

kann man die mittlere Beleuchtungsstärke $\bar{E}$ auf der Fläche A ermitteln, wenn man zur Beleuchtung dieser Fläche n Lampen mit dem Lichtstrom Φ_0, also dem Gesamtlichtstrom Φ_{ges} in den Leuchten einsetzt.

Berechnungsformel:

$$\bar{E} = \frac{\Phi_{ges} \cdot \eta_B \cdot W_f}{A}$$

W_f Wartungsfaktor

Wenn auf der Fläche A die mittlere Beleuchtungsstärke $\bar{E}$ gefordert wird, so wird die hierfür notwendige Anzahl der Lampen ermittelt nach der Berechnungsformel:

$$\Phi_{ges} = n \cdot \Phi_0 = \frac{\bar{E} \cdot A}{\eta_B \cdot W_f}$$

Aus **Tabelle 1** kann für überschlägige Berechnungen der Beleuchtungswirkungsgrad η_B für die gewählten Leuchten entnommen werden.

Straßenbeleuchtung, Anstrahlung

$$E = \frac{I_1}{a^2}$$

- I_1 Lichtstärke in cd in Richtung des entsprechenden Punktes
- a Abstand Lampe – beleuchtete Fläche in m

1 Auszugsweise nach dem Verfahren der Lichttechnischen Gesellschaft (LiTG) in der Schrift „Projektierung von Beleuchtungsanlagen für Innenräume nach dem Wirkungsgradverfahren"

Anforderungen an Beleuchtungsanlagen nach der Norm DIN EN 12464-1

Werner Baade

Die im März 2003 herausgegebene Norm gilt für Beleuchtungsanlagen von Arbeitsstätten in Innenräumen. Berücksichtigt werden alle darin vorkommenden Sehaufgaben, einschließlich solcher an Bildschirmarbeitsplätzen.

In der Einleitung zur Norm heißt es dazu: *„Um es Menschen zu ermöglichen, Sehaufgaben effektiv, genau und sicher durchzuführen, muss eine geeignete Beleuchtung vorgesehen werden. Die Beleuchtung kann durch Tageslicht, künstliche Beleuchtung oder durch eine Kombination von beiden realisiert werden, wobei Art und Dauer der Tätigkeiten den notwendigen Grad der Sehbedingungen und des Sehkomforts bestimmen."*

Von den bekannten Gütekriterien, die bei der Planung und beim Betrieb von Beleuchtungsanlagen zu beachten sind, wurden mit der Neuausgabe der Norm im wesentlichen die Anforderungen an die Beleuchtungsstärke, Blendungsbegrenzung und Wartung verändert.

Beleuchtungsstärke

Während in den Normen der Reihe DIN 5035 von Nennbeleuchtungsstärken ausgegangen wurde, sind die Angaben in DIN EN 12464-1 als Wartungswerte zu verstehen. Das heißt, die mittlere Beleuchtungsstärke im Bereich der Sehaufgabe darf den Wartungswert während des Betriebs der Beleuchtungsanlage nicht mehr unterschreiten. Bisher durften die Mittelwerte bis auf 80 % bzw. der Wert an einzelnen Arbeitsplätzen bis auf 60 % der Nennbeleuchtungsstärke absinken. Die Bewertungsfläche kann sowohl horizontal, vertikal als auch geneigt angeordnet sein.

Die bisherigen Höhenangaben für die Bewertungsflächen, beispielsweise die in DIN 5035 genannten 0,85 m sind in der DIN EN 12464-1 nicht mehr enthalten. Die Höhe der Bewertungsfläche muss nunmehr der Sehaufgabe entsprechen, z. B. 0,72 m für Sehaufgaben auf Schreibtischoberflächen.

Die in der Norm festgelegten Beleuchtungsstärke-Wartungswerte gelten für übliche Sehbedingungen und berücksichtigen Aspekte wie Sehkomfort, Wohlbefinden, Ergonomie, praktische Erfahrungen, Sicherheit und Wirtschaftlichkeit. Die geforderten Wartungswerte sollten erhöht werden, wenn:

- Genauigkeit und höhere Produktivität von großer Bedeutung sind,

- die arbeitenden Personen ein unterdurchschnittliches Sehvermögen aufweisen,
- die Sehaufgabe besonders kleine Details mit niedrigen Kontrasten aufweist,
- die Sehaufgabe für eine besonders lange Zeit ausgeführt werden muss.

Unter besonders guten Sehbedingungen ist eine Reduzierung der Wartungswerte möglich, jedoch nicht unter $E = 200$ lx.

Weiter wird mit der Neuausgabe der Norm erstmals zwischen den Beleuchtungsstärken im Bereich der Sehaufgabe, d. h. im Arbeitsbereich (Task Area) und im unmittelbaren Umgebungsbereich unterschieden. Im Umgebungsbereich können die Wartungswerte um eine Stufe, z. B. von 500 lx auf 300 lx reduziert werden. Ähnliches gilt für die Gleichmäßigkeit der Beleuchtungsstärken, die im Arbeitsbereich einen Wert von 0,7 und im Umgebungsbereich von 0,5 nicht unterschreiten darf.

Blendung

Bei Blendungen wird zwischen Reflex- und Direktblendungen unterschieden.

Reflexblendungen entstehen durch hohe Leuchtdichten auf dem Sehobjekt, besonders auf hellen oder blanken Oberflächen sowie auf Bildschirmen. Sie lassen sich vermeiden bzw. verringern durch:

- möglichst seitliche Anordnung der Leuchten zu den Arbeitsplätzen,
- matte, reflexionsarme Oberflächen,
- Begrenzung der Leuchtdichte durch Vergrößerung der leuchtenden Flächen der Leuchten,
- helle Decken und Wände sowie direkt-indirekt oder indirekt strahlende Leuchten.

Der Grad der Direktblendung ist nach dem *UGR-Verfahren (Unified Glare Rating)* zu bestimmen. Dieses berücksichtigt die Hintergrundleuchtdichten, Leuchtdichten an den Lichtaustrittsflächen der Leuchten und die Position des Betrachters in einem Standardraum. Die früher angewendeten Leuchtdichtegrenzkurven zur Bestimmung der Direktblendung sind entfallen.

Alle bei der Ermittlung der UGR-Werte einer Beleuchtungsanlage getroffenen Festlegungen sind in der Planungsdokumentation anzugeben. Die maximal zulässigen UGR-Grenzwerte sind in der Norm in Abhängigkeit von der Sehaufgabe festgelegt.

Für die Praxis wird die Anwendung des UGR-Tabellenverfahrens empfohlen, sofern keine wesentlichen Abweichungen von den Standardbedingungen vorliegen.

Von den Leuchtenherstellern wird dazu für jeden Leuchtentyp

eine Tabelle erstellt, aus der vom Planer die UGR-Werte für die mögliche Blendungsgefahr in Quer- und Längsrichtung der Leuchten unter Berücksichtigung der Raumabmessungen und Reflexionsgrade entnommen werden können.

Beispiel zur Beurteilung des UGR-Wertes

Ein Büroraum hat eine Länge von 12,8 m, eine Breite von 6,4 m und eine Höhe h von 2,8 m. Die ausgewählten Leuchten sind für die direkte Montage an der Decke vorgesehen. Die Reflexionsgrade wurden wie folgt bestimmt: Decke 0,7; Wände 0,5; Boden 0,2.

Aus der Norm DIN EN 12494-1 ergibt sich nach Tabelle 5.3 für übliche Büros ein maximal zulässiger UGR-Grenzwert von 19.

a) Bestimmung des Abstandes H zwischen Leuchten und Augenhöhe **(Bild 1)**

$$H = h - \textit{Augenhöhe} \text{ (sitzende Person)}$$

$$H = 2{,}8\,\text{m} - 1{,}2\,\text{m} = 1{,}6\,\text{m}$$

b) Faktoren zur Bestimmung der UGR-Werte

$$X = \frac{\textit{Länge}}{H}$$

$$X = \frac{12{,}8\,\text{m}}{1{,}6\,\text{m}} = 8 \Rightarrow 8\text{H}$$

$$Y = \frac{\textit{Breite}}{H}$$

$$Y = \frac{6{,}4\,\text{m}}{1{,}6\,\text{m}} = 4 \Rightarrow 8\text{H}$$

c) Ermittlung des UGR-Wertes für die ausgewählten Leuchten aus **Tabelle 1**

Aus der Tabelle ergibt sich für die Queransicht der Leuchten ein UGR-Wert von 16,1 und für die Längsansicht von 16,9. Damit liegen beide Werte unterhalb des für Büroräume zulässigen Wertes von 19. Die ausgewählten Leuchten können problemlos eingesetzt werden.

Eventuell sind Korrekturen der aus der Tabelle entnommenen

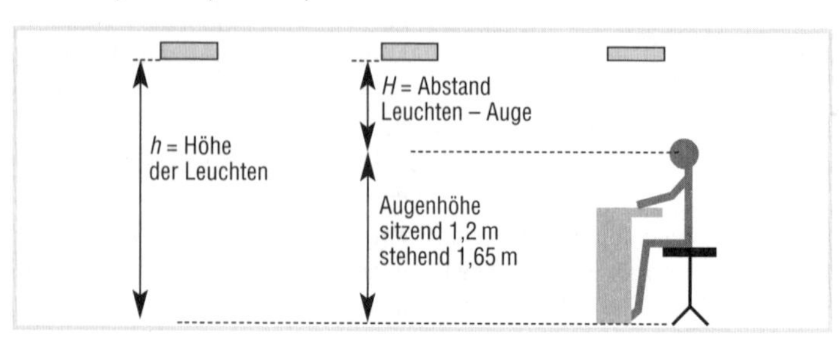

Bild 1
Ermittlung des Abstandes H unter Berücksichtigung von Leuchten- und Augenhöhe

Tabelle 1
Auszug aus der UGR-Tabelle eines Leuchtenherstellers

		Reflexionsgrade					
	Decke	**0,7**	0,7	0,5	**0,7**	0,7	0,5
	Wand	**0,5**	0,3	0,5	**0,5**	0,3	0,5
	Boden	**0,2**	0,2	0,2	**0,2**	0,2	0,2
Raumabmessungen X	**Y**	**UGR-Werte Queransicht**			**UGR-Werte Längsansicht**		
4H	3H	16,3	17,4	16,7	17,2	18,2	17,6
	4H	16,2	17,2	16,7	17,1	18,0	17,5
	6H	16,1	17,0	16,6	17,0	17,8	17,4
	8H	16,1	16,8	16,5	16,9	17,7	17,4
	12H	16,1	16,7	16,5	16,9	17,6	17,4
8H	**4H**	**16,1**	16,8	16,5	**16,9**	17,7	17,4
	6H	16,0	16,8	16,5	16,9	17,4	17,4
	8H	16,0	16,5	16,5	16,8	17,3	17,3
	12H	15,9	16,3	16,3	16,7	17,2	17,2

UGR-Werte notwendig, z. B. bei abweichenden Lampenlichtströmen oder von 0,25 H abweichenden Leuchtenabständen zum Betrachter.

Planungsprogramme für Beleuchtungsanlagen, z. B. das Programm Dialux, ermöglichen eine direkte Berechnung des UGR-Wertes. Damit lassen sich auch die Auswirkungen von verschiedenen Leuchtenpositionen und Möblierungen des Raumes auf die UGR-Werte in einfacher Weise feststellen.

Wartungsfaktor

Der bei der Planung zu berücksichtigende Wartungsfaktor ist abhängig vom

- Lampenlichtstromfaktor (Alterung der Lampen),
- Lampenlebensdauerfaktor (Lebensdauer der Lampen),
- Leuchtenwartungsfaktor (Verschmutzung der Leuchten, Alterung der Betriebsgeräte) und
- Raumwartungsfaktor (Verschmutzung der Raumflächen).

Neu ist die Festlegung, dass bei der Planung nicht wie früher nur der Wartungsfaktor in Form eines Verminderungs- bzw. Planungsfaktors zu berücksichtigen ist, sondern gleichzeitig ein umfassender Wartungsplan für die Beleuchtungsanlage erstellt werden muss.

Dazu sind vom Planer folgende Festlegungen zu treffen und zu dokumentieren:

- Angabe des Wartungsfaktors und der Annahmen, die zur Bestimmung dieses Wertes geführt haben und
- Erstellung eines Wartungsplans, der die Intervalle für den Lampenwechsel, die Reinigung der Leuchten, Lampen und des Raumes sowie Angaben über die Reinigungsmethoden enthalten muss.

Während die Bestimmung der Faktoren für den Rückgang des Lampenlichtstroms, der Lampenlebensdauer und Alterung der Leuchten nach den Angaben der Hersteller erfolgen kann, wird der Planer bei der Abschätzung der Faktoren zur Berücksichtigung der Verschmutzung der Leuchten und Raumflächen auf Erfahrungswerte angewiesen sein.

Überprüfungen

Bei der Prüfung von Beleuchtungsanlagen sind unter anderem die Beleuchtungsstärken zu messen. Die Lage der einzelnen Messpunkte muss mit denen übereinstimmen, die bei der Planung verwendet wurden. Aus den gemessenen Werten sind der Mittelwert und die Gleichmäßigkeit der Beleuchtungsstärken für den Arbeitsbereich und der Umgebung zu berechnen und mit den in der Norm geforderten Wartungswerten zu vergleichen.

Normenübersicht zum Errichten von Beleuchtungsanlagen

DIN VDE 0100 Teile 559, 714, 715, 724

Hans-Gerd Kaiser

DIN VDE 0100-559
(VDE 0100-559):2006-06
Errichten von Niederspannungsanlagen
Teil 5-55: Auswahl und Errichtung elektrischer Betriebsmittel
Andere Betriebsmittel
Abschnitt 559: Leuchten und Beleuchtungsanlagen

Die Norm enthält die besonderen Anforderungen, die bei der Auswahl und Errichtung von Leuchten und Beleuchtungsanlagen zu beachten sind. Sie gilt nicht für die Errichtung von mit Niederspannung versorgten, hinterleuchteten Anzeigen (genannt Neon-Leuchten), welche mit Hochspannung betrieben werden, sowie nicht für Schilder und Leuchtröhrenanlagen mit einer Leerlaufspannung von 1 kV bis 10 kV. Diese Anforderungen sind in den Normen der Reihe DIN EN 50107 (VDE 0128) enthalten.

Leuchten müssen der Norm DIN EN 60598 entsprechen. Die **Tabelle 1** enthält eine Übersicht der derzeit verfügbaren genormten Leuchtenausführungen.

Bei der Errichtung von Beleuchtungsanlagen muss neben der Erfüllung des Schutzes gegen elektrischen Schlag insbesondere der Brandschutz beachtet werden. Beim Betrieb von Leuchten ist abhängig vom Betriebszustand (normaler Betrieb, anomaler Betrieb, Fehlerfall) von einer erheblichen Wärmeentwicklung auszugehen. Bei ortsfesten Leuchten zur allgemeinen Verwendung können im Normalbetrieb bezogen auf eine normal entflammbare Befestigungsfläche Temperaturen von bis zu 90 °C auftreten. Im anomalen Betrieb, dem Fehlerfall der Lampe bzw. des Starters, können bei einer mit F gekennzeichneten Leuchte an der Befestigungsfläche Temperaturen bis zu 130 °C entstehen. Im Fehlerfall des Lampenbetriebsgerätes entwickeln sich, z. B. bei Einsatz von magnetischen Vorschaltgeräten, aufgrund des Windungsschlusses bei mit dem F-Kennzeichen versehenen Leuchten Temperaturen an der Befestigungsfläche von bis zu 180 °C. Beim Betrieb von Leuchten ohne F-Kennzeichen können noch höhere Temperaturen an der Befestigungsfläche auftreten. Leuchten mit elektronischen Vorschaltgeräten (EVG) erzeugen im Allgemeinen deutlich geringere Temperaturen an der Befestigungsfläche. Durch intelligente Abschalteinrichtungen werden die Temperaturen speziell im Fehlerfall begrenzt. Bei der Auswahl von Leuchten müssen die thermischen Eigenschaften der Befestigungsfläche berücksichtigt werden. Die Montage muss in Übereinstimmung mit den auf dem Typenschild der Leuchte angebrachten Kennzeichnungen sowie der beiliegenden Montageanweisung vorgenommen werden.

Tabelle 1
Leuchtenausführungen in der Norm

Titel	Norm
Ortsfeste Leuchten für allgemeine Zwecke	DIN EN 60598-2-1 (VDE 0711-201)
Einbauleuchten	DIN EN 60598-2-2 (VDE 0711-202)
Straßenleuchten	DIN EN 60598-2-3 (VDE 0711-2-3)
Ortsveränderliche Leuchten für allgemeine Zwecke	DIN EN 60598-2-4 (VDE 0711-2-4)
Scheinwerfer	DIN EN 60598-2-5 (VDE 0711-2-5)
Leuchten mit eingebauten Transformatoren für Glühlampen	DIN EN 60598-2-6 (VDE 0711-206)
Ortsveränderliche Gartenleuchten	DIN EN 60598-2-7 (VDE 0711-207)
Handleuchten	DIN EN 60598-2-8 (VDE 0711-2-8)
Photo- und Filmaufnahmeleuchten	DIN EN 60598-2-9 (VDE 0711-209)
Ortsveränderliche Leuchten für Kinder	DIN EN 60598-2-10 (VDE 0711-2-10)
Aquarienleuchten	DIN EN 60598-2-11 (VDE 0711-2-11)
Netzsteckdosen-Nachtlichter	DIN EN 60598-2-12 (VDE 0711- 2-12)
Bodeneinbauleuchten	DIN EN 60598-2-13 (VDE 0711-2-13)
Leuchten für Bühnen, Fernseh-, Film- und Photographie-Studios	DIN EN 60598-2-17 (VDE 0711-217)
Leuchten für Schwimmbecken und ähnliche Anwendungen	DIN EN 60598-2-18 (VDE 0711-218)
Luftführende Leuchten	DIN EN 60598-2-19 (VDE 0711-219)
Lichtketten	DIN EN 60598-2-20 (VDE 0711-2-20)
Leuchten für Notbeleuchtung	DIN EN 60598-2-22 (VDE 0711-2-22)
Kleinspannungsbeleuchtungssysteme für Glühlampen	DIN EN 60598-2-23 (VDE 0711-2-23)
Leuchten mit begrenzter Oberflächentemperatur	DIN EN 60598-2-24 (VDE 0711-2-24)
Leuchten zur Verwendung in klinischen Bereichen von Krankenhäusern und Gebäuden zur Gesundheitsfürsorge	DIN EN 60598-2-25 (VDE 0711-2-25)
Elektrische Stromschienensysteme für Leuchten	DIN EN 60570 (VDE 0711-300)
Einbausignalleuchten	VDE 0710-11
Ballwurfsichere Leuchten	VDE 0710-13
Leuchten zum Einbau in Möbel	VDE 0710-14

Insbesondere Angaben zu Abständen müssen beachtet werden. **Tabelle 2** enthält eine Übersicht der Brandschutzkennzeichnungen von Leuchten.

Innenraumleuchten sind in der Regel für eine Umgebungstemperatur von 25 °C, Außenleuchten für eine Umgebungstemperatur von 15 °C bemessen. In diesen Fällen tragen die Leuchten keine Temperaturkennzeichnung. Von 25 °C bzw. von 15 °C abweichende Umgebungstemperaturen sind auf der Leuchte gekennzeichnet. Ein dauerhaftes Überschreiten der zulässigen Umgebungstemperatur kann zu vorzeitigem Ausfall der Leuchte

Tabelle 2
Brandschutz-Kennzeichnungen an Leuchten

Kennzeichen	Inhalt
F	Geeignet zur direkten Montage an normal entflammbaren Baustoffen nach DIN 4102
F	Nicht geeignet zur direkten Montage an normal entflammbaren Baustoffen nach DIN 4102, Abstände beachten
F	Leuchte darf mit Dämmmaterial belegt werden
D	Leuchte mit begrenzter Oberflächentemperatur
F F	Leuchte mit begrenzter Oberflächentemperatur nach der früheren Norm DIN VDE 0710-5
M	Geeignet zum Einbau an/in Möbel mit bekannten Entzündungseigenschaften
M M	Geeignet zum Einbau an/in Möbel mit unbekannten Entzündungseigenschaften
	Unabhängiges Betriebsgerät
110	Höchste auftretende Temperatur im Fehlerfall des Betriebsgerätes, z. B. 110 °C

führen, ein kurzzeitiges Überschreiten um bis zu 10 K ist für wenige Tage zulässig.

Grundsätzlich sollten Leuchten so ausgewählt und errichtet werden, dass der Schutz gegen elektrischen Schlag wirksam ist, kein Wärmestau entsteht sowie Isolierungen, Luft- und Kriechstrecken nicht beeinträchtigt werden. Die beim Betrieb entstehende Wärme sollte hinreichend abgeführt werden. Leuchten sind so anzubringen, dass sie nicht mit brennbaren Stoffen in Berührung kommen. Falls keine Angaben auf der Leuchte vorhanden sind, gilt der Mindestabstand 0,1 m.

Kopfspiegellampen dürfen nur in geeigneten Leuchten betrieben werden. Leuchten nach EN 60598-2-24 mit der Kennzeichnung „D" sollten einschließlich Lampenraum der Schutzart IP5X entsprechen. Weitergehende Hinweise können der VdS-Richtlinie 2499 „Leuchten mit begrenzten Oberflächentemperaturen" entnommen werden.

Der Anschluss von Leuchten an die feste Installation muss entweder in einer Installationsdose nach DIN EN 60670, einer Steckdose nach EN 61995-1 oder in der Leuchte, falls diese dafür vorgesehen ist, erfolgen. Kabel und Leitungen zwischen den Befestigungsmitteln und der Leuchte müssen so verlegt werden, dass durch jede zu erwartende Belastung der Leiter, Klemmen und Verbindungen die Sicherheit der Anlage nicht beeinträchtigt wird. Die bauseitige Verlegung einer Durchgangsverdrahtung (DV) darf nur in vom Leuchtenhersteller freigegebenen Leuchten erfolgen. Eine bauseitige DV muss in Übereinstimmung mit den Temperaturangaben auf der Leuchte bzw. der Montageanweisung ausgewählt werden. Es dürfen Leitungen ohne besondere Wärmebeständigkeit verwendet werden, wenn in der Montageanleitung einer Leuchte, die DIN EN 60598 entspricht, keine höheren Anforderungen gestellt werden. Temperaturkennzeichnungen in der Leuchte müssen befolgt werden. Wenn keine Informationen vorliegen (wenn die Leuchte nicht der DIN EN 60598 entspricht), müssen wärmebeständige Kabel/ Leitungen und/oder isolierte Leiter nach HD 22.3 oder gleichwertige Bauarten verwendet werden.

Außerhalb von Leuchten sind ausschließlich unabhängige Lampenbetriebsgeräte zu verwenden, die entsprechend ihrer Norm als für den unabhängigen Einsatz geeignet gekennzeichnet sind. Kompensationskondensatoren und deren Kennzeichnung sollten DIN EN 61048 entsprechen. Kondensatoren mit Bildzeichen F und FP (jeweils im Kreis) werden seit dem 1.12.1998 nicht mehr normativ verwendet.

Die Befestigungsmittel von Hängeleuchten müssen mindestens 5 kg tragen können. Sollte das Gewicht der Leuchte mehr als 5 kg betragen, müssen die Befestigungsmittel entsprechend der höheren Belastung ausgeführt sein. Die Tragfähigkeit von Deckenkonstruktionen ist zu berücksichtigen. Die Anbringung der Befestigungsmittel muss den Angaben des Leuchtenherstellers entsprechen. Es wird empfohlen, für Entladungslampen-Leuchten Glimmstarter nach DIN EN 60155 (VDE 0712-101) oder elektronische Starter nach DIN EN 61347-2-1 (VDE 0712-31) zu verwenden, um Brandgefahren bei Nichtzündung zu vermeiden.

DIN VDE 0100-714 (VDE 0100-714):2002-01 Errichten von Niederspannungsanlagen Teil 7: Anforderungen für Betriebsstätten, Räume und Anlagen besonderer Art Hauptabschnitt 714: Beleuchtungsanlagen im Freien

Die Anforderungen dieser Norm gelten besonders für Beleuchtungsanlagen für Straßen, Parks, Gärten, Plätze mit öffentlichem Zugang, Sportplätze, für die Beleuchtung von Denkmälern, Flutlicht sowie für andere Einrichtungen mit integrierter Beleuchtung wie Telefonzellen, Buswartehäuschen, Hinweistafeln, Stadtpläne und Verkehrzeichen. Sie gelten nicht für öffentliche Beleuchtungsanlagen, welche Teil des öffentlichen Versorgungsnetzes sind, vorübergehende Girlandenbeleuchtung, Straßenverkehrs-Signalanlagen sowie für außen an einem Gebäude angebrachte Leuchten, die direkt vom inneren Leitungssystem dieses Gebäudes versorgt werden. Wenn zwischen dem Verteilungsnetz und der Leuchte Überstrom-Schutzeinrichtungen angeordnet sind, beginnt ab diesen in Energierichtung gesehen die Verbraucheranlage. Die Anforderungen der Norm gelten für den Endstromkreis ab dieser Schutzeinrichtung.

Bei Leuchten, die in einer Höhe < 2,80 m über der Standfläche angeordnet sind, darf die Lichtquelle nur nach Entfernen einer Abdeckung unter Zuhilfenahme von Werkzeug möglich sein. An Leuchten der Schutzklasse II darf kein Schutzleiter angeschlossen werden, ebenso dürfen leitfähige Teile von Lichtmasten, die Bestandteil von Leuchten der Schutzklasse II sind, nicht absichtlich mit der Erdungsanlage verbunden werden. Lichtmasten, die nicht Bestandteil der Leuchte sind, dürfen mit dem Schutzleiter verbunden werden.

Für Leuchten ist die Schutzart IP23 ausreichend, wenn die Gefahr der Verschmutzung vernachlässigbar ist und wenn sie in einer Höhe von mind. 2,50 m über der Standfläche angebracht sind.

Elektroinstallationsrohre, Markierungsband oder Kabelabdeckungen für Versorgungskabel/-leitungen von Beleuchtungsanlagen im Freien müssen von anderen Versorgungssystemen getrennt verlegt und gekennzeichnet oder farblich markiert werden, damit sie zugeordnet werden können. Im sichtbaren Bereich ist eine Kennzeichnung dann nicht erforderlich, wenn eine eindeutige Zuordnung gegeben ist.

DIN VDE 0100-715
VDE 0100-715
Errichten von Niederspannungsanlagen
Teil 7-715: Anforderungen für Betriebsstätten, Räume und Anlagen besonderer Art
Kleinspannungsbeleuchtungsanlagen

Ein Kleinspannungsbeleuchtungssystem für Glühlampen besteht aus Transformator/Konverter, Trägerleitern und Leuchten sowie allen erforderlichen Befestigungselementen und elektrischen/mechanischen Verbindern. Die Norm gilt für Kleinspannungsbeleuchtungsanlagen, die von einer Stromquelle mit einer maximalen Bemessungsspannung von 50 V AC (Effektivwert) oder 120 V DC versorgt werden. Es ist nur die Schutzmaßnahme SELV (safety extra low voltage) zulässig. Beim Einsatz blanker, berührbarer Leiter darf die Spannung maximal 25 V AC oder 60 V DC betragen. Transformatoren dürfen sekundärseitig parallel geschaltet werden, wenn sie gleiche elektrische Eigenschaften haben und primärseitig parallel geschaltet sind. Bei parallel geschalteten Transformatoren muss der Primärkreis dauerhaft mit einer gemeinsamen Trenneinrichtung verbunden sein. Konverter mit sicherer Trennung müssen DIN EN 61347-2-2, Anhang I, entsprechen, eine Parallelschaltung ist nicht zulässig. Der SELV-Stromkreis muss bei Überstrom entweder durch eine gemeinsame Schutzeinrichtung oder durch eine Schutzeinrichtung für jeden SELV-Stromkreis geschützt werden, siehe DIN VDE 0100-430. Selbst rücksetzende Überstrom-Schutzeinrichtungen sind nur für Transformatoren bis 50 VA zulässig.

Die Angaben des Herstellers bzgl. des Baustoffes der Befestigungsfläche müssen eingehalten werden, siehe auch VDE 0100-559. Transformatoren müssen entweder kurzschlussfest ausgeführt sein oder auf der Primärseite mit einer automatischen Schutzeinrichtung geschützt sein. Eine automatische Schutzeinrichtung muss auch verwendet werden, wenn beide Leiter blank sind, alternativ kann ein Kleinspannungsbeleuchtungssystem nach DIN EN 60598-2-23 eingesetzt werden.

Die Schutzeinrichtung muss den Leistungsbedarf der Leuchte(n) dauernd überwachen und bei einer Leistungsanhebung von mehr als 60 W (z. B. durch Kurzschluss oder sonstigen Fehler) innerhalb von 0,3 s automatisch abschalten. Die Anforderung gilt auch bei Helligkeitssteuerung, beim Einschalten und bei Lampenfehlern.

Es müssen isolierte Leiter im Elektroinstallationsrohr oder -kanal, Kabel und Mantelleitungen oder flexible Leitungen verwendet werden. Leiter dürfen nicht für fremde Zwecke (beispielsweise zur Aufhängung von Bezeichnungstafeln, Kleiderbügeln, Preistafeln) genutzt werden. Metallene Konstruktionsteile dürfen nicht als aktive Leiter gebraucht werden.

Blanke Leiter dürfen verwendet werden, wenn die Nennspannung 25 V AC bzw. 60 V DC nicht überschreitet, die Gefahr eines Kurzschlusses durch „saubere" Installation auf ein Minimum begrenzt ist, die Leiter aus mechanischen Gründen mit einem Querschnitt von mindestens 4 mm^2 ausgeführt sind und weder Leiter noch Adern direkt auf brennbaren Materialien angeordnet sind. Zwischen Transformator und automatischer Schutzeinrichtung muss mindestens ein Leiter isoliert ausgeführt sein, um Kurzschlüsse zu vermeiden. Die Befestigungsmittel müssen so bemessen und montiert werden, dass sie die 5-fache Masse der daran befestigten Leuchten tragen können, mindestens jedoch 5 kg. Anschlüsse und Verbindungen der Leiter müssen als Schraubklemmen oder schraubenlose Klemmen ausgeführt sein, nicht jedoch als Schneidklemmen oder frei hängende Anschlussseile mit Gegengewichten. Alle elektrischen Leiter müssen gegenüber den Wänden oder Decken isoliert ausgeführt sein.

DIN 57100-724 (VDE 0100-724):1980-06
Errichten von Starkstromanlagen mit Nennspannungen bis 1000 V
Elektrische Anlagen in Möbeln und ähnlichen Einrichtungsgegenständen, z. B. Gardinenleisten, Dekorationsverkleidung

Für die feste Verlegung müssen Mantelleitungen nach VDE 0250 verwendet werden, in Installationsrohren sind Kunststoffaderleitungen des Typs H07V-U zu verwenden. Flexible Schlauchleitungen müssen H05RR-F bzw. H05VV-F entsprechen.

Der Leiterquerschnitt muss mindestens 1,5 mm^2 betragen, er kann jedoch auf 0,75 mm^2 verringert werden, wenn die Leitung kürzer als 10 m ist und keine Steckvorrichtungen zum Anschluss weiterer Verbrauchsmittel vorhanden sind.

Leitungen müssen entweder fest verlegt oder durch geeignete Hohlräume geführt werden. Leitungen müssen an allen Einführungsstellen von Zug entlastet werden. Ein besonderes Augenmerk ist darauf zu richten, dass Leitungen nicht gequetscht oder durch scharfe Kanten oder bewegliche Teile (z. B. Fernsehgeräte) beschädigt werden können. Netzanschlussstellen zur Versorgung von Leuchten müssen leicht zugänglich sein. Installationsgeräte für die Unterputzmontage müssen in Hohlwanddosen eingebaut werden. Baut man Leuchten in Hohlräumen, z. B. von Schränken, ein, in denen sich leicht entzündliche Stoffe den Leuchten nähern können (z. B. Betten), muss ein zusätzlicher Schalter verwendet werden, der die Leuchte beim Schließen des Hohlraumes zwangsläufig abschaltet. Auf oder neben der Leuchte muss die maximale Lampenleistung gut sichtbar gekennzeichnet sein, sofern nicht durch die Bauart der Leuchte der Einsatz unzulässiger Lampen verhindert ist. Die Montage von Leuchten muss entsprechend der Montageanweisung des Leuchtenherstellers erfolgen. Es wird empfohlen, Leuchten zu verwenden, die für den Einsatz in Möbeln geeignet sind: Kennzeichen M im Dreieck. Bei unbekanntem Brandverhalten des Einrichtungsgegenstandes müssen Leuchten die Kennzeichnung MM tragen.

Austausch von Vorschaltgeräten

Von T5-Leuchtstofflampen und T8-Leuchtstofflampen

Stefan Fassbinder

Verschiedene Anbieter propagieren erhebliche Energieeinsparungen, wenn man für T8-Lampen konzipierte Leuchten auf T5-Lampen umrüstet. Betrachtet man diese Angebote genauer, stellt sich allerdings sehr schnell heraus, dass dies nicht den Tatsachen entspricht.

Zu dieser Problematik erreichte die „de"-Redaktion im Rahmen der Rubrik „Praxisprobleme" folgende Anfrage: „Ich bin Elektrotechnikermeister und habe von einem ortsansässigen Unternehmen den Auftrag erhalten, ca. 200 Deckenkästen mit VVG 1 x 58 W auf EVG umzurüsten. Hierbei bin ich auf die Firma Paragon Facilio GmbH gestoßen, welche einen Adapter für VVG-Leuchten auf EVG-Leuchten anbietet, wobei der Starter ausgebaut, ein Überbrückungsstarter eingebaut und auf die vorhandenen Fassungen ein EVG-Adapter aufgesetzt wird, welcher auch ein VDE-Zeichen trägt. Nun ist mein Wissensstand so, dass das VDE-Zeichen erlischt, sobald an einer Leuchte mit VDE-Zeichen an der Fassung ein anderes Gerät angeschlossen wird. Das VDE-Zeichen einer Lampe hat doch nur Bestand, solange in der Fassung ausschließlich eine Leuchtstofflampe eingesetzt ist?"

Besser nicht: Verwendung von T5-Adaptern in T8-Beleuchtungsanlagen

Von den vielfach angebotenen Umrüstsätzen, mit denen sich für T8-Lampen konzipierte Leuchten auf T5-Lampen umrüsten lassen, sollte man die Finger lassen. Bei dieser Technik verbleibt das vorhandene KVG/VVG in der Leuchte, und der Starter wird durch einen „Spezialstarter" ersetzt, der nichts weiter als eine Kurzschlussbrücke enthält – eventuell in Form einer Sicherung (**Bild 1**).

Warmstart – auch wenn er versprochen wird – ist somit physikalisch unmöglich, denn das EVG sitzt an einem Ende der Leuchtstoffröhre, und die Leitung über den „Starter" ist die einzige Verbindung zum anderen Ende. Die dortige Glühwendel kann also

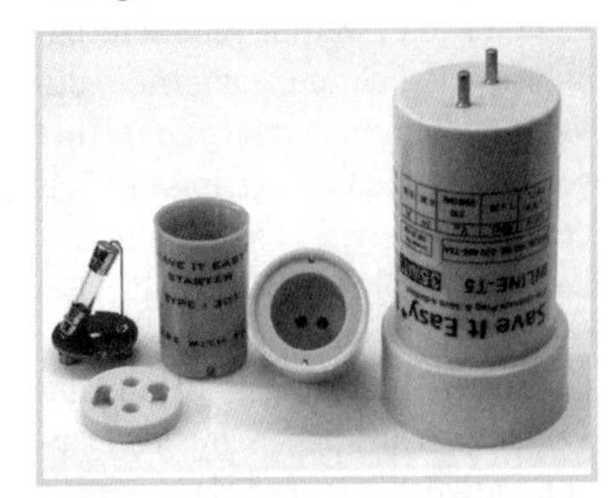

Bild 1
Umrüstsatz zum Umrüsten von T8-Leuchten mit KVG auf T5-Lampen

nicht zweipolig angeschlossen sein. In der Tat startet die Lampe sofort – komfortabel, aber nicht eben zu Gunsten der Lebensdauer. Während dessen wird natürlich in der Werbung die vom Hersteller der T5-Lampe für den Betrieb an einem „anständigen" EVG mit Vorheizung angegebene Lebensdauer zitiert und mit derjenigen der billigsten T8-Lampe mit KVG und herkömmlichem Glimmstarter verglichen.

Bedingt dadurch, dass der Eingangs-Wechselstrom des integrierten EVG weiterhin durch das KVG/VVG fließen muss, kommt das EVG ohne elektronische Leistungsfaktor-Korrektur aus (**Bild 2**). Deswegen kann diese Technik relativ billig angeboten werden. Ihr Einsatz ist jedoch aus einer ganzen Reihe von Gründen nicht empfehlenswert [1]. So muss das Gesamtsystem der Leuchte aus Lampe und Reflektor aufeinander abgestimmt sein. Die schlankere Form der T5-Lampe kann zwar im Falle sehr beengter Reflektor-Geometrie die Verluste bereits erzeugten Lichts vermindern, da ein geringerer Teil des reflektierten Lichts auf die Leuchtstoffröhre zurück fällt. Dieser Effekt kann sich aber ins Gegenteil verkehren, wenn die Leuchte ursprünglich für T8-Lampen entworfen wurde [1].

Außerdem lässt sich die versprochene Energieeinsparung von 30 ... 50 % nur erreichen, indem durch den Austausch z. B. einer 58-W-Lampe gegen eine solche mit nur 39 W die Helligkeit mindestens im gleichen Maß sinkt. Deswegen, und weil beim EVG generell der Grundschwingungs-Blindstrom sehr viel geringer ist und der Oberschwingungs-Blindstrom durch das noch vorhandene KVG stark unterdrückt wird, ist der Gesamtstrom nach der Umrüstung so viel kleiner, dass die in dem alten KVG anfallenden Verluste kaum noch ins Gewicht fallen. An einem 58-W-KVG der Klasse C wurden 1,2 W gemessen (Bild 2).

Beim Studium der verschiedenen Angebote – die aber offenbar alle das gleiche Produkt unter verschiedenen Namen vermarkten – fällt oft eine frappierende fachliche Unkenntnis auf. Ein Anbieter entpuppt sich beim Aufruf der angegebenen Internet-Adresse [2] als Gebäudereinigungs-Unternehmen. In der beigefügten Dokumentation finden sich Aussagen wie:

- „Wo T8-Leuchtstoffröhren gerade mal 50 Herz haben, sind T5-Röhren mit 100 Herz deutlich im Vorteil." Gemeint sind vermutlich Hertz, und es soll wohl darauf Bezug genommen werden, dass T8-Lampen mit 50 Hz und T5-Lampen mit z. B. 25 kHz betrieben werden. Also flackern T8-Lampen mit 100 Hz, T5-Lampen dagegen

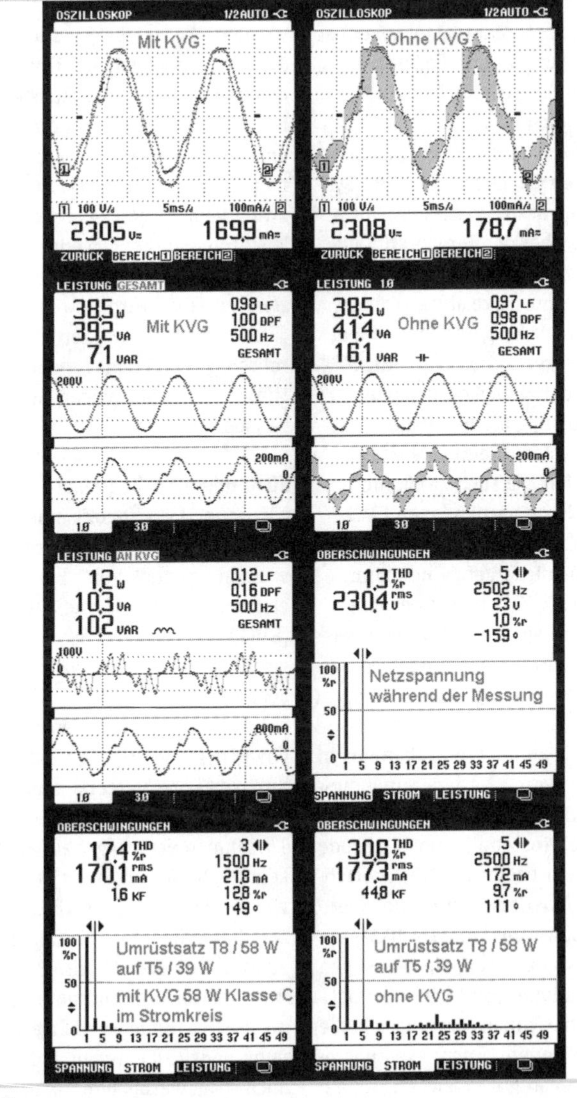

Bild 2

Eingangsstrom eines Umrüstsatzes mit einer T5-Lampe 39 W, oben regulärer Einbau unter Verbleib des alten KVG, unten der nicht vorgesehene Betrieb ohne das KVG mit etwa 50 kHz, was man dann nicht mehr sieht (aber nebenbei bemerkt gilt beim Fernseher schon die 100-Hz-Technik als flimmerfrei).

- In einem beigefügten Diagramm werden die Lichtströme der Systeme vor und nach der Umrüstung über der Temperatur aufgetragen – jedoch aus gutem Grund nur in relativen Zahlen, damit der im gesamten Temperaturbereich drastische Rückgang der Helligkeit nach der Umrüstung nicht auffällt.
- Das System, heißt es weiter, funktioniere auch zusammen mit einem vorhandenen EVG. Das kann weder stimmen noch ergäbe dies irgendeinen Sinn. Die Elektrowerkstatt des Flughafens Paderborn-Lippstadt versuchte es trotzdem, doch selbstverständlich funktionierte es nicht.

Diese Dokumentation könnte in der Tat von Gebäudereinigungs-Fachkräften geschrieben sein, doch die Elektrotechnik im Gebäude sollte man besser den Elektrofachkräften überlassen und die Reinigung den Reinigungsfachkräften. Rückbesinnung auf die jeweiligen Kernkompetenzen ist hier gefragt.

Darüber hinaus lassen sich die versprochenen Energiesparpotenziale ebenso gut erreichen, indem man die T8-Lampen belässt, wie sie sind, und statt dessen zentral mit einem Spannungsreduzierer versieht. Dabei gilt es allerdings, die seriösen Angebote [3] von den unseriösen zu unterscheiden. Diese lassen sich schon daran unterscheiden, ob in der Dokumentation und in der Werbung der zwangsläufige Rückgang der Beleuchtungsstärke, wenn schon nicht quantifiziert, so doch wenigstens erwähnt wird.

Im Folgenden werden die theoretischen und messtechnischen Hintergründe der obigen Aussagen genauer erläutert:

50 Hz oder Hochfrequenz?

Moderne Leuchtstofflampen der T5-Serie mit 16 mm Durchmesser wurden speziell zum Betrieb an elektronischen Vorschaltgeräten (EVG) entwickelt. So sind sie gemäß den Angaben der Hersteller auch spezifiziert.

Das heißt jedoch nicht unbedingt, dass sie zum Betrieb an induktiven Vorschaltgeräten ungeeignet sind. Im Prinzip lassen sich T5-Lampen ebenso gut auf die herkömmliche Art an 50 Hz betreiben wie die 28 mm dicken T8-Lampen. Bei den größeren T5-Lampen bekommt man jedoch ein Problem, weil deren Brennspannung zu hoch ist. Zumindest die Netzspannung von 230 V reicht nicht aus, doch in gewerblichen Anlagen ist i.d.R. auch eine zweite „Spannungsebene“ von 400 V verfügbar.

Diese ließe sich immer dort ohne nennenswerten Aufwand auch für die Beleuchtung nutzen, wo eine Anlage neu geplant und entsprechende dreiphasige Verkabelung gleich vorgesehen wird.

Durch diesen zweiphasigen Anschluss ließe sich die Last großer Beleuchtungsanlagen auch besser auf die drei Außenleiter verteilen als durch einphasigen Betrieb, und der Stroboskop-Effekt würde vermieden. Eine Umrüstung bestehender Anlagen von einphasiger auf dreiphasige Verdrahtung erscheint dagegen kaum lohnend.

Ein Hersteller hat inzwischen eine Vorserie verlustarmer induktiver Vorschaltgeräte (VVG) zum Betrieb dieser Lampen an 400 V entwickelt. Den Anlass zu dieser Entwicklung gab ein Lampen-Hersteller, bei dessen Endprüfung an einer Fertigungsstraße für T5-Leuchtstofflampen von 80 W Probleme auftraten. Hier wird eine Stückprüfung im Takt von einer Lampe je Sekunde durchgeführt. Die zur Prüfung eingesetzten EVG überstanden die hohe Schalthäufigkeit nicht und fielen fortwährend aus, was jedes Mal einen Fertigungs-Stillstand mit sämtlichen Folgekosten bedeutete.

Genau betrachtet hatte jener Hersteller seine T5-Lampen indirekt zum Betrieb an 50 Hz spezifiziert, da die Endprüfung ausschließlich hiermit durchgeführt wird. Dazu nutzt der Hersteller nun einen elektronischen Starter für 400 V (**Bild 3**) [4].

Verlustarm oder verlustarm?

Warum werden dann T5-Leuchtstofflampen in der Produktdokumentation für den Betrieb mit EVG spezifiziert? Weil im EVG geringere Verluste auftreten. Zumindest wenn man das beste EVG mit dem schlechtesten verfügbaren konventionellen Vorschaltgerät (KVG) vergleicht, ergibt sich eine lohnende Ersparnis.

Anders sieht die Sache aus, wenn man das beste verfügbare VVG der Klasse B1 mit einem mittelmäßigen EVG der Klasse A3 vergleicht [5]: Messungen an einem unabhängigen Institut [7] ergaben, dass man mit ein- und derselben T8-Lampe mit 58 W Nennleistung bei gleichem Lichtstrom zwischen VVG und EVG bei der Systemleistung (Lampe und Vorschaltgerät) nur einen Unterschied von 2,1 W misst.

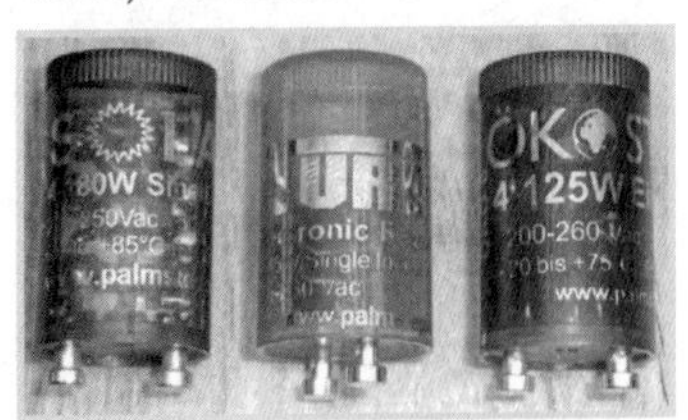

Bild 3
Der „Turbo" unter den elektronischen Startern (Mitte) zündet alle T8- und T5-Lampen von 4 W bis 125 W innerhalb von 0,5 s; auch erhältlich für 400 V

Unter Einsatz der von Herstellern angegebenen Lebensdauer von 50 000 h für (die besten) EVG und 300 000 h für handelsübliche VVG und den gängigen Marktpreisen errechnete sich hier kein wirtschaftlicher Vorteil mehr für das EVG, obwohl die zu Grunde liegende, von der Industrie selbst durchgeführte Vergleichsrechnung von OEM-Preisen ausgeht. Wenn jedoch ein VVG sechs EVG überlebt, so müssten fünf der sechs EVG mit dem Großhandelspreis (Ersatzteilpreis) eingesetzt werden. Auch wurden nur die Beschaffungskosten eingerechnet, nicht die Arbeitskosten des Austauschs.

Dies verträgt sich zum einen schlecht mit neueren Gesetzen und Verordnungen (RoHS, Elektronikschrott-Verordnung), und zum anderen stellt es eine doppelte Verschwendung dar, denn selbst aufgebrauchte KVG und VVG sind kein Abfall, geschweige denn Sondermüll, sondern vielmehr eine wertvolle Rohstoffquelle. Diese könnte heute – im Zeichen drastisch gestiegener und weiter steigender Metallpreise – einen nennenswerten Teil ihrer Herstellkosten über die Schrottpreise dekken, wenn man den Schrott nicht deponiert, sondern ordnungsgemäß verschrottet.

Die Vorteile der T5-Lampe

Der wirtschaftliche Vorteil der T5-Lampe muss also aus einer besseren Effizienz der Lampe selbst kommen. Diese muss für sich allein schon, ohne Betrachtung der eingesetzten Vorschaltgeräte-Technik, eine bessere Lichtausbeute bieten als die T8-Lampe.

Ein Vorteil der T5-Lampen liegt darin, dass es untereinander kompatible, also gegeneinander austauschbare Lampen gleicher Abmessungen mit verschiedenen Leistungen gibt. Hierfür sind spezielle sogenannte „Multi-Lamp-EVG“ auf dem Markt verfügbar, die den entsprechenden Lampentyp erkennen und die Leistung automatisch anpassen. Das Marktpotenzial dieser Technik dürfte allerdings eher gering ausfallen und sich auf die Fälle voraussehbarer Nutzungsänderungen beschränken.

Man wird sich also i.d.R. anfangs für eine Leistungsstufe entscheiden und fortan bei dieser bleiben. Diese Entscheidung aber sollte nicht allein von dem Kriterium abhängig gemacht werden, dass man von den stärkeren Lampen weniger benötigt und somit an Platz und am Investitionsvolumen spart. Vielmehr unterscheiden sich die verschiedenen Leistungsstufen der T5-Lampen außer in der Leistung noch in weiteren Eigenschaften. Die Serie mit den großen Leistungen wird von der Industrie als „HO“ (High Output) und die mit den kleinen Leistungen als „HE“ (High Efficiency) angeboten. Dies weist schon darauf hin, dass nicht beides zugleich zu haben ist. In einer Gegenüberstellung werden z. B. für die drei Varianten der 1,45 m langen T5-Lampe die Lichtstromwerte angegeben, aus denen sich ohne Berücksichtigung des Vorschaltgeräts für die Lampe allein die in **Tabelle 1** genannten Lichtausbeuten errechnen lassen.

Somit ist eine T5-Lampe entweder heller oder effizienter als eine entsprechende T8-Lampe – wenn überhaupt: In der schon zitierten Messung [6] an einer T8-Lampe, 58 W, Type 840, zeigte diese an KVG und VVG Lichtausbeuten zwischen 91,5 lm/W und 92,7 lm/W. Dabei beziehen sich diese Messwerte also auf Netzfrequenz, die oben stehenden Werksangaben für T5-Lampen jedoch auf HF-Betrieb mit EVG. Eigentlich fordert die Theorie der Leuchtstofflampen, dass der Wirkungsgrad ein- und derselben Lampe bei Hochfrequenz-Betrieb am EVG besser ist, da dann die extrem schnellen Polwechsel des Lampenstroms die Ladungsträger in die nächste Halbschwingung des Stroms hinüber retten statt sie von neuem erzeugen zu müssen [8]. Somit ist eine T5-Lampe eventuell heller, aber keineswegs effizienter als eine entsprechende T8-Lampe vergleichbarer Abmessungen (**Tabelle 2**).

Gewöhnlich werden VVG (und wurden KVG) nicht so ausgelegt, dass sich bei Betrieb der Leuchte an Nennspannung bereits die Lampen-Nennleistung einstellt, sondern erst bei einer erheblich höheren Spannung. Im Fall der obigen Kombination aus T8-Lampe 58 W und VVG Klasse B1 sind es 244 V. Offensichtlich stellt diese bewusste Ausnutzung großzügig bemessener Toleranzen ein sehr sinnvolles Vorgehen dar, da bei Leuchtstofflampen der beste Wirkungsgrad nicht bei „Vollgas“ erreicht wird, sondern ein ganzes Stück darunter.

Dieser Trend setzt sich auch bei der T8-Lampe mit VVG fort, wenn man die Spannung so weit mindert, bis die Lampenleistung bei 49 W liegt, so dass sie gleich der Nennleistung der mittleren T5-Lampe ist. Die Spannung liegt dann mit 217 V im zulässigen Toleranzband. Dieser Punkt gibt somit

Tabelle 1
Werksangaben der Lichtströme gleich großer T5-Lampen mit verschiedenen Nennleistungen und hieraus errechnete Lichtausbeuten

Leistung in W	Lichtstrom in lm	Lichtausbeute in lm/W
35	3300	94
49	4300	88
80	6150	77

Tabelle 2
Effizienz-Vergleich dreier gleich großer T5-Lampen verschiedener Leistungsstufen an EVG mit einer T8-Lampe an VVG bei verschiedenen Betriebsspannungen

Lampe	T5	T8			T5	T5
Länge in mm	1449	1500			1449	1449
Nennleistung in W	35	58			49	80
gemessene Lampen-leistung in W	–	49	53	58	–	–
gemessen mit	EVG (HF)	VVG Kl. B1 (50Hz)	VVG Kl. B1 (50Hz)	VVG Kl. B1 (50Hz)	EVG (HF)	EVG (HF)
bei (System-spannung in V)	207 ... 253	217	230	244	207 ... 253	207 ... 253
Lichtstrom in lm	3300	4596	4951	5305	4300	6150
Lichtausbeute in lm/W	94	94	93	92	88	77

einen „legalen" Betriebspunkt innerhalb der Spezifikation ab, an dem man die beiden Lampen direkt vergleichen kann. Die Leistung der T5-Lampe wird innerhalb des zulässigen Toleranzbands – und erfahrungsgemäß noch weit darüber hinaus – konstant bleiben, denn jedes hochwertige EVG gleicht Schwankungen der Eingangsspannung aus. So stellt man fest, dass die T8-Lampe in der Lage ist, bei 50 Hz den gleichen Wirkungsgrad zu bieten wie die T5-Lampe an einem EVG.

Bilanz

Die Suche nach dem theoretisch besseren Wirkungsgrad ein- und derselben Lampe bei Hochfrequenz gegenüber Netzfrequenz war sehr erfolgreich, doch messtechnisch nicht mehr nachvollziehbar [6]. Die Suche nach dem besseren Wirkungsgrad des EVG gegenüber dem VVG der Effizienzklasse B1 war ebenfalls erfolgreich. Die Verlustleistung im EVG ist nachweislich geringer, jedoch nur in einem Ausmaß, das sich nicht wirtschaftlich umsetzen lässt. Die Unterschiede im Energieverbrauch sind eher unwesentlich. Alle weiteren Vorteile der EVG lassen sich auch mit VVG in Kombination mit sachgerechter Kompensation und elektronischem Starter [4] erzielen.

Literatur

[1] Dieter Schornick: „Besser nicht: Verwendung von T5-Adaptern in T8-Beleuchtungsanlagen“, „de“ 22/2005, S. 50

[2] www.henkel-olpe.de

[3] www.ecolight.de
www.buerkle-schoeck.de/sicherheitstechnik/index.asp?k=21358&uc
www.riedel-trafobau.de
www.pk-energy.com
www.ipsi.dk
www.stilaenergy.de
u. a.

[4] www.palmstep.com

[5] www.celma.org

[6] *Stefan Fassbinder:* „Induktive Vorschaltgeräte – besser als ihr Ruf?“ „de“ 21/2002, S. 28

[7] www.dial.de

[8] Jörn Martens: „Vorschaltgeräte, Lichtmanagement & Co.“, Teil 2, „de“ 15-16/2005, S. 105

Lohnen sich Energiesparlampen?

Stefan Fassbinder

Die australische Regierung will den Gebrauch von Glühlampen verbieten. Der deutsche Umweltminister hält dies für eine gute Idee, die er aufgreifen möchte. Tatsächlich lassen sich beim Ersatz einer Glühlampe durch eine vergleichbare Kompakt-Leuchtstofflampe rund 75 % Energie einsparen. Doch rechnet sich das für den Kunden?

Kompakt-Leuchtstofflampen (KLL) sind im Prinzip Leuchtstofflampen mit eingebauten elektronischen Vorschaltgeräten (EVG). Wie eine frühere Untersuchung in „de“ 6/2005 [1] zeigte, benötigen Leuchtstofflampen in jeglicher Form (KLL oder kleinere konventionelle Leuchtstofflampen mit separaten Vorschaltgeräten) wesentlich weniger Energie als eine Glühlampe (**Bild 1**).

Doch wie sieht es mit den sonstigen Eigenschaften der verschiedenen Leuchtmittel aus? Die Idee des vollständigen Ersatzes aller Glühlampen durch Sparlampen per Gesetz wirft aus alter Erfahrung mit älteren Sparlampen eine ganze Reihe von Fragen auf:

- Lohnt sich der Mehrpreis der KLL auch bei geringen Betriebszeiten?
- Halten heutige KLL häufiges Schalten besser aus als alte Modelle?
- Entwickeln heutige KLL sofort ihre volle Helligkeit?

Bild 1
Im Vergleich (v. li. n. re.): Glühlampe 15 W, KLL 4 W unmittelbar nach dem Einschalten, KLL 4W knapp 5 min nach dem Einschalten (jeweils aufgenommen mit den gleichen Belichtungsdaten)

- Wie kompakt ist die Kompakt-Sparlampe von heute?
- Lässt sich eine KLL dimmen?
- Würde ein genereller Ersatz aller Glühlampen durch KLL nicht zu erheblichen Netzrückwirkungen durch Oberschwingungen [2] führen?

Nachfolgend sollen diese Fragen an die KLL von heute gerichtet werden.

Einfluss von Einschaltdauer und Schalthäufigkeit

Natürlich wäre es auch bei den heutigen, teilweise schon recht günstigen Preisen für KLL nach wie vor ökonomischer und ökologischer Unsinn, Abstell- und Lagerräume, Besenkammern und ähnliche Räume von sehr geringer Nutzungsdauer mit zwar hoch effizienten, aber immer noch um ein Mehrfaches teureren Lampen zu beleuchten. Der Sinn eines erzwungenen allgemeinen Ersatzes erscheint daher äußerst fragwürdig. Sicher würden die Lampen auch an diesen Stellen Energie einsparen, jedoch so wenig, dass die Kapitalbindung die Ersparnis kontinuierlich auffräße.

Die Beeinträchtigung der Lebensdauer durch häufiges Schalten ist heute bedeutend geringer als noch vor einigen Jahren. Bei einzelnen Typen wird auch behauptet, dieser Einfluss bestünde überhaupt nicht mehr. Gemäß [3] lohnt sich das Abschalten nach aktuellen Berechnungen für eine Glühlampe ab etwa 1 min ohne Gebrauch, bei Leuchtstofflampen ab etwa 15 min, wenn man den Stromverbrauch einerseits gegen den Verlust an Lebensdauer andererseits aufrechnet. Allerdings unterscheidet auch diese Faustregel nicht zwischen großen und kleinen Lampen. Tendenziell kann man feststellen, dass sich ein schnelles, häufigeres Ausschalten umso eher lohnt, je größer die Leistungsaufnahme der KLL ist.

Auch heute noch unterliegen viele Anwender dem Irrglauben, dass eine Leuchtstofflampe im ersten Moment nach dem Einschalten unsägliche Mengen an elektrischer Energie benötigt. Die in **Bild 2** gezeigte Messung an einer 58-W-Lampe mit VVG verdeutlicht dies: Der Endwert der Scheinleistung beträgt 125 VA; direkt nach dem Einschalten während der ersten 2 ... 3 s bis zum Ansprechen des Starters springt dieser Wert auf 200 VA. Die Wirkleistung jedoch zeigt überhaupt kein Überschwingen.

Mit anderen Worten: Der Startwert der Scheinleistung liegt gerade einmal 60 % über dem Endwert, der Startwert der Wirkleistung liegt vor der Zündung der Lampe sogar um 43 % unter dem Endwert, unmittelbar nach der Zündung (bei noch kalter Lampe) noch um gut 20 % darunter. Von erhöhtem Ener-

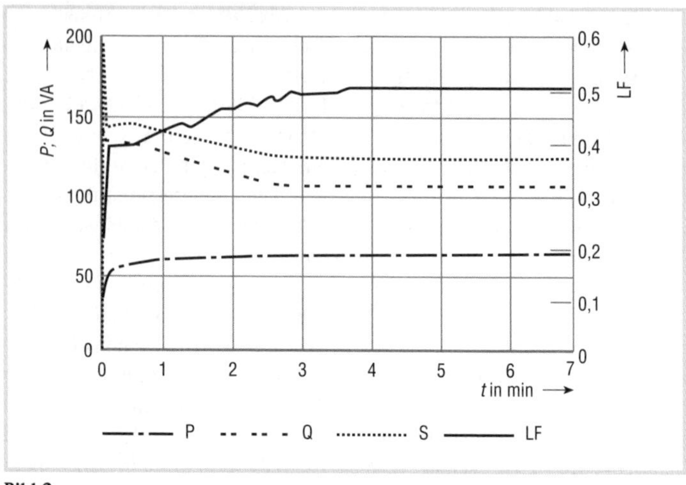

Bild 2
Leistung und Leistungsfaktor (LF) während des Starts und des Warmlaufs einer Leuchtstofflampe 58 W mit VVG

gieverbrauch während der Startphase kann also überhaupt keine Rede sein. Unabdingbar ist beim VVG dagegen in jedem Betriebszustand eine angemessene Kompensation. Dies gilt natürlich ebenso für das KVG, das nach dem gleichen Prinzip arbeitet, aber gemäß Direktive [4] innerhalb der EU gar nicht mehr in den Handel gelangen sollte.

Der Verlust an Lebensdauer lässt sich vor allem bei den heutigen KLL schlecht überprüfen. Bei so langlebigen Gütern, die einem ziemlich kurzen Innovationszyklus unterliegen, könnte das geprüfte Modell schon wieder vom Markt verschwunden und durch eine verbesserte Ausführung ersetzt sein, ehe eine langwierige Lebensdauer-Untersuchung zu einem Ergebnis kommt.

Im ersten Moment nach dem Einschalten erreicht eine Energiesparlampe noch nicht den vollen Lichtstrom. Ob ein Anwender dies als störend empfindet, kommt auf den Einsatzfall an.

Probleme haben die meisten Energiesparlampen bei kalten Umgebungstemperaturen, also z. B. beim Einsatz im Außenbereich. Für Abhilfe sorgen könnte hier die „Master PL Electronic Polar" von Philips (**Bild 3**). Sie kann bei −50 °C starten und liefert bei Temperaturen von −20 °C bis +40 °C mindestens 90 % des Nenn-Lichtstroms.

Bild 3
Diese Energiesparlampe startet noch bei – 50 °C

Lohnen sich Sparlampen?

Im Prinzip lohnen sich Sparlampen fast immer – einmal abgesehen von der bestehenden Unsicherheit der Lebensdauer bei extrem häufigem Schalten. Eine Möglichkeit, die Einsparmöglichkeiten individuell zu berechnen, bietet eine Excel-Tabelle. **Leser dieses Jahrbuchs können sie unter www.de-online.info herunterladen, einschließlich einer Erläuterung zur Anwendung (Klicken Sie unter „de-shop“ auf „Bücher“ und gehen dort auf die Inhaltsseite des de-Jahrbuchs „Elektrotechnik für Handwerk und Industrie 2009“).**

Darüber hinaus müsste man für eine genaue Berechnung noch die Abhängigkeit der Lebensdauer von der Schalthäufigkeit kennen. Diese liegt in der Regel nicht vor. Nach Norm [5] wird für Lebensdauer-Untersuchungen an Leuchtstofflampen ein Zyklus von 2:45 h Einschaltdauer und 15 min Ausschaltdauer eingesetzt. Um wie viel die Lebensdauer sich verändert, wenn das Nutzerverhalten von dieser Art des Gebrauchs abweicht, ist ungewiss. Man kann daher, um zu näherungsweise richtigen Ergebnissen zu kommen, nur davon ausgehen, dass die Beeinträchtigung der Lebensdauer bei beiden zu vergleichenden Systemen ähnlich sein wird.

Dies ist berechtigt, denn auch die Glühlampe leidet unter häufigem Schalten. Dann aber stellt man fest, dass sich die meisten KLL sogar amortisieren, wenn man den Strom kostenlos bekäme (in der Berechnungs-Tabelle als Strompreis Null eingeben). So gesehen spart der niedrigere Stromverbrauch vom ersten Moment der Inbetriebnahme an rein netto.

Für spezielle Anwendungsfälle gibt es sogenannte „Longlife“-Glühlampen. Sie haben allerdings eine deutlich schlechtere Lichtausbeute als gewöhnliche Glühlampen. Im Prinzip handelt es sich um Leuchtmittel, die für etwa 260 V ausgelegt, aber dann auf 230 V umetikettiert werden. Die Berechnungs-Tabelle vergleicht die beiden KLL „Osram Dulux EL Longlife“ mit 5 W und 7 W jeweils alternativ mit einer handelsüblichen und einer Longlife-Glühlampe, die mit einer fast so langen Lebensdauer angegeben ist wie die Longlife-KLL. Bei dieser langlebigen Glühlampe amortisiert sich eine KLL nach etwa 2000 h.

Die Tabelle zeigt auch, dass Netzspannungs-Glühlampen kleiner Nennleistungen noch niedrigere Lichtausbeuten haben als die höheren Leistungsstufen: So liefert eine 150-W-Glühbirne keineswegs nur das zehnfache Licht einer 15-W-Glühbirne, sondern mehr als das Zwanzigfache, denn die dickere Glühwendel der stärkeren Lampe lässt sich stärker belasten.

Ein ähnlicher Zusammenhang besteht auch bei den KLL, so dass sich ganz pauschal sagen lässt: Die Energieersparnis beim Ersatz von Glühlampen durch KLL beträgt etwa 75 % bei großen wie bei kleinen Lampen.

Dimmbare Energiesparlampen

Das Dimmen einer Glühlampe spart kaum Energie ein, da sich der Wirkungsgrad einer Glühlampe mit sinkender Leistungsaufnahme deutlich verschlechtert [6]. Im Privatbereich dient das Dimmen daher primär dem Wohnkomfort. Ohne großen Aufwand dimmen kann man Glühlampen sowie Netzspannungs- und Kleinspannungs-Halogenlampen (auch Hochvolt- und Niedervolt-Halogenlampen genannt).

Mit gewöhnlichen KLL funktioniert dies nicht. Würde man Energiesparlampen an einem herkömmlichen Dimmer betreiben, führte dies sehr schnell zu einer Zerstörung der Lampe und/oder des Dimmers.

Osram bietet inzwischen eine stufenlos dimmbare Energiesparlampe an, die sich an einem herkömmlichen Phasenanschnitt-Dimmer für Glühlampen betreiben lässt („Dulux EL Dim“) – und dies, obwohl solche Dimmer stets für einen bestimmten Leistungsbereich von z. B. 60 ... 300 W bemessen und nicht in der Lage sind, eine einzelne angeschlossene 40-W-Glühlampe zu regeln. Sie flackert meist. Der Regelbereich ist bei der stufenlos dimmbaren Lampe mit 100 ... 15 % des Nenn-Lichtstroms von 1230 lm angegeben.

Vorsicht geboten ist beim Betrieb dieser Lampe mit Dimmern älterer Bauart, was beim Austausch gegen eine Glühlampe schnell vorkommen kann: Eine Messung (**Bild 4**) zeigt, dass die Lampe beim Abregeln mit dem älteren Drehdimmer bei etwa 6 W plötzlich verlischt. Nach dem Verlöschen verbleibt ein vernachlässigbarer Rest-Verbrauch von nur 0,2 W, wenn man den Dimmer nicht

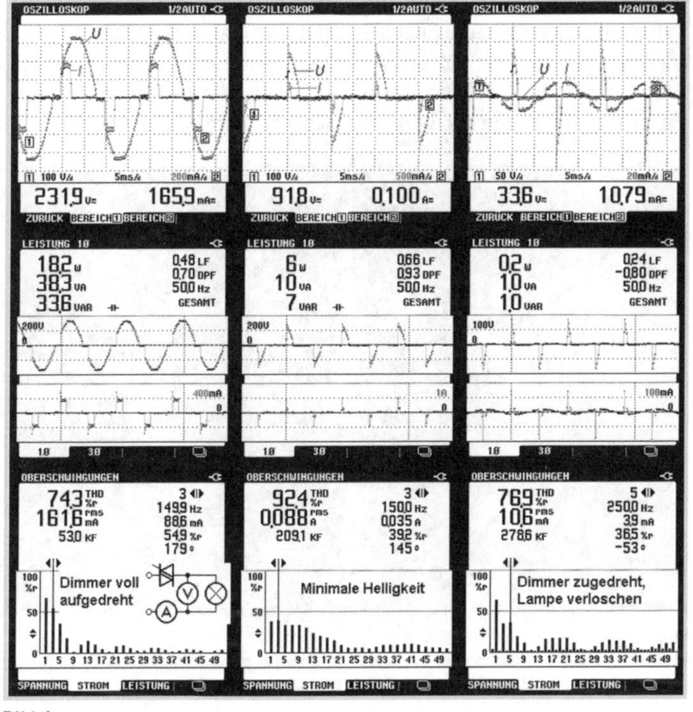

Bild 4
Stufenlos dimmbare KLL Osram Dulux EL Dim 20 W

abschaltet. Dies ist zwar unter energetischen Gesichtspunkten harmlos, nicht jedoch unter sicherheitstechnischen Aspekten: Der Zustand einer unter Spannung stehenden Lampe, der man aber nicht ansieht, dass noch Strom durch sie fließt, ist laut Norm zu vermeiden.

Mit moderneren Drehdimmern tritt dieser Zustand nicht auf, sondern in der unteren Anschlagstellung des Dimmers verblieb noch eine Resthelligkeit der Lampe.

Neben den stufenlos dimmbaren KLL gibt es inzwischen auch Energiesparlampen, die in Stufen dimmbar sind. Nachteil: Man kann nur in Stufen dimmen. Vorteil: Man braucht keinen Dimmer dazu. Osram bietet eine in zwei Stufen dimmbare Lampe an, bei Megaman erschien eine vierstufige. Die zugehörigen Werte zeigen die **Tabellen 1** und **2**.

Offenbar bietet die Lampe von Osram eine etwas bessere Energieeffizienz als die von Megaman. Die Abstufungen sind in beiden Fällen sehr praxisgerecht gewählt (**Bild 5**). Die Bedienung ist denkbar einfach: Man dimmt jeweils eine Stufe herunter, indem man das Licht ein Mal kurz (etwa 1 s) ausschaltet. Wird es länger ausgeschal-

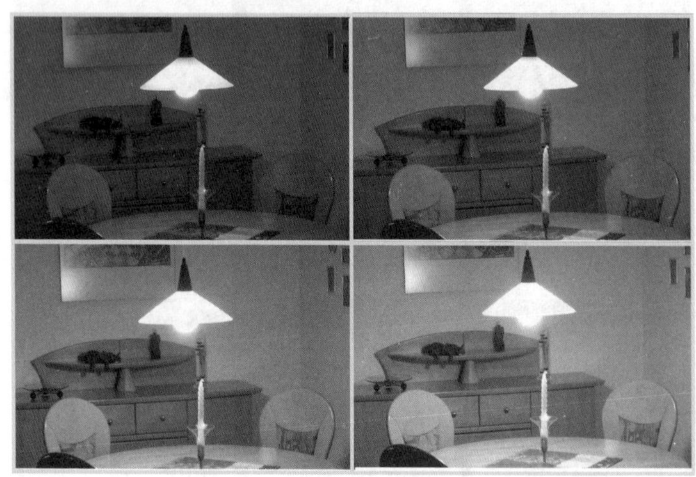

Bild 5
Die in vier Stufen dimmbare 23 W starke Megaman DorS im Praxistest: Diese vier Bilder wurden mit gleichen Belichtungsdaten aufgenommen

Tabelle 1
Verhalten der Osram Dulux EL Vario

	Stufe	
	1	2
Lichtstrom in % (Werksangabe 1500 lm)	100	50
Wirkleistung in W (Werksangabe)	23,0	8,0
Wirkleistung in W (Messung gemäß Bild 5)	20,9	8,5

Tabelle 2
Verhalten der Megaman DorS

	Stufe			
	1	2	3	4
Lichtstrom in % (Werksangabe 1371 lm)	100	66	33	5
Wirkleistung in W (Werksangabe)	23,0	–	–	–
Wirkleistung in W (Messung gemäß Bild 7)	23,1	18,1	14,2	11,8

tet (> 3 s), so startet die Lampe danach wieder mit voller Helligkeit. Auch die Lebensdauer dieser Lampen soll durch die kurzen Unterbrechungen angeblich nicht beeinträchtigt werden.

Ist ein Dimmer vorhanden, so kann man ihn wie einen Schalter nutzen, indem man ihn schnell herunter und wieder hoch dreht. Ein stufenloser Dimm-Effekt ist jedoch nicht erreichbar, und die Methode scheint unpraktisch und mutet etwas seltsam an.

Auch hier gilt, dass die Leistungsaufnahme nicht in demselben Maße zurückgeht wie der Lichtstrom (**Bild 6**): Senkt man den Lichtstrom der Megaman-Lampe auf 5 %, so beträgt die Wirkleistungs-Aufnahme immer noch 50 % des Nennwerts (Tabelle 2). Das erklärt sich damit, dass an einer Leuchtstoffröhre im (stark) gedimmten Betrieb die Kathoden dauerhaft beheizt werden müssen und der Heizbedarf bei kleineren Nennleistungen im Verhältnis höher ist. Außerdem hat das eingebaute EVG einen gewissen Grundverbrauch, z. B. zur Erzeugung der HF-Schwingung. Ob die Angabe der Helligkeit bei der Osram Lampe mit 50 % bei 8 W im gedimmten Betrieb (Tabelle 1) wörtlich zu nehmen ist, bleibt fraglich, da dies tatsächlich einer Verbesserung statt einer Verschlechterung des Wirkungsgrads entspräche. Eher ist mit „50 %" wohl der visuelle Eindruck halbierter Helligkeit gemeint als ein Messwert wie „50 % von 1500 lm". Das ist nicht das Gleiche (**Bild 7**).

Daher gilt: Die Umstellung von der Glühlampe auf die Energiesparlampe senkt den Energieverbrauch deutlich. Dimmen spart demgegenüber in keinem Fall nennenswerte Mengen an Energie ein.

Außerdem sind die stufenweise dimmbaren KLL deutlich teurer als gewöhnliche Ausführungen. Eine dimmbare KLL müsste mindestens 5000 h lang in kleinster Dimmstufe betrieben werden, ehe sich der Mehrpreis für die Dimmbarkeit allein über den Strompreis auszahlt.

EMV: Mehr Oberschwingungen durch Glühlampen-Verbot?

Die vielfach befürchteten Netzrückwirkungen durch die Oberschwingungen der Sparlampen, sollten sie tatsächlich eines Tages sämtliche Glühlampen ersetzen müssen, sind eher nicht zu erwarten.

Risiken und Nebenwirkungen hinsichtlich der EMV drohen hingegen aus einer ganz anderen Ecke: Die KLL ist ein Hochfrequenzgerät. Die Leuchtstofflampe wird mit einer Frequenz von etwa 20 … 60 kHz betrieben. Diese Frequenzen können unter Umständen entweder abstrahlen oder am Eingang wieder austreten.

Für KLL unter 25 W gelten relativ „lasche“ Grenzwerte hinsichtlich der EMV. Diese Lampen sind daher i. d. R. recht einfach aufgebaut: Die ankommende Wechselspannung wird gleichgerichtet und durch einen Elektrolyt-Kondensator geglättet. Diese Technik darf

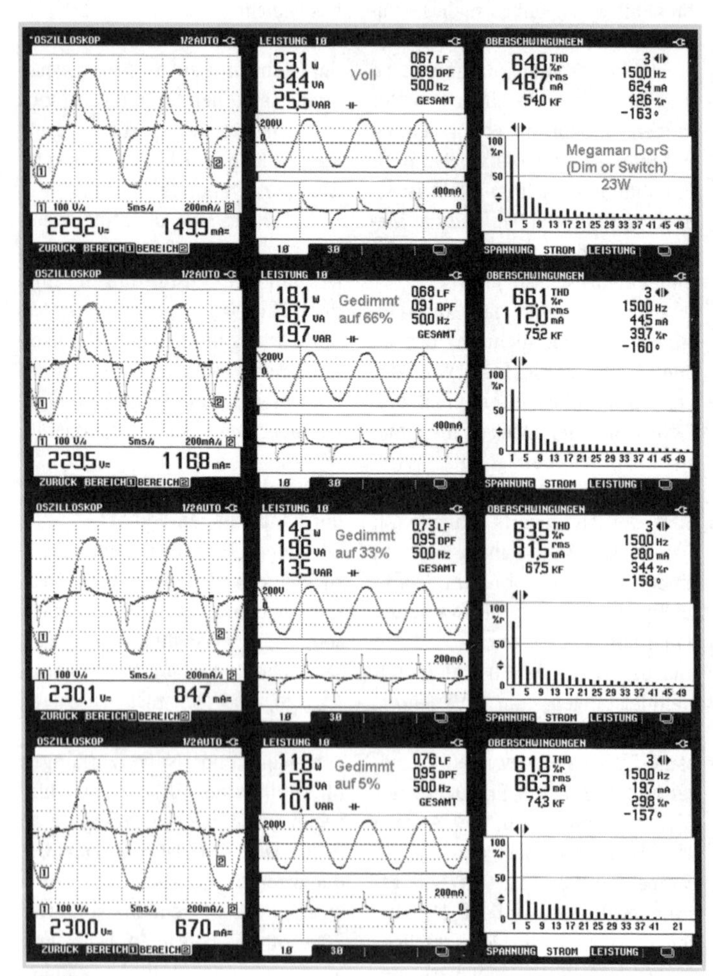

Bild 6
Die in vier Stufen dimmbare Megaman „DorS“ nutzt die übliche Gleichrichtertechnik und erzeugt entsprechende Oberschwingungspegel von 62 ... 66 % THD

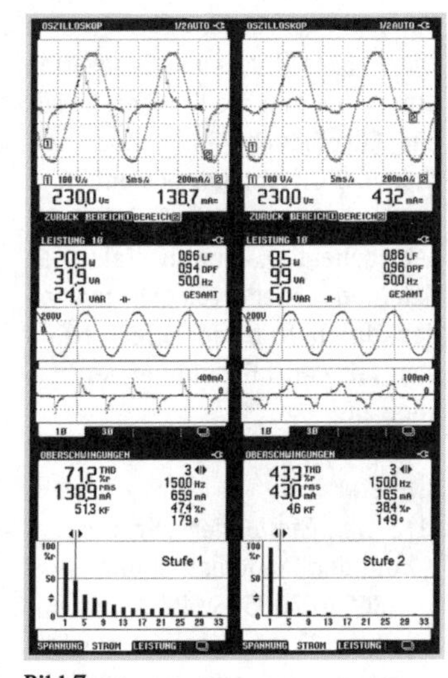

Bild 7
In zwei Stufen dimmbare KLL Osram Dulux EL Vario 23 W/8 W

gemäß Norm [7] nur bei KLL bis 25 W eingesetzt werden. Für Lampen über 25 W gelten deutlich strengere Grenzwerte, die sich nur durch Einsatz einer aktiven elektronischen Leistungsfaktor-Korrektur einhalten lassen. Die 23-W-Lampe Megaman „DorS“ hält diese Werte ein, was kein Kunststück ist, da bei dieser Leistung noch die simple Technik ausreicht (Bild 6).

Bei Lampen mit dieser einfachen Technik ist daher mit erheblichen Oberschwingungen zu rechnen, doch dürfte die HF-EMV noch keine Probleme bereiten, weil HF-Schwingungen erst nach der Gleichrichterstufe erzeugt werden. Bei Lampen > 25 W könnte dies eher auftauchen. Messungen an einer 30-W-KLL von Megaman ergaben jedoch, dass diese Lampe über eine aktive Leistungsfaktor-Korrektur verfügt. Sieht man sich die zugehörigen Stromkurven auf einem Netzanalysator an (**Bild 8**), so ist die elektronische Rekonstruktion der Sinuskurve fraglos gelungen und die Oberschwingungsnorm [7] eingehalten.

Ein Netzanalysator ist aber eben hierauf spezialisiert und nicht auf das Aufspüren bzw. die Vorhersage von HF-Störungen. Ein Zufallsfund bringt es dann an den Tag: Brennt die Lampe im Wohnzimmer, so setzt sie die Fernbedienung des Fernsehers außer Betrieb. Bei ausgeschaltetem Licht lässt sich der Fernseher wieder steuern. Dies darf mit hoher Wahrscheinlichkeit als Nebenwirkung der elektronischen Leistungsfaktor-Korrektur betrachtet werden, die netzseitig angeordnet ist und auf HF-Basis arbeitet.

Die Messergebnisse des Netzanalysators (Bild 8) ließen solche Probleme nicht erwarten. Vielmehr hätte man an der stufenlos dimmbaren Osram-Lampe im Betrieb am Phasenanschnitt-Dimmer (Bild 4) solche oder ähnliche Probleme wie Brummen in der Stereoanlage oder dergleichen erwartet, denn das Bild zeigt im Moment der Zündung des Dimmers bei ge-

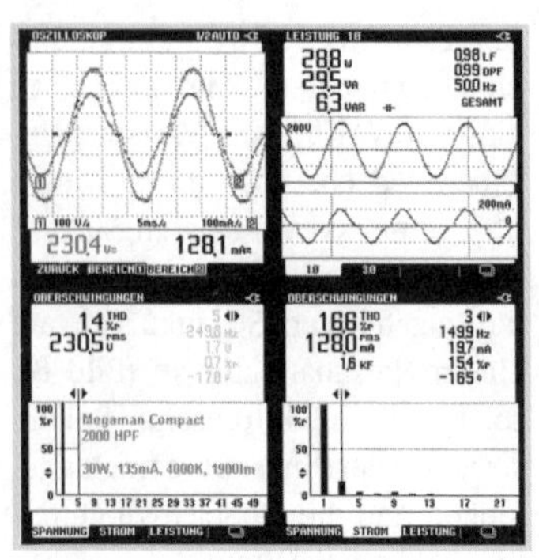

Bild 8
KLL 30 W von Megaman – Oberschwingungsnorm [7] eingehalten, aber dafür EMV-Probleme durch Abstrahlung

dimmtem Licht hohe, scharfe Einschaltspitzen, also steile Strom-Anstiegsflanken. Der Scheitelwert des Stroms beträgt hier – bei nur 6 W Wirkleistungs-Entnahme aus dem Netz – etwa 1 A und ist damit nahezu doppelt so hoch wie im ungedimmten Zustand bei 18 W. Das Oberschwingungsspektrum reicht offensichtlich deutlich über die 49. Harmonische hinaus. Die Fähigkeiten des Netzanalysators enden jedoch hier. Störungen von Rundfunk, Fernsehen und deren Fernbedienungen wurden aber nicht beobachtet, Geräusche nur in dem Umfang, wie sie ein Dimmer häufig verursacht.

Bilanz

Ein generelles Verbot der Glühlampe scheint nicht sinnvoll. Die Umstellung muss freiwillig aus Vernunftgründen erfolgen – und ist bereits in vollem Gange. Sieht man sich z. B. in Hotels und Gaststätten um, so hat hier die KLL bereits fast alle Allgebrauchs-Glühlampen verdrängt. Ein Problem besteht noch bei dem nicht möglichen Ersatz der sehr beliebten, aber ebenfalls ineffizienten Niedervolt-Halogenlampen durch KLL, doch hier bahnt sich mit den LED eine andere Lösung an.

Literatur

[1] *Stefan Fassbinder:* „Sparen mit der Tandemschaltung", „de" 6/2005, S. 49
[2] *Stefan Fassbinder:* Netzstörungen durch passive und aktive Bauelemente. VDE Verlag, Offenbach, 2002
[3] www.wupperinst.org
[4] 2000/55/EG, s. www.celma.org
[5] IEC 60081 Anhang C:1997
[6] *Stefan Fassbinder:* „Beobachtungen an einem gewöhnlichen Phasenanschnitt-Dimmer." „de" 17/2007, S. 89
[7] DIN EN 61000-3-2 (VDE 0838 Teil 2), Okt. 2006

11 Formeln und Grundlagen

Mechanische Grundbegriffe

Die wesentlichen Grundbegriffe und Grundgrößen der Mechanik sind:

- die Masse m [kg]
- die Fallbeschleunigung $g = 9{,}81\ m/s^2$
- die Kraft F [N]
- das Volumen V [m^3]
- die Geschwindigkeit v [m/s]
- die Ortskoordinate (Höhenkoordinate) z

Aus diesen Größen ergeben sich einige besonders wichtige zusammengesetzte Größen:

- die Dichte (= Massendichte) $\rho = m / V$ [kg/m^3]
- das spezifische Volumen $\gamma = V / m = 1 / \rho$ [m^3/kg]
- der Druck p = Kraft / Fläche [N/m^2]
  Druckeinheit: 1 Pa (Pascal) = 1 N/m^2
  technisch übliche Einheiten: 1 bar = 10^5 Pa = $10^5\ J/m^3$

Basiseinheiten des internationalen Einheitensystems (SI)

Basisgröße	**Basiseinheit** Name	Zeichen
Länge	das Meter	m
Masse	das Kilogramm	kg
Zeit	die Sekunde	s
elektrische Stromstärke	das Ampere	A
thermodynamische Temperatur	das Kelvin	K
Stoffmenge	das Mol	mol
Lichtstärke	die Candela	cd

Besonderer Name für das Kelvin bei der Angabe von Celsiustemperaturen ist der Grad Celsius, Einheitszeichen: °C

In einem Einheitensystem ist für jede Größe eine und nur eine Einheit vorgesehen. Dezimale Vielfache und dezimale Teile von SI-Einheiten, die durch Vorsätze gebildet wurden, sind definitionsgemäß keine SI-Einheiten

Außer den Si-Einheiten und deren dezimalen Vielfachen und Teilen sind gesetzliche Einheiten zulässig, die unabhängig vom Internationalen Einheitensystem definiert sind, z. B. Minute, Stunde, Tag und die Winkeleinheiten Grad (Altgrad) mit Minute und Sekunde sowie Gon (Neugrad). Von den Zeiteinheiten Minute, Stunde, Tag, Jahr und Winkeleinheiten Grad, Minute und Sekunde dürfen mit Hilfe von Vorsatzzeichen keine dezimalen Vielfachen oder Teile gebildet werden.

1 steht für das Verhältnis zweier gleicher SI-Einheiten.

Vorsätze für dezimale Vielfache und Teile von Einheiten

Zehnerpotenz	Vorsatz	Vorsatzzeichen	Zehnerpotenz	Vorsatz	Vorsatzzeichen
10^{18}	Exa	E	10^{-1}	Dezi	d
10^{15}	Peta	P	10^{-2}	Zenti	c
10^{12}	Tera	T	10^{-3}	Milli	m
10^{9}	Giga	G	10^{-6}	Mikro	µ
10^{6}	Mega	M	10^{-9}	Nano	n
10^{3}	Kilo	k	10^{-12}	Piko	p
10^{2}	Hekto	h	10^{-15}	Femto	f
10	Deka	da	10^{-18}	Atto	a

Nicht mehr zugelassene Einheiten und Kurzzeichen

Auszug aus der Liste der im geschäftlichen und amtlichen Verkehr in Deutschland nicht mehr zugelassenen Einheiten und Kurzzeichen

Einheit	Kurzzeichen	für die Größe
Atmosphäre absolut	ata	Druck
Atmosphäre, physikalische	atm	Druck
Atmosphäre, technische	at	Druck
Atmosphäre Überdruck	atü	Überdruck
Grad	grd	Temperaturdifferenz
Kalorie	cal	Wärmemenge
Millimeter Quecksilbersäule	mm Hg	Druck
Millimeter Wassersäule	mm WS	Druck
Pferdestärke	PS	Leistung
Pond, Kilopond	p, kp	Kraft
Torr	Torr	Druck

Elektrische und magnetische Größen

Elektrisches Feld

Größe	Formel-Zeichen	Beziehung	SI-Einheit	Erläuterung
elektrische Ladung	Q	$Q = n \cdot e$ (n ganze Zahl)	C	stets ein ganzzahliges Vielfaches der Elektronenladung e ($e = 1{,}602 \cdot 10^{-19}$ C)
elektrisches Potential	φ	$\varphi = \frac{W}{Q}$ (W Arbeit)	V	Hilfsgröße im wirbelfreien elektrischen Feld
elektrische Spannung, Potentialdifferenz	U	$U_{12} = \int_1^2 E\mathrm{d}s = \varphi_1 - \varphi_2$	V	Das Linienintegral der elektrischen Feldstärke von einem Anfangspunkt 1 zu einem Endpunkt 2 längs einer Wegstrecke s heißt elektrische Spannung. Dies ist auch die Differenz der Potentiale φ_1 im Punkt 1 und φ_2 im Punkt 2.
elektrische Umlaufspannung, elektrische Randspannung	$\dot{U}$	$\dot{U} = \oint E\,\mathrm{d}s$	V	Das Linienintegral der elektrischen Feldstärke längs einer geschlossenen Randkurve heißt elektrische Umlaufspannung.
elektrische Feldstärke	E	$E = \frac{F}{Q} = \frac{\mathrm{d}U}{\mathrm{d}x}$	V/m	Auf einen kleinen isolierten Prüfkörper mit der elektrischen Ladung Q wirkt im elektrischen Feld der Stärke E die Kraft F. Im homogenen Feld gilt $E = U/a$ (a Abstand der Elektroden).
elektrische Flussdichte, Verschiebungsdichte	D	$D = \varepsilon\, E$	C/m^2	Das gilt für ein isotropes Medium, bei dem D und E die gleiche Richtung haben.
elektrischer Fluss	Ψ	$\Psi = \int_A D\,\mathrm{d}A$	C	Das Integral der elektrischen Flussdichte über eine beliebige Fläche A heißt elektrischer Fluss.

Größe	Formel-Zeichen	Beziehung	SI-Einheit	Erläuterung
elektrischer Hüllenfluss	$\dot{\Psi}$	$\dot{\Psi} = \oint D \, \mathrm{d}A = Q$	C	Das Hüllenintegral der elektrischen Flussdichte über die gesamte Oberfläche eines mit elektrischer Ladung erfüllten Körpers ist der Hüllenfluss. Dieser ist gleich der Ladung Q
Permittivität, Dielektrizitätskonstante	ε	$\varepsilon = \frac{D}{E}$	F/m	$1 \text{ F/m} = 1 \frac{\text{C}}{\text{Vm}}$
elektrische Feldkonstante	ε_0	$\varepsilon_0 = \frac{1}{\mu_0 c_0^2}$ $= 8{,}854 \cdot 10^{-12}$	F/m	Im leeren Raum gilt: $D = \varepsilon_0 \cdot E$. Daher hieß diese Größe früher auch Dielektrizitätskonstante des leeren Raums
Permittivitätszahl, Dielektrizitätszahl	ε_r	$\varepsilon_r = \frac{\varepsilon}{\varepsilon_0}$	1	Auch relative Permittivität oder relative Dielektrizitätskonstante genannt
elektrische Kapazität	C	$C = \frac{Q}{U}$	F	Beim Plattenkondensator gilt $C = \varepsilon A / a$ A Oberfläche einer Elektrode, a Elektrodenabstand
elektrische Polarisation	P	$P = D - \varepsilon_0 E$	C/m²	Das ist der Unterschied zwischen der dielektrischen Flussdichte im dielektrischen Material und im leeren Raum
Elektrisierung	$\frac{P}{\varepsilon_0}$	$\frac{P}{\varepsilon_0} = (\varepsilon_r - 1)\, E$	V/m	$1 \text{ V/m} = 1 \frac{\text{C}}{\text{m} \cdot \text{F}}$
elektrische Suszeptibilität	χ_e	$\chi_e = \frac{P}{\varepsilon_0 E} = \varepsilon_r - 1$	1	Das ist das Verhältnis der elektrischen Polarisation im Dielektrikum zur elektrischen Flussdichte im leeren Raum
Kräfte im elektrischen Feld	F_e	$F_e^1 = \frac{Q_1 Q_2}{4 \pi \varepsilon a^2}$ $F_e^2 = Q \cdot E$	N	Kräfte auf zwei punktförmige Ladungen und auf eine punktförmige Ladung im elektrischen Feld, 1 N = 1 CV/m
Energie im elektrischen Feld	W_e	$W_e = \frac{1}{2} D E V$ $= \frac{1}{2} \varepsilon E^2 V = \frac{1}{2} Q U$ $= \frac{1}{2} Q^2 / C = \frac{1}{2} C U^2$	J	V = Volumen; 1 J = 1 Ws

Elektrischer Strom

Größe	Formel-Zeichen	Beziehung	SI-Einheit	Erläuterung
elektrische Stromstärke	I	$I = Q/t$ für Gleichstrom $i = \mathrm{d}Q/\mathrm{d}t$ Augenblickswert	A	Für Wechselstrom: Amplitudenwert $\hat{i}$ Effektivwert I, 1 A = 1 C/s
elektrische Stromdichte	S	$S = I/q$	A/m^2	q Querschnittfläche des Leiters
elektrischer Strombelag	A	$A = \Sigma\, I/l$	A/m	Bei elektrischen Maschinen: Summe aller Ströme quer zum Bohrungsumfang durch Bohrungsumfang
elektrischer Leitwert	G	$G = \frac{1}{R} = \frac{I}{U}$	S	Bei Wechselströmen: G Wirkleitwert, Konduktanz; 1 S = 1/Ω; bei Parallelschaltung: $G = G_1 + G_2 + \ldots$
Blindleitwert, Suszeptanz	B	$B_L = -\frac{1}{\omega L}$ $B_C = \omega C$	S	B_L bei Induktivitäten B_C bei Kapazitäten $B = B_L + B_C$ bei Parallelschaltung
Scheinleitwert, Admittanz	Y	$Y = \sqrt{G^2 + B^2}$	S	$\tan \varphi = \frac{G}{B}$
elektrische Leitfähigkeit	χ, γ	$\chi = G\, l/q$	S/m	L Leiterlänge, q Leiterquerschnitt 1 S/m = 1/(Ω m)
elektrischer Widerstand	R	$R = \frac{1}{G} = \frac{U}{I}$	Ω	Bei Wechselströmen: R Wirkwiderstand, Resistanz; 1 Ω = 1/S, bei Reihenschaltung: $R = R_1 + R_2 + \ldots$
Blindwiderstand, Reaktanz	X	$X_L = \omega L$ $X_C = -\frac{1}{\omega C}$	Ω	X_L bei Induktivitäten X_C bei Kapazitäten $X = X_L + X_C$ bei Reihenschaltung
Scheinwiderstand, Impedanz	Z	$Z = \sqrt{R^2 + X^2}$	Ω	$\tan \varphi = \frac{X}{R}$

Größe	Formel-Zeichen	Beziehung	SI-Einheit	Erläuterung
spezifischer elektrischer Widerstand	ρ	$\rho = R\,q/l$	Ωm	l Leiterlänge, q Leiterquerschnitt 1 Ωm = 1 m/S
elektrische Spannung	U	$U = I\,R = I/G$	V	Bei Wechselströmen auch: $U = I \cdot X$ oder $U = I \cdot Z$
elektrische Leistung	P	$P = I^2\,R = U \cdot I$	W	Bei Wechselströmen: P_w Wirkleistung $P_w = U \cdot I \cdot \cos\varphi$
Blindleistung	Q, P_q	$Q = I^2\,X = U \cdot I \sin\varphi$	var	1 var = 1 W bei der Angabe von Blindleistungen
Scheinleistung	S, P_s	$S = \sqrt{P_W^2 + Q^2} = U \cdot I$	VA	1 VA = 1 W bei der Angabe von Scheinleistungen

Magnetisches Feld

Größe	Formel-Zeichen	Beziehung	SI-Einheit	Erläuterung
elektrische Durchflutung	Θ	$\Theta = \int S\,\mathrm{d}A$ $\Theta = I \cdot w$	A	Das Flächenintegral des innerhalb einer geschlossenen Randkurve hindurchtretenden elektrischen Stromes mit der Stromdichte S heißt elektrische Durchflutung. In der Praxis gilt: elektrische Durchflutung ist Strom I mal Windungszahl w.
magnetische Umlauf spannung	$\dot{V}$	$\dot{V} = \Theta$ $\dot{V} = \oint H\,\mathrm{d}s$	A	Die längs einer geschlossenen Randkurve wirkende magnetische Spannung $\dot{V}$ ist gleich der durch die berandete Fläche hindurchtretenden Durchflutung Θ und gleich dem Linienintegral der magn. Feldstärke H längs dieser Randkurve

Größe	Formel-Zeichen	Beziehung	SI-Einheit	Erläuterung
magnetische Spannung	V	$V = \int_1^2 H \mathrm{d}s$	A	Im homogenen Magnetfeld ist die magnetische Spannung V das Produkt aus der magnetischen Feldstärke H und der betrachteten Weglänge l einer Kraftlinie: $V = H \cdot l$
magnetische Feldstärke	H	$H = B/\mu$	A/m	Auch magnetische Erregung
magnetischer Fluss	Φ	$\Phi = VA = V/R_m$ $\Phi = \int_A B \mathrm{d}A$	Wb	Magnetische Spannung in A mal magnetischer Leitwert in H; 1 Wb = 1 Vs
magnetische Flussdichte, magnetische Induktion	B	$B = \Phi/A$	T	Im homogenen Magnetfeld ist die magnetische Flussdichte der Quotient aus dem magnetischen Fluss Φ und seiner Querschnittsfläche A: $B = \Phi/A$; $1\ \mathrm{T} = 1\ \mathrm{Wb/m^2}$
Verkettungsfluss, magnetische Durchflutung	ψ	$\psi = \xi\,\Phi$	Wb	ξ Wicklungsfaktor, w Windungszahl
magnetischer Leitwert	A	$A = \dfrac{\Phi}{V}$	H	Im homogenen Feld ist: $A = \mu A/l$, 1 H = 1 Wb/A
magnetischer Widerstand	R_m	$R_m = \dfrac{V}{\Phi}$	1/H	Im homgenen Feld ist: $R_m = \dfrac{l}{\mu \cdot A}$ 1/H = 1 A/Wb
Premeabilität	μ	$\mu = \dfrac{B}{H}$	H/m	Das bedeutet magnetische Durchlässigkeit
magnetische Feldkonstante	μ_0	$\mu_0 = 4\,\pi \cdot 10^{-7}$ $= 1{,}257 \cdot 10^{-6}$	H/m	Im leeren Raum gilt: $B = \mu_0 H$, daher hieß diese Größe früher auch Permeabilität des leeren Raums
Permeabilitätszahl, relative Permeabilität	μ_r	$\mu_r = \mu/\mu_0$	1	$\mu_r < 1$ diamagnetische Stoffe $\mu_r > 1$ paramagnetische Stoffe $\mu_r \gg 1$ ferromagnetische Stoffe

Größe	Formel-Zeichen	Beziehung	SI-Einheit	Erläuterung
magnetische Polarisation	J	$J = B - \mu_0 H$	T	Dies ist der Überschuss an magnetischer Flussdichte B bei magnet. Materie im Kreis gegenüber der Flussdichte $B_0 = \mu_0 H$ ohne magnetischer Materie im Kreis
Magnetisierung	M	$M = \frac{J}{\mu_0} = (\mu_r - 1) \cdot H$	A/m	
magnetische Suszeptibilität	χ_m	$\chi_m = \frac{M}{H} = \mu_r - 1$	1	Dies ist der relative Unterschied der magnetischen Flussdichte in einer Spule mit und ohne Eisen
Induktivität	L	$L = \frac{\Psi}{i} = \xi w^2 \Lambda$	H	ψ Augenblickswert des Verkettungswertes i Augenblickswert des elektrischen Stroms
Augenblickswert der induzierten Spannung	u_i	$u_i = \frac{d\Psi}{dt} = L \frac{di}{dt}$	V	Für die früher verwendete elektromotorische Kraft (EMK) gilt: $e_1 = -u_i$
Kräfte im magnetischen Feld	F_m	$F_{m1} = i B l$ $F_{m2} = \frac{\mu_0}{2\pi} \frac{i_1 i_2}{a} l$	N	Kräfte auf gerade Leiter der Länge l im magnetischen Feld ($B \perp i$) und auf parallele Leiter im Abstand a
magnetisches Dipolmoment	m	$m = \frac{M}{H}$	Wb m	M Drehmoment des Magneten senkrecht zu H m heißt auch Coulombsches magnetisches Moment
elektro-magnetisches Moment	m'	$m' = \frac{M}{B}$	A m²	M Drehmoment des Magneten senkrecht zu B m' heißt auch Ampèresches magnetisches Moment
Energie im magnetischen Feld	W_m	$W_m = \frac{1}{2} BHV = \frac{1}{2} \psi i = \frac{1}{2} \psi^2 / L = \frac{1}{2} L i^2$	J	V Volumen 1 J = 1 Ws

Griechisches Alphabet

Benennung	Groß-buch-stabe	Klein-buch-stabe	Benennung	Groß-buch-stabe	Klein-buch-stabe
Alpha	Α	α	Ny	Ν	ν
Beta	Β	β	Xi	Ξ	ξ
Gamma	Γ	γ	Omikron	Ο	ο
Delta	Δ	δ	Pi	Π	π
Epsilon	Ε	ε	Rho	Ρ	ρ
Zeta	Ζ	ζ	Sigma	Σ	σ, ς
Eta	Η	η	Tau	Τ	τ
Theta	Θ	ϑ	Ypsilon	Υ	υ
Jota	Ι	ι	Phi	Φ	φ
Kappa	Κ	κ	Chi	Χ	χ
Lambda	Λ	λ	Psi	Ψ	ψ
My	Μ	μ	Omega	Ω	ω

Grundlagen der Mathematik

Genormte mathematische Zeichen

$=$ gleich	$+$ plus
$\equiv$ identisch gleich	$-$ minus
$\neq$ nicht gleich, ungleich	$\cdot$, $\times$ mal
$\sim$ proportional; ähnlich	-, /, : geteilt durch
$\approx$ angenähert gleich; etwa, rund	% Prozent (geteilt durch hundert)
$\triangleq$ entspricht	‰ Promille (geteilt durch tausend)
$<$ kleiner als	( ), [ ], { } runde, eckige, geschweifte Klammern
$>$ größer als	$\sqrt{\ }$, $\sqrt[n]{\ }$ Quadratwurzeln, n-te Wurzel aus
$\ll$ (sehr) viel kleiner als; klein gegen	log Logarithmus allgemein
$\gg$ (sehr) viel größer als; groß gegen	lg dekatischer Logarithmus
$\leqq$ kleiner oder gleich	ln natürlicher Logarithmus

Winkelfunktionen

In einem rechtwinkligen Dreieck stehen die Seitenverhältnisse in festen Beziehungen zueinander, die sich aus den trigonometrischen Funktionen ableiten lassen. In der Elektrotechnik spielen diese Beziehungen vor allem in der Wechselstromtechnik eine Rolle.

In diesem Dreieck ist γ der rechte Winkel.

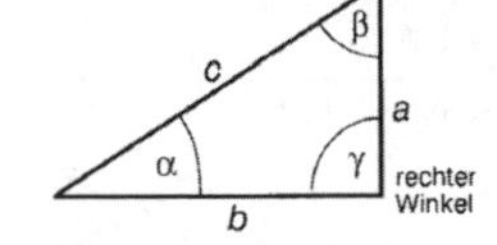

Zum Winkel α ist die Seite a die Gegenkathete, die Seite b die Ankathete, die Seite c die Hypotenuse (so wird die Seite genannt, die dem rechten Winkel gegenüber liegt). Zum Winkel β ist die Seite b die Gegenkathete, die Seite a die Ankathete. Die Hypotenuse ist auch hier die Seite c.

$\sin\alpha = a : c$ (Gegenkathete zu Hypotenuse)
$\cos\alpha = b : c$ (Ankathete zu Hypotenuse)
$\tan\alpha = a : b$ (Gegenkathete zu Ankathete)
$\cot\alpha = b : a$ (Ankathete zu Gegenkathete)

Entsprechend folgen:
$\sin\beta = b : c$ (Gegenkathete zu Hypotenuse)
$\cos\beta = a : c$ (Ankathete zu Hypotenuse)
$\tan\beta = b : a$ (Gegenkathete zu Ankathete)
$\cot\beta = a : b$ (Ankathete zu Gegenkathete)

Funktionswerte für Winkel zwischen 0° und 90°

Funktion	**Winkel**				
	0°	30°	45°	60°	90°
sin	0	0,5	0,707	0,866	1
cos	1	0,866	0,707	0,5	0
tan	0	0,577	1	1,732	∞
cot	∞	1,732	1	0,577	0

Logarithmus

Allgemein	$a = \log_B x$ $x = B^a$	a = Logarithmus B = Basis x = Numerus (Logarithmand)	
Dekadischer Logarithmus	$a = \log_{10} x = \lg x$ $x = 10^a$		
Natürlicher Logarithmus	$a = \log_e x = \ln n$ $x = e^a$	e = Eulersche Zahl e = 2,718282	
Anwendung in der Elektrotechnik	$\frac{v_p}{dB} = 10 \cdot \lg \frac{P_2}{P_1}$ $\frac{v_u}{dB} = 20 \cdot \lg \frac{U_2}{U_1}$	v_p = Leistungsverhältnis P_1 = Eingangsleistung P_2 = Ausgangsleistung v_u = Spannungsverhältnis u_1 = Eingangsspannung u_2 = Ausgangsspannung	dB W W dB V V

Dezibeltafel für Spannungsverhältnisse

Dezibel (dB)

$$x = 20 \lg \frac{U_2}{U_1}$$

x	0	1	2	3	4	5	6	7	8	9
0	1	1,12	1,26	1,41	1,59	1,78	2,00	2,24	2,51	2,82
10	3,16	3,55	3,98	4,47	5,01	5,62	6,31	7,08	7,94	8,91
20	10,0	11,2	12,6	14,1	15,9	17,8	20,0	22,4	25,1	28,2
30	31,6	35,5	39,8	44,7	50,1	56,2	63,1	70,8	79,4	89,1
40	100	112	126	141	159	178	200	224	251	282
50	316	355	398	447	501	562	631	708	794	891
60	1000	1120	1260	1410	1590	1780	2000	2240	2510	2820
70	3160	3550	3980	4470	5010	5620	6310	7080	7940	8910

Formelsammlung Elektrotechnik

Ohmsches Gesetz	I Elektrischer Strom U Elektrische Spannung R Elektrischer Widerstand	$I = \frac{U}{R}$
Leitwert und Widerstand	G Elektrischer Leitwert R Elektrischer Widerstand	$G = \frac{1}{R}$
Leiterwiderstand	R Elektrischer Widerstand l Leiterlänge A Leiterquerschnitt $\varkappa$ Elektrische Leitfähigkeit ρ Spezifischer Widerstand	$R = \frac{l}{\varkappa \cdot A}$ $R = \frac{\rho \cdot l}{A}$ $\varkappa = \frac{1}{\rho}$
Stromdichte	S Elektrische Stromdichte I Elektrischer Strom A Leiterquerschnitt	$S = \frac{I}{A}$
Reihenschaltung von Widerständen	U Gesamtspannung U_1, U_2, U_3 Teilspannungen R_g Gesamtwiderstand R_1, R_2, R_3 Einzelwiderstände Die Spannungen verhalten sich wie die zugehörigen Widerstände. Durch jeden Widerstand fließt derselbe Strom.	$U = U_1 + U_2 + U_3$ $R_g = R_1 + R_2 + R_3$ $\frac{U_1}{U_2} = \frac{R_1}{R_2}$ $I = I_1 = I_2 = I_3$
Parallelschaltung von Widerständen	I Gesamtstrom I_1, I_2, I_3 Teilströme R_g Ersatzwiderstand R_1, R_2, R_3 Einzelwiderstände G_g Gesamtleitwert G_1, G_2, G_3 Einzelleitwerte Die Ströme verhalten sich umgekehrt wie die zugehörigen Widerstände. An jedem Widerstand liegt dieselbe Spannung. Ersatzwiderstand von 2 Widerständen.	$I = I_1 + I_2 + I_3$ $\frac{1}{R_g} = \frac{1}{R_1} + \frac{1}{R_2} + \frac{1}{R_3}$ $G_g = G_1 + G_2 + G_3$ $\frac{I_1}{I_2} = \frac{R_2}{R_1}$ $U = U_1 = U_2 = U_3$ $R = \frac{R_1 \cdot R_2}{R_1 + R_2}$
Gruppenschaltung von Widerständen	Gruppenschaltungen werden berechnet, indem man sie in Reihen- und Parallelschaltungen zerlegt.	

Messbereichserweiterung Spannungsmesser 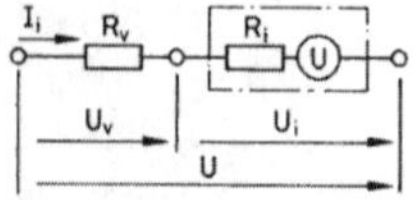 Strommesser 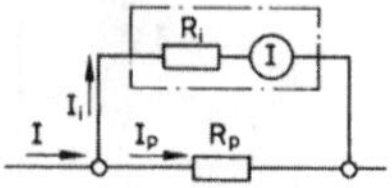	U Gesamtspannung U_i Spannung am Messwerk I Gesamtstrom I_i Strom durch das Messwerk R_i Innenwiderstand des Messwerks R_v Vorwiderstand R_p Parallelwiderstand n Faktor der Messbereichserweiterung	$R_v = \frac{U - U_i}{I_i}$ $R_v = (n-1) \cdot R_i$ $n = \frac{U}{U_i}$; $n = \frac{I}{I_i}$ $R_p = \frac{U}{I - I_i}$ $R_p = \frac{R_i}{n-1}$
Indirekte Widerstandsbestimmung Stromrichtige Schaltung (Spannungsfehlerschaltung) 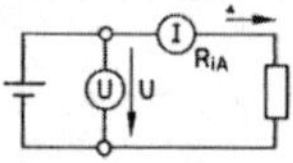	U Gemessene Spannung I Gemessener Strom R Korrigierter Widerstandswert R_{iA} Innenwiderstand des Strommessers	$R = \frac{U}{I} - R_{iA}$
Spannungsrichtige Schaltung (Stromfehlerschaltung) 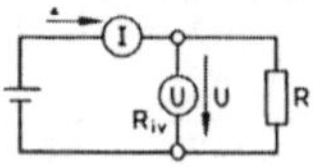	R_{iV} Innenwiderstand des Spannungsmessers	$R = \frac{1}{\frac{I}{U} - \frac{1}{R_{iV}}}$
Brückenschaltung 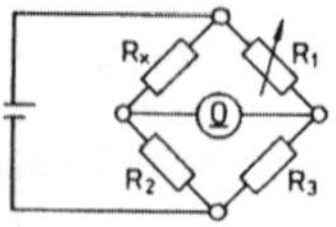	R_1, R_2, R_3 Brückenwiderstände R_x Unbekannter Widerstand	$R_x = \frac{R_1 \cdot R_2}{R_3}$
Spannungsteiler unbelastet belastet 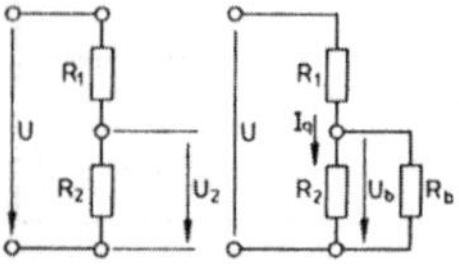	U Gesamtspannung U_2 Teilspannung ohne Belastung R_1, R_2 Teilwiderstände U_b Teilspannung bei Belastung R_b Belastungswiderstand I_q Querstrom	$U_2 = \frac{R_2}{R_1 + R_2} \cdot U$ $R_g = \frac{R_2 \cdot R_b}{R_2 + R_b}$ $U_b = \frac{R_g}{R_1 + R_g} \cdot U$

Widerstand und Temperatur	R_k Kaltwiderstand (R_{20}) R_w Warmwiderstand ΔR Widerstandsänderung α Temperaturbeiwert $\Delta\vartheta$ Temperaturänderung	$\Delta R = \alpha \cdot \Delta\vartheta \cdot R_k$ $R_w = R_k + \Delta R$ $\Delta\vartheta = \frac{R_w - R_k}{\alpha \cdot R_k}$
Elektrische Leistung	P Elektrische Leistung U Elektrische Spannung I Elektrischer Strom R Elektrischer Widerstand	$P = U \cdot I$ $P = I^2 \cdot R$ $P = \frac{U^2}{R}$
Elektrische Arbeit	W Elektrische Arbeit P Elektrische Leistung t Zeit	$W = P \cdot t$
Leistungsmessung mit dem Zähler	P Elektrische Leistung n Drehzahl der Zählerscheibe C_z Zählerkonstante	$P = \frac{n}{C_z \cdot t}$
Energiewandlung, Wirkungsgrad P₁ P₂ Pᵥ	P_1 Zugeführte Leistung P_2 Abgegebene Leistung P_v Verlustleistung W_1 Zugeführte Arbeit (Energie) W_2 Abgegebene Arbeit (Energie) η Wirkungsgrad, Gesamtwirkungsgrad η_1, η_2 Einzelwirkungsgrade	$\eta = \frac{P_2}{P_1}$ $\eta = \frac{W_2}{W_1}$ $P_v = P_1 - P_2$ $\eta = \eta_1 \cdot \eta_2$
Reihenschaltung R_{i1} U_{01} U_0	U_0 Leerlaufspannung U_{01} Leerlaufspannung einer Zelle n Anzahl gleicher Zellen R_1 Gesamtinnenwiderstand R_{11} Innenwiderstand einer Zelle	$U_0 = n \cdot U_{01}$ $R_1 = n \cdot R_{11}$
Parallelschaltung I_1 I_2 I R_{i1} R	I Gesamtstrom I_1 Strom einer Zelle n Anzahl gleicher Zellen R_1 Ersatzinnenwiderstand R_{11} Innenwiderstand einer Zelle	$I = n \cdot I_1$ $R_1 = \frac{R_{11}}{n}$
Magnetisches Feld	Φ Magnetischer Fluss B Magnetische Flussdichte (Induktion) A Polfläche Θ Durchflutung I Elektrischer Strom N Windungszahl H Magnetische Feldstärke l_m mittlere Feldlinienlänge	$B = \frac{\Phi}{A}$ $\Theta = I \cdot N$ $H = \frac{I \cdot N}{l_m}$

Haltekraft von Magneten	F Haltekraft B Magnetische Flussdichte (Induktion) A Polfläche μ_0 Magnetische Feldkonstante	$F = \frac{B^2 \cdot A}{2\,\mu_0}$
Elektrisches Feld, Kondensator an Gleichspannung Ladung	Q Elektrische Ladung C Kapazität U Spannung I Strom t Zeit	$Q = C \cdot U$ $Q = I \cdot t$
Kapazität	C Kapazität ε_0 Elektrische Feldkonstante ε_r Dielektrizitätszahl A Plattenfläche l Plattenabstand	$C = \frac{\varepsilon_0 \cdot \varepsilon_r \cdot A}{l}$
Parallelschaltung C1 C2 C3	C_g Gesamtkapazität C_1, C_2, C_3 Einzelkapazitäten n Anzahl gleicher Kapazitäten	$C_g = C_1 + C_2 + C_3$ $C_g = n \cdot C_1$
Reihenschaltung C1 C2 C3	C_g Ersatzkapazität C_1, C_2, C_3 Einzelkapazitäten n Anzahl gleicher Kapazitäten	$\frac{1}{C_g} = \frac{1}{C_1} + \frac{1}{C_2} + \frac{1}{C_3}$ $C_g = \frac{C_1 \cdot C_2}{C_1 + C_2}$ $C_g = \frac{C_1}{n}$
Zeitkonstante Uc in % 100 % 63 0 τ ≙ Zeitkonstante R ≙ Widerstand C ≙ Kapazität 0 τ t	τ Zeitkonstante R Widerstand C Kapazität U_C Spannung am Kondensator	$\tau = R \cdot C$
Wechselstrom Frequenz und Wellenlänge t T	T Periodendauer (Schwingungsdauer) f Frequenz λ Wellenlänge c Ausbreitungsgeschwindigkeit ω Kreisfrequenz p Polpaarzahl n Drehzahl	$T = \frac{1}{f}$ $\lambda = \frac{c}{f}$ $\omega = 2 \cdot \pi \cdot f$ $f = p \cdot n$

Effektivwert und Scheitelwert	U_{eff}, U Effektivwert der Spannung $\hat{u}$ Scheitelwert der Spannung I_{eff}, I Effektivwert des Stromes $\hat{\imath}$ Scheitelwert des Stromes	$U_{eff} = U = \frac{1}{\sqrt{2}} \cdot \hat{u}$ $U = 0{,}707 \cdot \hat{u}$ $I_{eff} = I = \frac{1}{\sqrt{2}} \cdot \hat{\imath}$ $I = 0{,}707 \cdot \hat{\imath}$
Induktivität im Wechselstromkreis	X_L Induktiver Blindwiderstand ω Kreisfrequenz L Induktivität der Spule	$X_L = \omega \cdot L$
Reihenschaltung von Induktivitäten L_1 L_2 L_3	L_g Gesamtinduktivität L_1, L_2, L_3 Einzelinduktivitäten n Anzahl gleicher Induktivitäten	$L_g = L_1 + L_2 + L_3$ $L_g = n \cdot L_1$
Parallelschaltung von Induktivitäten L_1 L_2 L_3	L_g Ersatzinduktivität L_1, L_2, L_3 Einzelinduktivitäten	$\frac{1}{L_g} = \frac{1}{L_1} + \frac{1}{L_2} + \frac{1}{L_3}$
Reihenschaltung von Induktivität und Wirkwiderstand R L Z U_w U_{bL} U	Z Scheinwiderstand U Elektrische Spannung I Elektrischer Strom	$Z = \frac{U}{I}$
Spannungsdreieck U U_{bL} φ U_w I	U Gesamtspannung U_w Wirkspannung U_{bL} Induktive Blindspannung $\cos\varphi$ Wirkfaktor (Leistungsfaktor) $\sin\varphi$ Blindfaktor I Elektrischer Strom R Wirkwiderstand X_L Induktiver Blindwiderstand	$U^2 = U_w^2 + U_{bL}^2$ $U_w = U \cdot \cos\varphi$ $U_{bL} = U \cdot \sin\varphi$ $U_w = I \cdot R$ $U_{bL} = I \cdot X_L$

Widerstandsdreieck 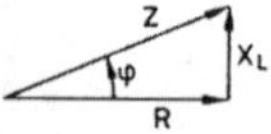	Z Scheinwiderstand R Wirkwiderstand X_L Induktiver Blindwiderstand $\cos\varphi$ Wirkfaktor (Leistungsfaktor) $\sin\varphi$ Blindfaktor	$Z^2 = R^2 + X_L^2$ $R = Z \cdot \cos\varphi$ $X_L = Z \cdot \sin\varphi$
Leistungsdreieck 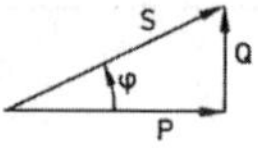	S Scheinleistung P Wirkleistung Q Blindleistung U Elektrische Spannung I Elektrischer Strom $\cos\varphi$ Leistungsfaktor $\sin\varphi$ Blindfaktor U_w Wirkspannung U_{bL} Induktive Blindspannung R Wirkwiderstand X_L Induktiver Blindwiderstand	$S^2 = P^2 + Q^2$ $S = U \cdot I$ $P = S \cdot \cos\varphi$ $Q = S \cdot \sin\varphi$ $P = U_w \cdot I$ $Q = U_{bL} \cdot I$ $P = \frac{U_w^2}{R}$ $Q = \frac{U_{bL}^2}{X_L}$
Parallelschaltung von Induktivität und Wirkwiderstand 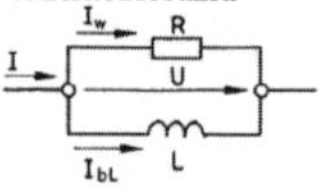	Z Scheinwiderstand U Elektrische Spannung I Elektrischer Strom	$Z = \frac{U}{I}$
Stromdreieck 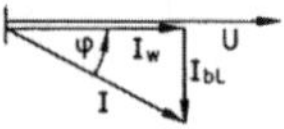	I Gesamtstrom I_w Wirkstrom I_{bL} Induktiver Blindstrom $\cos\varphi$ Wirkfaktor (Leistungsfaktor) $\sin\varphi$ Blindfaktor R Wirkwiderstand X_L Induktiver Blindwiderstand	$I^2 = I_w^2 + I_{bL}^2$ $I_w = I \cdot \cos\varphi$ $I_{bL} = I \cdot \sin\varphi$ $I_w = \frac{U}{R}$ $I_{bL} = \frac{U}{X_L}$
Leitwertdreieck 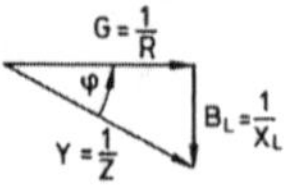	Y Scheinleitwert G Wirkleitwert B_L Blindleitwert $\cos\varphi$ Wirkfaktor (Leistungsfaktor) $\sin\varphi$ Blindfaktor	$Y^2 = G^2 + B_L^2$ $G = Y \cdot \cos\varphi$ $B_L = Y \cdot \sin\varphi$

Leistungsdreieck P, φ, Q, S 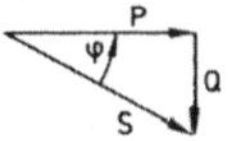	S Scheinleistung P Wirkleistung Q Blindleistung U Elektrische Spannung I Elektrischer Strom $\cos\varphi$ Leistungsfaktor $\sin\varphi$ Blindfaktor I_w Wirkstrom I_{bL} Induktiver Blindstrom R Wirkwiderstand X_L Induktiver Blindwiderstand	$S^2 = P^2 + Q^2$ $S = U \cdot I$ $P = S \cdot \cos\varphi$ $Q = S \cdot \sin\varphi$ $P = U \cdot I_w$ $Q = U \cdot I_{bL}$ $P = I_w^2 \cdot R$ $Q = I_{bL}^2 \cdot X_L$
Kapazität im Wechselstromkreis	X_C Kapazität Blindwiderstand ω Kreisfrequenz C Kapazität	$X_C = \dfrac{1}{\omega \cdot C}$
Reihenschaltung von Kapazität und Wirkwiderstand 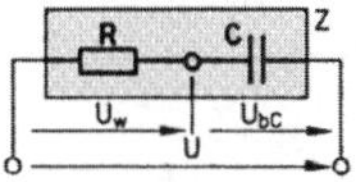 R, C, Z, U_w, U_{bC}, U	Z Scheinwiderstand U Elektrische Spannung I Elektrischer Strom	$Z = \dfrac{U}{I}$
Spannungsdreieck 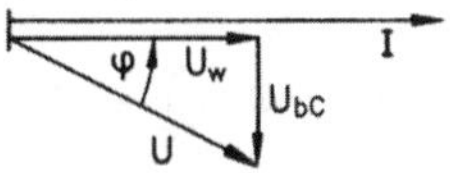 I, φ, U_w, U_{bC}, U	U Gesamtspannung U_w Wirkspannung U_{bC} Kapazitive Blindspannung $\cos\varphi$ Wirkfaktor (Leistungsfaktor) $\sin\varphi$ Blindfaktor	$U^2 = U_w^2 + U_{bC}^2$ $U_w = U \cdot \cos\varphi$ $U_{bC} = U \cdot \sin\varphi$
Widerstandsdreieck 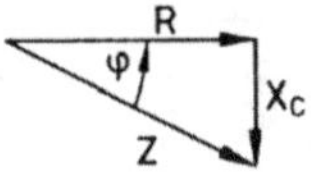 R, φ, X_C, Z	Z Scheinwiderstand R Wirkwiderstand X_C Kapazitiver Blindwiderstand $\cos\varphi$ Wirkfaktor (Leistungsfaktor) $\sin\varphi$ Blindfaktor	$Z^2 = R^2 + X_C^2$ $R = Z \cdot \cos\varphi$ $X_C = Z \cdot \sin\varphi$
Leistungsdreieck 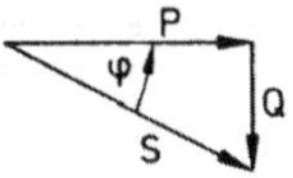 P, φ, Q, S	S Scheinleistung P Wirkleistung Q Blindleistung U Elektrische Spannung I Elektrischer Strom $\cos\varphi$ Leistungsfaktor $\sin\varphi$ Blindfaktor	$S^2 = P^2 + Q^2$ $S = U \cdot I$ $P = S \cdot \cos\varphi$ $Q = S \cdot \sin\varphi$

Parallelschaltung von Kapazität und Wirkwiderstand 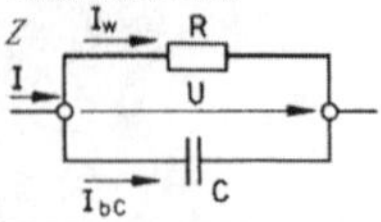	Scheinwiderstand U Elektrische Spannung I Elektrischer Strom	$Z = \frac{U}{I}$
Stromdreieck 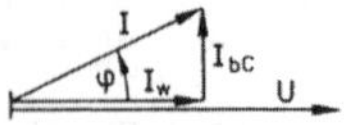	I Gesamtstrom I_w Wirkstrom I_{bC} Kapazitiver Blindstrom $\cos\varphi$ Wirkfaktor (Leistungsfaktor) $\sin\varphi$ Blindfaktor	$I^2 = I_w^2 + I_{bC}^2$ $I_w = I \cdot \cos\varphi$ $I_{bC} = I \cdot \sin\varphi$
Leitwertdreieck 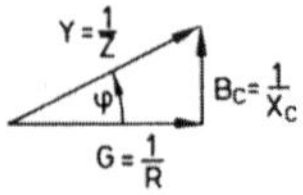	Y Scheinleitwert G Wirkleitwert B_C Blindleitwert $\cos\varphi$ Wirkfaktor (Leistungsfaktor) $\sin\varphi$ Blindfaktor	$Y^2 = G^2 + B_C^2$ $G = Y \cdot \cos\varphi$ $B_C = Y \cdot \sin\varphi$
Leistungsdreieck 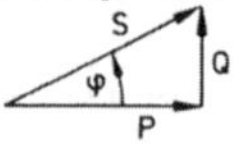	S Scheinleistung P Wirkleistung Q Blindleistung $\cos\varphi$ Leistungsfaktor $\sin\varphi$ Blindfaktor	$S^2 = P^2 + Q^2$ $P = S \cdot \cos\varphi$ $Q = S \cdot \sin\varphi$
Verlustwinkel	δ Verlustwinkel X_C Kapazität Blindwiderstand R Wirkwiderstand	$\tan\delta = \frac{X_C}{R} = \frac{I_w}{I_{bC}}$
Reihenschaltung von Widerstand, Induktivität und Kapazität	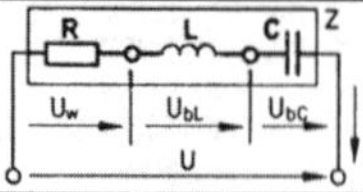	
Zeigerbild der Spannungen 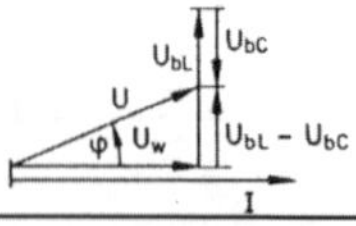	U Gesamtspannung U_w Wirkspannung U_{bL} Induktive Blindspannung U_{bC} Kapazitive Blindspannung	$U^2 = U_w^2 + (U_{bL} - U_{bC})^2$
Zeigerbild der Widerstände 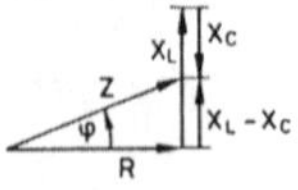	Z Scheinwiderstand R Wirkwiderstand X_L Induktiver Blindwiderstand X_C Kapazitiver Blindwiderstand	$Z^2 = R^2 + (X_L - X_C)^2$

Zeigerbild der Leistungen 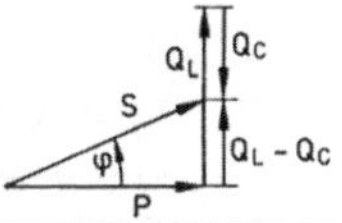	S Scheinleistung P Wirkleistung Q_L Induktive Blindleistung Q_C Kapazitive Blindleistung	$S^2 = P^2 + (Q_L - Q_C)^2$
Resonanz	f_{res} Resonanzfrequenz L Induktivität C Kapazität	$f_{res} = \frac{1}{2 \cdot \pi \cdot \sqrt{L \cdot C}}$
Parallelschaltung von Widerstand, Induktivität und Kapazität	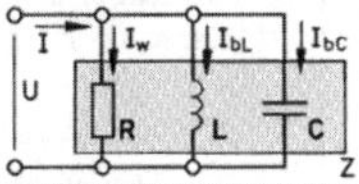	
Zeigerbild der Ströme 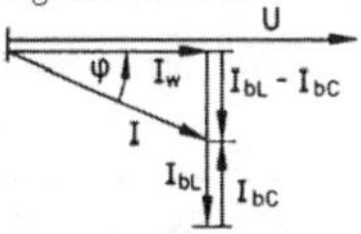	I Gesamtstrom I_w Wirkstrom I_{bL} Induktiver Blindstrom I_{bC} Kapazitiver Blindstrom	$I^2 = I_W^2 + (I_{bL} - I_{bC})^2$
Zeigerbild der Leitwerte 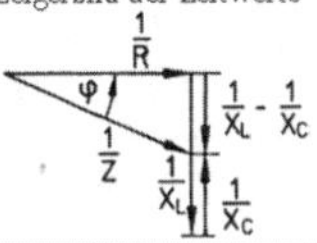	Z Scheinwiderstand R Wirkwiderstand X_L Induktiver Blindwiderstand X_C Kapazitiver Blindwiderstand	$\left(\frac{1}{Z}\right)^2 = \left(\frac{1}{R}\right)^2 + \left(\frac{1}{X_L} - \frac{1}{X_C}\right)^2$
Resonanz	f_{res} Resonanzfrequenz L Induktivität C Kapazität	$f_{res} = \frac{1}{2 \cdot \pi \cdot \sqrt{L \cdot C}}$
Drehstrom	S Scheinleistung U Außenleiterspannung I Außenleiterstrom P Wirkleistung $\cos \varphi$ Leistungsfaktor Q Blindleistung $\sin \varphi$ Blindfaktor P_{Str} Wirkleistung in einem Strang	$S = \sqrt{3} \cdot U \cdot I$ $P = \sqrt{3} \cdot U \cdot I \cdot \cos \varphi$ $Q = \sqrt{3} \cdot U \cdot I \cdot \sin \varphi$ $P = 3 \cdot P_{Str}$
Sternschaltung 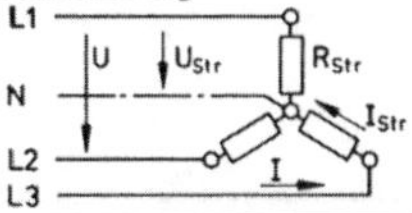	U Außenleiterspannung U_{Str} Strangspannung I Außenleiterstrom I_{Str} Strangstrom P_{Str} Strangleistung	$U = \sqrt{3} \cdot U_{Str}$ $I = I_{Str}$ $P_{Str} = U_{Str} \cdot I_{Str} \cdot \cos \varphi$

Dreieckschaltung L1, L2, L3, I, I_{Str}, U_{Str}, U, R_{Str}	U Außenleiterspannung U_{Str} Strangspannung I Außenleiterstrom I_{Str} Strangstrom P_{Str} Strangleistung	$I = \sqrt{3} \cdot I_{Str}$ $U = U_{Str}$ $P_{Str} = U_{Str} \cdot I_{Str} \cdot \cos\varphi$
Transformator Einphasen-Wechselstrom-Transformator ohne Verluste	$ü$ Übersetzung U_1 Spannung an der Eingangswicklung U_2 Spannung an der Ausgangswicklung N_1 Windungszahl der Eingangswicklung N_2 Windungszahl der Ausgangswicklung I_1 Strom in der Eingangswicklung I_2 Strom in der Ausgangswicklung	$ü = \frac{\text{Eingangsspannung}}{\text{Ausgangsspannung}}$ $ü = \frac{U_1}{U_2} = \frac{N_1}{N_2}$ $ü = \frac{I_2}{I_1} = \frac{N_1}{N_2}$ $\frac{U_1}{U_2} = \frac{I_2}{I_1}$ $\frac{R_1}{R_2} = \left(\frac{N_1}{N_2}\right)^2$
Transformator mit Verlusten	P_1 Zugeführte Leistung P_2 Abgegebene Leistung P_{Cu} Kupferverluste P_{Fe} Eisenverluste η Wirkungsgrad	$P_1 = P_2 + P_{Cu} + P_{Fe}$ $\eta = \frac{P_2}{P_2 + P_{Cu} + P_{Fe}}$
Leitungsberechnungen, Gleichstrom Unverzweigte Leitung (induktionsfrei) l, U_v P_v	A Leitungsquerschnitt l Länge der Zuleitung I Elektrischer Strom $\varkappa$ Elektrische Leitfähigkeit U_v Spannungsfall P_v Leistungsverlust	$A = \frac{2 \cdot (\Sigma l \cdot I)}{\varkappa \cdot U_v}$ $A = \frac{2 \cdot (\Sigma l \cdot I^2)}{\varkappa \cdot P_v}$ $P_v = U_v \cdot I$
Wechselstrom Unverzweigte Leitung (induktiv belastet) l, U_v P_v, M 1~	A Leitungsquerschnitt l Länge der Zuleitung I Elektrischer Strom $\cos\varphi$ Leistungsfaktor $\varkappa$ Elektrische Leitfähigkeit U_v Spannungsfall P_v Leistungsverlust	$A = \frac{2 \cdot (\Sigma l \cdot I \cdot \cos\varphi)}{\varkappa \cdot U_v}$ $A = \frac{2 \cdot (\Sigma l \cdot I^2)}{\varkappa \cdot P_v}$ $P_v = U_v \cdot I \cdot \cos\varphi$

Anordnung und Bedeutung des IP-Codes

IP 2 3 C H

Code-Buchstaben IP für die Kennzeichnung der Schutzart durch Gehäuse

Erste Kennziffer:

Schutz des Betriebsmittels gegen Eindringen von festen Fremdkörpern	Schutz von Personen gegen Zugang zu gefährlichen Teilen
0: kein Schutz	0: kein Schutz
1: ≥ 50 mm Durchmesser	1: Handrücken
2: ≥ 12,5 mm Durchmesser	2: Finger
3: ≥ 2,5 mm Durchmesser	3: Werkzeug
4: ≥ 1 mm Durchmesser	4: Draht
5: Staubschutz	5: Draht
6: Staubdicht	6: Draht
X: außer Betrachtung	X: außer Betrachtung

Zweite Kennziffer:
Schutz des Betriebsmittels gegen Eindringen von Wasser mit schädlicher Wirkung
0: kein Schutz
1: senkrechte Tropfen
2: Tropfen bis 15° Neigung
3: Sprühwasser
4: Spritzwasser
5: Strahlwasser
6: starkes Strahlwasser
7: zeitweiliges Untertauchen
8: dauerndes Untertauchen
X: außer Betrachtung

Zusätzlicher Buchstabe (fakultativ)
Schutz von Personen gegen Zugang zu gefährlichen Teilen
A: Handrücken
B: Finger
C: Werkzeug
D: Draht

Ergänzender Buchstabe (fakultativ)
H: Hochspannungsbetriebsmittel
M: Bewegung während der Wasserprüfung
S: Stillstand während der Wasserprüfung
W: Wetterbedingungen

Umstellung der Pg-Kabelverschraubungen auf metrische Betriebsmittel

Mit dem Gültigwerden der Norm EN 50262:1998-09 „Metrische Kabelverschraubungen für elektrische Installationen" und der Zurückziehung aller entgegenstehenden nationalen Normen (DIN 46320 Bl. 1-4; DIN 46255, DIN 46259, DIN 46319 und DIN VDE 619 /DIN VDE 0619 A1) zum 31.12.1999 sind seit 1. 1. 2000 die bisherigen Pg-Gewinde nicht mehr normgerecht.

Hinweise für die Anwendung von Kabelverschraubungen nach EN 50262

Bei Pg-Kabelverschraubungen wird mit den 10 Pg-Größen von Pg 7 bis Pg 48 (Gewinde-Außendurchmesser von 12,5 bis 59,3 mm) durch die überlappenden Teil-Dichtbereiche ein Gesamt-Dichtbereich erzielt, der von ca. 3 mm (mindestens bei Pg 7) bis ca. 44 mm (maximal bei Pg 48) reicht.

Für den annähernd gleichen Gesamt-Dichtbereich stehen nach der neuen EN 50262 nur noch 8 Kabelverschraubungsgrößen zur Verfügung **(Bild 1)**.

Die Kabelverschraubungsgröße M 75 geht über den nach DIN 46320 bekannten Durchmesserbereich hinaus.

Für die Konstruktion von metrischen Kabelverschraubungen bedeutet dies, dass mit jeder metrischen Kabelverschraubungsgröße ein ca. 20 % größerer Dichtbereich als mit jeder Pg-Größe erzielt werden muss, um überlappend den Gesamt-Dichtbereich abzudecken **(Bild 2)**. Die Tatsache, dass für die lückenlose Abdeckung des Gesamt-Dichtbereiches nur noch acht metrische Verschraubungsgrößen

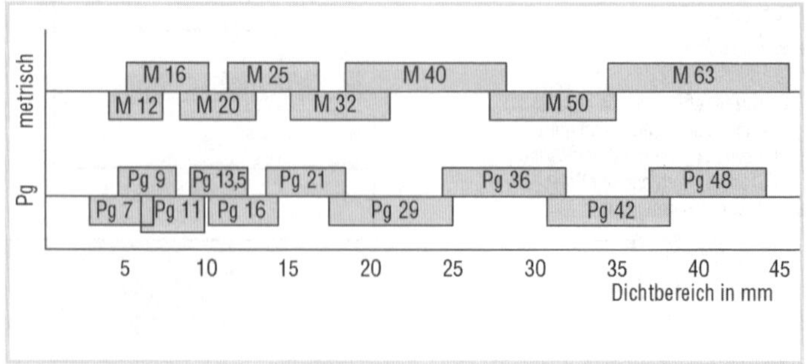

Bild 1
Dichtbereiche von PG- und metrischen Gewinden

zur Verfügung stehen bzw. notwendig sind, dürfte für Hersteller, Handel und Anwender von Vorteil sein, da weniger Typen hergestellt und bevorratet werden müssen.

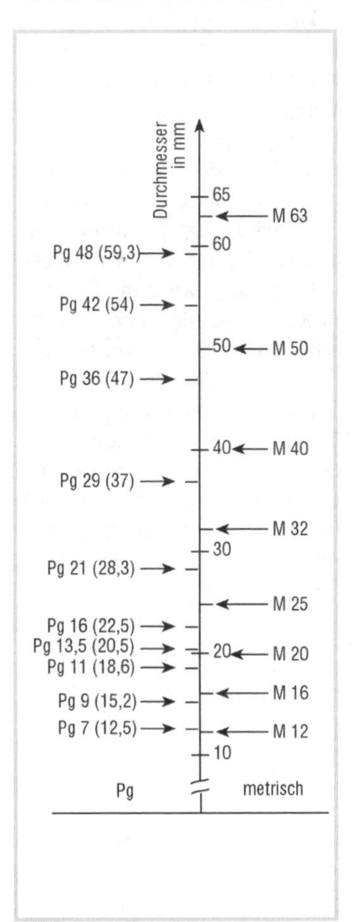

Bild 2
Gegenüberstellung der Gewindeaußendurchmesser von PG- und metrischen Gewinden

Einsatz von metrischen Kabelverschraubungen bei vorhandenen Pg-Löchern

Durch Defekte und die notwendigen Ersatzinstallationen kommt es in der Praxis immer wieder dazu, dass Kabelverschraubungen an Dosen, Gehäusen, Verteilern oder Motoranschlusskästen ausgewechselt werden müssen.

In solchen Fällen entsteht möglicherweise die Frage: Können bzw. müssen die alten Pg-Kabelverschraubungen gegen metrische Kabelverschraubungen ausgetauscht werden? Diese Frage ist mit einem eindeutigen „Nein" zu beantworten, da

a) Pg-Gewindelöcher nie und Pg-Durchgangslöcher nur in Einzelfällen zu den metrischen Gewinden passen;
b) die Industrie auch weiterhin Pg-Kabelverschraubungen für Ersatzzwecke zur Verfügung stellen wird, auch wenn diese Kabelverschraubungen keine normungstechnische Grundlage mehr haben.

Abmessungen der metrischen Kabelverschraubungen, Platzbedarf

Aus Bild 2 geht hervor, dass die Gewinde-Außendurchmesser von Pg- und metrischen Kabelverschraubungen nicht übereinstimmen. Auf Basis der metrischen Gewinde-Außendurchmesser ergeben sich zwangsläufig die für die Montage wichtigen Außenmaße, wie Schlüsselweite und Eckmaß des Zwischenstutzens bzw. der Gegenmutter.

Für metrische Kabelverschraubungen sind diese Maße in der bis Ende 1999 gültigen DIN 46319 fest gelegt. Ab diesem Zeitpunkt liegt im Prinzip keinerlei Maßnorm für die Hüllmaße von Kabelverschraubungen vor. Aufgrund von Marktbeobachtungen kann jedoch festgestellt werden, dass die Hüllmaße der bereits auf dem Markt befindlichen metrischen Kabelverschraubungen weitgehend DIN 46319 entsprechen.

Die zur Zeit ermittelten Hüllmaße für metrische Kabelverschraubungen sind in **Tabelle 1** dargestellt. In dieser Tabelle fällt auf, dass die Schlüsselweiten der Gegenmuttern den Eckmaßen der Kabelverschraubungen entsprechen. Diese maßliche Zuordnung ist erforderlich, wenn verschachtelt werden muss, d. h. wenn sich die Gegenmuttern über ihr Eckmaß gegenseitig blockieren sollen, die Kabelverschraubungen selbst aber drehbar sein sollen. Wird die Verschachtelung nicht gefordert, können Schlüsselweite und Eckmaß der Gegenmutter kleiner sein als in Tabelle 1 aufgerührt.

Es wird darauf hingewiesen, dass es aufgrund der Abmessungsunterschiede zwischen der alten Pg-Reihe und der neuen metrischen Reihe zu Problemen kommen kann, die den Platzbedarf (maximale Anzahl von Kabelverschraubungen einer bestimmten Größe an einer vorgegebenen Gehäusefläche) betreffen. Letztlich ist auch ein Umdenken beim Anwender bezüglich der Zuord-

Tabelle 1
Hüllmaße metrischer Kabelverschraubungen

Metrisches ISO-Gewinde	Verschraubung Schlüsselweite in mm	Verschraubung max. Eckmaß in mm	Gegenmutter Schlüsselweite in mm	Gegenmutter max. Eckmaß in mm
M 25 x 1,5	16	18	18	20
M 32 x 1,5	21	23	23	25
M 40 x 1,5	25	28	28	30
M 50 x 1,5	30	33	33	36
M 63 x 1,5	37	41	41	45
M 75 x 1,5	46	51	51	55
M 50 x 1,5	56	61	61	67
M 63 x 1,5	69	75	75	83
M 75 x 1,5	82	92	92	100

nung von Kabelverschraubungsgröße und einzuführender Leitung erforderlich. Dies trifft insbesondere auf die in der Elektroinstallationspraxis häufig verwendeten Größen Pg 9, Pg 11 und Pg 16 zu, da die vergleichbaren metrischen Gewinde entweder größer oder kleiner sind als die bisherigen Pg-Gewinde. Für Pg 7 bzw. M 12 und Pg 13,5 bzw. M 20 trifft dieses Zuordnungsproblem nicht zu, da in diesen Fällen Pg- und M-Gewindedurchmesser nahezu identisch sind.

Hier ein konkreter Problemfall: Der Installateur war gewohnt, NYM 4 x 4 mm^2 (Außendurchmesser bis 14 mm) über eine Kabelverschraubung Pg 16 einzuführen. Wird nun anstelle der Pg-16-Kabelverschraubung eine M-20-Kabelverschraubung eingesetzt, ist das Einführen einer Leitung mit 14 mm Durchmesser nicht mehr möglich, d. h., es muss in diesem Fall die größere M-25-Kabelverschraubung eingesetzt werden, was wiederum zu dem bereits beschriebenen Platzproblem beim Einbau in ein vorhandenes Gehäuse führen kann.

12 Leitungen und Kabel, Querschnitte

Ermittlung der maximalen Leitungslängen unter Berücksichtung der Verlegungsart

Burkhard Schulze

Kabel- und Leitungsanlagen sind nach DIN VDE 0100-520 (VDE 0100-520) so zu errichten, dass der ordnungsgemäße Betrieb der elektrischen Anlagen sichergestellt wird und unter Einbezug der Schutzmaßnahmen verhindert wird, dass im Falle eines Fehlers Personen und Nutztiere gefährdet oder Sachen beschädigt werden. Die folgenden Tabellen sollen dem Normenanwender wichtige Hinweise geben:

1. für die Ermittlung der zulässigen Strombelastbarkeit bei fester Verlegung von Kabeln und Leitungen in oder an Bauwerken nach VDE 0298-4 sowie für Kabel in Erde;
2. für den Schutz bei Überlast von Kabeln und Leitungen nach VDE 0100-430;
3. für die Ermittlung der maximal zulässigen Kabel- und Leitungslängen, bei denen
   – der zulässige Spannungsfall im Normalbetrieb nach VDE 0100-520 und DIN 18015-1 sowie
   – die automatische Abschaltung der Stromversorgung zum Schutz gegen elektrischen Schlag nach VDE 0100-410 und der Schutz bei Kurzschluss nach VDE 0100-430 sichergestellt sind.

Die in den Tabellen enthaltenen Werte sind unter Zugrundelegung bestimmter Voraussetzungen berechnet worden, die in der VDE 0100-520 Beiblatt 2 beschrieben sind. Treffen diese Voraussetzungen nicht zu, ist der Nachweis durch Berechnungen zu erbringen.

Voraussetzung zur Anwendung der Werte

Betriebsart	Dauerbetrieb
Leiterwerkstoff	Kupfer (Cu)
Leiternennquerschnitt	1,5 mm^2 bis 120 mm^2
Betriebstemperatur des Leiters	70 °C
Umgebungstemperatur	25 °C
Anzahl der Strom führenden Adern/Leiter	zwei oder drei gleichzeitig Strom führende – Adern in einem Kabel oder einer Leitung, – Aderleitungen in einem Elektroinstallationsrohr oder einem Elektroinstallationskanal
Verlegung	Einzelverlegung; keine Häufung oder Bündelung

Referenz-Verlegeart	A 1									A 2									
Verlegeart	Aderleitungen oder einadrige Kabel/Mantelleitungen in Elektroinstallationsrohren od. – kanälen									mehradrige Kabel/Mantelleitungen									
I_n / mm²	6 A	10 A	16 A	20 A	25 A	32 A	40 A	50 A	63 A	6 A	10 A	16 A	20 A	25 A	32 A	40 A	50 A	63 A	Wechselstrom / Drehstrom
1,5 ²	46 m	27 m	17 m	-	-	-	-	-	-	46 m	27 m	17 m	-	-	-	-	-	-	
	92 m	55 m	-	-	-	-	-	-	-	92 m	55 m	-	-	-	-	-	-	-	
2,5 ²	75 m	45 m	28 m	22 m	-	-	-	-	-	75 m	45 m	28 m	22 m	-	-	-	-	-	
	150 m	90 m	56 m	45 m	-	-	-	-	-	150 m	90 m	56 m	-	-	-	-	-	-	
4 ²	-	70 m	44 m	35 m	28 m	-	-	-	-	-	70 m	44 m	35 m	28 m	-	-	-	-	
	-	141 m	88 m	70 m	56 m	-	-	-	-	-	141 m	88 m	70 m	56 m	-	-	-	-	
6 ²	-	-	65 m	53 m	42 m	30 m	-	-	-	-	-	65 m	53 m	42 m	30 m	-	-	-	
	-	-	132 m	106 m	85 m	60 m	-	-	-	-	-	132 m	106 m	85 m	-	-	-	-	
10 ²	-	-	-	-	71 m	50 m	44 m	35 m	-	-	-	-	-	71 m	50 m	44 m	-	-	
	-	-	-	-	142 m	101 m	89 m	-	-	-	-	-	-	142 m	101 m	89 m	-	-	
16 ²	-	-	-	-	-	80 m	70 m	56 m	44 m	-	-	-	-	-	80 m	70 m	56 m	-	
	-	-	-	-	-	160 m	140 m	112 m	-	-	-	-	-	-	160 m	140 m	112 m	-	

Referenz-Verlegeart	B 1									B 2									
Verlege-art	Aderleitungen oder einadrige Kabel/ Mantelleitungen									mehradrige Kabel/Mantelleitungen									
I_n / mm²	6 A	10 A	16 A	20 A	25 A	32 A	40 A	50 A	63 A	6 A	10 A	16 A	20 A	25 A	32 A	40 A	50 A	63 A	
1,5 ²	46 m	27 m	17 m	-	-	-	-	-	-	46 m	27 m	17 m	-	-	-	-	-	-	Wechselstrom
	92 m	55 m	34 m	-	-	-	-	-	-	92 m	55 m	34 m	-	-	-	-	-	-	Drehstrom
2,5 ²	75 m	45 m	28 m	22 m	18 m	-	-	-	-	75 m	45 m	28 m	22 m	-	-	-	-	-	Wechselstrom
	150 m	90 m	56 m	45 m	-	-	-	-	-	150 m	90 m	56 m	45 m	-	-	-	-	-	Drehstrom
4 ²	-	70 m	44 m	35 m	28 m	20 m	-	-	-	-	70 m	44 m	35 m	28 m	20 m	-	-	-	Wechselstrom
	-	141 m	88 m	70 m	56 m	-	-	-	-	-	141 m	88 m	70 m	56 m	-	-	-	-	Drehstrom
6 ²	-	-	65 m	53 m	42 m	30 m	26 m	-	-	-	-	65 m	53 m	42 m	30 m	26 m	-	-	Wechselstrom
	-	-	132 m	106 m	85 m	60 m	-	-	-	-	-	132 m	106 m	85 m	60 m	-	-	-	Drehstrom
10 ²	-	-	-	-	71 m	50 m	44 m	35 m	-	-	-	-	-	71 m	50 m	44 m	35 m	-	Wechselstrom
	-	-	-	-	142 m	101 m	89 m	71 m	-	-	-	-	-	142 m	101 m	89 m	71 m	-	Drehstrom
16 ²	-	-	-	-	-	80 m	70 m	56 m	44 m	-	-	-	-	-	80 m	70 m	56 m	44 m	Wechselstrom
	-	-	-	-	-	160 m	140 m	112 m	89 m	-	-	-	-	-	160 m	140 m	112 m	89 m	Drehstrom

Verlegeart	direkte Verlegung auf oder in Wänden, unter Decken oder in ungelochten Kabelwannen									Stegleitungen in oder unter Putz oder in Hohlräumen									
I_n / mm^2	6 A	10 A	16 A	20 A	25 A	32 A	40 A	50 A	63 A	6 A	10 A	16 A	20 A	25 A	32 A	40 A	50 A	63 A	
$1{,}5^2$	46 m	27 m	17 m	14 m	-	-	-	-	-	46 m	27 m	17 m	14 m	-	-	-	-	-	Wechselstrom
	92 m	55 m	34 m	-	-	-	-	-	-	92 m	55 m	34 m	-	-	-	-	-	-	Drehstrom
$2{,}5^2$	75 m	45 m	28 m	22 m	18 m	-	-	-	-	75 m	45 m	28 m	22 m	-	-	-	-	-	Wechselstrom
	150 m	90 m	56 m	45 m	36 m	-	-	-	-	150 m	90 m	56 m	45 m	-	-	-	-	-	Drehstrom
4^2	-	70 m	44 m	35 m	28 m	20 m	-	-	-	-	70 m	44 m	35 m	28 m	20 m	-	-	-	Wechselstrom
	-	141 m	88 m	70 m	56 m	40 m	-	-	-	-	-	-	-	-	-	-	-	-	Drehstrom
6^2	-	-	66 m	53 m	44 m	30 m	26 m	20 m	-	-	-	-	-	-	-	-	-	-	Wechselstrom
	-	-	132 m	106 m	85 m	60 m	53 m	-	-	-	-	-	-	-	-	-	-	-	Drehstrom
10^2	-	-	-	-	71 m	55 m	44 m	35 m	28 m	-	-	-	-	-	-	-	-	-	Wechselstrom
	-	-	-	-	142 m	101 m	89 m	71 m	56 m	-	-	-	-	-	-	-	-	-	Drehstrom
16^2	-	-	-	-	-	80 m	70 m	56 m	44 m	-	-	-	-	-	-	-	-	-	Wechselstrom
	-	-	-	-	-	160 m	140 m	112 m	89 m	-	-	-	-	-	-	-	-	-	Drehstrom

Referenz-Verlegeart	D																		
Verlegeart	mehradrige Kabel/Mantelleitungen mit zusätzlich mech. Schutz									mehradrige Kabel/Mantelleitungen ohne zusätzlich mech. Schutz									
I_n mm²	6 A	10 A	16 A	20 A	25 A	32 A	40 A	50 A	63 A	6 A	10 A	16 A	20 A	25 A	32 A	40 A	50 A	63 A	
1,5 ²	46 m	27 m	17 m	-	-	-	-	-	-	46 m	27 m	17 m	14 m	-	-	-	-	-	Wechselstrom
	92 m	55 m	34 m	-	-	-	-	-	-	92 m	55 m	34 m	-	-	-	-	-	-	Drehstrom
2,5 ²	75 m	45 m	28 m	22 m	-	-	-	-	-	75 m	45 m	28 m	22 m	-	-	-	-	-	Wechselstrom
	150 m	90 m	56 m	45 m	-	-	-	-	-	150 m	90 m	56 m	45 m	-	-	-	-	-	Drehstrom
4 ²	-	70 m	44 m	35 m	28 m	20 m	-	-	-	-	70 m	44 m	35 m	28 m	20 m	-	-	-	Wechselstrom
	-	141 m	88 m	70 m	56 m	-	-	-	-	-	141 m	88 m	70 m	56 m	40 m	-	-	-	Drehstrom
6 ²	-	-	66 m	53 m	42 m	30 m	26 m	-	-	-	-	66 m	53 m	44 m	30 m	26 m	20 m	-	Wechselstrom
	-	-	132 m	106 m	85 m	60 m	-	-	-	-	-	132 m	106 m	85 m	60 m	53 m	-	-	Drehstrom
10 ²	-	-	-	-	71 m	50 m	44 m	35 m	-	-	-	-	-	71 m	55 m	44 m	35 m	28 m	Wechselstrom
	-	-	-	-	142 m	101 m	89 m	71 m	-	-	-	-	-	142 m	101 m	89 m	71 m	56 m	Drehstrom
16 ²	-	-	-	-	-	80 m	70 m	56 m	44 m	-	-	-	-	-	80 m	70 m	56 m	44 m	Wechselstrom
	-	-	-	-	-	160 m	140 m	112 m	89 m	-	-	-	-	-	160 m	140 m	112 m	89 m	Drehstrom

13 Schaltzeichen

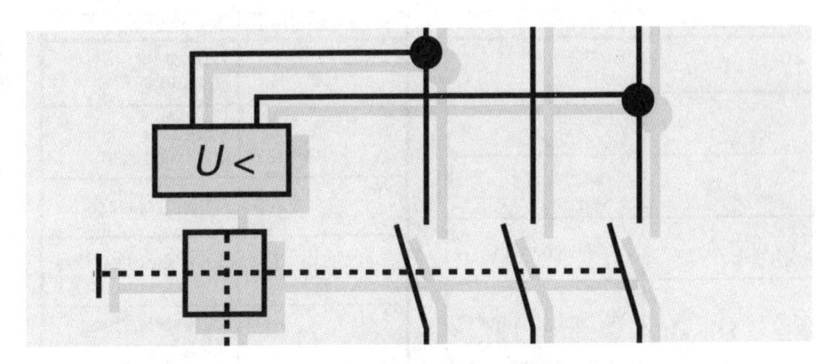

Schaltzeichen für Installationspläne nach DIN EN 60617

Schaltzeichen	Benennung
	Ausschalter einpolig
	dto. mit Kontrollampe
	Ausschalter zweipolig
	Serienschalter
	Wechselschalter
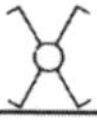	Kreuzschalter
	Tastschalter
	Leuchttast-schalter
	Dimmer mit Ausschalter
	Zeitschalter
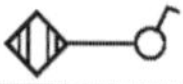	Näherungsschalter (Ausschalter)
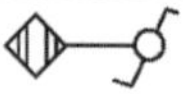	Näherungsschalter (Wechselschalter)
	Steckdose ohne Schutzkontakt
	Schutzkontakt-steckdose
3, N, PE	Schutzkontakt-steckdose für Drehstrom
	Zweifachsteckdose
	abschaltbare Steckdose

Schaltzeichen	Benennung
	verriegelte Steckdose
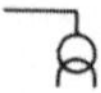	Steckdose mit Trenntrafo
	Antennensteckdose
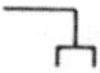	Fernmeldesteckdose
	Steckverbindung mit/ohne Schutzkontakt
	Stromstoßschalter
	Leuchtenauslass
	Leuchte mit Schalter
	einstellbare Leuchte
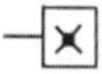	Sicherheitsleuchte mit eingebauter Stromversorgung
	Sicherheitsleuch-te/Rettungszeichen-leuchte
	Scheinwerfer
	Flutlichtleuchte
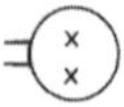	Leuchte 2 Strompfade
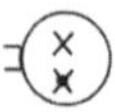	Leuchte mit Sicherheitsleuchte
	Leuchte allgemein

Schaltzeichen	Benennung
	Leuchte für Entladungslampen
	Leuchte für Leuchtstofflampen
2×2×65 W	Leuchtenband 2 Leuchten je 2 × 65W
	Vorschaltgerät
	Leuchtenauslass auf Putz
* E E	Elektrogerät links: allgemein rechts: schaltbar
*	links: Elektroherd Mitte: Backofen rechts: Wärmeplatte
*	Mikrowellenherd
*	Infrarotgrill
*	Ventilator
*	Heißwassergerät
*	Heißwasserspeicher
*	Durchlauferhitzer

Schaltzeichen	Benennung
*	Händetrockner, Haartrockner
*	Waschmaschine
*	Wäschetrockner
*	Geschirrspülmaschine
*	Küchenmaschine
*	Raumheizung allgemein
*	Speicherheizung allgemein
*	Speicherheizung mit Lüfter
*	Infrarotstrahler
*	Klimagerät
*	Kühlgerät
*	Gefriergerät
*	Gefrier-/ Kühlgerät
	Ruf- und Abstelltafel
	Hauptuhr

Schaltzeichen	Benennung
	Wechselsprech-anlage
	Gegensprechanlage
	Türöffner
	Neutralleiter N
	PE-, PEN-, PA-Leiter
	wahlweise Schutzleiter PE
	wahlweise PEN-Leiter
	Antennenleitung
	Fernsprechleitung
	unterirdische Leitung Erdkabel
	Leitung unter Putz
	Leitung im Putz
	Leitung auf Putz
	Freileitung
	Leitung im Installationsrohr
Cu 20 × 5	Stromschiene 100 mm²

Schaltzeichen	Benennung
	Einspeisung von oben
	Leitung nach oben
	Leitung nach unten
	Einspeisung von unten
	Leitung nach oben und unten
	Abzweigdose
	Dose/Kasten
H	Trenndose
	Endverschluss
3 3	Verbindungsmuffe
	Hausanschluss allgemein
	Rundfunkgerät
	Fernsehgerät

Schaltzeichen für Schutz- und Sicherungseinrichtungen nach DIN EN 60617

Schaltzeichen	Benennung
	Sicherung links: allgemein Mitte: mit Kennzeichnung des netzseitigen Anschlusses rechts: mit mechanischer Auslösemeldung (Schlagbolzensicherung)
D II 10A	Schraubsicherung; dargestellt 10 A, Typ DII, dreipolig
00 25A	Niederspannungs-Hochleistungssicherung (NH) dargestellt 25 A, Größe 00
	Sicherung mit getrenntem Meldekontakt
	links: Sicherungsschalter Mitte: Sicherungstrennschalter rechts: Sicherungs-Lasttrennschalter
	Schaltschloss mit mechanischer Freigabe
3	Motorschutzschalter, dreipolig mit thermischer und magnetischer Auslösung, in einpoliger Darstellung
4	Fehlerstrom-Schutzschalter vierpolig
	Leitungsschutzschalter
U < I > I > I >	Schalter mit Schaltschloss, Motorschutzschalter, dreipolig dargestellt mit – drei elektrothermischen Überstromauslösern – drei elektromagnetischen Überstromauslösern – Unterspannungsauslöser

Schaltzeichen für Schutz- und Sicherungseinrichtungen nach DIN EN 60617 (Fortsetzung)

Schaltzeichen	Benennung
	links: Funkenstrecke Mitte: Doppel-Funkenstrecke rechts: Überspannungsableiter
	Überspannungsableiter in einer Gasentladungsröhre
	links: Erdungsschalter, allgemein Mitte: Erdungsschalter, einschaltfest rechts: Erdungslastschalter

Schaltzeichen für elektrische Maschinen und Anlasser nach DIN EN 60617

Schaltzeichen	Benennung
*	Maschine, allgemein An die Stelle des Sterns (*) muß eines der folgenden Kennzeichen eingetragen werden: C Umformer G Generator GS Synchrongenerator M Motor MG als Generator oder Motor nutzbare Maschine MS Synchronmotor
M	Linearmotor, allgemein
M	Schrittmotor, allgemein
M	Gleichstrom-Reihenschlussmotor (Gleichstrom-Reihenschlussgenerator mit G)

Schaltzeichen	Benennung
M	Gleichstrom-Nebenschlussmotor (Gleichstrom-Nebenschlussgenerator mit G)
M 1~	Wechselstrom-Reihenschlussmotor, einphasig
M 3~	Drehstrom-Reihenschlussmotor
M 3~	Drehstrom-Asynchronmotor mit Käfigläufer
M 3~	Drehstrom-Asynchronmotor mit Schleifringläufer
M Y	Drehstrom-Asynchronmotor in Sternschaltung mit Anlaufwicklung im Läufer
M 3~	Drehstrom-Linearmotor, Bewegung in nur einer Richtung
GS 3~	Drehstrom-Synchrongenerator mit Dauermagneterregung
3~ C	Drehstrom-Umformer mit Nebenschlusserregung

Schaltzeichen für elektrische Maschinen und Anlasser nach DIN EN 60617 (Fortsetzung)

Schaltzeichen	Benennung
	Anlasser links: allgemein rechts: Betätigung stufenweise Die Anzahl der Stufen darf angegeben werden.
	Anlasser links: stetig veränderbar rechts: mit selbsttätiger Auslösung
	Anlasser links: für Stern-Dreieck-Schaltung rechts: für Motoren mit zwei Drehrichtungen
	Anlasser links: automatisch rechts: mit thermischen und magnetischen Auslösern
8/4 p	Anlasser links: für Reihen- oder Parallel-Schaltung rechts: für polumschaltbaren Motor
	Anlasser für Einphasenmotor mit kapazitiver Hilfsphase

* Die so gekennzeichneten Symbole waren im Anhang A der DIN 40900-11 genormt, die im August 1997 durch die DIN EN 606117-11 ersetzt wurde. Da der Anhang A noch nicht übernommen wurde, sind diese Symbole zur Zeit nicht genormt.

Betriebsmittelkennzeichnung Alt-Neu

Jörg-Rainer Wurdak

Zur Klassifizierung und Kennzeichnung elektrischer Betriebsmittel mit Buchstaben in Plänen oder Listen gilt die europäische Norm DIN EN 61346-2. Sie enthält ein Klassifizierungsschema, welches für alle technischen Fachbereiche gilt, zum Beispiel für Mechanik-, Fluid- oder elektrische Objekte. Sie betrifft industrielle Systeme, Anlagen und Ausrüstungen sowie Industrieprodukte.

Anwendungshinweise

Typische elektrische Produkte mit zugeordneten Kennbuchstaben sind in **Tabelle 1** zusammengestellt. Die Kennbuchstaben beziehen sich auf den Hauptzweck oder die Hauptaufgabe eines Objektes. Beispielsweise ist einem Elektrowärmegerät mit Widerstandsheizung der Kennbuchstabe „E" zuzuweisen, da vorrangig der Zweck „heizen" vorliegt. Der Kennbuchstabe „R" sollte nicht zur Anwendung kommen, weil das „Begrenzen des Stromflusses" über den elektrischen Widerstand nicht den Hauptzweck darstellt. Bei Objekten mit Mehrfachfunktionen bestimmt die typische Hauptaufgabe vor Ort den Kennbuchstaben. So kann ein Netzspannungsschreiber den Kennbuchstaben „C" (Speichern von Informationen) oder „P" (Darstellen von Informationen) bekommen. Wenn bei Mehrfachfunktionen keine eindeutige Hauptaufgabe besteht, ist der Kennbuchstabe „A" (zwei oder mehrere Zwecke/Aufgaben) einzusetzen. Das wäre bei einem Sensorbildschirm erforderlich, welcher der Eingabe und der Anzeige von Informationen dient.

Auf Grund der direkten Zuordnung der Kennbuchstaben zum Zweck des Objektes gemäß DIN EN 61346-2 können Unklarheiten im Vergleich zu den alten Festlegungen nach DIN 40719-2 auftreten. Zum Beispiel gilt der Kennbuchstabe „R" (Begrenzen des Energie- oder Informationsflusses) jetzt gleichermaßen für die Bauelemente ohmscher Widerstand (früher R) und Drosselspule (früher L).

Viele technische Unterlagen beinhalten noch die älteren Kennzeichnungen, welche bis 12/2000 gültig waren. Tabelle 1 gibt deshalb vergleichsweise in der ersten Spalte diese alten Kennzeichen an.

Tabelle 1
Betriebsmittelkennzeichen (DIN EN 61346-2)

Kenn-buch-stabe alt	Kenn-buch-stabe	Zweck und Aufgabe	Begriffe zur Beschreibung des Zweckes oder der Aufgabe	typische elektrische Produkte
A	**A**	zwei oder mehrere Zwecke oder Aufgaben		Sensorbildschirm
B	**B**	Umwandlung einer physikalischen Eigenschaft in ein zur Weiterverarbeitung bestimmtes Signal	Ermitteln und Messen von Werten, Überwachen, Erfassen, Wiegen	Fühler, Sensor, Wächter, Messwandler, Bewegungsmelder, Näherungsschalter, Positionsschalter, Mikrofon, Videokamera
C (D)	**C**	Speichern von Energie oder Information	Aufzeichnen, Registrieren, Speichern	Kondensator, Pufferbatterie, Festplatte, Speicher, Schreiber
	D	reserviert für spätere Normung		
E	**E**	Bereitstellen von Strahlung und Energie	Kühlen, Heizen, Beleuchten, Strahlen	Peltierelement, Heizung, Boiler, Lampe, Leuchte, Laser
F	**F**	direkter Schutz eines Energie- oder Signalflusses, Schutz von Personal oder Einrichtungen	Absorbieren, Überwachen, Verhindern, Schützen, Sichern	Schutzanode, Sicherung, Leitungsschutzschalter, RCD, Motorschutzschalter, Überspannungsableiter
G	**G**	Initiieren eines Energie- oder Materialflusses, Erzeugen von Informationssignalen	Erzeugen, Herstellen	galvanisches Element, Batterie, Generator, Solarzelle, Oszillator, Signalgenerator
	H	reserviert für spätere Normung		
	I	nicht verwendbar		
	J	reserviert für spätere Normung		
(K) (V)	**K**	Verarbeitung, Bereitstellung von Signalen, Informationen	Schließen, Öffnen, Schalten von Steuer- und Regelkreisen, Regeln, Verzögern, Synchronisieren	Schaltrelais, Zeitrelais, Hilfsschütz, Analogbaustein, Binärbaustein, elektronisches Ventil, Regler, Filter, Transistor, Mikroprozessor
	L	reserviert für spätere Normung		
M (Y)	**M**	Bereitstellen von mechanischer Energie	Betätigen, Antreiben	Elektromotor, Linearmotor, Stellantrieb, Betätigungsspule, elektromagnetisches Ventil, Kupplung, Bremse
	N	reserviert für spätere Normung		

Tabelle 1
Fortsetzung

Kenn-buch-stabe alt	**Kenn-buch-stabe**	**Zweck und Aufgabe**	**Begriffe zur Beschreibung des Zweckes oder der Aufgabe**	**typische elektrische Produkte**
	O	nicht anwendbar		
P (H) (V)	**P**	Darstellung von Informationen	Anzeigen, Melden, Warnen, Alarmieren, Darstellen gemessener Größen, Drucken	Meldeleuchte, LED, Anzeigeeinheit, Uhr, Hupe, Klingel, Lautsprecher, Amperemeter, Voltmeter, Wattmeter, Drucker
Q (K) (V)	**Q**	kontrolliertes Schalten, Variieren eines Energie-/Materialflusses	Schließen, Öffnen, Schalten, Kuppeln eines Energieflusses	Leistungsschalter, Installationsschalter, Lastschütz, Trenner, Motoranlasser, Leistungstransistor, Thyristor, Triac, bei Hauptzweck Schutz **F** verwenden
R (L) (V) (Z)	**R**	Begrenzen, Stabilisieren von Energie-/Informationsfluss	Blockieren, Dämpfen, Begrenzen, Stabilisieren	Widerstand, Drosselspule, Diode, Z-Diode
S	**S**	Umwandlung manuelle Tätigkeit in Signal	manuelles Steuern, Wählen	Steuer und Quittierschalter, Taster, Tastatur, Maus, Wahlschalter, Sollwerteinsteller
T (U) (A)	**T**	Umwandlung von Energie unter Beibehaltung der Energieart, Signalumwandlung unter Beibehaltung des Informationsgehaltes	Transformieren, Verstärken, Modulieren	Leistungstransformator, Gleichrichter, DC/ DC-Wandler, Frequenzumrichter, Frequenzwandler, Verstärker, Antenne, Messumformer, Signalwandler, Modulator
	U	Halten von Objekten in definierter Lage	Tragen, Halten, Stützen	Isolator, Stützer
Z	**V**	Bearbeitung von Materialien	Filtern, Wärmebehandlung	Filter
W	**W**	Leiten, Führen von Energie oder Signalen	Leiten, Verteilen, Führen	Leitung, Kabel, Stromschiene, Sammelschiene, Informationsbus, Lichtwellenleiter
X	**X**	Verbinden von Objekten	Verbinden, Koppeln	Steckverbinder, Klemme, Klemmenleiste, Steckdose
	Y	reserviert für spätere Normung		
	Z	reserviert für spätere Normung		

Elektrische Schutzeinrichtungen in Industrienetzen und -anlagen

Grundlagen und Anwendungen

Schau/Halinka/Winkler
Elektrische Schutzeinrichtungen in Industrienetzen und -anlagen
Grundlagen und Anwendungen
2008. 270 Seiten.
39,80 € (D)
ISBN 978-8101-0255-3

Schutzeinrichtungen sind wichtige und unverzichtbare Komponenten der elektrischen Netze und Anlagen. Das Buch stellt praktische Aspekte der Planung, der Auswahl und des Einsatzes von Schutzeinrichtungen für elektrische Anlagen und Betriebsmittel in Industrienetzen zusammen. Im Mittelpunkt stehen die Fehlerarten und Fehlererfassungskriterien, die analoge und digitale Messgrößenverarbeitung sowie der Schutz von Anlagenteilen und Betriebsmitteln (wie Motor, Transformator, Kabel, Sammelschiene, Generator). Besonderes Augenmerk wird auf die Frage des Lichtbogenschutzes gelegt. Dieses Buch soll vor allem den praktisch tätigen Fachleuten das Verständnis von Schutztechnik und deren Anwendung ermöglichen. Eine leicht verständliche und übersichtliche Darstellung der Zusammenhänge erwies sich deshalb als besonders wichtig.

Telefon 06221/489-555
Telefax 06221/489-443
E-Mail: de-buchservice@de-online.info
http://www.de-online.info

14 Service

Kalender 2009

	Januar	Februar	März
Mo	5 12 19 26	2 9 16 23	2 9 16 23 30
Di	6 13 20 27	3 10 17 24	3 10 17 24 31
Mi	7 14 21 28	4 11 18 25	4 11 18 25
Do	1 8 15 22 29	5 12 19 26	5 12 19 26
Fr	2 9 16 23 30	6 13 20 27	6 13 20 27
Sa	3 10 17 24 31	7 14 21 28	7 14 21 28
So	**4 11 18 25**	**1 8 15 22**	**1 8 15 22 29**
	April	**Mai**	**Juni**
Mo	6 13 20 27	4 11 18 25	1 8 15 22 29
Di	7 14 21 28	5 12 19 26	2 9 16 23 30
Mi	1 8 15 22 29	6 13 20 27	3 10 17 24
Do	2 9 16 23 30	7 14 21 28	4 11 18 25
Fr	3 10 17 24	1 8 15 22 29	5 12 19 26
Sa	4 11 18 25	2 9 16 23 30	6 13 20 27
So	**5 12 19 26**	**3 10 17 24 31**	**7 14 21 28**
	Juli	**August**	**September**
Mo	6 13 20 27	3 10 17 24 31	7 14 21 28
Di	7 14 21 28	4 11 18 25	1 8 15 22 29
Mi	1 8 15 22 29	5 12 19 26	2 9 16 23 30
Do	2 9 16 23 30	6 13 20 27	3 10 17 24
Fr	3 10 17 24 31	7 14 21 28	4 11 18 25
Sa	4 11 18 25	1 8 15 22 29	5 12 19 26
So	**5 12 19 26**	**2 9 16 23 30**	**6 13 20 27**
	Oktober	**November**	**Dezember**
Mo	5 12 19 26	2 9 16 23 30	7 14 21 28
Di	6 13 20 27	3 10 17 24	1 8 15 22 29
Mi	7 14 21 28	4 11 18 25	2 9 16 23 30
Do	1 8 15 22 29	5 12 19 26	3 10 17 24 31
Fr	2 9 16 23 30	6 13 20 27	4 11 18 25
Sa	3 10 17 24 31	7 14 21 28	5 12 19 26
So	**4 11 18 25**	**1 8 15 22 29**	**6 13 20 27**

Karfreitag 10. April · Ostern 12./13. April · Maifeiertag 1. Mai
Christi Himmelfahrt 21. Mai · Pfingsten 31. Mai./1. Juni
Fronleichnam 11. Juni · Tag der Deutschen Einheit 3. Oktober

Kalender 2010

	Januar	Februar	März
Mo	4 11 18 25	1 8 15 22	1 8 15 22 29
Di	5 12 19 26	2 9 16 23	2 9 16 23 30
Mi	6 13 20 27	3 10 17 24	3 10 17 24 31
Do	7 14 21 28	4 11 18 25	4 11 18 25
Fr	1 8 15 22 29	5 12 19 26	5 12 19 26
Sa	2 9 16 23 30	6 13 20 27	6 13 20 27
So	**3 10 17 24** 31	**7 14 21 28**	**7 14 21 28**
	April	**Mai**	**Juni**
Mo	5 12 19 26	3 10 17 24 31	7 14 21 28
Di	6 13 20 27	4 11 18 25	1 8 15 22 29
Mi	7 14 21 28	5 12 19 26	2 9 16 23 30
Do	1 8 15 22 29	6 13 20 27	3 10 17 24
Fr	2 9 16 23 30	7 14 21 28	4 11 18 25
Sa	3 10 17 24	1 8 15 22 29	5 12 19 26
So	**4 11 18 25**	**2 9 16 23 30**	**6 13 20 27**
	Juli	**August**	**September**
Mo	5 12 19 26	2 9 16 23 30	6 13 20 27
Di	6 13 20 27	3 10 17 24 31	7 14 21 28
Mi	7 14 21 28	4 11 18 25	1 8 15 22 29
Do	1 8 15 22 29	5 12 19 26	2 9 16 23 30
Fr	2 9 16 23 30	6 13 20 27	3 10 17 24
Sa	3 10 17 24 31	7 14 21 28	4 11 18 25
So	**4 11 18 25**	**1 8 15 22 29**	**5 12 19 26**
	Oktober	**November**	**Dezember**
Mo	4 11 18 25	1 8 15 22 29	6 13 20 27
Di	5 12 19 26	2 9 16 23 30	7 14 21 28
Mi	6 13 20 27	3 10 17 24	1 8 15 22 29
Do	7 14 21 28	4 11 18 25	2 9 16 23 30
Fr	1 8 15 22 29	5 12 19 26	3 10 17 24 31
Sa	2 9 16 23 30	6 13 20 27	4 11 18 25
So	**3 10 17 24 31**	**7 14 21 28**	**3 12 19 26**

Karfreitag 2. April · Ostern 4./5. April · Maifeiertag 1. Mai
Christi Himmelfahrt 13. Mai · Pfingsten 23./24. Mai
Fronleichnam 3. Juni · Tag der Deutschen Einheit 3. Oktober

Geschäftsstellen des Zentralverbandes der Deutschen Elektro- und Informationstechnischen Handwerke (ZVEH) und der Landesfach- und Innungsverbände der elektro- und informationstechnischen Handwerke

ZVEH

Haus der Deutschen Elektrohandwerke
Lilienthalallee 4
60487 Frankfurt
Postfach 900370
60443 Frankfurt
Telefon 069/24 77 47-0
Fax 069/24 77 47-19
zveh@zveh.de
www.zveh.de

Fachverband Elektro- und Informationstechnik Baden-Württemberg

Voltastraße 12
70376 Stuttgart
Telefon 07 11/95 59 06 66
Fax 07 11/55 18 75
info@fv-eit-bw.de
www.fv-eit-bw.de

FEU Fördergesellschaft elektrotechnischer Unternehmen mbH

Siehe Geschäftsstelle Fachverband Elektro- und Informationstechnik Baden-Württemberg

Landesinnungsverband für das Bayerische Elektrohandwerk

Herzog-Heinrich-Straße 13
80336 München
Telefon 089/12 55 52-0
Fax 089/12 55 52-50
info@elektroverband-bayern.de
www.elektroverband-bayern.de

META-Handelsgesellschaft mbH

Schillerstraße 40
80336 München
Telefon 089/5 38 86 43-0
Fax 089/5 38 86 43-15
meta@bayerisches.elektro-handwerk.de

Landesinnungsverband der Elektrotechnischen Handwerke Berlin/Brandenburg (LIV)

Villa Rathenau
Wilhelminenhofstraße 75
12459 Berlin
Telefon 030/85 95 58-0
Fax 030/85 95 58-55
mail@eh-bb.de
www.eh-bb.de

Fachverband Elektro- und Informationstechnik Hessen/Rheinland-Pfalz (FEHR)

Lilienthalallee 4
60487 Frankfurt
Telefon 069/79 40 04-0
Fax 069/79 40 04-10
info@liv-fehr.de
www.liv-fehr.de

Robert-Koch-Straße 43
55129 Mainz
Telefon 0 61 31/95 91 50
Fax 0 61 31/9 59 15 10
info@liv-fehr.de
www.liv-fehr.de

MBE – Gesellschaft zur Beratung der mittelständischen Elektrowirtschaft mbH

Siehe Geschäftsstelle Fachverband Elektro- und Informationstechnik Hessen/Rheinland-Pfalz

Landesinnungsverband der elektro- und informationstechnischen Handwerke Mecklenburg-Vorpommern

Lübecker Straße 24
19053 Schwerin
Telefon 03 85/59 03 70
Fax 03 85/5 90 37 77
e-schnack@t-online.de
www.eh-mv.de

Landesinnungsverband für Elektro- und Informationstechnik Niedersachsen/ Bremen

Ikarusallee 14
30179 Hannover
Postfach 110351
30100 Hannover
Telefon 05 11/67 66 96-0
Fax 05 11/67 66 96-15
liv@eh-nb.de
www.eh-nb.de

GFE – Gesellschaft zur Förderung der Elektrohandwerke Niedersachsen/ Bremen mbH

Siehe Geschäftsstelle Landesinnungsverband für Elektro- und Informationstechnik Niedersachsen/Bremen

NFE Norddeutscher Fachverband Elektro- und Informationstechnik e.V. / Landesinnung der Elektrohandwerke Hamburg

Eiffestraße 450
20537 Hamburg
Telefon 040/25 40 20-0
Fax 040/25 40 20-15
nfe@nfe.de
www.nfe.de

Fachverband elektro- und informationstechnische Handwerke Nordrhein-Westfalen

Haus der Elektrohandwerke
Hannöversche Straße 22
44143 Dortmund
Telefon 02 31/51 98 50
Fax 02 31/5 19 85 44
info@feh-nrw.de
www.feh-nrw.de

GFEH – Gesellschaft zur Förderung der Elektrohandwerke in NRW mbH

Adresse siehe Geschäftsstelle Fachverband elektro- und informationstechnische Handwerke NRW

Landesinnungsverband Informationstechniker Handwerk Nordrhein-Westfalen

Klosterstraße 73 – 75
40211 Düsseldorf
Telefon 02 11/3 67 07-15
Fax 02 11/3 67 07-46
torsten.spengler@kh-duesseldorf.de
www.kh-duesseldorf.de

Informationstechniker-Innung Potsdam

Hegelallee 15
14467 Potsdam
Telefon 03 31/29 24 15
Fax 03 31/2 80 48 28
info@potsdamerhandwerk.de
www.potsdamerhandwerk.de

Fachverband für Elektro- und Informationstechnik Rheinland-Pfalz

Siehe Fachverband Elektro- und Informationstechnik Hessen/Rheinland-Pfalz

Landesinnung Saarland der Elektro-Handwerke

Grülingsstraße 115
66113 Saarbrücken
Postfach 100243
66002 Saarbrücken
Telefon 06 81/94 86 10
Fax 06 81/9 48 61 99
www.elektrohandwerk-saar.de

Informationstechniker-Innung des Saarlandes

Grülingsstraße 115
66113 Saarbrücken
Telefon 06 81/9 48 61-0
Fax 06 81/9 48 61 99
www.saarhandwerker.de

Fachverband für Elektro- und Informationstechnik Sachsen

Scharfenberger Straße 66
01139 Dresden
Telefon 03 51/85 06-400
Fax 03 51/85 06-444
eh-sachsen@eline.de
www.eh-sachsen.de

eline GmbH

Siehe Geschäftsstelle Fachverband für Elektro- und Informationstechnik Sachsen

Landesinnungsverband Sachsen-Anhalt der Elektrohandwerke

Gustav-Ricker-Straße 62
39120 Magdeburg
Telefon 03 91/6 26 96 70
Fax 03 91/6 26 96 79
info@eh-sachsen-anhalt.de
www.eh-sachsen-anhalt.de

Landesinnungsverband der Elektro- und Informationstechnik Schleswig-Holstein

Kieler Straße 35 a
24768 Rendsburg
Telefon 0 43 31/5 66 60
Fax 0 43 31/5 67 60
liv@elektrohandwerke-sh.de
www.elektrohandwerke-sh.de

Fachverband Elektrotechnik, Informationstechnik und Elektromaschinenbau Thüringen – Landesinnungsverband

Am Reitplatz 17
99102 Erfurt-Waltersleben
Telefon 03 61/60 03 00
Fax 03 61/6 00 30 19
liv@elektro-thueringen.de
www.elektro-thueringen.de

Fachverband Fernmeldebau e.V.

Flach-Fengler-Straße 85
50389 Wesseling
Telefon 0 22 36/37 51 64
Fax 0 22 36/37 51 67
ffb@fachverband-fernmeldebau.de
www.fachverband-fernmeldebau.de

VAF Bundesverband Telekommunikation e.V.

Otto-Hahn-Straße 16
40721 Hilden
Telefon 0 21 03/700-250
Fax 0 21 03/700-106
info@vaf-ev.de
www.vaf-ev.de

Schulungsstätten des ZVEH und der Landesverbände

Bundestechnologiezentrum für Elektro- und Informationstechnik e.V.
bfe Oldenburg
Donnerschweer Straße 184
26123 Oldenburg
Telefon: 04 41/3 40 92-0
Telefax: 04 41/3 40 92-129
E-Mail: info@bfe.de
www.bfe.de

Bildungs- und Technologiezentrum für Elektro- und Informationstechnik
Vogelsbergstraße 25
36341 Lauterbach
Telefon: 066 41/91 17-0
Telefax: 066 41/91 17-27
E-Mail: info@bzl-online.de
www.bzl-online.de

Heinrich-Hertz-Schule/Bundesfachschule für die Elektrohandwerke
Südendstraße 51
76135 Karlsruhe
Telefon: 07 21/133 48-48
Telefax: 07 21/133 48-29
E-Mail: heinrich.hertz@hhs.karlsruhe.de
www.hhs.ka.bw.schule.de

Elektrobildungs- und Technologiezentrum e. V.
Scharfenberger Straße 66
01139 Dresden
Telefon: 03 51/85 06-300
Telefax: 03 51/85 06-355
E-Mail: info@ebz.de
www.ebz.de

BZE Bildungszentrum Elektrotechnik Hamburg
Eiffestraße 450
20537 Hamburg
Telefon: 040/25 40 20-0
Telefax: 040/25 40 20-15
E-Mail: nfe@nfe.de
www.nfe.de

Elektro Technologie Zentrum (etz)
Krefelder Straße 12
70376 Stuttgart
Telefon: 07 11/95 59 16-0
Telefax: 07 11/95 59 16-55
E-Mail: info@etz-stuttgart.de
www.etz-stuttgart.de

GET – Gesellschaft zur Förderung des gebäudetechnischen Handwerks in Thüringen mbH
Am Reitplatz 17
99102 Erfurt-Waltersleben
Telefon: 03 61/600 30-20
Telefax: 03 61/600 30-19
E-Mail: get@elektro-thueringen.de
www.elektro-thueringen.de

Verbandsnahe Schulungsstätten des Landesinnungsverbandes in Bayern
Herzorg-Heinrich-Straße 13
80336 München
Telefon: 089/12 55 52-0
Telefax: 089/12 55 52-50
E-Mail: info@elektroverband-bayern.de
www.elektroverband-bayern.de

Akademie für Elektro- und Informationstechnik Bildungs- und Technolgiezentrum

Mehringdamm 14
10961 Berlin
Telefon: 030/259 03-422
Telefax: 030/259 03-478
E-Mail: merbeth@hwk-berlin.de
www.hwk-berlin.de

Berufsbildungsstätte des Fachverbandes Elektro- und Informationstechnische Handwerke Nordrhein-Westfalen

Hannöversche Straße 22
44143 Dortmund
Telefon: 02 31/519 85-0
Telefax: 02 31/519 85-44
E-Mail: info@feh-nrw.de
www.feh-nrw.de

Z.E.I.T. – Zentrum für Elektro- und Informationstechnik Nürnberg

Georg-Hager-Straße 5
90439 Nürnberg
Telefon: 09 11/27 05 27
Telefax: 09 11/26 82 65
E-Mail: info@elektroinnung-nuernberg.de
www.elektroinnung-nuernberg.de

Messen und Veranstaltungen 2008/2009

(Stand. August 2008. Alle Angaben ohne Gewähr.)

Oktober 2008

15.10. bis 17.10.08
belektro – Fachmesse für Elektrotechnik, Elektronik und Licht
Berlin

15.10. bis 17.10.08
e/home – Fachmesse und Kongress für vernetztes Wohnen
Berlin

15.10. bis 17.10.08
Chillventa – Int. Fachmesse Kälte, Raumluft, Wärmepumpen
Nürnberg

21.10. bis 24.10.08
Systems – IT. Media. Communications
München

November 2008

11.11. bis 14.11.08
electronica – components/systems/applications
München

19.11. bis 21.11.08
GET Nord – Fachmesse Elektro, Sanitär, Heizung, Klima
Hamburg

25.11. bis 27.11.08
SPS/IPC/Drives – Int. Fachmesse Elektrische Automatisierung – Systeme und Komponenten
Nürnberg

Januar 2009

21.1. bis 23.1.09
ELTEC – Fachmesse für elektrische Gebäudetechnik, Informations- und Lichttechnik
Nürnberg

27.1. bis 29.1.09
Fachschulung für Gebäudetechnik
Rostock

27.1. bis 29.1.09
enertec – Int. Fachmesse für Energie
Leipzig

27.1. bis 29.1.09
TerraTec – Int. Fachmesse für Umwelttechnik und Umweltdienstleistungen
Leipzig

29.1. bis 31.1.09
CEP Clean Energy Power – Int. Fachmesse für erneuerbare Energien und energieeffizientes Bauen und Sanieren
Stuttgart

Februar 2009

10.2. bis 12.2.09
E-World Energy & Water – Int. Fachmesse
Essen

10.2. bis 14.2.09
R + T – Int. Fachmesse Rollladen, Tore und Sonnenschutz
Stuttgart

März 2009

3.3. bis 8.3.09
CeBIT
Hannover

10.3. bis 14.3.09
ISH – Bad, Gebäude-, Energie-, Klimatechnik, Erneuerbare Energien
Frankfurt/M.

25.3. bis 27.3.09
eltefa – Fachmesse für Elektrotechnik und Elektronik
Stuttgart

April 2009

20.4. bis 24.4.09
Hannover Messe
Hannover

21.4. bis 23.4.09
Facility Management
Frankfurt/M.

Mai 2009

26.5. bis 28.5.09
ANGA Cable – Fachmesse für Kabel, Breitband und Satellit
Köln

26.5. bis 28.5.09
SENSOR + TEST – Int. Messe für Sensorik, Mess- und Prüftechnik
Nürnberg

27.5. bis 29.5.09
Intersolar – Fachmesse für Solartechnik
München

September 2009

4.9. bis 9.9.09
IFA – Int. Funkausstellung
Berlin

Oktober 2009

20.10. bis 23.10.09
Systems – IT. Media. Communications
München

28.10. bis 30.10.09
efa – Fachmesse für Gebäude- und Elektrotechnik, Klima und Automation
Leipzig

28.10. bis 30.10.09
SHKG – Messe für Sanitär, Heizung, Klima und Gebäudeautomation
Leipzig

November 2009

24.11. bis 26.11.09
SPS/IPC/Drives – Int. Fachmesse Elektrische Automatisierung – Systeme und Komponenten
Nürnberg

de – Der Elektro- und Gebäudetechniker

Organ des ZVEH
Hüthig & Pflaum Verlag GmbH & Co. Fachliteratur KG, München/Heidelberg

Verlag, Redaktion und Anzeigenabteilung
Lazarettstraße 4
80636 München
Telefon 089/1 26 07-240
Fax 089/1 26 07-111
www.de-online.info

Chefredaktion
Dipl.-Ing. Andreas Stöcklhuber (verantwortlich)
Telefon 089/1 26 07-248
stoecklhuber@de-online.info

Redaktion
Dipl.-Ing. (FH) Christiane Decker
Telefon 089/1 26 07-242
decker@de-online.info
Dipl.-Komm.-Wirt Roland Lüders
Telefon 030/46 78 29-16
lueders@de-online.info
Dipl.-Ing. (FH) Michael Muschong
Telefon 030/46 78 29-14
muschong@de-online.info
Dipl.-Ing. (FH) Sigurd Schobert
Telefon 089/1 26 07-244
schobert@de-online.info

Internetbetreuung
Brigitte Höfer-Heyne
Telefon 089/12 60 7-246
hoefer-heyne@de-online.info

Mitteilungsblätter
Brigitta Höhne
Telefon 089/12 60 7-249
Fax 089/12 60 7-320
hoehne@de-online.info

Anzeigenleitung
Michael Dietl (verantwortlich)

Stv. Anzeigenleitung und Anzeigendisposition
Jutta Landes
Telefon 089/12 60 7-263
Fax 089/12 60 7-310
landes@de-online.info

Anzeigenverkauf
Sylvia Luplow
Telefon 089/12 60 7-299
Fax 089/12 60 7-310
luplow@de-online.info

Vertrieb
Karen Dittrich
Franziska Walter
Im Weiher 10
69121 Heidelberg
Telefon 0 6221/489-384
Fax 0 6221/489-443

Abonnementsverwaltung
Telefon 0 81 91/125-879
aboservice@huethig.de

Alle 14 Tage informiert

Sehr geehrte Jahrbuch-Leser,
wenn Ihnen dieses Jahrbuch gefällt, möchten wir Ihnen eine weitere Informationsquelle ans Herz legen: Die Fachzeitschrift „de – der Elektro- und Gebäudetechniker". Als einzige Fachzeitschrift der Branche erscheint sie 14-täglich und bietet daher stets aktuelle Informationen.

Neben aktuellen Branchennews und Produktneuheiten bietet „de" Fachbeiträge aus den Bereichen Elektroinstallation, Gebäudetechnik, Informationstechnik, Automatisierungstechnik und Betriebsführung, außerdem regelmäßig eine eigene Rubrik für die Aus- und Weiterbildung, die auch bei der Prüfungsvorbereitung helfen kann.

Ändern sich Normen und Vorschriften, so berichten unsere Autoren umgehend darüber und verdeutlichen die Auswirkungen auf die tägliche Praxis. Wir machen Normen verständlich.

Gerne können Sie „de" unverbindlich auf Herz und Nieren testen. Fordern Sie dazu einfach ein Probeheft an – entweder mit dem Coupon auf der folgenden Seite oder im Internet unter www.de-online.info.

Viele Grüße
Ihr „de"-Team

Stichwortverzeichnis

W

Z

Inserentenverzeichnis